普通高等学校材料类新形态教材

材料概论

主 编 刘 伟

副主编 秦庆东 何杰军

科学出版社

北 京

内 容 简 介

本书共 10 个章节，分别是材料的结构、金属材料、高分子材料、无机非金属材料、材料的成型与加工技术、材料焊接技术、功能材料、新能源材料、纳米材料、生物材料。本书从材料的结构到材料的特性，再到材料的制备，深入浅出地介绍材料学。本书配套相应的微课视频资源，便于教师实施翻转教学或学生自学。

本书可作为材料科学与工程等工科专业的教材，也可作为与材料学相近专业的研究生或本科生的教材或参考书，同时也能为材料工程的相关工作人员与工程技术人员提供参考。

图书在版编目(CIP)数据

材料概论 / 刘伟主编. —北京：科学出版社，2018.6
普通高等学校材料类新形态教材
ISBN 978-7-03-057520-3

Ⅰ. ①材… Ⅱ. ①刘… Ⅲ. ①材料科学-高等学校-教材 Ⅳ. ①TB3

中国版本图书馆 CIP 数据核字（2018）第 107036 号

责任编辑：陈 琪 / 责任校对：郭瑞芝
责任印制：赵 博 / 封面设计：迷底书装

斜 学 出 版 社 出版
北京东黄城根北街 16 号
邮政编码：100717
http://www.sciencep.com
保定市中画美凯印刷有限公司印刷
科学出版社发行 各地新华书店经销
*
2018 年 6 月第 一 版 开本：787×1092 1/16
2024 年 7 月第六次印刷 印张：17
字数：412 000
定价：**59.80 元**
（如有印装质量问题，我社负责调换）

前　言

　　材料学是一门领域宽广的学科，它的发展可以说是人类社会进步的标尺。材料在身边无处不在，提起"材料"，人们常常局限于"钢铁""塑料""水泥"等概念。实际上，对大部分刚进入大学的学生来说也是如此。如果将材料学比喻为一棵树，那么这棵树无疑是一棵枝繁叶茂的"大树"。依靠一本书来完全观透"整棵大树"的全部形貌，对编者和读者来说都不是容易的事。所以本书在编写上适当定位修剪内容，去掉材料学中复杂的公式和专业概念，力图为读者展现材料学这棵"大树"的大致形貌，为读者未来深入学习材料学打下基础。此外，本书编写于发展和建设"新工科"的背景下，材料学作为多学科交叉融合的学科，被更多学科的读者所认识。因此，更好地面向更多的工科领域读者，也是本书编写的一个出发点。

　　本书的编写思路是：首先介绍材料共同的结构和性能特征；然后依次介绍金属材料、高分子材料和无机非金属材料这三大门类材料；随后介绍这些材料加工成型的过程；最后介绍功能材料、新能源材料、纳米材料和生物材料等功能性的材料。在每章之后附有思考与练习，对于读者理解本书内容和参阅一些课外读物具有促进作用。全书共 10 章，具体编写分工如下：第 1 章材料的结构及第 2 章金属材料由何杰军编写；第 3 章高分子材料及第 10 章生物材料由刘伟编写；第 4 章无机非金属材料和第 8 章新能源材料由蔺锡柱编写；第 5 章材料的成型与加工技术由秦庆东编写；第 6 章材料焊接技术由张英哲编写；第 7 章功能材料由朱阮利编写；第 9 章纳米材料由马春平编写。刘伟担任主编。

　　本书的出版得到贵州理工学院省级本科高校一流课程"神奇的材料世界"建设项目的资助，并获得材料与冶金工程学院的大力支持，同时在编写与出版过程中吸纳了很多教师同行提出的宝贵意见，在此一并表示衷心感谢。本书的编写人员来自不同的专业背景，但共同的特点是，都是"年轻"教师。编者在材料学中的知识储备有限，书中难免有不妥之处，还望读者不吝赐教。

编　者

2018 年春

目　录

第 1 章 材料的结构

材料是由原子或分子等基本粒子构成的。在实际生产和生活中，大多数材料是固态的。由于大多数固体材料是晶态材料，一般地，固态指的是"结晶态"，也就是各种各样晶体所具有的状态。与非晶态材料不同，晶态材料的原子或分子在三维空间中的排列是规则的。最常见的晶体如食盐，有着规则的外形。如果拿一粒粗制食盐观察，可以看到它由许多立方体晶体构成。地质博物馆还可以看到许多颜色、形状各异的规则晶体，十分漂亮。结晶态物质的突出特征是：有一定的体积和几何形状；在不同方向上物理性质可以不同；有固定的熔点。在晶态材料中，分子或原子有规则地周期性排列着，就像学生全体做操时，人与人之间都等距离地排列。每个人在一定位置上运动，就像每个分子或原子在各自固定的位置上做振动。在材料科学与工程中，掌握材料的微观结构是非常重要的，是进行材料研究和材料生产必备的基础知识。

材料研究和实践已经表明，决定材料性能最根本的因素是组成材料各元素的原子结构、原子间的相互作用与相互结合、原子或分子在空间的排列分布和运动规律以及原子集合体的形貌特征等。为此，需要了解材料的微观构造，即其内部结构和组织状态，以便从其内部的矛盾性找出改善和发展材料的途径。

1.1 材料的组成

1.1.1 物质组成

一切材料都是由无数微粒按一定的方式聚集而成的。宏观上来说，材料是由某一种或某几种元素聚集而成的。如果是单一的元素，则称为单质；如果是由几种元素化合而成的，则称为化合物。从微观上来说，所有的材料都是由最基本的微观粒子，可能是原子，也可能是分子和粒子，按照一定的方式聚集而成，如图 1-1 所示。无论是分子还是离子，都是由原子演化而来的。宏观物质内部的微观粒子要聚集在一起，必定需要一定的结合力。原子结构直接影响了原子间的结合方式。

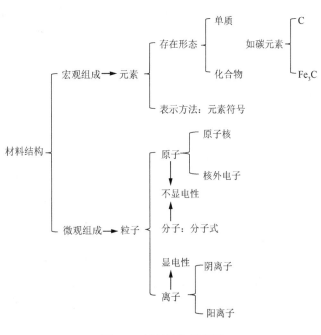

图 1-1 材料结构示意图

1.1.2 原子的结构

原子结构，也称为原子模型，是指原子的组成以及部分的搭配和安排。原子非常小，以碳原子为例，其直径约为 140pm（1pm=10^{-12}m），但通常以半径记录；在以毫米为单位的情况下，碳原子的直径为 1.4×10^{-7}mm，是由位于原子中心的原子核和一些微小的电子组成，这些电子绕着原子核的中心运动，就像太阳系的行星绕着太阳运行。

从英国化学家和物理学家道尔顿（Dalton）创立原子学说以后，很长时间内，人们都认为原子就像一个小得不能再小的玻璃实心球，里面再也没有什么花样了。1869 年，德国科学家希托夫（Hittorf）发现阴极射线以后，一大批科学家研究了阴极射线，历时 20 余年。最终，汤姆森（Thomson）发现了电子的存在。通常情况下，原子是不带电的。既然从原子中能跑出是它质量 1/1700 的带负电电子来，就说明原子内部还有结构，也说明原子里还存在带正电的东西，它应和电子所带的负电中和，使原子呈中性。

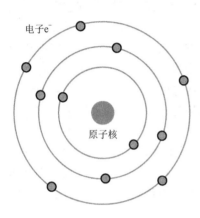

电子e⁻

原子核

图 1-2　原子轨道示意图

近代科学实验证明：原子是由质子和中子组成的原子核，以及核外的电子所构成的，如图 1-2 所示。原子的体积很小，直径为 10^{-10}m 数量级，其原子核直径更小，为 10^{-15}m 数量级。然而，原子的质量恰主要集中在原子核内。每个质子和中子的质量大致为 1.67×10^{-24}g，而电子的质量约为 9.11×10^{-28}g，仅为质子的 1/1836。

1.1.3 原子的电子结构

人们对物质组成和结构的认识经历了由浅入深、由感性至理性、由片面到整体的发展过程。原子学说早在古希腊时期就提出，到 19 世纪末，经典物理学已经发展得相当完善，原子学说和元素周期律的提出与流行也促成了量子理论的发展和现代物理学的进步。物理学家和化学家逐步揭示了原子内部组成与结构的秘密以及与元素化学性质紧密相关的原子核外电子排布和变化规律，并构建了一个崭新的以量子理论为基础的微观世界。早期原子模型正是在这个时期相继提出的。

（1）Rutherford 原子模型

1897 年，英国物理学家 Thomson 通过研究阴极射线的性质发现了电子，确认带负电荷的电子是原子的组成部分。1909 年，美国物理学家密立根（Millikan）通过测定油滴的电荷，确定了电子的电荷数，并据此计算出电子的质量大约只占氢原子质量的 1/2000。那么原子中的质量是如何分布的呢？电荷的正负如何平衡呢？卢瑟福（Rutherford）的 α 粒子散射实验给出了问题的可能答案。

1910 年，Rutherford 用快速 α 粒子流轰击一张约 4×10^{-7}m 厚的金箔，发现尽管绝大部分的粒子都毫无阻碍地通过了金箔，但有极少数 α 粒子发生了较大角度的散射，极个别的 α 粒子甚至被反弹回来。这使他认识到：极个别的 α 粒子被反弹回来，必定是因为它们和金箔原子中某种极小体积的坚硬密实的核心发生了碰撞，这个核心应该带正电，而且集中了原子的大部分质量。这便是著名的原子结构"行星模型"。该模型认为：原子由居于原子中心体积极小但占原子大部分质量的带正电的原子核和核外绕核高速运动的电子组成，就像行星沿着一定的轨道绕太阳运行。

（2）Bohr 原子模型

Rutherford 的行星模型虽然解释了 α 粒子散射现象，却无法解释原子能够稳定存在的原因。1913 年丹麦的波尔（Bohr）在 Rutherford 的行星模型基础上，借鉴普朗克（Planck）的量子论和爱因斯坦（Einstein）的光子学说的思想，提出了著名的氢原子结构模型假设，成功解释了氢原子结构和氢原子光谱，即 Bohr 理论。其要点如下：电子在一些特定的可能轨道上绕核做圆周运动，离核越远能量越高；可能的轨道由电子的角动量决定，且必须是 $h/2\pi$ 的整数倍。

电子是一种基本粒子，目前无法再分解为更小的物质。其直径是质子的 1/1000，质量为质子的 1/1836。电子围绕原子核做高速运动。电子通常排列在各个能量层上。当原子互相结合成为分子时，在最外层的电子便会由一原子移至另一原子或成为彼此共享的电子。描述原子中一个电子的空间位置和能量可用四个量子数表示。多电子的原子中，核外电子的排布规律遵循三原则，即能量最低原理、泡利（Pauli）不相容原理和洪德（Hund）规则。

1.1.4 元素周期表

化学元素周期表是根据原子序数从小至大排序的化学元素列表。列表大体呈长方形，某些元素周期中留有空格，使特性相近的元素归在同一族中，如卤素、碱金属元素、稀有气体（又称惰性气体或贵族气体）等。这使周期表中形成元素分区且分为七主族、七副族与 0 族、Ⅷ族。由于周期表能够准确地预测各种元素的特性及其之间的关系，因此它在化学及其他科学范畴中得到广泛使用元素周期表是分析化学行为时十分有用的框架。

现代化学的元素周期律是 1869 年俄国科学家门捷列夫（Mendeleev）首创的，他将当时已知的 63 种元素依相对原子质量并以表的形式排列，把有相似化学性质的元素放在同一列，制成元素周期表的雏形。

原子半径由左到右依次减小，由上到下依次增大。按照元素在周期表中的顺序给元素编号，得到原子序数。原子序数与元素的原子结构有如下关系：

$$质子数=原子序数=核外电子数=核电荷数$$

利用周期表，Mendeleev 成功地预测当时尚未发现的元素的特性（镓、钪、锗）。1913 年，英国科学家莫色勒利用阴极射线撞击金属产生 X 射线，发现原子序越大，X 射线的频率就越高，因此他认为核的正电荷决定了元素的化学性质，并把元素依照核内正电荷排列。后来又经过多名科学家多年的修订才形成当代的周期表。将元素按照相对原子质量由小到大依次排列，并将化学性质相似的元素放在一个纵列。每一种元素都有一个序号，恰好等于该元素原子的核内质子数，这个序号称为原子序数。在周期表中，元素以元素的原子序排列，最小的排行最前。表中一行称为一个周期，一列称为一个族（8、9、10 列为一个族）。

原子的核外电子排布和性质有明显的规律性，科学家按原子序数递增排列，将电子层数相同的元素放在同一行，将最外层电子数相同的元素放在同一列。

如图 1-3 所示，元素周期表有 7 个周期、16 个族。每行称为一个周期，每列称为一个族。这 7 个周期又可分成短周期（1、2、3）、长周期（4、5、6、7）。16 个族中，又分为 7 个主族（ⅠA、ⅡA、ⅢA、ⅣA、ⅤA、ⅥA、ⅦA）、7 个副族（ⅠB、ⅡB、ⅢB、ⅣB、ⅤB、ⅥB、ⅦB）、一个Ⅷ族、一个 0 族。

图例说明

原子序数 —— 92 U　元素符号，红色指放射性元素
元素名称（注*的是人造元素）—— 铀
外围电子层排布（括号指可能的电子层排布）—— $5f^36d^17s^2$
相对原子质量（加括号的数据为该放射性元素半衰期最长同位素的质量数）—— 238.0

图例颜色：金属　非金属　过渡元素

周期	IA	IIA	IIIB	IVB	VB	VIB	VIIB	VIII	VIII	VIII	IB	IIB	IIIA	IVA	VA	VIA	VIIA	O	电子层	0族电子数
1	1 H 氢 $1s^1$ 1.008																	2 He 氦 $1s^2$ 4.003	K	2
2	3 Li 锂 $2s^1$ 6.941	4 Be 铍 $2s^2$ 9.012											5 B 硼 $2s^22p^1$ 10.81	6 C 碳 $2s^22p^2$ 12.01	7 N 氮 $2s^22p^3$ 14.01	8 O 氧 $2s^22p^4$ 16.00	9 F 氟 $2s^22p^5$ 19.00	10 Ne 氖 $2s^22p^6$ 20.18	L K	8 2
3	11 Na 钠 $3s^1$ 22.99	12 Mg 镁 $3s^2$ 24.31											13 Al 铝 $3s^23p^1$ 26.98	14 Si 硅 $3s^23p^2$ 28.09	15 P 磷 $3s^23p^3$ 30.97	16 S 硫 $3s^23p^4$ 32.06	17 Cl 氯 $3s^23p^5$ 35.45	18 Ar 氩 $3s^23p^6$ 39.95	M L K	8 8 2
4	19 K 钾 $4s^1$ 39.10	20 Ca 钙 $4s^2$ 40.08	21 Sc 钪 $3d^14s^2$ 44.96	22 Ti 钛 $3d^24s^2$ 47.88	23 V 钒 $3d^34s^2$ 50.94	24 Cr 铬 $3d^54s^1$ 52.00	25 Mn 锰 $3d^54s^2$ 54.94	26 Fe 铁 $3d^64s^2$ 55.85	27 Co 钴 $3d^74s^2$ 58.93	28 Ni 镍 $3d^84s^2$ 58.69	29 Cu 铜 $3d^{10}4s^1$ 63.55	30 Zn 锌 $3d^{10}4s^2$ 65.38	31 Ga 镓 $4s^24p^1$ 69.72	32 Ge 锗 $4s^24p^2$ 72.59	33 As 砷 $4s^24p^3$ 74.92	34 Se 硒 $4s^24p^4$ 78.96	35 Br 溴 $4s^24p^5$ 79.90	36 Kr 氪 $4s^24p^6$ 83.80	N M L K	8 18 8 2
5	37 Rb 铷 $5s^1$ 85.47	38 Sr 锶 $5s^2$ 87.62	39 Y 钇 $4d^15s^2$ 88.91	40 Zr 锆 $4d^25s^2$ 91.22	41 Nb 铌 $4d^45s^1$ 92.91	42 Mo 钼 $4d^55s^1$ 95.94	43 Tc 锝* $4d^55s^2$ [98]	44 Ru 钌 $4d^75s^1$ 101.1	45 Rh 铑 $4d^85s^1$ 102.9	46 Pd 钯 $4d^{10}$ 106.4	47 Ag 银 $4d^{10}5s^1$ 107.9	48 Cd 镉 $4d^{10}5s^2$ 112.4	49 In 铟 $5s^25p^1$ 114.8	50 Sn 锡 $5s^25p^2$ 118.7	51 Sb 锑 $5s^25p^3$ 121.8	52 Te 碲 $5s^25p^4$ 127.6	53 I 碘 $5s^25p^5$ 126.9	54 Xe 氙 $5s^25p^6$ 131.3	O N M L K	8 18 18 8 2
6	55 Cs 铯 $6s^1$ 132.9	56 Ba 钡 $6s^2$ 137.3	57~71 La~LU 镧系	72 Hf 铪 $5d^26s^2$ 178.5	73 Ta 钽 $5d^36s^2$ 180.9	74 W 钨 $5d^46s^2$ 183.9	75 Re 铼 $5d^56s^2$ 186.2	76 Os 锇 $5d^66s^2$ 190.2	77 Ir 铱 $5d^76s^2$ 192.2	78 Pt 铂 $5d^96s^1$ 195.1	79 Au 金 $5d^{10}6s^1$ 197.0	80 Hg 汞 $5d^{10}6s^2$ 200.6	81 Tl 铊 $6s^26p^1$ 204.4	82 Pb 铅 $6s^26p^2$ 207.2	83 Bi 铋 $6s^26p^3$ 209.0	84 Po 钋 $6s^26p^4$ [209]	85 At 砹 $6s^26p^5$ [210]	86 Rn 氡 $6s^26p^6$ [222]	P O N M L K	8 18 32 18 8 2
7	87 Fr 钫 $7s^1$ [223]	88 Ra 镭 $7s^2$ [226]	89~103 Ac~Lr 锕系	104 Rf 𬬻* $5d^27s^2$ [261]	105 Db 𬭊* $6d^37s^2$ [262]	106 Sg 𬭳* [263]	107 Bh 𬭶* [264]	108 Hs 𬭶* [265]	109 Mt 鿏* [265]	110 Uun 𫟼* [269]	111 Uuu * [272]	111 Uub * [277]								

镧系

57 La 镧 $5d^16s^2$ 138.9	58 Ce 铈 $4f^15d^16s^2$ 140.1	59 Pr 镨 $4f^36s^2$ 140.9	60 Nd 钕 $4f^46s^2$ 144.2	61 Pm 钷* $4f^56s^2$ [145]	62 Sm 钐 $4f^66s^2$ 150.4	63 Eu 铕 $4f^76s^2$ 152.0	64 Gd 钆 $4f^76s^2$ 157.3	65 Tb 铽 $4f^96s^2$ 158.9	66 Dy 镝 $4f^{10}6s^2$ 162.5	67 Ho 钬 $4f^{11}6s^2$ 164.9	68 Er 铒 $4f^{12}6s^2$ 167.3	69 Tm 铥 $4f^{13}6s^2$ 168.9	70 Yb 镱 $4f^{14}6s^2$ 173.0	71 Lu 镥 $4f^{14}5d^16s^2$ 175

锕系

89 Ac 锕 $6d^17s^2$ [227]	90 Th 钍 $6d^27s^2$ 232.0	91 Pa 镤 $5f^26d^17s^2$ 231.0	92 U 铀 $5f^36d^17s^2$ 238.0	93 Np 镎 $5f^46d^17s^2$ 237.0	94 Pu 钚* $5f^67s^2$ [244]	95 Am 镅* $5f^77s^2$ [243]	96 Cm 锔* $5f^76d^17s^2$ [247]	97 Bk 锫* [247]	98 Cf 锎* [251]	99 Es 锿* [252]	100 Fm 镄* [257]	101 Md 钔* $(5f^{13}7s^2)$ [258]	102 No 锘* $(5f^{14}7s^2)$ [259]	103 Lr 铹* $(5f^{14}6d^17s^2)$ [262]

注：
相对原子质量录自2001年国际原子量表，并全部取4位有效数字。

人民教育出版社化学室

图1-3　元素周期表

元素在周期表中的位置不仅反映了元素的原子结构，也显示了元素性质的递变规律和元素之间的内在联系。同一周期内，从左到右，元素核外电子层数相同，最外层电子数依次递增，原子半径递减（0 族元素除外）。原子失电子能力逐渐减弱，获电子能力逐渐增强，金属性逐渐减弱，非金属性逐渐增强。元素的最高正氧化数从左到右递增（没有正价的除外），最低负氧化数从左到右递增（第 1 周期除外，第 2 周期的 O、F 元素除外）。同一族中，由上而下，最外层电子数相同，核外电子层数逐渐增多，原子半径增大，原子序数递增，元素金属性递增，非金属性递减。元素周期表的意义重大，科学家正是用此来寻找新型元素及化合物的。

1.2　原子间的键合

原子间的键合指的是相邻的两个或多个原子间的强烈相互作用。原子以"键"的方式连在一起形成分子。所有的键合都与原子中最外层的电子运动有关。

原子可使电子以不同的方式键合。有时原子会带有相同的电子，每一个原子释放出一个电子来形成"键"，这种"键"称为共价键。另一种键则是由正负离子间的静电引力形成的，称为离子键。在金属中，电子绕着所有的原子运动，这称为金属键。不同的原子以各种不同的键合方式结合在一起组成无以计数的物质。

1.2.1　金属键

金属中的自由电子和金属正离子相互作用所构成键称为金属键。金属键的基本特点是电子的共有化。金属键是化学键的一种，主要在金属中存在，由自由电子及排列成晶格状的金属离子之间的静电吸引力组合而成。由于电子的自由运动，金属键没有固定的方向，因而是非极性键。金属键有金属的很多特性，例如，一般金属的熔点、沸点随金属键强度的增大而升高。金属键的强弱通常与金属离子的半径负相关，与金属内部自由电子的密度正相关。

图 1-4 是以金属键结合的材料内部原子核和电子的存在示意图。可以看出，处于凝聚状态的金属原子，将它们的价电子贡献出来，作为整个原子基体的共有电子。金属键本质上与共价键有类似的地方，只是此时其外层电子的共有化程度远大于共价键。这些共有化的电子也称为自由电子，自由电子组成电子云或电子气，在点阵的周期场中按量子力学规律运动。而失去了价电子的金属原子成为正离子，镶嵌在电子云中，并依靠与共有化的电子的静电作用而相互结合，这种结合方式就称为金属键。例如，铝原子失去它最外层的 3 个价电子，而成为由原子核和内层电子组成的带有 3 个正电荷的铝离子。

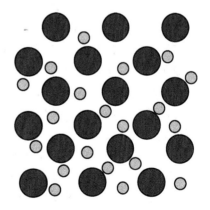

图 1-4　金属键示意图（深色代表金属原子，浅色代表自由电子）

由于失去的这些价电子不再固定于某一原子位置，所以以金属键结合的物质具有很好的导电性能。在外加电压作用下，这些价电子就会运动，并在闭合回路中形成电流。

金属键没有方向性，正离子之间改变相对位置并不会破坏电子与正离子间的结合，因而金属具有良好的塑性。同样，金属正离子被另外一种金属正离子取代也不会破坏结合键，这种金属之间溶解的能力也是金属的重要特性。此外，金属导电性、导热性、紧密排列以及金属正的电阻温度系数都直接起因于金属键结合。

在金属晶体中，自由电子做穿梭运动，它不专属于某个金属原子而为整个金属晶体所共有。这些自由电子与全部金属离子相互作用，从而形成某种结合，这种作用称为金属键。由于金属只有少数价电子能用于成键，金属在形成晶体时，倾向于构成极为紧密的结构，使每个原子都有尽可能多的相邻原子，这样，电子能级可以得到尽可能多的重叠，从而形成金属键。

1.2.2　离子键

离子键通过两个或多个原子或化学基团失去或获得电子而成为离子后形成。带相反电荷的离子之间存在静电作用，当两个带相反电荷的离子靠近时，表现为相互吸引，而电子和电子、原子核与原子核之间又存在静电排斥作用，当静电吸引与静电排斥作用达到平衡时，便形成离子键。因此，离子键是指阴离子与阳离子间通过静电作用形成的化学键。

离子既可以是单离子，如 Na^+、Cl^-；也可以由原子团形成，如 SO_4^{2-}、NO_3^- 等。它往往在金属与非金属间形成。失去电子的往往是金属元素的原子，而获得电子的往往是非金属元素的原子。通常，活泼金属与活泼非金属形成离子键，如钾、钠、钙等金属和氯、溴等非金属化合时，都能形成离子键。且仅当总体的能级下降的时候，反应才会发生。下降越多，形成的键越强。而在现实中，原子间并不形成"纯"离子键，所有的键都或多或少带有共价键的成分。成键原子之间电平均程度越高，离子键成分越低。

离子键的结合力很大，因此离子晶体的硬度高、强度大、热膨胀系数小，但脆性大。离子键中很难产生可以自由运动的电子，所以离子晶体都是良好的绝缘体。在离子键结合中，由于离子的外层电子束缚得比较牢固，可见光的能量一般不足以使其受激发，因而不吸收可见光，所以典型的离子晶体是无色透明的。Al_2O_3、MgO、TiO_2、$NaCl$ 等化合物都是离子键。大多数的盐、由碱金属或碱土金属形成的化合物、活泼金属氧化物都有离子键。含有离子键的化合物称为离子化合物。离子键与物体的熔沸点和硬度有关。

以钠与氯化合生成氯化钠为例，从原子结构看，钠原子最外电子层上有 1 个电子，容易失去；氯原子最外电子层有 7 个电子，容易得到 1 个电子。当钠原子与氯原子相遇时，钠原子失去最外层的 1 个电子，成为钠离子，带正电，氯原子得到钠失去的电子，成为带负电的氯离子，阴阳离子的异性电荷互相吸引，与原子核之间、电子之间的排斥作用达到平衡，形成了稳定的离子键，如图 1-5 所示。一般离子晶体中正负离子静电引力较强，结合牢固，因此其熔点和硬度均较高。另外，在离子晶体中很难产生自由运动的电子，因此它们都是良好的电绝缘体。但当处在高温熔融状态时，正负离子在外电场作用下可以自由运动，即呈现离子导电性。

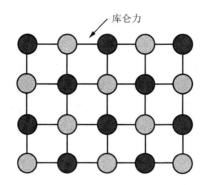

图 1-5　NaCl 离子键的示意图(深色代表带正电的钠离子，浅色代表带负电的氯离子)

1.2.3　共价键

两个或多个原子共同使用它们的外层电子，在理想情况下达到电子饱和的状态，由此组成比较稳定的化学结构称为共价键，或者说共价键是原子间通过共用电子对所形成的相互作用。其本质是原子轨道重叠后，高概率地出现在两个原子核之间的电子与两个原子核之间的电性作用。

共价键是两个或多个电负性相差不大的原子间通过共用电子对而形成的化学键。共价键键合的基本特点是核外电子云达到最大的重叠，形成"共用电子对"，有确定的方位，且配位数较小。

在共价键的形成过程中，每个原子所能提供的未成对电子数是一定的。一个原子的一个未成对电子与其他原子的未成对电子配对后，就不能再与其他电子配对，即每个原子能形成的共价键总数是一定的，这就是共价键的饱和性。共价键的饱和性决定了各种原子形成分子时相互结合的数量关系，是定比定律的内在原因之一。如图 1-6 所示的 SiO_2 便是固定比值。

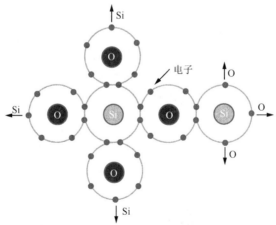

图 1-6　SiO_2 中硅(Si)和氧(O)原子间的共价键示意图

共价键在亚金属(碳、硅、锡、锗等)、聚合物和无机非金属材料中均占有重要地位。共价键晶体中各个键之间都有确定的方位，配位数比较小。共价键的结合极为牢固，故共价晶体具有结构稳定、熔点高、质硬脆等特点。共价形成的材料一般是绝缘体，其导电性能差。

1.2.4 范德瓦耳斯力

对于分子型物质，它们能够从气态转为液态，从液态转为固态，在这些过程中始终保持分子的基本单元不变，说明分子之间存在相互作用力，这种力称为范德瓦耳斯力，也称为分子间作用力。在物质的聚集态中，分子间存在的这种吸引力，作用能一般只有几千焦每摩尔至几十千焦每摩尔，比化学键的键能小 1～2 个数量级。它由三部分作用力组成：①当极性分子相互接近时，它们的固有偶极将同极相斥而异极相吸，定向排列，产生分子间作用力，称为取向力。偶极矩越大，取向力越大。②当极性分子与非极性分子相互接近时，非极性分子在极性分子固有偶极的作用下发生极化，产生诱导偶极，然后诱导偶极与固有偶极相互吸引而产生分子间作用力，称为诱导力。当然极性分子之间也存在诱导力。③非极性分子之间由于组成分子的正、负微粒不断运动，导致瞬间正、负电荷重心不重合，而出现瞬时偶极，这种瞬时偶极之间的相互作用力，称为色散力。分子质量越大，色散力越大。当然，在极性分子与非极性分子之间或极性分子之间也存在色散力。范德瓦耳斯力是存在于分子间的一种不具有方向性和饱和性、作用范围在几百皮米之间的力。它对物质的沸点、熔点、汽化热、熔化热、溶解度、表面张力、黏度等物理化学性质有决定性的影响。

1.2.5 氢键

氢键是一种特殊的分子间作用力。它是由氢原子同时与两个电负性很大而原子半径较小的原子(O、F、N 等)相结合而产生的比一般次价键大的键力，具有饱和性和方向性。氢键在高分子材料中特别重要。

1.3　高分子链结构

高分子结构包括高分子链结构和聚集态结构两方面。链结构又分近程结构和远程结构。近程结构属于化学结构，又称一级结构。远程结构又称二级结构，是指单个高分子的大小和形态、链的柔顺性及分子在各种环境中所采取的构象。单个高分子的构象有伸展链、折叠链、螺旋链、无规分子链等，如图 1-7 所示。

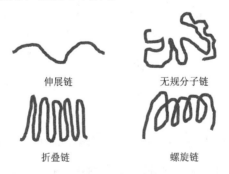

伸展链　　　　　　　无规分子链

折叠链　　　　　　　螺旋链

图 1-7　单个高分子的构象示意图

1.3.1 近程结构

(1)链结构单元的化学组成

单体通过聚合反应连接而成的链状分子称为高分子链。图1-8是聚乙烯单体的链结构。高分子中重复结构单元的数目称为聚合度。

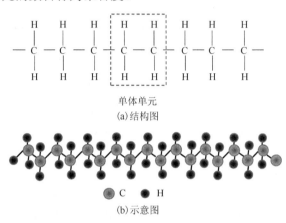

单体单元

(a)结构图

C ● H

(b)示意图

图1-8 聚乙烯单体单元和链结构

(2)分子结构

一般高分子都是线性的,如图1-9所示。分子链可以蜷曲成团,也可以伸展成直线。分子链是蜷曲成团还是伸展成直线取决于分子本身的柔顺性和外部条件。线型高分子的分子间没有化学键结合,在受热或受力情况下分子间可互相滑移,所以线型高分子可以溶解,加热时可以熔融,易于加工成型。

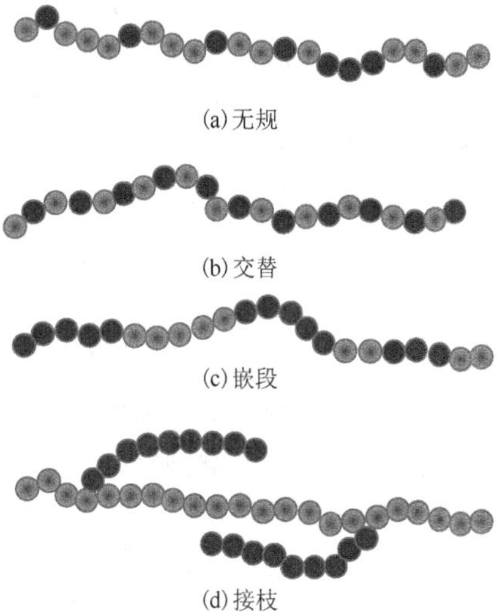

(3)共聚物的结构

由两种或两种以上单体单元所组成的高分子称为共聚物。不同的共聚物结构,对材料性能的影响也各不相同。聚乙烯、聚丙烯均为塑料,而丙烯含量较高的乙烯-丙烯无规共聚的产物则为橡胶。有时为了改善高分子的某种使用性能,往往采用几种单体进行共聚的方法,使产物兼有几种均聚物的优点。例如,ABS树脂是丙烯腈、丁二烯和苯乙烯的三元共聚物,它兼具三种组分的特性。

(a)无规

(b)交替

(c)嵌段

(d)接枝

图1-9 共聚物的示意图

(4)高分子链的构型

链的构型是指分子中由化学键所固定的几何排列,这种排列是稳定的。要改变构型必须经过化学键的断裂和重组。构型不同的异构体有旋光异构和几何异构两种。

1.3.2　远程结构

（1）高分子的大小

高分子的相对分子质量不是均一的，它实际上由结构相同、组成相同但相对分子质量不同的同系高分子的混合物聚集而成。低聚物转向高分子时，强度有规律地增大。但增长到一定的相对分子质量后，这种依赖性又变得不明显了，强度逐渐趋于一极限值。

（2）高分子的内旋转构象

构象是由于单键内旋转形成的分子在空间的不同形态，它在外力作用下很容易改变。单键由 δ 电子组成，线型高分子链中含有成千上万个 δ 键。由于分子上非键合原子之间的相互作用，单键内旋转一般是受阻的，即旋转时需要消耗一定的能量。高分子链的内旋转也如低分子，因受链上的原子或基团的影响不是完全自由的。它既表现出一定的柔性，又表现出一定的刚性。

（3）影响高分子链柔性的主要因素

高分子链能够改变其构象的性质称为柔性。高分子链柔性受到三个因素的影响。

主链结构的影响：主链结构对高分子链的柔性起决定性作用。一般主链中有 O、Si、N 等杂原子时，柔性提高；主链有芳环时，柔性降低；主链有双键时，柔性提高；主链有共轭双键时，柔性降低。

取代基的影响：取代基团的极性、取代基沿高分子链排布的距离、取代基在主链上的对称性和取代基的体积等对高分子链的柔性均有影响。极性越强，柔性越差；极性基团分布密度越高，柔性越差。

交联的影响：交联密度越大，高分子链的柔性越差。

除此之外，高分子链的长短和是否含有氢键等因素也会影响其柔性。

1.4　材料的晶体结构

为了便于对材料进行研究，常常将材料进行分类。如果按材料的状态进行分类，可以将材料分成晶态材料、非晶材料及准晶材料。因所有的晶态材料有共同的规律，近代晶体学知识就是为研究这些共同规律而必备的基础。同时为了研究非晶材料与准晶材料，也必须以晶体学理论作为基础。本节依托 AR 技术按内容需要制作模型，将教材中难以用文字表达清楚的内容进行展现，加深读者对教材内容的理解记忆。

1.4.1　空间点阵和晶胞

晶态材料是由质点在三维空间中按一定的规律重复堆砌而得到的。为了便于分析研究晶体中质点的排列规律，可先将实际晶体结构看成完整无缺的理想晶体并简化。将其中每个质点抽象为规则排列于空间的几何点，称为阵点。这些阵点在空间呈周期性排列并具有完全相同的环境。这种由阵点在三维空间规则排列的阵列称为空间点阵，简称点阵。

空间点阵是晶体中质点排列的几何学抽象，以下将介绍空间点阵和晶胞的选取。

(1)空间点阵

晶体物质由基本粒子在三维空间中重复堆垛而成。前面讲到物质可能由原子、分子或粒子等基本单元构成。如果说某一种材料是晶体,那么其基本的特征是:组成该材料的微观粒子(原子、分子、离子等)在三维空间做有规则的周期性排列。图 1-10(a)为实物的二维排列,如果把每一个六边形和它最近的正三角形抽象为一个点,则这个点为阵点(图 1-10(b))。多个阵点组成阵列则得到点阵,如图 1-10(c)所示。对于由原子构成的物质,则可能是单个原子抽象为一个阵点;对于由分子构成的物质,则可能是原子团抽象为阵点。由于晶体物质是基本粒子在三维空间中的重复堆垛,因此晶体结构中的点阵是三维点阵。

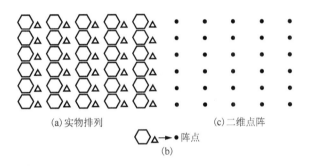

(a)实物排列　　　　　　　　(c)二维点阵

⬡△→●阵点

(b)

图 1-10　阵点和点阵的示意图

(2)晶胞

构成点阵最基本的单元称为晶胞。同一空间点阵可因选取方式不同而得到不同的晶胞,如图 1-11 所示。不同的物质可能也会得到相同的晶胞,如图 1-12 所示的单质铜和 NaCl 晶体,抽象为点阵之后,所得到的晶胞是相同的。一般地,在选取晶胞时,尽可能地选择存在直角的晶胞。

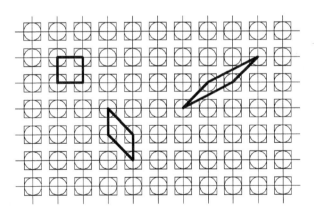

图 1-11　晶胞的选取

(3)晶格常数

为了描述晶胞的形状和大小,常采用平行六面体三条棱边的边长 a、b、c 及棱间夹角 α、β、γ 的 6 个点阵参数来表示,如图 1-13 所示。

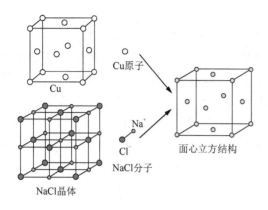

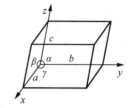

图 1-12 单质铜和 NaCl 晶体   图 1-13 晶胞和点阵矢量

根据 6 个点阵参数间的相互关系，可将全部空间点阵归属于 7 种类型，即 7 个晶系。按照每个阵点周围环境相同的要求，布拉维用数学方法推导出能够反映空间点阵全部特征的单位平面六面体只有 14 种，这 14 种空间点阵也称布拉维点阵。7 大晶系和 14 种布拉维点阵总结如表 1-1 所示。

表1-1 布拉维空间点阵表

布拉维点阵	晶系	布拉维点阵	晶系
简单三斜	三斜	简单六方	六方
简单单斜 底心单斜	单斜	简单菱方	菱方
简单正交 底心正交 体心正交 面心正交	正交	简单四方 体心四方	四方
		简单立方 体心立方 面心立方	立方

1.4.2 晶向指数和晶面指数

为了便于确定和区别晶体中不同方位的晶向与晶面，国际上通用密勒(Miller)指数来统一标定晶向指数与晶面指数。

（1）晶向指数

以晶胞的某一阵点 O 为原点，过原点 O 的晶轴为坐标轴 x、y、z，以晶胞点阵矢量的长度作为坐标轴的长度单位；过原点 O 作一直线 OP，如图 1-14 所示，使其平行于待定晶向；在直线 OP 上选取距原点 O 最近的一个阵点 P，确定 P 点的 3 个坐标值；将这 3 个坐标值化为最小整数 u, v, w，$[uvw]$ 即待定晶向的晶向指数。图 1-15 为立方晶系中部分晶向的晶向指数。

（2）晶面指数

在点阵中，把任意不在同一条直线上的三个阵点连起来，即可组成一个面，如图 1-16 所示。为了区分这些面，晶体学中常用晶面指数来表示。

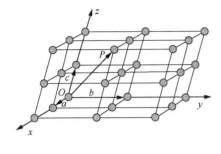

图 1-14 点阵矢量

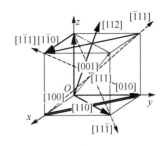

图 1-15 立方晶系中的部分晶向

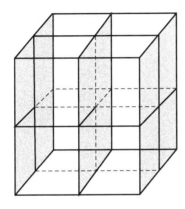 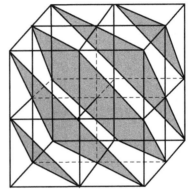

图 1-16 点阵中的面

在点阵中设定参考坐标系，设置方法与确定晶向指数时相同；求得待定晶面在三个晶轴上的截距。若晶面与某轴平行，则晶面在此轴上的截距为无穷大；若晶面与某轴负方向相截，则晶面在此轴上的截距为一负值；取各截距的倒数，将 3 个倒数化为互质的整数比，并加上圆括号，即表示该晶面的指数，记为 (hkl)。图 1-17 为立方晶系中的部分晶面的晶面指数。

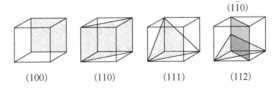

图 1-17 立方晶系中的部分晶面

晶面指数不仅代表某一晶面，而且代表一组相互平行的晶面。另外，晶体内的晶面间距和晶面上原子的分布完全相同，只是空间位向不同的晶面可以归并为同一晶面族，以 $\{hkl\}$ 表示，它代表由对称性相联系的若干组等效晶面的总和。

（3）六方晶系的晶向指数

六方晶系的晶向指数和晶面指数同样可以应用上述方法标定，这时取 a_1、a_2、c 为晶轴，而 a_1 轴与 a_2 轴的夹角为 $120°$，c 轴与 a_1、a_2 轴相垂直，如图 1-18 所示。但这种方法标定的晶面指数和晶向指数不能完全显示六方晶系的对称性。为了更好地表达其对称性，根据六方晶系的对称特点，对六方晶系采用 a_1、a_2、a_3 及 c 四个晶轴，a_1、a_2、a_3 之间的夹角均为 $120°$，这样，其晶面指数就以 $(hkil)$ 四个指数来表示。根据几何学可知，三维空间独立的坐标轴最多不超过三个。前三个指数中只有两个是独立的，它们之间存在以下关系：$i=-(h+k)$。采用四轴坐标时，晶向指数的确定原则仍同前述，晶向指数可用$[uvtw]$来表示，其中$u+v=-t$。

（4）六方晶系的晶面指数

同样，在六方晶系的四轴坐标中，采用立方晶系中确定晶面指数的步骤，可以得到六方晶系的晶面指数。图1-19是六方晶系中的部分晶面指数。

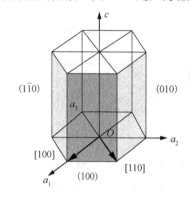

图1-18　六方晶系中的轴

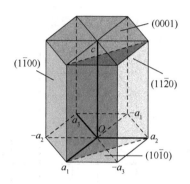

图1-19　六方晶系中的部分晶面

（5）晶带

所有平行或相交于同一直线的晶面构成一个晶轴，此直线称为晶带轴。属此晶带的晶面称为晶带面。晶带轴$[uvw]$与该晶带的晶面(hkl)之间存在以下关系：$hu+kv+lw=0$。凡满足此关系的晶面都属于以$[uvw]$为晶带轴的晶带，故此关系式也称为晶带定律。

（6）晶面间距

由晶面指数还可求出面间距d_{hkl}。通常，低指数的面间距较大，而高指数的面间距则较小。

1.4.3　三种典型的晶体结构

三种典型的晶体结构是面心立方结构（A_1或FCC）、体心立方结构（A_2或BCC）和密排六方结构（A_3或HCP）三种。这三种晶体结构根据以下三种特征进行区别：晶胞中的原子数；点阵常数与原子半径；配位数和致密度。

1. 体心立方结构

体心立方结构是立方体中的8个顶角各有1个原子、立方体中间有1个原子的结构模式，其钢球模型及晶胞示意图如图1-20所示。

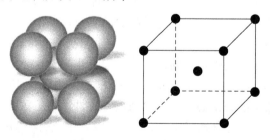

图1-20　体心立方结构的钢球模型与晶胞

(1)晶胞中的原子数

体心立方晶体每个角上的原子只有 1/8 属于这个晶胞，晶胞的中心原子完全属于这个晶胞，所以体心立方晶胞中的原子数为 $8 \times 1/8 + 1 = 2$。

(2)原子半径

原子沿立方体对角线紧密接触。设晶格常数为 a，则立方体对角线长度为 $\sqrt{3}a$，等于 4 个原子半径，所以体心立方晶胞中的原子半径 $r = \left(\sqrt{3}/4\right)a$。

(3)配位数

配位数是指晶体结构中与任意一个原子最近的原子数目。体心立方结构的配位数为 8。

(4)致密度

体心立方结构的致密度为

$$k = \frac{nV_1}{V} = \frac{2 \times \frac{4}{3}\pi r^3}{a^3} = \frac{2 \times \frac{4}{3}\pi \left(\dfrac{\sqrt{3}a}{4}\right)^3}{a^3} \approx 0.68$$

(5)原子密排面和密排方向

密排面：（110）。

密排方向：[111]。

2. 面心立方结构

面心立方结构是立方体中的 8 个顶角各有 1 个原子、6 个面的中心各有 1 个原子的结构模式，其钢球模型和晶胞结构如图 1-21 所示。

(1)晶胞中的原子数

面心立方晶体每个角上的原子只有 1/8 属于这个晶胞，6 个面中心的原子只有 1/2 属于这个晶胞，所以面心立方晶胞中的原子数为 $8 \times 1/8 + 6 \times 1/2 = 4$。

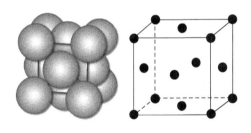

图 1-21　面心立方结构的钢球模型与晶胞

(2)原子半径

在面心立方晶胞中，只有沿着晶胞 6 个面的对角线方向的原子是互相接触的。面对角线的长度为 $\sqrt{2}a$，它与 4 个原子半径的长度相等，所以面心立方晶胞的原子半径 $r = \sqrt{2}a/4$。

(3)配位数

配位数是指晶体结构中与任意一个原子最近的原子数目。面心立方结构的配位数为 12。

(4)致密度

面心立方结构的致密度为

$$k = \frac{nV_1}{V} = \frac{4 \times \frac{4}{3}\pi r^3}{a^3} = \frac{4 \times \frac{4}{3}\pi \left(\dfrac{\sqrt{2}a}{4}\right)^3}{a^3} \approx 0.74$$

(5)原子密排面和密排方向

密排面：（111）。

密排方向：[110]。

3. 密排六方结构

密排六方结构的钢球模型及晶胞如图 1-22 所示。

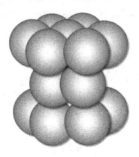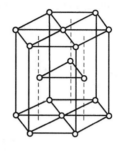

图 1-22　密排六方结构的钢球模型及晶胞

（1）晶胞中的原子数

在密排六方结构中，六方柱每个角上的原子为 6 个晶胞所共有，上、下底面中心的原子为 2 个晶胞所共有，再加上晶胞内的 3 个原子，故晶胞中的原子数为 $12 \times 1/6 + 2 \times 1/2 + 3 = 6$。

（2）原子半径

在密排立方晶胞中，从上、下底面可以看出，2 个原子半径即等于晶格常数，所以原子半径 $r = a/2$。

（3）配位数

配位数是指晶体结构中与任意一个原子最近的原子数目。密排六方结构的配位数为 12。

（4）致密度

密排六方结构的致密度为

$$k = \frac{nV_1}{V} = \frac{6 \times \frac{4}{3}\pi r^3}{a^3} = \frac{6 \times \frac{4}{3}\pi \left(\frac{a}{2}\right)^3}{3\sqrt{2}a^3} \approx 0.74$$

（5）原子密排面和密排方向

密排面：（0001）。

密排方向：[1120]。

1.4.4　晶体的原子堆垛方式和间隙

原子密排面在空间一层一层平行地堆垛起来就分别构成上述三种晶体结构。面心立方结构和密排六方结构的致密度均为 0.74，是纯金属中最密集的结构。金属晶体存在许多间隙，这种间隙对金属的性能、合金的相结构、扩散和相变等都有重要影响。

1. 原子堆垛方式

可以用钢球模型来理解原子在三维空间中的堆垛方式。钢球模型中，假设每一个原子都是一个刚性球，忽略电子云的存在，即堆垛时假设原子之间是理想的边界接触。这样，便可以把每一个原子简化为一个小球，同一种原子构成的物质便可以看成一系列等径球的排列。图 1-23 是等径球的密堆结构示意图。第一层 A 位置的堆垛中，所有原子都紧密堆在一起，每三个原子之间产生一个空隙，这种空隙位置分为两类，标记为 B 和 C。现在，在第一层的基础上，堆积第二层。由于 A 层原子紧密堆垛，第二层可以排 B 或 C 位置，但是不能 B 和 C 同时排列，即要么第二层排 B 位置，要么排 C 位置。

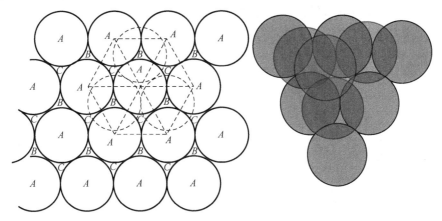

图 1-23 等径球的密堆结构

如果第二层排 B 位置，如图 1-23 所示，在排第三层时，每三个 B 位原子之间又产生了一个空隙位置，同样，这样的空隙位置也分两类，其中一类处于 A 位，另一类处于 C 位。如果第三层排在 C 位，则在三维空间中重复堆垛的顺序为…$ABCABCABC$…；如果第三层排 B 位置，则在三维空间中产生了…$ABABAB$…的重复堆垛，产生的密堆结果如图 1-24 所示。

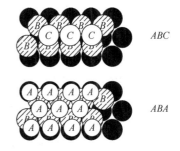

图 1-24 密堆方式

如果是…$ABCABCABC$…的密堆方式，那么密堆方向是[110]，密堆面是(111)，如图 1-25 所示。堆垛经抽象为点阵之后，恰好是面心立方结构。如果是…$ABABAB$…的密堆方式，则得到的是密排六方结构，如图 1-26 所示。

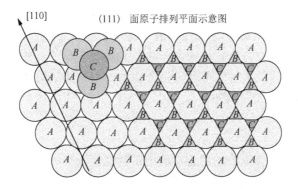

图 1-25 …$ABCABC$…的密堆结构

前面提到的是密堆结构，即原子之间的排列是最紧密排列。当然，实际晶体中也有一些并不是密堆结构。如图 1-27 所示的堆垛方式便是非密堆结构。可以看到，在这样的堆垛方式中，A 层所在的原子层里面每 4 个原子之间有一个空隙，把空隙标记为 B 位；第二层堆垛在 B 位，则三维空间中形成了 $\cdots ABABAB \cdots$ 的重复堆垛，这种 $\cdots ABABAB \cdots$ 的密堆方式跟前面提到的 $\cdots ABABAB \cdots$ 密堆方式虽然表达方式上一样，但是堆垛实际情况不一样，这种非密堆的 $\cdots ABABAB \cdots$ 结构便是体心立方结构。

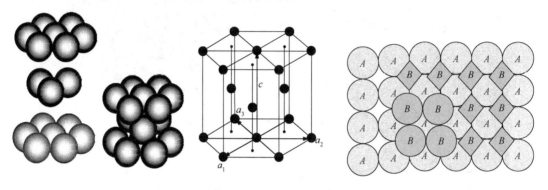

图 1-26　$\cdots ABABAB \cdots$ 的密堆结构　　　　　图 1-27　非密堆结构

2. 晶体中的间隙

在原子的堆垛中，假设原子是刚性球，即原子不能发生任意的压扁等现象，则这种刚性球堆垛成的晶体模型中必然是有间隙的。在实际晶体中，原子不可能发生任意的压扁以至于 100% 填满所有间隙，因此，实际晶体中也是必然存在间隙的。近代物理学以及晶体学很多事实已经说明了这一结果，在这里不再赘述。

间隙的存在对材料有很重要的意义，例如，在热处理时，间隙可能是原子扩散的载体之一；在材料的强化中，小半径的原子可以跑到晶格的间隙中，构成固溶强化，也可以说，没有间隙就没有固溶强化。

1.4.5　多晶型结构

有些固态金属在不同的温度和压力下具有不同的晶体结构，即具有多晶型性材料由于多晶型性转变的产物称为同素异构体。例如，铁在 912℃ 以下为体心立方结构，称为 α-Fe；在 912～1394℃ 具有面心立方结构，称为 γ-Fe；1394℃ 至熔点又变成体心立方结构，称为 δ-Fe。由于不同晶体结构的致密度不同，当金属由一种晶体结构变为另一种晶体结构时，将伴随质量体积的跃变即体积的突变。

1.4.6　合金相结构

虽然纯金属在工业中有重要的用途，但由于其强度低等缺点，工业上广泛使用的金属材料绝大多数是合金。合金是指由两种或两种以上的金属或金属与非金属经熔炼、烧结或其他方法组合而成并具有金属特性的物质。组成合金的基本独立物质称为组元。组元可以是金属和非金属元素，也可以是化合物。

固态下所形成的合金相基本上可分为固溶体和中间相两大类。

1. 固溶体

固溶体是以某一组元为溶剂，在其晶体点阵中溶入其他组元原子(溶质原子)所形成的均匀混合的固态溶体，它保持着溶剂的晶体结构类型。

(1)置换固溶体

当溶质原子溶入溶剂中形成固溶体时，溶质原子占据溶剂点阵的阵点，或者说溶质原子置换了溶剂点阵的部分溶剂原子，如图1-28所示，这种固溶体就称为置换固溶体。金属元素彼此之间一般都能形成置换固溶体，但固溶度视不同元素而异，有些能无限固溶，有些只能有限固溶。影响固溶度的因素很多，主要取决于四个因素：①晶体结构；②原子尺寸；③化学亲和力(电负性)；④原子价。

(2)间隙固溶体

溶质原子分布于溶剂晶格间隙而形成的固溶体称为间隙固溶体，其结构如图1-29所示。由于间隙位置有限，固溶原子的固溶度是有限的。

(3)固溶体的微观不均匀性

事实上，完全无序的固溶体是不存在的。可以认为，在热力学上处于平衡状态的无序固溶体中，溶质原子的分布在宏观上是均匀的，但在微观上并不均匀。在一定条件下，它们甚至会呈规则分布，形成有序固溶体。这时溶质原子存在于溶质点阵中的固定位置上，每个晶胞中的溶质和溶剂原子之比也是一定的。有序固溶体的点阵结构有时也称超结构。

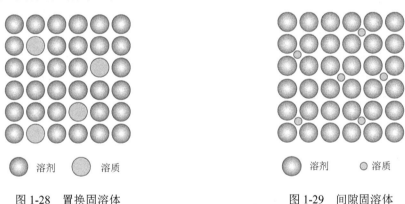

图1-28　置换固溶体　　　　　　　　图1-29　间隙固溶体

(4)固溶体的性质

和纯金属相比，溶质原子的溶入导致固溶体的点阵常数改变，产生固溶强化，力学性能、物理和化学性能也产生了不同程度的变化。

2. 中间相

中间相也称为金属间化合物，它可以是单纯的化合物，也可以是以化合物为基的固溶体(第二类固溶体或称二次固溶体)。中间相通常可用化合物的化学分子式表示。大多数中间相中，原子间的结合方式属于金属键与其他典型键(如离子键、共价键和分子键)相混合的一种结合方式。因此，它们都具有金属性。

中间相由于原子键合和晶体结构的多样性，使得化合物具有许多特殊的物理、化学性能。这种现象已日益受到人们的重视，不少金属间化合物特别是超结构已作为新的功能材料和耐热材料得到开发和应用，具体分类如下。

① 具有超导性质的金属间化合物，如 Nb_3Ge、Nb_3Al、Nh_3Sn、V_3Si、NbN 等。

② 具有特殊电学性质的金属间化合物，如 InTe-PbSe、GaAs-ZnSe 等作半导体材料用。

③ 具有强磁性的金属间化合物，如稀土元素(Ce、La、Sm、Pr、Y 等)和 Co 的化合物具有特别优异的永磁性能。

④ 具有奇特吸、释氢本领的金属间化合物(常称为储氢材料)，如 $LaNi_5$、$FeTi$、R_2Mg_{17} 和 $R_2Ni_2Mg_{15}$(R 仅代表稀土 La、Ce、Pr、Nd 或混合稀土)，是很有前途的储能和换能材料。

⑤ 具有耐热特性的金属间化合物，如 Ni_3Al、$NiAl$、$TiAl$、Ti_3Al、$FeAl$、Fe_3Al、$MoSi_2$、$NbBe_{12}$、$ZrBe_{12}$ 等，不仅具有很好的高温强度，并且在高温下具有比较好的塑性。

⑥ 耐蚀的金属间化合物，如某些金属的碳化物、硼化物、氮化物和氧化物等在侵蚀介质中仍很耐蚀。若表面涂覆耐蚀的金属间化合物，可明显提高被涂覆件的耐蚀性能。

⑦ 具有形状记忆效应、超弹性和消振性的金属间化合物，如 TiNi、CuZn、CuSi、MnCu、Cu_3Al 等，已在工业上得到应用。

1.4.7　离子晶体结构

陶瓷材料属于无机非金属材料，是由金属与非金属元素通过离子键或兼有离子健和共价键的方式结合起来的。陶瓷的晶体结构大多属离子晶体。

1. 离子晶体的结构规则

(1)负离子配位多面体规则

在离子晶体中，正离子的周围形成一个负离子配位多面体，正负离子间的平衡距离取决于离子半径之和，而正离子的配位数则取决于正负离子的半径比，这是鲍林第一规则。将离子晶体结构视为由负离子配位多面体按一定方式连接而成，则正离子处于负离子多面体的中央，配位多面体才是离子晶体的真正结构基元。在离子晶体中，正离子的配位数通常为4和6，但也有少数为3、8、12。

(2)电价规则

在一个稳定的离子晶体结构中，每个负离子的电价 Z 等于或接近等于与之相邻接的各正离子静电强度 S 的总和，这就是鲍林第二规则，也称电价规则。

(3)负离子多面体共用顶、棱和面的规则

鲍林第三规则指出，在一配位结构中，共用棱特别是共用面的存在会降低这个结构的稳定性。对于电价高、配位数低的正离子来说，这个效应尤为显著。

(4)不同种类正离子配位多面体间连接规则

鲍林第四规则认为，在含有一种以上正负离子的离子晶体中，一些电价较高、配位数较低的正离子配位多面体之间，有尽量互不结合的趋势。

(5)节约规则

鲍林第五规则指出，在同一晶体中，同种正离子与同种负离子的结合方式应最大限度地趋于一致。因为在一个均匀的结构中，不同形状的配位多面体很难有效堆积在一起。

2. 典型的离子晶体结构

离子晶体按其化学组成分为二元化合物和多元化合物。其中二元化合物中主要包括 AB 型、AB_2 型和 A_2B_3 型化合物；多元化合物中主要有 ABO_3 型和 AB_2O_4 型，本节简要介绍 AB 型、AB_2 型化合物的晶体结构。

1) AB 型化合物结构

（1）CsCl 型结构

CsCl 晶体结构如图 1-30 所示。在这种晶体结构中，离 Cs^+ 的最近的是 8 个 Cl^-，而离 Cl^- 最近的是 8 个 Cs^+。

（2）NaCl 型结构

NaCl 结构如图 1-31 所示，其又称岩盐型结构，属于等轴晶系、AB 型化合物结构类型之一，其中阴离子 B 排列成立方密堆积，阳离子 A 填充在阴离子构成的八面体空隙中。NaCl 晶体中，Na^+ 的最近邻是 6 个 Cl^-，Cl^- 的最近邻则是 6 个 Na^+。A 和 B 的配位数均为 6。

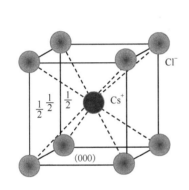

图 1-30　CsCl 结构的立方晶胞

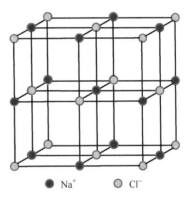

图 1-31　NaCl 晶体结构

（3）立方 ZnS 型结构

立方 ZnS 型结构又称闪锌矿结构，其结构如图 1-32 所示，属于等轴晶系、AB 型化合物结构类型之一。晶体结构中 B 原子呈立方密堆积，A 原子填充在 B 原子构成的四面体空隙中。A、B 原子的配位数均为 4。A-B 原子间为共价键联系。

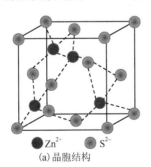

(a) 晶胞结构

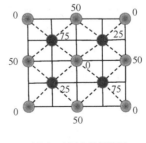

(b) (001) 面上的投影图

图 1-32　立方 ZnS 型结构

属立方 ZnS 型结构的物质有亚铜的卤化物，铍的氧化物，硼、铝、镓和铟的磷化物，砷化物和锑化物，以及碳化硅、单质碳和单质硅等。其中 III-V 族和 II-VI 族化合物是重要的半导体材料。单质硅是最成熟的半导体。

2) AB_2 型化合物结构

（1）CaF_2（萤石）结构

CaF_2 晶体属立方晶系，面心立方结构，其结构如图 1-33 所示。F 离子填充在 8 个小立方体中心，8 个四面体全被占据，八面体全空，有 $1+12\times1/4=4$ 个八面体空隙。

（2）TiO_2（金红石）结构

这种结构是二氧化钛多晶型中的一种，属四方晶系，其结构如图 1-34 所示。其中阴离子 A（如 O^{2-}）作近似六方密堆积，阳离子 B（如 Ti^{4+}）填充在由阴离子构成的八面体空隙中的半数。A-B 间为离子键联系，其配位数分别为 6 和 3。这类化合物中离子半径比 R^+/R^- 大多数在 $0.414\sim0.732$。

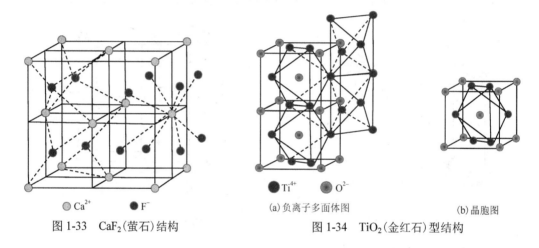

图 1-33　CaF_2（萤石）结构　　　　图 1-34　TiO_2（金红石）型结构

1.4.8　硅酸盐的晶体结构

硅酸盐晶体是构成地壳的主要矿物，它们也是制造水泥、陶瓷、玻璃、耐火材料的主要原料。硅酸盐的成分复杂，结构形式多种多样。但硅酸盐的结构主要由三部分组成：一部分是由硅和氧按不同比例组成的各种负离子团，称为硅氧骨干，这是硅酸盐的基本结构单元；另外两部分为硅氧骨干以外的正离子和负离子。

共价晶体结构：元素周期表中IV、V、VI族元素及许多无机非金属材料和聚合物都是共价键结合。共价晶体的共同特点是配位数服从 $8-N$ 规则，N 为原子的价电子数，这就是说结构中每个原子都有 $8-N$ 个最近邻的原子。共价晶体最典型代表的是金刚石型结构，如图 1-35 所示。

（a）共价键结构　　　（b）晶胞结构

图 1-35　金刚石型结构

金刚石是碳的一种结晶形式。这里，每个碳原子均有 4 个等距离（0.154nm）的最近邻原子，全部按共价键结合，符合 $8-N$ 规则。其晶体结构属于复杂的面心立方结构，碳原子除按通常的面心立方排列外，立方体内还有 4 个原子，它们的坐标分别为(1/4,1/4,1/4)、(3/4,3/4,1/4)、(3/4,1/4,3/4)、(1/4,3/4,3/4)，相当于晶内其中 4 个四面体间隙中心的位置，故晶胞内共含 8 个原子。实际上，该晶体结构可视为两个面心立方晶胞沿体对角线相对位移 1/4 距离穿插而成。

1.4.9 聚合物的晶体结构

聚合物聚集体结构分为晶体结构和非晶体(无定形)结构两种类型，且有两个不同于低分子物质聚集态的明显特点：聚合物晶态总是包含一定量的非晶相；聚合物聚集态结构不但与大分子链本身的结构有关，而且强烈地依赖于外界条件，如温度对结晶过程有很大影响，应力也可加速结晶。

（1）聚合物的晶体形态

聚合物的晶体形态主要有单晶、片晶、球晶、树枝状晶、孪晶、纤维状晶和串晶等。

（2）聚合物晶体结构的模型

聚合物的晶体结构主要有樱状微束模型、折叠链模型、伸直链模型、串晶结构模型、球晶结构模型和 Hosemann 模型。

（3）聚合物晶体的晶胞结构

聚合物结晶可以形成除立方晶系之外其他六种晶系的晶胞。

聚合物结晶具有各向异性。当高分子链凝聚成三维远程有序的晶体时，晶体的三维尺寸主要由分子链的构型和构象所决定。晶体结构中分子链以能量和空间位置上有利的构象，有规则地排列、堆砌起来。完全伸展的平面锯齿链是能量上有利的构象，大小不同的取代基常引起链的扭曲，甚至必须采取螺旋形式的构象。图 1-36 和图 1-37 分别为聚乙烯和尼龙类的晶体结构示意图。

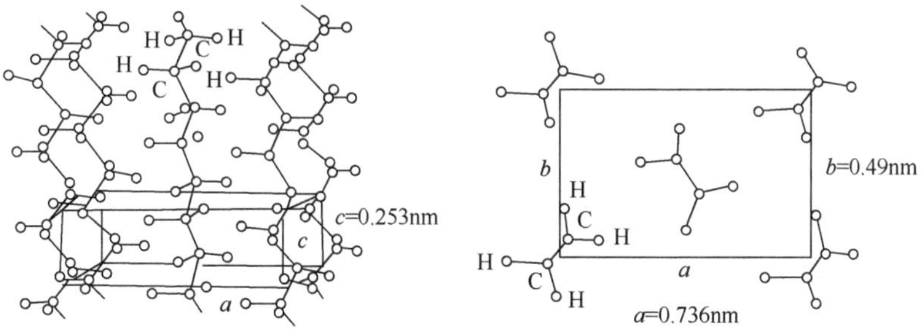

图 1-36 聚乙烯的晶体结构

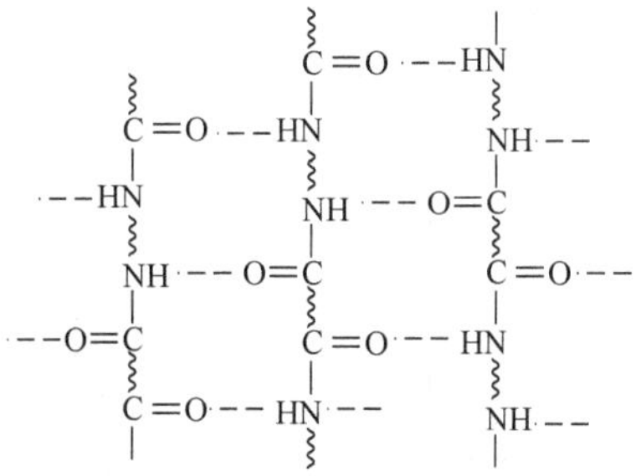

图 1-37 尼龙类的晶体结构

1.4.10 非晶体结构

晶体结构的基本特征是原子在三维空间呈周期性排列，即存在长程有序；而非晶体中的原子排列却无长程有序的特点。非晶态物质包括玻璃、凝胶、非晶态金属和合金、非晶态半导体、无定形碳及某些聚合物等。

玻璃包括非晶态金属和合金(也称金属玻璃)，实际上是从一种过冷状态液体中得到的产物。金属材料由于其晶体结构比较简单，且熔融时的黏度小，冷却时很难阻止结晶过程的发生，故固态下的金属大多为晶体；但如果快速冷却，能阻止某些合金的结晶过程，此时，过冷液态的原子排列方式保留至固态，原子在三维空间则不呈周期性的规则排列。随着现代材料制备技术的发展，蒸镀、溅射、激光、溶胶-凝胶法和化学镀法也可以获得玻璃相与非晶薄膜材料。

陶瓷材料晶体一般比较复杂。尽管大多数陶瓷材料可进行结晶，但也有一些是非晶体，这主要是指玻璃和硅酸盐结构。高聚物也有晶态和非晶态之分。大多数聚合物容易得到非晶态结构，结晶只起次要作用。

思考与练习

1. 试解释金属键为什么没有明显的方向性和饱和性。

2. 组成固溶体的两组元完全互溶的必要条件是什么？

3. 下图中表示的晶向指数是_____，晶面指数是_____。

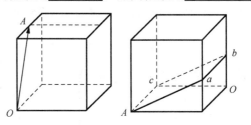

4. 试画出立方晶系中具有下列密勒指数的晶面：(010)、(110)、(121)、(312)晶面。

5. 试画出立方晶系中具有下列密勒指数的晶向：$[111]$、$[123]$、$[110]$和$[211]$晶向。

6. 画出立方晶系中具有下列密勒指数的晶面和晶向：$(2\bar{1}\bar{1})$、$(3\bar{3}1)$晶面和$[1\bar{1}3]$、$[12\bar{3}]$晶向。

7. 画出立方晶系中具有下列密勒指数的晶面和晶向：(112)、(110)晶面和$[10\bar{1}]$、$[0\bar{1}1]$晶向。写出下列各图中所标的晶面或晶向指数。

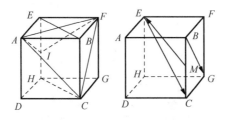

8. 画出立方晶系中具有下列密勒指数的晶面和晶向：$(\overline{2}01)$、$(12\overline{2})$ 晶面和 $[10\overline{1}]$、$[02\overline{1}]$ 晶向。写出下列各图中所标的晶面或晶向指数。

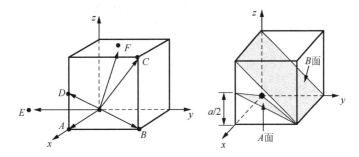

9. 写出下列各图中所标的晶面或晶向指数，并在图中画出 $(1\overline{1}2)$ 晶面和 $[11\overline{2}]$ 晶向。

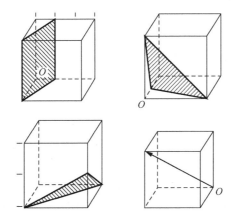

10. 试计算面心立方晶体的晶格致密度。

第2章 金属材料

放眼我们生活的世界，大到飞机、坦克、船舶，小到手机、眼镜、订书针，无不充斥着金属材料的身影。金属材料的应用与人类社会的进步有着重要的关系。石器时代之后，便迎来了铜器时代、铁器时代，铜器时代与铁器时代均以金属材料的应用为其时代的显著标志。到现代，种类繁多的金属材料已成为人类社会发展的重要物质基础。金属材料在人类生产、生活中扮演着重要的角色，是建筑、机械、航空航天、电力等行业的重要生产材料，为人类的发展作出了卓越的贡献。

金属材料有较高的强度，能够承受较大的应力，是应用最广泛的结构材料，到目前为止尚没有任何一种材料能够取代金属材料的位置。金属材料延展性好，能够经各种加工成形方式制成各式各样的产品，满足人类生产生活需要。

2.1 金属材料及其分类

金属材料是指金属元素或以金属元素为主构成的具有金属特性的材料统称，包括纯金属、合金、金属间化合物和特种金属材料等。

金属材料通常分为黑色金属、有色金属和特种金属材料。

黑色金属又称钢铁材料，包括杂质总含量小于 0.2% 及含碳量不超过 0.0218% 的工业纯铁、含碳量为 0.0218%～2.11% 的钢、含碳量大于 2.11% 的铸铁。广义的黑色金属还包括铬、锰及其合金。

有色金属是指除铁、铬、锰以外的所有金属及其合金，通常分为轻金属、重金属、贵金属、半金属、稀有金属和稀土金属等。有色合金的强度和硬度一般比纯金属高，并且电阻大、电阻温度系数小。

特种金属材料包括不同用途的结构金属材料和功能金属材料。其中有通过快速冷凝工艺获得的非晶态金属材料，以及准晶、微晶、纳米晶金属材料等；还有隐身、抗氢、超导、形状记忆、耐磨、减振阻尼等特殊功能合金以及金属基复合材料等。

2.2 金属的晶体结构

2.2.1 纯金属的晶体结构

固态物质按其原子的聚集状态可分为两大类：晶体和非晶体。晶体指的是材料的原子(离子、分子)在三维空间呈规则的周期性排列的物体，如金刚石、水晶、金属等。非晶体指的是材料的原子(离子、分子)在三维空间无规则排列的物体，如松香、石蜡、玻璃等。在一定的条件下，晶体和非晶体可以互相转化。晶体结构是晶体中原子(离子或分子)规则排列的方式。晶格是假设通过原子结点的中心划出许多空间直线所形成的空间格架。能反映晶格特征的最小组成单元称为晶胞。晶格常数指的是晶胞的三个棱边的长度 a、b、c 以及轴间夹角 α、β、γ。

金属最常见的结构为体心立方、面心立方和密排六方三种。

① 体心立方结构，8 个原子处于立方体的角上，1 个原子处于立方体的中心，如图 2-1 所示。常见金属有 α-Fe、δ-Fe、Cr、W、Mo、V、Nb 等。

(a)刚性小球模型　　　　(b)质点模型　　　　(c)晶胞原子数

图 2-1　体心立方结构示意图

② 面心立方结构，原子分布在立方体的 8 个角上和 6 个面的中心，如图 2-2 所示。常见金属有 γ-Fe、Ni、Al、Cu、Pb、Au 等。

(a)刚性小球模型　　　　(b)质点模型　　　　(c)晶胞原子数

图 2-2　面心立方结构示意图

③ 密排六方结构，12 个原子分布在六方体的 12 个角上，上下底面中心各分布 1 个原子，上、下底面之间均匀分布 3 个原子，如图 2-3 所示。常见金属有 Mg、Cd、Zn、Be 等。

 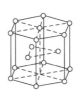 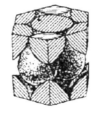

(a)刚性小球模型　　　　(b)质点模型　　　　(c)晶胞原子数

图 2-3　密排立方结构示意图

2.2.2 合金的晶体结构

为了更好地认识合金及其结构，首先理解合金、组元、相、组织等概念。

(1)合金

合金是以一种金属为基础，加入其他金属或非金属，经过熔合而获得的具有金属特性的材料，即合金是由两种或两种以上的元素所组成的金属材料。例如，工业上广泛应用的钢铁材料就是铁和碳组成的合金；普通黄铜是铜与锌组成的合金。合金除具备纯金属的基本特性外，还兼有优良的力学性能与特殊的物理、化学性能。

(2)组元

组成合金最简单的、最基本的、能够独立存在的元素称为组元，简称元。组元一般是指元素，但有时稳定的化合物也可以作为组元，如 Fe_3C、Al_2O_3 等。合金按组元的数目可分为二元合金、三元合金及多元合金。例如，黄铜是由铜和锌组成的二元合金；硬铝是铝、铜和镁三种元素组成的三元合金；熔丝是锡、铋、镉、铅四种元素组成的四元合金等。

(3)合金系

由两个或两个以上组元按不同比例配制成一系列不同成分的合金，这一系列合金构成一个合金系统，简称合金系。例如，黄铜属于由铜和锌组成的二元合金系。

(4)相

合金中具有同一化学成分、同一结构形式并以界面分开的各个均匀组成部分称为相。例如，均匀的液体称为单相，液相和固相同时存在则称为两相。纯铁在不同温度下可以出现不同的相：液相、δ-铁相、γ-铁相和 α-铁相。

一般地，不同的相经过腐蚀介质腐蚀之后，由于耐腐蚀程度不一样，在显微镜条件下会呈现出不同的颜色。图 2-4 为纯镁的金相图。从图 2-4 中可以看出，除了极少数的杂质黑点(或腐蚀缺陷)，图中只有一种相。图 2-5 所示的 Dy-Sb 二元合金则明显地存在灰色和白色两种相，经过能谱分析会发现它们分别是 Dy-Sb 金属间化合物和 Sb 单质。图 2-6 所示的 Dy-Sb-Al 三元合金金相图中出现了灰色、白色以及黑色三种相。

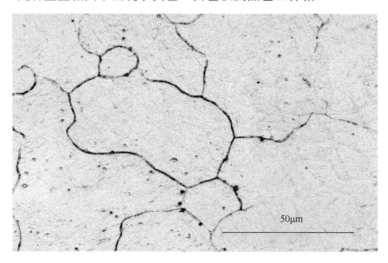

图 2-4　纯镁金相图

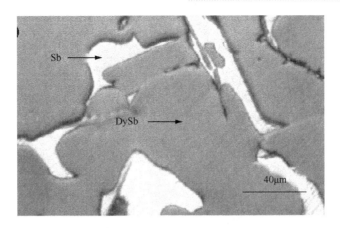

图 2-5　Dy-Sb 二元合金金相图

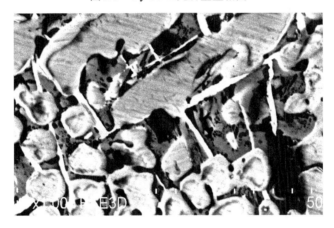

图 2-6　Dy-Sb-Al 三元合金金相图

（5）组织

借助于金相显微镜等工具能够观察到的形态，称为组织。纯金属的组织是由一个相组成的，合金的组织可以由一个相或多个相组成。

组织是由相的存在形式、相对百分含量等条件确定的。图 2-7 是未完全球化的球墨铸铁，它的组织是由黑色的球状石墨、白色的铁素体基体以及黑白相间的片层状珠光体构成的。完全退火态的球墨铸铁组织则大不一样，如图 2-8 所示。由图 2-8 可以看出，完全球化的铸铁的组织是由白色的铁素体和球状石墨构成的。这里，铁素体和石墨是两种相。图 2-9 为退火态 20#钢的显微组织。它是由白色的铁素体基体和黑色的珠光体构成的。这里，铁素体是一个相，珠光体则是由铁素体和渗碳体构成的机械混合物，它是一种组织，但是由两个相构成。当碳含量增加到 0.45% 时，如图 2-10 所示的 45#钢组织，珠光体相对含量明显地增加，且部分片层状珠光体变成了粒状珠光体。再如图 2-11 所示的 GGr$_{15}$ 显微组织，虽然也是铁素体+珠光体的组织，但是珠光体几乎都已经变成粒状珠光体，只有极少数的片层状珠光体存在，它是由球化不良导致的。

可以看出，相的存在状态或者百分含量不一样，合金的组织会有较为明显的差别，进而导致材料的性能也不一样。

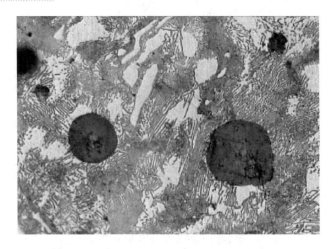

图 2-7　球墨铸铁显微组织(铁素体+珠光体+球状石墨)

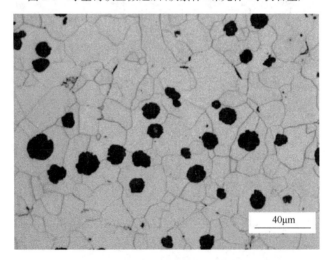

图 2-8　退火态球墨铸铁显微组织(铁素体+球状石墨)

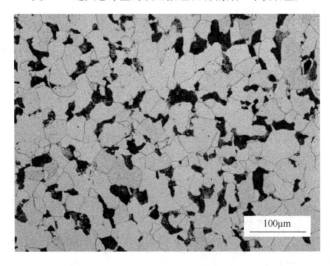

图 2-9　20#钢显微组织(铁素体+珠光体)

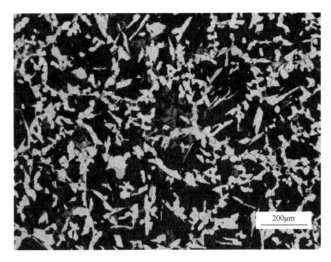

图 2-10 45#钢显微组织(铁素体+珠光体)

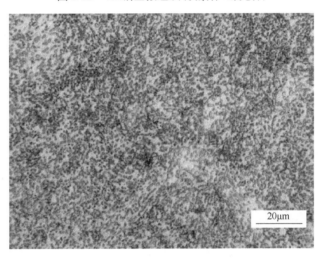

图 2-11 GGr$_{15}$ 显微组织(铁素体+珠光体)

通常把合金中相的晶体结构称为相结构,而把在金相显微镜下观察到的具有某种形态或形貌特征的组成部分总称为组织。所以合金中的各种相是组成合金的基本单元,而合金组织则是合金中各种相的综合体。

一种合金的力学性能不仅取决于它的化学成分,更取决于它的显微组织。通过对金属进行热处理可以在不改变其化学成分的前提下改变其显微组织,从而达到调整金属材料力学性能的目的。

2.3　金属的晶体缺陷

实际金属的结构中存在许多不同类型的缺陷,按几何特征可以分为点缺陷、线缺陷和面缺陷。图 2-12 和图 2-13 是点缺陷的示意图,它们在三维尺度上都很小,是不超过几个原子直径的缺陷,包括空位、间隙原子、置换原子。当晶格中某些原子由于某种原因(如热振动等)脱离其晶格结点而转移到晶格间隙时就形成了点缺陷,点缺陷的存在会引起周围的晶格发生畸变(图 2-14),从而使材料的性能发生变化,如屈服强度提高和电阻增加等。

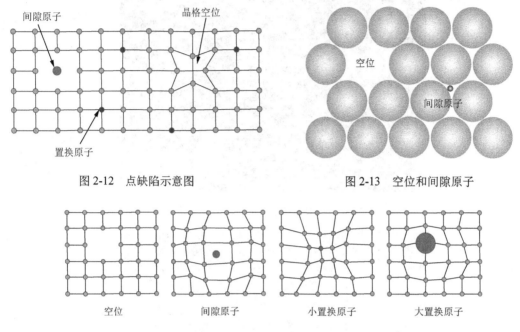

图 2-12　点缺陷示意图　　　　　　　　　图 2-13　空位和间隙原子

空位　　　　间隙原子　　　　小置换原子　　　　大置换原子

图 2-14　点缺陷引起的晶格畸变

　　线缺陷指的是原子排列的不规则区在空间上某一个方向上的尺寸很大,而其余两个方向上的尺寸很小。例如,位错就是一种典型的线缺陷。位错可认为是晶格中一部分晶体相对于另一部分晶体的局部滑移而造成的。滑移部分与未滑移部分的交界线即位错线。由于晶体中局部滑移的方式不同,可形成不同类型的位错。图 2-15(a)中,左侧为一种最简单的刃型位错,右侧为螺型位错。图 2-16 为刃型位错的平面示意图。相对滑移的结果是上半部分多出一半原子面,多余半原子面的边缘好像插入晶体中一把刀的刃口,故称刃型位错。图 2-15(b)为螺型位错线上原子的螺旋形排列,晶体右边上部相对于下部晶面发生错动。

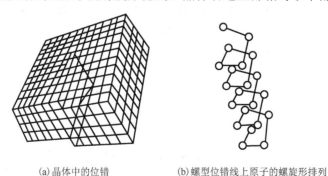

(a)晶体中的位错　　　　　(b)螺型位错线上原子的螺旋形排列

图 2-15　螺旋位错示意图

　　晶体中存在大量的位错,一般用位错密度来表示位错的量。位错密度指单位体积中位错线的总长度或单位面积上位错线的根数。位错线附近的原子偏离了平衡位置,使晶格发生了畸变，对晶体的性能有显著的影响。实验和理论研究表明，晶体的强度和位错密度存在如图 2-17 所示的对应关系：当晶体中位错密度很低时，晶体强度很高；当晶体中位错密度很高时，其强度也很高。但目前的技术仅能制造出直径为几微米的晶须，不能满足使用上的要求。而高位错密度很容易实现，如剧烈的冷加工可使密度明显提高，这为材料强度的提高提供途径。

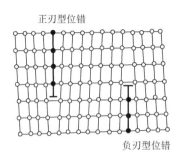

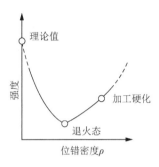

图 2-16　刃型位错示意图　　　　　图 2-17　晶体强度和位错密度的关系

除点缺陷、线缺陷之外，晶体中有时候原子排列不规则的区域在空间上某两个方向上的尺寸很大，而另一方向上的尺寸很小，这样的缺陷称为面缺陷。面缺陷包括晶界（晶粒与晶粒之间的接触界面）和亚晶界（亚晶粒之间的边界）等。如图 2-18 所示，晶界处原子排列很不规则，亚晶界处原子排列不规则程度虽较晶界处小，但也是不规则的，可以看作由无数刃型位错组成的位错墙。这种晶界及亚晶界越多，晶格畸变越大，且位错密度越大，晶体的强度越高。

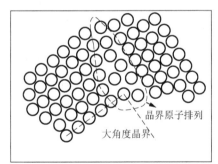

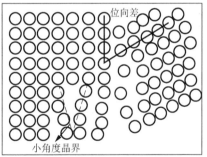

图 2-18　面缺陷

2.4　金属及合金的组织

不同的金属材料具有不同的性能，即使是同一种材料，在不同的条件下其性能也不相同。金属材料具有不同的性能与它的组织有密切的关系。

2.4.1　铁素体

碳溶解于 α-Fe 中的间隙固溶体称为铁素体（ferrite，简称 α 固溶体），用符号 F 表示。其晶体结构呈体心立方结构。碳在 α-Fe 中的溶解度极小，随温度的升高略有增加，在室温时的溶解度仅为 0.008%，在 727℃时最大溶解度为 0.0218%。铁素体的性能几乎与纯铁相同，它的强度和硬度较低，塑性和韧性则很高。在金相显微镜中观察到的铁素体组织如图 2-19 所示。

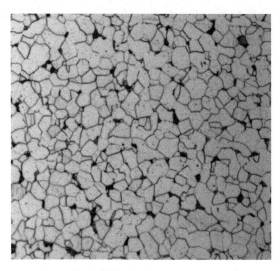

图 2-19　铁素体组织

2.4.2　奥氏体

碳溶解于 γ-Fe 中的间隙固溶体称为奥氏体(austenite，简称 γ 固溶体，源自威廉·查德勒·罗伯特-奥斯汀(1843—1902 年)爵士，英国冶金学家)，通常用符号 A 表示。它在铁碳平衡相图中的存在范围如图 2-20 所示的 γ 区。它的晶体呈面心立方结构。由于 γ-Fe 晶格的间隙较大，因此在 727℃时能溶解 0.77%的碳，在 1148℃时最多溶解 2.11%的碳。奥氏体存在于 727℃以上的高温区间，具有一定的强度和硬度，以及很好的塑性，是绝大多数钢在高温进行锻造或轧制时所要求的组织。图 2-21 为 12CrNi3 钢的奥氏体晶粒组织。

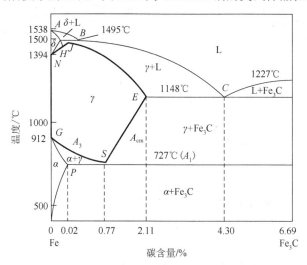

图 2-20　奥氏体在铁碳平衡相图中的存在范围

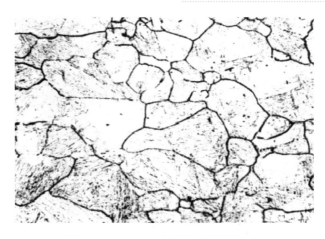

图 2-21　12CrNi3 钢的奥氏体晶粒组织

2.4.3　渗碳体

渗碳体(cementite)是铁与碳形成的金属间化合物，其化学式为 Fe_3C。渗碳体的碳含量为 $\omega_C=6.69\%$，熔点为 1227℃。其硬度很高，为 800HBW，塑性、韧性几乎为零，脆性很大。其晶胞是八面体，晶格构造十分复杂(图 2-22)。渗碳体很硬很脆，在钢中主要起强化作用。随着钢中碳含量的增加，渗碳体的数量增多，钢的强度和硬度提高，而塑性下降。

渗碳体在合金中可以单独成为一种组织，也可以与其他相混合成为某种组织，图 2-23 中黑白相间的组织即渗碳体与铁素体的共析产物。

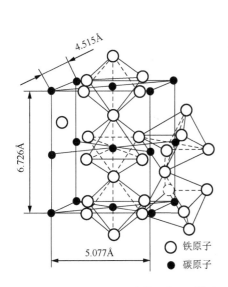

图 2-22　渗碳体的晶胞结构(1Å=10^{-10}m)

图 2-23　合金中的共析渗碳体

2.4.4　珠光体

珠光体(pearlite)是由铁素体和渗碳体组成的机械混合物，用符号 P 表示。它是由硬的渗碳体和软的铁素体片层相间、交错排列而成的组织，其显微组织如图 2-24 所示。珠光体的性能介于渗碳体与铁素体之间，强度较高，同时保持良好的塑性和韧性。

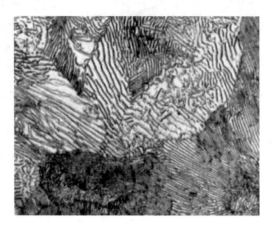

图 2-24 珠光体组织

2.4.5 莱氏体

奥氏体与渗碳体的机械混合物称为莱氏体(ledeburite)，用符号 Ld 表示。它是 ω_C=4.3% 的铁碳合金液体在 1148℃发生共晶转变的产物，其组织如图 2-25 所示。因奥氏体在 727℃ 时将转变为珠光体，所以在 727℃以下，莱氏体由珠光体和渗碳体组成的力学混合物称为低温莱氏体(Ld′)。莱氏体的力学性能和渗碳体相似，硬度很高，塑性很差。

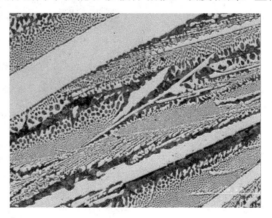

图 2-25 莱氏体组织

2.5 金属的结晶过程

2.5.1 液态金属的结构

结晶是在液态金属中发生的，液态金属的结构对金属的结晶必然有密切的关系。19 世纪末期，人们常常把液态和固态金属对立起来，而把液态看成和气态相似，即认为液态中原子间(金属是离子)的作用力很弱，各个原子都在无规律地运动着。到 20 世纪初，在对金属的固态、液态和气态性质研究后,特别是 X 射线分析方法对液态金属的结构进行的研究中,证明了上述关于液态金属结构的概念是不正确的。根据新的概念,科学界认为液态金属的结构和固态金属的结构是近似的。这是因为金属由固态转变为液态时,其比容改变不大。这说明熔化引起的原子间的距离改变不大。

液态金属具有电子式的导电性,同时温度越高,导电性越低,这说明液态金属仍然保持着固态金属所固有的金属性。或者说液态金属中公有化电子和离子间的金属结合仍然存在,并且相互作用力与固态金属相似。

金属的熔化潜热和蒸发潜热相差很多,前者仅为后者的 5%~10%。这说明当金属由固态变为液态时,与液态变为气态时相比较,原子结合力变化是很小的。

液态金属与固态金属的摩尔热容相差不多。例如,铁在固态时的摩尔热容 $C_p=$ 41.868J/(mol·℃),在液态时,$C_p=75.3624$J/(mol·℃),一般两者相差不超过 10%。可是液态金属和气态金属的摩尔热容却相差很大,一般都在 25%~30%。热容可以作为判断原子热运动状态特性的根据,因此,上述事实表明液态金属中原子的热运动状态和固态金属相近,而与气态金属差别很大。

那么,液态金属的结构究竟是怎样的呢?首先,由于在液态中原子之间的平均距离仍然相当近,原子间仍有相当大的作用力,因此,在液态时原子不能像在气态中那样无约束地运动。相反地,正由于液态下金属原子的平均动能不足以克服原子间的作用力,因而原子仍围绕这一平衡位置振动。此外,液态下金属原子的规则排列应当存在。这就是说液态下的原子不应像在气态时那样杂乱无章。

但绝不能认为液态和固态的结构没有区别。液态和固态的差别是由于金属在液态时自扩散激活能远小于固态。液态金属中的原子比固态金属中的原子更易激活,由一个平衡位置转移到另一个平衡位置。液态金属原子自扩散激活能较低,说明液态金属中原子在某一平衡位置停留的时间比较短,原子平均振动几千次后便跑走了。但金属原子在固态金属中振动要达几百万次,同时,低的激活能也说明原子的规则排列将由于原子容易激活而经常在各处遭到破坏。因此,在液态时,原子相对规则排列只能在相当小的范围内存在。这种在小范围内或短距离内的规则排列称为近程排列,而把固态金属中原子在大范围或长距离内的规则排列称为远程排列。

总之,就液态金属原子的相对规则排列来看,液态金属和固态金属的结构是近似的。但固态金属和液态金属的结构之间又存在差别,那就是液态金属中金属原子排列是近程的,而在固态金属中金属原子排列是远程的。此外,液态金属中的近程排列是瞬时变化着的,而固态金属中远程排列却基本上(相对的)是固定不变的。

金属的结晶说明金属原子从近程排列转变为远程排列,这样的转变应具备一定条件才能发生,热力学回答了这个问题。根据热力学第二定律,在恒温下只有引起系统自由能降低的过程才能自发进行。或者说当固态的自由能比液态的自由能低($F_固-F_液<0$)时,结晶才会发生,这就是结晶热力学的必要条件。

2.5.2 金属的结晶过程

1. 结晶过程的基本概念

各种机械零件的制造工艺一般是浇铸成型或先浇铸成铸锭后再经冷热加工而成,所以了解金属由液态转变为固态晶体的过程是十分必要的。金属从高温液体状态冷却凝固为固体(晶体)状态的过程称为结晶(crystallization)。

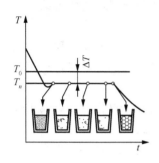

图 2-26　纯金属的冷却曲线

纯金属的结晶过程可以用热分析的方法来研究。通过实验将金属液体缓慢冷却凝固过程中温度与时间的关系绘制成的曲线称为冷却曲线。图 2-26 为某纯金属的冷却曲线及其在冷却过程中对应的形态转变示意图。

图 2-26 为纯金属的冷却曲线，图中 T_0 表示理论结晶温度，也就是金属的结晶速度恰好等于它的熔化速度时所对应的温度，显然当高于这个温度时，固态金属便不断熔化，只有当低于这个温度时，液态金属才会不断结晶。所以实际结晶温度必须在理论结晶温度以下，这种现象称为过冷，其温度差称过冷度，即理论结晶温度与实际结晶温度之差：$\Delta T = T_0 - T_n$。过冷是结晶的必要条件，ΔT 越大，结晶的推动力也越大，结晶速度越快。过冷度与冷却速度密切相关，冷却速度越快，过冷度越大，即实际结晶温度越低，反之亦然。

图 2-26 曲线上有一水平段，就是纯金属的实际结晶温度，水平段的长度就是实际结晶所需的时间，结晶完毕曲线又连续下降。当温度高于理论结晶温度时，液体中没有晶核产生，如图 2-27(a)所示。随着液态金属温度的下降，原子活动能力逐渐减小，当温度降到结晶温度以下时，在液态金属内部，有一些原子自发地聚集在一起，并按金属晶体的固有规律排列起来，形成规则排列的原子集团而成为结晶的核心，称为晶核。液态金属中一些外来的微细固态质点也可成为结晶的核心。前者称为自发晶核，后者称为外来晶核，如图 2-27(b)所示。此时冷却曲线出现水平段的原因是由于结晶潜热的放出补偿了冷却散失的热量。当晶粒开始出现后，液态金属的原子就以它为中心按一定的几何形状不断地向它聚集，即这些晶核不断地长大，如图 2-27(c)所示。同时，液体中又有新的晶核不断地形成及长大(图 2-27(d))，直到液态金属全部耗尽，晶体相互抵触，结晶过程也就完成了。最后便形成了许多外形不规则的、大小不等的、排列方向不相同的小晶体，称为晶粒。晶粒间的交界面称为晶界。金属晶体是这些小晶粒组成的多晶体。

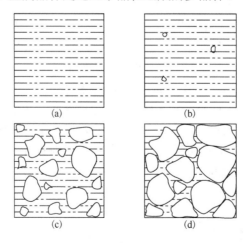

图 2-27　金属的凝固示意图

2. 晶粒大小与力学性能的关系

金属结晶后的晶粒大小对力学性能影响很大，一般是晶粒越细，强度、硬度越高，塑性、韧性也越好。因此通常总是希望金属材料的晶粒越细越好。

2.6 常见的金属材料

2.6.1 钢铁

铁是自然界中储藏量最多的金属元素之一，其储蓄量仅次于铝。以铁为基的各种钢铁材料，由于具有不可替代的优良性能而成为工业领域中的支柱材料之一。根据统计，在机械制造产品中，钢铁材料占95%。随着近代科学技术的发展，钢铁材料也在迅猛发展，钢铁材料在可预见的未来仍将占据工程材料领域的主导地位。

1. 合金元素在钢中的作用

在钢中，主加元素是 Fe、C 及合金元素，除此还有由炼钢原料带入及炼钢过程中残留下来的常存元素，它们都会对钢的性能产生极大的影响。

锰(Mn)：锰是炼钢时用锰铁脱氧而残留在钢中的，锰也经常作为合金元素而特意加入钢中。锰的脱氧能力较好，能很大程度上减少钢中的 FeO，还能与硫化合成 MnS，减轻硫的有害作用。在室温下，锰可以大部分溶入铁素体中形成固溶体，产生一定的强化作用。所以，锰在钢中是一种有益元素。在非合金钢中，锰作为常存元素时，其质量分数规定<1.00%。

硅(Si)：硅是炼钢时用硅铁脱氧而残留在钢中的，也可作为合金元素特意加入钢中。硅的脱氧能力比锰强，可有效清除 FeO。硅在室温下大部分溶入铁素体，产生强化作用。作为常存元素时，其质量分数一般规定<0.50%。

硫(S)：硫是在冶炼时由矿石和燃料中带入的有害杂质，炼钢时难以除尽。硫在钢中常以 FeS 的形式存在，FeS 与 Fe 形成低熔点的共晶体，分布在奥氏体的晶界上。当钢材进行热加工时，共晶体过热甚至熔化，减弱了晶粒间联系，使钢材强度降低，韧性下降，这种现象称为热脆。炼钢时常加入锰来降低硫的有害作用。

磷(P)：磷是在冶炼时由矿石带入的有害杂质，炼钢时很难除尽。磷能溶于 α-Fe 中，但当钢中有碳存在时，磷在 α-Fe 中的溶解度急剧下降，磷的偏析倾向十分严重，即使只有千分之几的磷存在，也会在组织中析出脆性很大的化合物 Fe_3P，并且特别容易偏聚于晶界上，使钢的脆性增加，冷脆转化温度升高，即发生冷脆。

此外，炼钢过程中，少量炉渣、耐火材料及冶炼中的反应物可能进入钢液，形成非金属夹杂物，它们都会降低钢的力学性能，在冶金过程中应加以控制。

钢在冶炼时还会吸收和溶解一部分气体，如氧气、氢气、氮气等，给钢的性能带来有害的影响。尤其是氢气，它使钢变脆(称为氢脆)，也可使钢中产生微裂纹(称为白点)。

2. 合金元素与铁的相互作用

合金元素可以溶入铁素体中形成合金铁素体，产生固溶强化作用。不同的合金元素与铁的相互作用的结果，也会对 Fe-Fe$_3$C 相图产生不同的影响。按照影响规律可分为两大类：

一类是缩小奥氏体相区的元素，包括 Cr、Mo、W、Ti、Si、Al、B 等；另一类是扩大奥氏体相区的元素，如 Ni、Mn、Co、Cu、Zn 等。同时，大部分的合金元素还能降低了共析点的含碳量及碳在奥氏体中的最大溶解度，从而使含碳量相同的碳钢和合金钢具有不同的组织。

3. 合金元素与碳的相互作用

钢中，碳常与铁形成 Fe_3C，而合金元素存在于钢中时，也会与碳发生反应。元素周期表中处于 Fe 左边的元素比 Fe 具有更强的亲碳能力，它们在钢中将优先形成碳化物，从强到弱顺序依次为 Hf→Zr→Ti→Ta→Nb→Mo→Cr→Mn→Fe，它们称为碳化物形成元素。而处于 Fe 右边的元素由于其夺碳能力比 Fe 差而无法形成碳化物，只能固溶于 Fe 中，称为非碳化物形成元素，如 Ni、Al 等。当碳化物形成元素的含量较高时，可形成复杂碳化物，如 Cr_7C_3、$Cr_{23}C_6$。其中，中强或弱强碳化物形成元素则多形成简单而稳定的碳化物，如 V（VC）、Nb（NbC）、Ti（TiC）等，这些碳化物熔点及硬度很高。

当碳化物以微细质点分布于铁素体基体上时，产生弥散强化作用，而且合金碳化物极高的硬度和熔点显著提高了钢的耐磨性与耐热性。此外，难熔的稳定碳化物分布在奥氏体晶界上，可有效地细化晶粒，改善钢的性能。

4. 合金元素对热处理工艺的影响

合金钢的奥氏体化过程基本上是由碳的扩散来控制的。合金元素的加入对碳的扩散及碳化物的稳定性有直接影响。少数非碳化物形成元素（W、Ni）能增加碳的扩散速度，加速奥氏体的形成，而大部分合金元素使碳的扩散能力降低，特别是强碳化物形成元素。对含有这类元素的合金钢通常采用升高加热温度或延长保温时间的方法来促进奥氏体成分的均匀化。

合金元素对钢在热处理时的奥氏体晶粒度也有不同程度的影响，如 P、Mn 等促进奥氏体晶粒长大；Ti、Nb、N 等可强烈阻止奥氏体晶粒长大；W、Mo、Cr 等对奥氏体晶粒长大起到一定的阻碍作用；Si、Co、Cu 等影响不大。

5. 合金元素对钢的淬透性的影响

除 Co、Al 外，能溶入奥氏体中的合金元素可减慢奥氏体的分解速度，使 C 曲线右移并降低 Ms 点，因而都有可能提高钢的淬透性。合金元素减缓奥氏体转变速度的原因，主要是由于合金元素溶入奥氏体后阻止了碳的析出和扩散。

6. 钢的分类

对品种繁多的钢进行科学的分类不仅关系到钢产品生产、使用和研究等工作，对现在学习和将来合理选用钢材也具有重要的意义。我国有关钢分类的最新国家标准是 2008 年颁布实施的 GB/T 13304.1—2008 和 GB/T 13304.2—2008。由于涉及领域不同，各种使用者所站的角度也不同，所以钢的分类方法很多。按钢的质量等级或用途分类，前者包括普通质量非合金钢、优质非合金钢、特殊质量非合金钢、普通质量低合金钢、优质低合金钢、低合金高强度钢、优质合金钢、特种质量合金钢等；后者包括碳素结构钢、工具钢、低合金高强度结构钢等。

（1）碳钢

碳钢有结构钢和工具钢之分。结构钢是制造一般机械零件和工程结构所用的钢，常采用普通碳素结构钢和优质碳素结构钢。工具钢主要用于制造刃具、量具和模具等。这类钢属于高碳钢,至少是优质碳素钢,性能要求高时采用高级优质碳素钢。

(2)碳素铸钢

碳素铸钢是冶炼后直接铸造成毛坯或零件的碳钢。碳素铸钢适用于形状复杂且韧性、强度要求较高的零件,也常用于韧性、强度要求较高的大型零件。碳素铸钢的含碳量(ω_C)一般在 0.15%～0.60%,含碳量过高则塑性差,易产生裂纹。铸钢的热处理有退火、正火、正火+回火(正火后的回火实际上是去应力退火)或淬火+回火。

(3)碳素工具钢

碳素工具钢的含碳量(ω_C)一般在 0.65%～1.35%,随着含碳量的增加(从 T7 到 T13),钢的硬度无明显变化,但耐磨性增加,韧性下降。碳素工具钢在手用工具和机用低速切削工具上有较广泛的应用,但碳素工具钢的淬透性低、组织稳定性差、热硬性差、综合力学性能欠佳,故一般只用于尺寸不大、形状简单、要求不高的低速切削工具。

(4)合金结构钢

合金结构钢按用途可分为工程结构用钢和机械制造用钢。

① 工程结构用钢(低合金高强度结构钢)是在低碳钢的基础上加入少量合金元素(合金元素总质量分数一般在 3%以下)而得到的,是具有较高强度的构件用钢。由于强度高,用此类钢可提高工程构件使用的可靠性,并能减轻质量,节约钢材,主要用于制造桥梁、船舶、车辆、锅炉、高压容器、输油输气管道、大型钢结构等。

工程结构用钢在成分上的特点是低碳,碳的质量分数一般不超过 0.20%,以满足韧性、焊接性和冷成形性能要求;加入以锰为主的合金元素,以资源丰富的 Mn 为主要合金元素,可以节省贵重的 Ni、Cr 等元素;加入铌、钛或钒等附加元素,或加入少量的铜($\omega_{Cu} \leq 0.4\%$)和磷($\omega_P \approx 0.1\%$)等,可提高抗腐蚀能力;加入少量稀土元素,可以脱硫、去气。

② 机械制造用钢主要用于制造各种机械零件。它是在优质或高级优质碳素结构钢的基础上加入合金元素制成的合金结构钢。这类钢一般都要经过热处理才能发挥其性能。因此,这类钢的性能和使用都与热处理相关。机械制造用钢按用途和热处理特点,可以分为合金渗碳钢、合金调质钢、合金弹簧钢等。

合金渗碳用钢:合金渗碳用钢通常是指经渗碳淬火、低温回火后使用的钢。它一般为低碳的优质碳素结构钢与合金结构钢。渗碳钢主要用于制造有高耐磨性要求,并承受动载荷的零件,如汽车和拖拉机中的变速齿轮、内燃机上的凸轮轴和活塞销等机器零件。

合金调质钢:合金调质钢通常是指经调质后使用的钢,一般为中碳优质碳素结构钢与中碳合金结构钢,主要用于承受较大变动载荷或各种复合应力的零件。例如,制造汽车、拖拉机、机床和其他机器上各种重要零件,如齿轮、轴类件、连杆、高强度螺栓等。它是机械化结构用钢中的主体。合金调质用钢大多承受较复杂的工作载荷,要求具有高的综合力学性能。

合金弹簧钢:合金弹簧钢是专用结构钢,主要制造各种弹簧和弹性元件。弹簧是机器和仪表中的重要零件,主要在冲击、振动和周期性扭转、弯曲等交变应力下工作。根据工作要求,合金弹簧钢应有以下性能:高的弹性极限 σ_e;高的屈强比 σ_s/σ_b;高的疲劳极限 σ_{-1};足够的塑性和韧性。此外,合金弹簧钢还应有较好的热处理和加工工艺性。

2.6.2　铝合金

铝合金是工业中应用最广泛的一类有色金属结构材料，在航空航天、汽车、机械制造、船舶及化学工业中已大量应用。随着近年来科学技术以及工业经济的飞速发展，对铝合金焊接结构件的需求日益增多，铝合金的焊接性研究也随之深入。铝合金的广泛应用促进了铝合金焊接技术的发展，同时焊接技术的发展拓展了铝合金的应用领域，因此铝合金的焊接技术正成为研究的热点之一。

纯铝的密度小（$\rho=2.7\text{g/cm}^3$，大约是铁的 1/3），熔点低（660℃），铝是面心立方结构，故具有很高的塑性，易于加工，可制成各种型材、板材，抗腐蚀性能好；但是纯铝的强度很低，退火状态抗拉强度值约为 8kgf/mm^2（1kgf=9.8N），故不宜作为结构材料。通过长期的生产实践和科学实验，人们逐渐以加入合金元素及运用热处理等方法来强化铝，这就得到了一系列的铝合金。添加一定元素形成的合金在保持纯铝质轻等优点的同时还能具有较高的强度，抗拉强度值可达 $24\sim60\text{kgf/mm}^2$。这样使得其比强度（强度与密度的比值）胜过很多合金钢，成为理想的结构材料，广泛用于机械制造、运输机械、动力机械及航空工业等方面。飞机的机身、蒙皮、压气机等常以铝合金制造，以减轻自重。采用铝合金代替钢板材料的焊接，结构质量可减轻 50%以上。

铝合金通常按照合金系列以及加工方法分类。按加工方法可以将铝合金分为变形铝合金和铸造铝合金两大类。

变形铝合金能承受压力加工，可加工成各种形态、规格的铝合金材，主要用于制造航空器材、建筑用门窗等。变形铝合金又分为不可热处理强化型铝合金和可热处理强化型铝合金。不可热处理强化型铝合金不能通过热处理来提高力学性能，只能通过冷加工变形来实现强化，它主要包括高纯铝、工业高纯铝、工业纯铝以及防锈铝等。可热处理强化型铝合金可以通过淬火和时效等热处理手段来提高力学性能，它可分为硬铝、锻铝、超硬铝和特殊铝合金等。

铸造铝合金按化学成分可分为铝硅合金、铝铜合金、铝镁合金、铝锌合金和铝稀土合金，其中铝硅合金又有过共晶硅铝合金、共晶硅铝合金、单共晶硅铝合金。铸造铝合金在铸态下使用。

2.6.3　钛合金

钛是 20 世纪 50 年代发展起来的一种重要的结构金属，钛合金因具有比强度高、耐蚀性好、耐热性高等特点而广泛用于各个领域。世界上许多国家都认识到钛合金材料的重要性，相继对其进行研究开发，进而钛合金得到了广泛应用。

钛的性能与所含碳、氮、氢、氧等杂质的含量有关。最纯的碘化钛杂质含量不超过 0.1%，但其强度低、塑性高。纯度为 99.5%的钛性能如下：密度为 4.5g/cm^3，熔点为 1725℃，热导率为 15.24W/(m·K)，抗拉强度为 539MPa，伸长率为 25%，断面收缩率为 25%，弹性模量为 $1.078\times10^5\text{MPa}$。钛是同素异构体，在低于 882℃时呈密排六方结构，称为 α-Ti；在 882℃以上呈体心立方结构，称为 β-Ti。室温下，钛合金有三种基体组织：α 钛合金、$\alpha+\beta$ 钛合金和 β 钛合金，我国分别以 TA、TC、TB 表示。

α 钛合金：它是 α 相固溶体组成的单相合金，无论是在一般温度下还是在较高的实际应用温度下，均是 α 相，组织稳定，耐磨性高于纯钛，抗氧化能力强。在 500～600℃的温度下，α 钛合金仍保持其强度和抗蠕变性能，但不能进行热处理强化，室温强度不高。

β 钛合金：它是 β 相固溶体组成的单相合金，未热处理即具有较高的强度，淬火、时效后合金得到进一步强化，室温强度可达 1372～1666MPa；但热稳定性较差，不宜在高温下使用。

$\alpha+\beta$ 钛合金：它是双相合金，具有良好的综合性能，组织稳定性好，有良好的韧性、塑性和高温变形性能，能较好地进行热压力加工，能进行淬火、时效使合金强化。$\alpha+\beta$ 钛合金热处理后的强度约比退火状态提高 50%～100%；高温强度高，可在 400～500℃的温度下长期工作，其热稳定性次于 α 钛合金。

三种钛合金中最常用的是 α 钛合金和 $\alpha+\beta$ 钛合金；α 钛合金的切削加工性最好，$\alpha+\beta$ 钛合金次之，β 钛合金最差。

钛合金的比强度远大于其他金属结构材料，可制出单位强度高、刚性好、质轻的零部件。目前飞机的发动机构件、骨架、蒙皮、紧固件及起落架等都使用钛合金。其优点如下。

① 热强度高。使用温度比铝合金高几百摄氏度，在中等温度下仍能保持所要求的强度，可在 450～500℃的温度下长期工作。α 钛合金和 $\alpha+\beta$ 钛合金在 150～500℃仍有很高的比强度，而铝合金在 150℃时比强度明显下降。钛合金的工作温度可达 500℃，铝合金则在 200℃以下。

② 抗蚀性好。钛合金在潮湿的大气和海水介质中工作，其抗蚀性远优于不锈钢；对点蚀、酸蚀、应力腐蚀的抵抗力特别强；对碱、氯化物、氯的有机物品、硝酸、硫酸等有优良的抗腐蚀能力。但钛对具有还原性氧及铬盐介质的抗蚀性差。

③ 低温性能好。钛合金在低温和超低温下，仍能保持其力学性能。间隙元素极低的钛合金，如 TA7，在 -253℃下还能保持一定的塑性。因此，钛合金也是一种重要的低温结构材料。

④ 化学活性大。钛的化学活性大，与大气中 O、N、H、CO、CO_2、水蒸气、氨气等产生强烈的化学反应。含碳量大于 0.2%时，会在钛合金中形成硬质 TiC；温度较高时，与 N 作用也会形成 TiN 硬质表层；在 600℃以上时，钛吸收氧形成硬度很高的硬化层；含氢量上升，也会形成脆化层。吸收气体而产生的硬脆表层深度可达 0.1～0.15mm，硬化程度为 20%～30%。钛的化学亲和性也大，易与摩擦表面产生黏附现象。

⑤ 热导率小、弹性模量小。钛的热导率 $\lambda=15.24W/(m\cdot K)$，约为镍的 1/4，铁的 1/5，铝的 1/14，而各种钛合金的热导率比钛的热导率约下降 50%。钛合金的弹性模量约为钢的 1/2，故其刚性差、易变形，不宜制作细长杆和薄壁件，切削时加工表面的回弹量很大，为不锈钢的 2～3 倍，造成刀具后刀面的剧烈摩擦、黏附、黏结磨损。

钛及钛合金作为全球新兴的优质耐蚀轻型结构材料、新型功能材料和重要的生物工程材料，已广泛用于航空航天、兵器、化学、冶金、舰船工业、海洋开发和医疗卫生、记忆合金和超导储存材料，还用于制盐、眼镜架、钟表等民用制品。

钛及钛合金在航天工业及军工领域应用广泛。因其具备密度小、比强度高、弹性模量低、热导率小、抗拉强度与屈服强度接近、无磁性、无毒、耐热性能好、耐低温性能好、吸气性能和耐腐蚀性能优良等特点，已成为目前国际航空工业及军工产业发展必不可少的材料，钛及钛合金主要应用于喷气发动机、机身、火箭、人造卫星、导弹等部件。我国将航空航天、大型飞机、登月作为"国家中长期科技专项规划"重大专项项目，钛工业的发展是其重要的组成部分。

在飞机制造工业上，要求制造所用的材料既质轻，又强度大，一般用比强度来表示，这个比值越大越好，而钛正符合这个要求。钛的比强度是目前使用材料中最大的，是不锈钢的 3 倍，是铝合金的 1.3 倍。随着航空工业的发展，飞机的飞行速度越来越快。速度越快，飞机与空气摩擦产生的飞机表面温度就越高，当速度达到 2.2 倍声速的时候，铝合金已经不能胜任，而用钢又太重，只有采用钛合金来制造。可以说如果没有钛合金作为制造材料，就不能发展 2.5 倍声速以上的超声速飞机。

火箭、人造卫星和宇宙飞船在宇宙航行中，飞行速度比飞机要快得多，并且工作环境变化更大，所以对材料的要求也更高、更严格。例如，用火箭把载人的宇宙飞船运到月球上去，要经历从高温到超低温的过程。在返回地面的时候，又从超低温进入高温，当飞船进入大气层的时候，飞船表面温度上升到 540~650℃。制造宇宙飞船的材料必须适应剧烈的温度变化，而钛合金能满足这些要求。从 1957 年开始，钛材料在宇宙航行上大量使用，主要用作火箭的发动机壳体，人造卫星的外壳、紧固件、燃料储箱、压力容器等；还有飞船的船舱、骨架、内外蒙皮等。使用了钛以后，可以明显减轻飞行器的质量。从经济效果来看，由于结构质量的减轻，能够大量节省燃料，同时可以明显降低火箭与导弹的建造和发射费用。

在美国 F-22 先进战斗机上大约有 54 个精铸件，大多是关键性、强度高的铸件。最著名的是前、后"体侧"铸件，即机翼与机身的接头件，是飞机上最大的铸件，经切削加工且分别重 87kg 和 58kg。F-22 的阻拦钩的整流罩原来是由 Ti-6-4 薄板超塑成形，新近改成 Ti-62-42 合金，使成本下降 50%以上，改进了强度性能，降低了质量，提高了对发动机喷管偶尔出现的燃气冲刷的热稳定性。F-22 上的锻压器中大约 2/3 为 Ti-6-4ELI，最大的锻件是中、后机身隔框，其中 4 个中机身隔框是目前最大锻件的代表，5 个后机身框架锻件是分段组成的，由上中央的 H 形框与两个 T 形框组成。机身的很大一部分为焊接件，前、后梁结构是由腹板加强的 Ti-6-4 型板与框架经电子束焊接而成，包含 3556cm 长的周向及纵向焊缝，是航空航天工业最复杂的结构焊接之一。发动机舱门由钎焊的蜂窝芯子与壁型板组成，面板为 Ti-6-4，芯子为 Ti-3-2.5，两者之间的连接采用"液体界面扩散"钎焊技术，利用 Ni-Ti 共晶温度低的特点来减少型板的热暴露。Ti-3-2.5 的成形性好、强度低，也用在液压管道中。

2.6.4　镁合金

镁在地壳中储量极其丰富，其储量为 2.0%，在地壳表层储量居第八位。已知的镁矿石多达 60 余种，其中有工业价值的有菱镁矿、白云石、光卤石等。然而，最主要的资源还是海水。海水中含有丰富的镁，含量为 0.13%，也就是说 1m³ 海水中含有镁 1.3kg，因而海水为人们提供了取之不尽的镁资源。

在大气压下，纯镁的晶体是密排六方结构。室温时镁的密度为 1.74g/cm³，在熔化温度（650℃）时金属镁的密度为 1.65g/cm³，液态金属镁的密度为 1.58g/cm³。

镁的化合物是 17 世纪末发现的。1695 年美国的物理学家葛留在埃蒲苏的矿泉中发现硫酸镁，后来又发现碳酸镁。1755 年英国布拉克正式确定镁元素的存在。1808 年英国化学家戴维电解汞和 MgO 的混合物，通过加热驱走了汞，分离出单体镁。1828 年法国科学家布赛等开始尝试用钾蒸气还原氧化镁和氯化镁，制取金属镁。由于钠和钾还原镁的化合物的方法很不经济，后来很快就被电解法所代替。1830 年法拉第第一次用电化学的方法电解熔融氯化镁获得了金属镁。电解熔融氯化物制取金属镁的方法在 19 世纪末已初具规模，金属镁成了工业金属。目前，电解法仍然是生产金属镁主要工艺方法之一。

纯镁的力学性能低，不能直接作为结构材料使用。在工业上，纯镁除了少部分用于化学工业、仪表制造及军事工业，主要用作制造镁合金以及生产铝合金的添加元素。镁合金质量轻，是目前工程应用中质量最轻的金属材料。镁合金具有极好的切削加工性能，且具有比强度和比刚度高、导热性好、屏蔽电磁干扰能力强及减振、降噪性能好、回收再生性良好等一系列优点。

镁合金因其自身的诸多优点，正成为继钢铁、铝之后的第三大金属工程材料，被誉为"21 世纪绿色工程材料"。世界镁产量以 15%～25% 的幅度增长，广泛应用在航空航天、交通工具、3C 产品（即计算机（Computer）、通信（Communication）、消费（Consumer）类电子产品）、纺织和印刷行业等。镁合金零部件运动惯性低，应用到高速运动零部件上时效果尤为明显。另外，由于镁合金密度低，适合应用到需要运动和搬运的零部件上，同时制备同一零件时壁厚可以增大，从而满足零件对刚度的需求，简化了常规零件增加刚度的复杂结构制造工艺。

质量轻是结构应用领域选择镁合金的最主要因素之一，但镁合金的一些其他特性在不同的应用领域也显得特别重要。例如，镁合金的中温性使得它能够在飞机和导弹上替代工程塑料与树脂基复合材料；其高减振性使其能够在飞机和导弹的电子舱结构上获得应用；其对 X 射线和低中子的低透射阻力使得镁合金特别适合应用于 X 射线机框与核燃料盒等。近年来，随着资源的不断枯竭以及环保和安全所需，镁合金在汽车、电子产品等方面的开发应用受到了全世界极大的关注。

镁合金用作汽车零部件可以提高燃油经济性综合标准，降低废弃排放和燃油成本，据推测，汽车所用燃料的 60% 消耗于汽车自重，汽车每减重 10%，耗油将减少 8%～10%；质量减轻可以增加车辆的装载能力和有效载荷，同时可以改善制动和加速性能；可以极大地改善车辆的噪声、振动现象。

此外，镁合金具有优异的变形及能量吸收能力，明显提高汽车的安全性能；镁合金铸件具有一次成型的优势，可以将原来多种部件组合一次成型，提高生产效率。就航空材料而言，结构减重和结构承载与功能一体化是飞机机体结构材料发展的重要方向。镁合金由于其低密度和高比强度的特性使其很早就在航空工业上得到应用。

航空材料减重带来的经济效益和性能改善十分显著，商用飞机与汽车减重相同的质量带来的燃油节省费用，前者是后者的近 100 倍。而战机的燃油节省费用又是商用飞机的近 10 倍，更重要的是其机动性能的改善可以极大地提高其战斗力和生存力。

镁合金已经在国防、军事及国民经济中发挥了巨大的作用，随着原镁生产方法的不断改进和加工成本的不断降低，以及由于其他资源的日渐枯竭，镁合金产品的开发会越来越深入，在各行各业中的应用也将越来越广泛。此外，由于我国是钢铁需求大国，需要进口大量的铁矿石，这对我国的发展会产生特别不利的因素，发展镁合金也能很好地改变这一现状。

思考与练习

1. 金属材料可以分为哪几类？
2. 金属材料最典型的晶体结构包括哪些？试举例说明常见的金属单质结构。
3. 合金是什么？合金中的相是指什么？组织是什么？
4. 试说明球墨铸铁中的相和组织。
5. 钢铁是依据什么进行分类的？
6. 查阅相关文献，举例说明铸铁的使用性能。
7. 举例说明铝合金的常见强化方式及其机制。
8. 铝合金按主要合金元素不同可以分为哪些合金系？举例说明。
9. 镁合金的塑性相较于钢铁、铝合金差，是什么原因导致的？

第3章 高分子材料

3.1 基 本 概 念

微课视频

3.1.1 概述

著名考古学家 Thomsen 曾在 1813 年将人类文明史以不同的材料进行命名，分别是石器时代、青铜时代、铁器时代，这一分类法被考古学界广泛接受并延续至今。近年来，随着高分子材料迅速发展，有人提出人类发展是不是进入了高分子时代？实际上，高分子材料已经与人类社会同行了很长一段时间。例如，古希腊人将物质归类为动物、植物和矿物，其中古希腊工匠研究并使用的动物和植物，大部分都是高分子物质。中国古代也有造纸术、纺织技术等高分子材料加工和应用的记录。而如今，大部分的化学家、生物化学家和化学工程师都有高分子学科的知识背景。过去很长时间，我们对高分子材料的使用多数是比较感性的，真正意义上对高分子材料的理性认识应该从 20 世纪初德国化学家施陶丁格(Staudinger)提出高分子的概念算起。高分子材料作为材料学中的新秀，以突飞猛进的速度发展，在民用领域和尖端技术领域得到了越来越多的使用。截至 2016 年，全世界高分子材料的年均产量超过 3 亿吨，产值高达 3000 多亿美元。可以说，高分子材料已经是生活不可或缺的一种材料。

要准确地说明白"高分子"的内涵不是件容易的事。例如，高分子可以通俗地理解为分子量较大的化合物。但是，有时会用聚合物(polymer)来指代高分子，强调高分子由重复的小分子聚合而成；有时还用大分子(macromolecule)来指代高分子，强调其分子量大的特点；有时沿用树脂(resin)来指代高分子，这是因为早期高分子来源于植物分泌物。这类名词都是从一个方面或者一个角度来表达高分子的特点，要把握"高分子"的内涵，需要通过本章的系统学习来实现。

3.1.2 发展史

人类对高分子的利用最早可以追溯到生命本身。例如，作为高分子的蛋白质为人类提供氨基酸和能量，古代人利用风干或者烹饪肉类的方法使蛋白质降解，利用加热或者醋化的方法使鸡蛋蛋白质变性，这可能是最早的高分子加工技术。古代人还学会染色和纺织羊毛纤维或丝绸蛋白纤维。早期的南美阿兹特克文明学会使用天然橡胶来制造具有弹性的小物件，甚至是一些防水的用品。早期的希腊文明会利用天然产生的沥青作为填缝胶，从蚧壳虫中提取出具有黏性的液体作为黏合剂。毫无疑问，高分子已经伴随人类很长时间，然而，从学科的角度来说这些应用都是感性的材料利用，基本属于大自然给予什么就用什么。过去很长一段时间内，高分子学科或者有机化学的发展几乎没有大的突破。

高分子材料的发展，可以追溯至海沃德(Hayward)的发现。从橡胶树上提取出来的天然橡胶和今天使用的橡胶不太一样，未硫化的天然橡胶非常黏，很难形成有用的制品。固物性(Hayward)最先发现了天然橡胶和硫黄粉末混合后放在阳光下，天然橡胶会失去黏性而保留弹性。而这一发现也被固特异(Goodyear)进一步研究并发展为今天庞大的橡胶产业。未经硫化的天然橡胶从分子角度来说是线性的，是经过加热会软化的热塑性材料；而硫化后的天然橡胶形成交联分子结构，是加热不变形的热固性材料。随着硫黄浓度提高，橡胶也会因为交联程度增高而变得更硬。1845 年，汽油动力车还未出现，当时主要是蒸汽机驱动的时代，出生于苏格兰的 Thomson 利用硫化胶制造了第一条充气轮胎。1885 年，本茨(Benz)发明了第一台汽油动力车，英格兰的邓禄普(Dunlop)随后取得了充气轮胎的专利，硫化充气胶第一次作为汽车轮胎的材料沿用至今。1862 年，派克塞(Parks)在伦敦国际博览会上首次向公众展示了"人造塑料"——派克塞，一种利用硝酸处理的纤维素制备的高分子材料。当时流行的硫化橡胶缺少丰富的颜色，大部分都是黑色的，但是派克塞颜色很丰富，甚至具有珍珠般的光泽。此外，这种材料加热后会软化，可加工成各种形状，冷却后形状会固定。Parks 利用这种人造材料制造了如纽扣和梳子等商品。差不多同一时间海厄特(Hyatt)尝试用硝基纤维素来生产台球，偶然机会他发现制作火药的原料硝化纤维在酒精中溶解后，再将其涂在物体上，干燥后能形成透明而结实的膜。这种硝基纤维素膜不仅足够硬而且很有韧性，其触感和物理特性与台球的传统材料象牙都没有太大的差异，所以很快它就有了一个商业化的名字——赛璐珞，而且在很短的时间里就替代了很多原先由木器、金属等制作的器件，特别是在当时新兴的电影胶卷方面，获得广泛应用。时至今日，我们的国球——乒乓球还是由这个材料制作的。这是高分子材料发展的第一个里程碑。其实，纤维素本身就是高分子，合成硝化纤维素是一次改性反应，但"塑料"的大门就此打开，塑料替代原有材料的速度远超过青铜、铁器。

人类真正意义上完全靠小分子合成高分子是 1909 年美籍化学家贝克兰(Baekeland)完成的。他为了寻找虫胶的替代物，在查阅拜耳(Bayer)的文献时注意到文中提及的"苯酚和甲醛反应容易生成一种黏稠的液体，容易固化牢牢粘在瓶底"，其原意是提醒人们如何避免这种现象的出现，造成反应瓶报废，但是 Baekeland 反其道而行之，设计实验来进行苯酚和甲醛的反应，最终制得酚醛树脂。这是真正意义上第一次人工合成高分子材料。Baekeland 发明酚醛树脂后又通过加入木粉而发明了电木，解决了酚醛树脂的强度问题。这是高分子材料发展的第二个里程碑。

对高性能材料的研究一直是人类孜孜不倦的追求。1935 年，富有研究热情的卡罗瑟斯(Carothers)博士发现由己二胺和己二酸合成出的聚酰胺不溶于普通溶剂，熔点高达 263℃，高于熨烫温度，拉制的纤维具有丝的外观和光泽，其耐磨性和强度超过当时任何一种纤维。随后这种聚酰胺纤维被命名为尼龙。尼龙的出现奠定了合成纤维工业的基础，使纺织品的面貌焕然一新。用这种纤维织成的尼龙丝袜既透明又比丝袜耐穿，在当时引起销售轰动。人们用"像蜘蛛丝一样细，像钢丝一样强，像绢丝一样美"的词句来赞誉这种纤维。后来，尼龙转向制造降落伞、飞机轮胎、帘子布、衣服、地毯、绳索、渔网等，得到广泛的应用。这是高分子材料发展的第三个里程碑。

在那一段时间里，高分子材料的发展明显加快，1911 年合成出聚苯乙烯，1912 年聚氯乙烯合成，1927 年合成出聚甲基丙烯酸甲酯，1933 年高压聚乙烯问世，1938 年四氟乙烯聚合。由此也奠定今天许多大型化工企业的基础，如杜邦公司在 1935 年开发出尼龙；拜耳公司在 1937 年开发出聚氨酯，而聚氨酯也成为拜耳公司最具标志性的产品；1930 年，巴斯夫公司成为全球第一家生产聚苯乙烯的公司，而这项业务也被巴斯夫保留至今；陶氏的环氧树脂、3M 的聚丙烯酸酯、ICI 的聚乙烯，每个化学界大型企业都有各自的明星高分子产品。

但是这些高分子材料中，有些塑料却姗姗来迟，例如，今天使用量稳居第一的聚丙烯塑料。它的结构并不复杂，但是直到 1954 年，意大利化学家纳塔（Natta）才第一次在实验室聚合出具有利用价值的聚丙烯，考虑到丙烯原材料如此常见且易得，而且聚乙烯早在 1899年就被发明，聚丙烯确实算是姗姗来迟。Natta 的成功是发明了一种高效的催化剂，也称钛铝催化剂。在这种催化剂体系下，聚丙烯的结构不再混乱，可以合成出全同聚丙烯、间同聚丙烯、规整聚丙烯。就在 Natta 合成出全同聚丙烯的前一年，德国科学家齐格勒（Ziegler）也用钛铝催化剂合成出了一种新型的聚乙烯，这是一种具备更优结构的材料，所以钛铝催化剂也称为 Ziegler-Natta 催化剂，在后来的高分子合成中具有重要地位。正是由于他们在这项技术中的突出贡献，Ziegler 和 Natta 获得了 1963 年的诺贝尔化学奖。

高分子作为一门学科不是一蹴而就的，它的理论发展远落后于产业发展，也可以说历经了诸多波折。酚醛树脂出现后，很多研究人员仍没有意识到这种材料本质是一种高分子，而是认为它与金属氧化物一样，是通过一些次价键结构堆积出的"分子"物质，直到德国化学家 Staudinger 提出这些新合成材料是通过化学键结合的具有很大分子量的物质。这个理论激起了许多争论。不过最终 Staudinger 的观点被认为是正确的，Staudinger 也因此获得了 1953 年的诺贝尔化学奖。而高分子学科的奠基人当属 Flory，即便到目前为止，能够在一个二级学科的理论知识里拥有垄断性理论系统的人也是屈指可数，Flory 便是其中之一。高分子学科发展的时间短，在沸洛里（Flory）提出理论体系之前，几乎只停留在试验数据阶段，Flory 花了一生的时间建立高分子理论体系，由此获得了 1974 年的诺贝尔化学奖。自此，高分子材料为人类生活带来了翻天覆地的变化。

3.1.3　高分子的定义

通过高分子材料的发展史可以大概总结：高分子是通过共价键重复键接而成，并具有链状结构、支化结构或网状结构的大分子量化合物。这种化合物用作材料，就称为高分子材料。

在高分子材料学科，常用聚合物来替代高分子使用。聚合物是指由多个重复单元以共价键连接而成的链状或网状大分子，其分子链中包含许多简单、重复的结构单元。需要注意的是，高分子化合物不一定是聚合物，聚合物也不一定就是高分子。例如，蛋白质的分子量虽然很大，但它是由几种不同的氨基酸按特定的生物密码排列并缩合的产物，没有聚合物特有的结构单元重复性，因此蛋白质是高分子化合物，而不是聚合物。另外，聚合物也有高聚物与低聚物的区别，例如，寡糖是单糖聚合度为 10 以下的缩聚物，属于低聚物。聚乙烯则是由成千上万个—CH_2—CH_2—单体重复连接而成的高聚物。

3.1.4　高分子的特点

与小分子化合物相比，高分子具有以下特点。

① 分子质量大。分子质量大是高分子与低分子的根本区别，那么，高分子的分子质量到底以多大为界限？一般而言，相对分子质量小于 1000，称为低分子，而相对分子质量大

于 1000，则称为高分子。高分子的相对分子质量范围通常为 $10^4 \sim 10^6$，若高于 10^6，则称为超高分子质量化合物。

② 分子主要呈长链结构，部分为支化结构或网状结构。其分子通过具有相同结构的单体按一定的化学顺序连接而成。对支化高分子而言，其分子链上尽管有分支，但其分子仍具有一定的长径比，如聚酰亚胺分子的长径比在 1000 以上。

③ 分子质量具有多分散性。高分子实质上是由化学组成相同、分子链长度不等、分子质量不等、结构不同的同系聚合物组成的混合物，其分子质量是同系物的平均值。这种分子质量的不均一性，称为分子质量的多分散性。一般测得的高分子的分子质量都是平均分子质量。因此，不同的聚合物其平均分子质量相同，但分散性不一定相同，所以其性质也可能存在巨大差异。

④ 分子所存在的状态不同。由于高分子链之间的相互作用力大，这种作用力甚至超过共价键和氢键的作用。例如，高分子只有液态和固态，不存在气态高分子。虽然分子链间的范德瓦耳斯力很弱小，但是数量巨大，分子链间的相互作用力大于共价键和氢键，因此高分子在加热过程中，分子链发生热降解也不会发生汽化。

⑤ 高分子材料具有一定的机械强度，可用作承力材料；具有一定的可成型性能，能纺丝、成膜、成板材等。

⑥ 高分子的难溶性。高分子化合物一般都很难溶解，甚至不溶解。高分子的溶解过程往往要经过溶胀阶段，即先溶胀，再溶解，溶液黏度比同浓度的低分子物质要高得多。

3.1.5　高分子的命名

高分子中聚合物的命名方法很多，往往一种聚合物有几个名称。1973 年国际纯粹与应用化学联合会(IUPAC)提出了以化学结构为基础的 IUPAC 命名法，此法系统、严谨、直观，可有效改善命名领域曾经混乱的状态。但是，目前 IUPAC 命名法普及面有待提高，尤其在高分子材料的应用领域。以下介绍几种常见的命名方法。

1. 习惯命名法

天然高分子化合物都有俗名，如淀粉、纤维素、天然橡胶、蛋白质等。多数天然高分子的习惯名称与其最初或主要来源有关，如甲壳素、阿拉伯胶、瓜尔豆胶和海藻酸等；改性天然高分子的命名与其衍生化的官能团有关，一般是在原天然产物名称前加上引入基团的名称作为前缀，如羧甲基淀粉、羟丙纤维素和甲基纤维素等。

合成高分子化合物的命名来源于单体名称，这种命名在一定程度上反映了高分子的化学结构特征，比较简便，也最常用。由一种单体合成的高分子可在单体名称前冠以"聚"字而命名，如聚乙烯、聚丙烯等；由两种单体通过缩聚反应合成的高分子可在两种单体形成的重复单元名称前冠以"聚"字，如对苯二甲酸和乙二醇的缩聚产物称为聚对苯二甲酸乙二(醇)酯，己二酸和己二胺的缩聚产物称为聚己二酰己二胺。由两种单体通过链式聚合反应合成的共聚物则习惯在两单体名称后加"共聚物"作为后缀，如乙烯和乙酸乙烯酯的共聚产物称为乙烯-乙酸乙烯酯共聚物。还可以根据聚合物结构中的特征基团按类别命名，如聚酯、聚酰胺、聚醚、环氧树脂、聚氨酯、聚有机硅氧烷，其具体品种有更详细的名称。

2. 系统命名法

IUPAC 提倡在学术交流中尽量使用系统命名法。系统命名由以下部分组成。

① 前缀"聚"字。

② 取代基的位置和名称。

③ 重复单元基本结构的名称，即聚+取代基位次+取代基名称+单体对应的重复结构单元名称，如：

聚-1,1-二甲基乙烯　　　　聚-1-甲基-1-甲氧甲酰基乙烯

某些由结构简单的单体合成的聚合物，不需要标出取代基位次，所以与习惯名称相同，如聚氯乙烯、聚苯乙烯既是习惯命名也是系统命名。值得注意的是，我国的系统命名法与 IUPAC 命名法稍有区别。

3. 商品名称命名法

常用聚合物一般都有商品名称，因为商品名都很简洁，使用方便，有的还能反映聚合物的结构特征，有的是根据应用领域来命名，有的则是根据外来语来命名。大多数纤维和橡胶采用商品名称。如涤纶是聚对苯二甲酸乙二醇酯的商品名；从聚己二酰己二胺的商品名尼龙-66 中，很容易让人记忆其组成特点，同类产品还有尼龙-1010 等。同一高聚物产品，不同国家或厂商可能有不同的商品名称，如我国把涤纶(英国叫法)称为"的确良"，把尼龙(美国、英国叫法)称为锦纶等。我国习惯以"纶"字作为合成纤维的后缀，例如，维尼纶是聚乙烯醇缩甲醛、腈纶是聚丙烯腈、氯纶是聚氯乙烯、丙纶是聚丙烯、锦纶是尼龙-6 等。对专业人员来说，以英文缩写字母来表示聚合物更方便，例如，用 PVC 表示聚氯乙烯，用 PE 表示聚乙烯，用 PMMA 表示聚甲基丙烯酸甲酯等。

3.1.6　高分子的分类

高分子的种类繁多，其分类有多种方法。

1. 按来源分类

高分子按其来源可分为三类：

① 天然高分子化合物，如淀粉、蛋白质、纤维素等。

② 半合成高分子化合物是天然高分子化合物的分子结构经化学改造后的产物，如由纤维素和硝酸反应得到的硝化纤维素，由纤维素和乙酸反应得到的乙酸纤维素等。

③ 合成高分子化合物，如由乙烯聚合得到的聚乙烯，由苯乙烯聚合得到的聚苯乙烯等。

2. 按性能和用途分类

高分子化合物主要用作材料，按工程应用分为塑料、纤维、橡胶等三大类。此外还有与日常生活关系非常密切的涂料、黏合剂等。

（1）塑料

以合成或天然高聚物为基本成分，配以一定的助剂（如填充剂、增塑剂、稳定剂、着色剂等），经加工塑化成型，并在常温下保持其形状不变的材料称为塑料。

（2）纤维

具有一定强度的线状或丝状高分子材料称为纤维。其直径一般很小，仅为长度的1/1000或更低，受力后形变较小（一般为百分之几到20%），在较宽的温度范围内（-50~150℃）其机械强度变化不大。纤维的相对分子质量较小，一般为几万，有很高的结晶能力。

（3）橡胶

橡胶是具有可逆形变的高弹性聚合物材料。在室温下富有弹性，在很小的外力作用下能产生较大形变，外力消失后能恢复原状。一般橡胶材料还具有较高的强度，较好的气密性、防水性、电绝缘性及其他优良性能。

塑料、纤维和橡胶三大类材料之间并没有严格的界限。有的高分子既可作为纤维，也可作为塑料，如聚氯乙烯既是典型的塑料，又可制成氯纶纤维；若将聚氯乙烯配入适量增塑剂，还可制成类似橡胶的软制品。橡胶在较低温度下也可作为塑料使用。

3. 根据高分子主链结构分类

根据主链结构高分子可分为有机高分子、元素有机高分子、无机高分子三类。

（1）有机高分子

该类大分子的主链结构一般由碳原子或由碳、氧、氮、硫、磷等在有机化合物中常见的原子组成。主链只由碳原子构成的高分子称为均链高分子，如大部分的烯烃类和二烯烃类高分子。主链中含有碳原子及氧、氮、硫、磷等原子的高分子称为杂链高分子，如聚醚、聚酯、聚酰胺等。有一些高分子主链中虽然不含碳原子以外的元素，但若有芳环结构，亦归属杂链高分子，如酚醛树脂。

（2）元素有机高分子

元素有机高分子是指大分子主链结构中不含碳原子，主要由硅、硼、铝、钛等原子和氧原子构成，但侧基却由有机基团（如甲基、乙基、芳基）等构成，如聚二甲基硅氧烷（即有机硅橡胶）。

（3）无机高分子

无机高分子是指主链和侧链结构中均无碳原子。其中主链由同一种元素的原子构成的称为均链无机高分子物质，如链状硫；主链由不同元素的原子构成的称为杂链无机高分子物质，如聚氯化磷腈、聚氯化硅氧烷等。

微课视频

3.2　结　　构

3.2.1　高分子的结构概述

高分子的结构是决定其大部分性能的最小单元。高分子的结构可分为高分子链结构与高分子聚集态结构两部分，这两个结构还可以细分到"四级结构"，即高分子结构的四个层次。

高分子链结构是指单个高分子的结构和形态，其结构又分为近程结构和远程结构。近程结构包括单元的化学组成、构造与构型。构造是指链中原子或基团的种类和排列顺序，构型是指链中原子或基团在空间的排列方式。近程结构又称一级结构。远程结构包括分子的大小与形态，是整个分子链的结构，又称二级结构。高分子聚集态结构即凝聚态结构，是指高分子材料整体的内部结构，包括晶态结构、非晶态结构、取向态结构、液晶态结构和相态结构。凝聚态结构描述高分子聚集体中分子链之间的堆砌方式，又称三级结构。而相态结构则属于更高级的结构，也称四级结构。

3.2.2　高分子链的近程结构——一级结构

高分子链的化学组成决定了材料的化学特性并影响材料的聚集结构，是高分子的基本微观层次，与结构单元直接相关，所以又称一级结构。

1. 结构单元的键接结构

键接结构指的是在高分子链中结构单元之间的连接方式。在缩聚和开环聚合中，结构单元的键接方式一般都是明确的，但在加聚过程中，结构不对称的单体其键接方式可以不同，可以形成头-头(或尾-尾)键接和头-尾键接，这里把有取代基的碳端称为"头"，把亚甲基端称为"尾"。例如，丙烯聚合后能够得到头-尾结构的聚丙烯和头-头结构的聚丙烯：

头-尾结构　　　　头-头结构

键接方式不同对高分子材料性能会产生明显影响。例如，用作维尼纶的聚乙烯醇只有头-尾键接时其链上的羟基才可与甲醛缩合，生成聚乙烯醇缩甲醛；当为头-头键接时，羟基不易缩醛化，使其链上保留过多的羟基，这是尼龙纤维缩水性强、强度差的主要原因。

2. 结构单元的序列结构

相对于均聚物而言，共聚物的结构要复杂得多。不同种类的结构单元可以存在多种排列方式，也就是多种序列。

共聚物的序列结构可以用核磁共振、紫外、红外、X 射线、差热分析等方法加以测定分析。

3. 结构单元的立体构型

构型是指分子中原子或基团在空间的排列方式，可分为旋光异构和顺反异构两种。

1) 旋光异构

旋光异构一般是指由于手性碳上所连的原子或基团在空间的排列方式不同而产生的异构现象。手性碳是指连有 4 个不同原子或基团的碳原子，通常用"*"对手性碳加以标记。当高分子的结构单元中含有 1 个手性碳原子时，每个链节有两种空间排列，高分子链就有两种旋光异构的结构单元。随着高分子链中旋光异构单元的排列方式不同，将会出现三种构型。例如，结构单元为—CH_2—*CHR—的高分子的三种构型如图 3-1 所示。

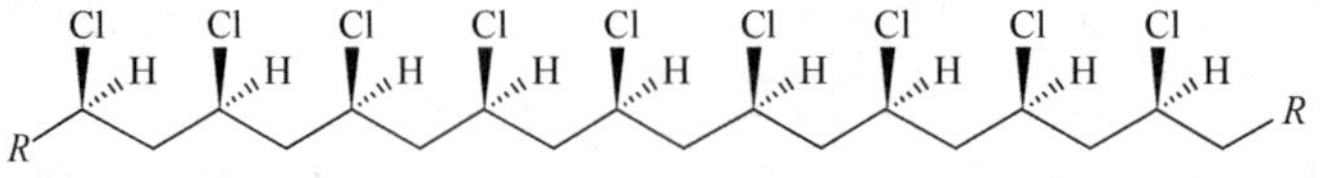

(a)全同立构

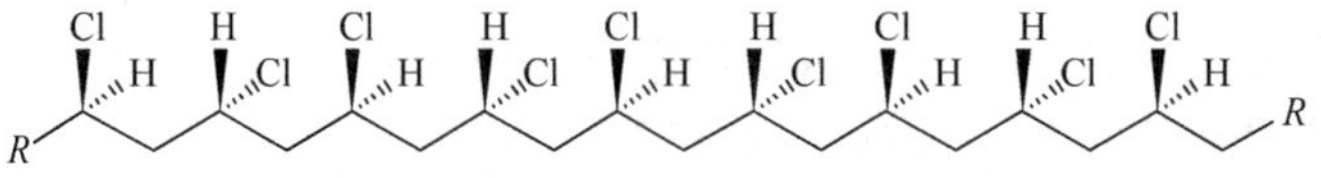

(b)间同立构

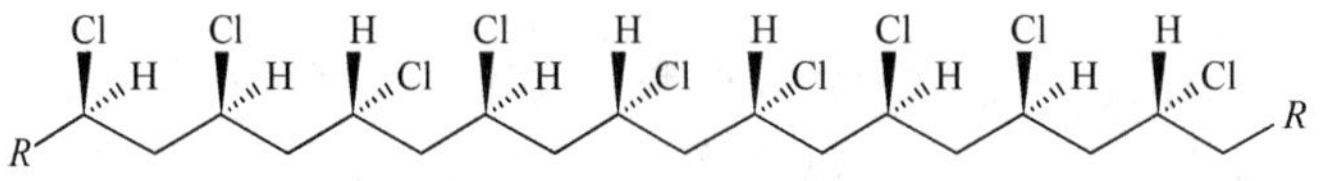

(c)无规立构

图 3-1 —CH$_2$—*CHR—的三种构型

假如高分子链全部由一种旋光异构单元键接组成，这种构型称为全同立构；高分子链若由两种旋光异构单元交替地键接而成，则称为间同立构；高分子链若由两种旋光异构单元无规地键接而成，则称为无规立构。全同立构和间同立构统称为有规立构。

高分子的立体构型会对材料的性能产生极大的影响。例如，全同立构或间同立构的聚丙烯，结构规整性高，易于结晶，可以纺丝制成纤维，而无规聚丙烯(室温为液态)却是一种橡胶状的弹性体。

对于小分子而言，旋光异构体的旋光性不同，但对于高分子，旋光性是不存在的，这是因为在整个高分子链中内消旋和外消旋相互抵消。

2)顺反异构

对于双烯类单体的1,4-聚合产物，由于聚合物分子内双键上的基团在双键两侧排列的方式不同，产生顺式和反式两种构型，这种现象称为顺反异构或几何异构。顺反异构可以分为对应型双全同立构、叠同型双全同立构、对应型双间同立构和叠同型双间同立构(图 3-2)。其中叠同型双全同立构是典型的顺式异构，而对应型双全同立构是典型的反式异构。

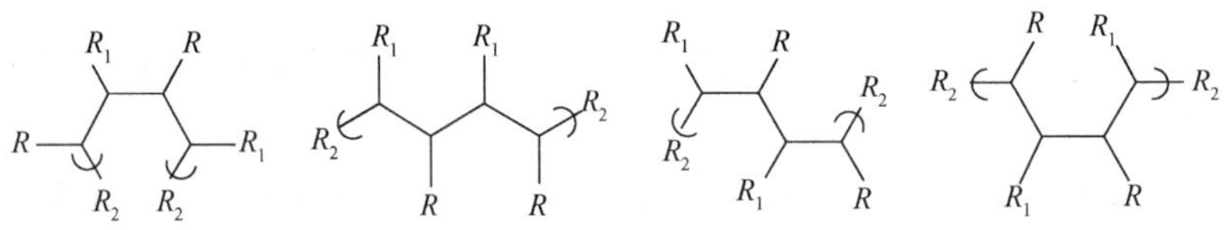

对应型双全同立构   叠同型双全同立构   对应型双间同立构   叠同型双间同立构

图 3-2 顺反异构的类型

顺反异构对聚合物的性能也有很大影响。例如，顺式的聚-1,3-丁二烯，分子链之间的距离较大，在室温下是一种弹性很好的橡胶；反式的聚-1,3-丁二烯分子链的结构比较规整，容易结晶，在室温下是一种弹性很低的塑料。

4. 高分子链的几何形状

高分子化合物的分子形状可分为三种：线型、支链型和体型。支化高分子又有无规、梳形和星形支化之分，如图 3-3 所示。

线性链　　　无规支化链　　　梳型支化链　　　星型支化链　　　交联网络链

图 3-3　高分子链的支化与交联结构示意图

高分子链之间通过化学键键接形成三维空间网状结构称为化学交联结构。交联与支化有着本质的区别，支化的高分子能够溶解，而交联的高分子不溶解也不熔融，只有当交联度不太大时高分子能在溶剂中溶胀。

3.2.3　高分子链的远程结构——二级结构

高分子链远程结构研究的是整个高分子链的结构状态，包括链的长度和旋转，是在一级结构基础上产生的分子构象异构，所以又称二级结构。

1. 高分子的相对分子质量

高分子除数均分子量 M_n 比小分子的 M_n 大几个数量级外，其链长还可达 $10^2 \sim 10^3$ nm。M_n 的巨大差异导致高分子化合物性质的巨大变化，是量变到质变的飞跃。

除了有限的几种蛋白质大分子，无论是天然的还是合成的高分子材料，其 M_n 都是不均一的。此特点称为高分子材料 M_n 的多分散性。即使是均聚物，也是同系物的混合物。如图 3-4 所示，高分子由不同分子质量的分子链组成。高分子的 M_n 只有统计意义，用实验方法测定的 M_n 只是统计平均值。另外，高分子的 M_n 还会因测定方法的不同而不同，因此，若要确切地描述高分子的 M_n，除应给出统计平均值外，还应给出 M_n 的分布。

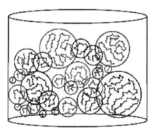
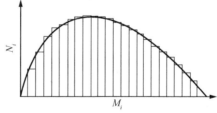

(a) 高分子是由不同分子质量的　　　(b) 高分子的分子质量具有多分散的特性
　　分子链组成的混合物

图 3-4　高分子的分子质量

高分子 M_n 的测定方法很多，除利用高分子的化学性质（端基分析法）外，大多数是利用高分子稀溶液的各种性质来测定的，如热力学性质（蒸气压法、渗透压法）、动力学性质（超速离心沉降法、黏度法）、光学性质（光散射法），此外还有凝胶渗透色谱法等。各种方法测量的 M_n 范围和统计平均意义都不一样。

其中黏度法因设备简单、操作简便、耗时少、精度较高，是使用最广泛、最常用的高分子 M_n 测定方法。此外，通过黏度测定，还可研究高分子在溶液中的形态、柔性以及支化度等。

2. 高分子链的柔性

高分子的主链虽然很长，但通常并不是伸直的，它可以蜷曲起来，产生各种构象。高分子链通过热运动自发改变自身构象的性质称为柔性。能够在各个层次上任意自由运动，获得最多构象数的高分子链称为完全柔性链；只有一种伸直状态的构象，不能改变成其他构象形式的高分子链则称为完全刚性链。实际上，绝大多数高分子链介于这两种极端状态之间。高分子链的柔性是高分子材料的许多性质不同于小分子物质的主要原因。

3.2.4　高分子的凝聚态结构——三级结构

高分子的凝聚态结构指高分子链之间的排列和堆砌结构，也称为超分子结构。高分子的链结构决定高分子的运动方式和堆砌方式，而高分子的凝聚态结构决定高分子材料的性能。从这种意义上来说，链结构只是间接地影响了高分子材料的性能，而凝聚态结构直接影响高分子材料的性能。因此高分子凝聚态结构的研究具有重要的理论和实际意义。

高分子凝聚态结构的形成是高分子链之间相互作用的结果，因此在讨论高分子的各种凝聚态结构之前，首先要了解高分子间的相互作用力。高分子之间的作用力包括范德瓦耳斯力和氢键。范德瓦耳斯力又包括色散力、诱导力和静电力，是永久存在于一切分子之间的一种吸引力。实验证明，对大量的分子来说，单个键能很低的氢键和范德瓦耳斯力却是主要的。如图 3-5 所示的尼龙-66，因为存在氢键，其熔点明显高于一般塑料。在非极性或极性小的高分子中，色散力与 M_n 有关。由于高聚物的分子链很长，分子间的相互作用力很大，超过了组成它的化学键键能，因此高分子只有凝聚态而没有气态。在高聚物中，分子间作用力起着更加特殊的重要作用，分子间作用力是解释高分子的聚集状态、堆砌方式以及各种物理性质的重要依据。

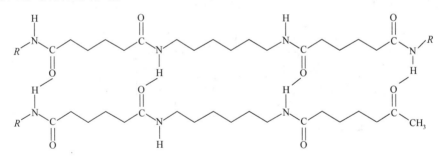

图 3-5　尼龙-66 中氮原子上的氢原子和氧原子形成典型的氢键

图中 H—O 即氢键

1. 高分子的晶态结构

高分子的晶态结构是一种重要的凝聚态结构，如图 3-6(a)所示。大量实验证明，只要高分子链本身具有必要的规整结构，并给予高分子链适宜的条件，高分子链就可以凝聚在一起形成晶体。高分子的结晶能力与高分子链的规整度有着密切的关系，链的规整度越高，结晶能力越强。高分子链可以从熔体中结晶，从玻璃态中结晶，也可以从溶液中结晶。与一般小分子晶体相比，高分子的晶体具有不完善、无准确确定熔点及结晶速度较快等特点。与其他材料不同，完全结晶的高分子十分少见，通过 X 射线衍射和色谱证实，一般的结晶高分子都是部分结晶或半结晶的多晶体。在没有结晶的区域存在高分子的非晶态结构。

2. 高分子的非晶态结构

高分子的非晶态结构是另一种重要的凝聚态结构，如图 3-6(b)所示，其分子链不具备三维有序结构，可以是玻璃态、高弹态、黏流态(或熔融态)及结晶高分子中非晶区的结构。非晶态结构是高聚物中普遍存在的结构。

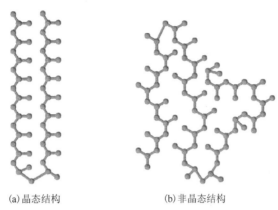

(a)晶态结构　　　　(b)非晶态结构

图 3-6　高分子的晶态与非晶态结构

对于高聚物的非晶态结构，目前主要存在两种有争议的观点。一种观点认为高分子的非晶态结构是完全无序的，如 Flory 于 1949 年提出的无规线团模型；另一种观点则认为高分子的非晶态结构有可能存在局部的有序性，并提出了若干局部有序模型。高分子的非晶态结构会影响高分子材料的多种性能，一般认为具有非晶态结构的高分子韧性好，透明度高。

3. 高分子的取向态结构

取向是指大分子在外力作用下择优排列的过程，包括高分子链、链段以及结晶高聚物的晶片与晶带沿外力作用方向择优排列。取向态与结晶态虽然都是有序结构，但有序程度是不同的，结晶态是三维有序，而取向态是一维或二维有序。

4. 高分子的液晶态结构

液晶态是指一种介于液态和晶态之间的中间状态，它既具有液态物质的流动性，又保持着晶态物质分子的有序排列，是一种兼有晶体和液体部分性质的过渡状态，处于这种状态下的物质称为液晶，液晶在物理性质上呈现各向异性。

一般而言，形成液晶的分子应满足以下三个基本的条件：①分子具有刚性结构，呈棒状或近似棒状的构象，这样的结构部分称为液晶基元或介原；②分子之间要有适当的作用力以维持分子的有序排列，通常分子中含有对位苯撑、强极性基团和高度可极化基团或氢键；③液晶的流动性要求分子结构上必须含有一定的柔性部分，如烷烃链等。

3.2.5　高分子的相态结构——四级结构

相态结构是指不同聚合物之间或聚合物与其他成分之间的堆砌排列结构。两种或两种以上高分子的混合物称为共混高分子，共混高分子可以用两类方法来制备：一类称为物理共混，包括机械共混、溶液浇铸共混、乳液共混等；另一类称为化学共混，包括接枝共聚物、嵌段共聚物、聚合物互穿网络等。

高分子的相态结构取决于组分间的相容性，会出现三种情况：①若两组分完全相容，则形成微观上的均相体系，这种结构的材料反而显示不出预期的某些特性；②若两组分完全不相容，则形成宏观非均相体系，这种结构的材料性能较差，没有实用价值；③若两组分半相容，则形成微观或亚微观非均相体系，这种结构材料在某些性能上呈现突出的（常超过两种组分）优异性能，具有很高的实用价值。例如，在脆性材料聚苯乙烯中加入10%~20%的橡胶，所得到的共混材料冲击强度大幅提高。

3.3　塑料、橡胶与纤维

3.3.1　塑料的基本概念

塑料是高分子材料的三大品类之一。长期以来，塑料(plastic)被许多人认为是高分子材料的代名词，可见塑料在高分子领域中占据重要的地位。塑胶可以定义为一种合成或天然的高分子，在加热后成型为各种形状，并在室温下能保持形状不变的材料或产品。

塑料的分类方法很多，一种最常见的方法是根据对温度或溶剂的响应，分成热塑性塑料与热固性塑料两类。

① 热塑性塑料(包括聚乙烯、聚丙烯、聚氯乙烯、聚苯乙烯等)，是一种线形分子链分子组成的材料，受热时软化并可熔化成流动的熔体，冷却变成固体，再次加热后又可以熔化，可反复多次加工，多次循环使用。

② 热固性塑料(包括酚醛树脂、环氧树脂等)，是在制造过程中加热即发生固化的材料(有些热固性塑料在室温就能与固化剂发生作用而固化)，固化后分子形成三维的交联网络，但是再次加热不会熔化，不能反复加工，无法回收利用。

1. 聚乙烯

聚乙烯(PE)是分子结构最简单的一种热塑性塑料。常见的聚乙烯有高密度聚乙烯(HDPE)和低密度聚乙烯(LDPE)，两者在塑料产业里占据着产量第一的位置。HDPE 和 LDPE 是由不同合成方法制得的不同支化程度与支化链长度的聚乙烯。LDPE 是在 200MPa、400℃下进行聚合，其密度较低(为 0.91~0.95 g/cm³)。相反，利用 Ziegler-Natta 催化剂可以使乙烯在较低压力下聚合，制得密度较高的 HDPE，其密度为 0.94~0.96 g/cm³。HDPE 基本上是线形分子，结晶度高，熔点为 136℃；而 LDPE 的分子链有较高的支化度，结晶度低，熔点只有 110℃。

LDPE 适用于薄膜和塑料袋、纸杯的内涂层等非结构应用，而 HDPE 则应用于药品包装瓶、日化品包装瓶、地下管线等(图 3-7)。与其他塑料相比，PE 的优点除了可加工性好和价格低廉外，还具有优异的耐腐蚀性，几乎不受任何酸、碱及有机溶剂的影响。PE 的缺点是强度与耐热性低。

图 3-7　聚乙烯生产的农膜和塑料袋

2. 聚丙烯

聚丙烯(PP)是性能优异的一种热塑性塑料。在结构上，如果将 PE 每个基本单元上的一个氢原子用甲基替代就成为 PP，甲基排列位置将 PP 分为等规 PP、无规 PP 和间规 PP 三种。无规 PP 不结晶，常温下是玻璃态物质，很难作为塑料传统使用。全同 PP 与间同 PP 都是结晶的塑料，密度为 $0.90\sim0.92\ \mathrm{g/cm^3}$，熔点可达 160℃，模量、强度、硬度都超过 PE，其疲劳强度尤其高。PP 不足之处是韧性较差，尤其是在低温下显示出脆性特征，所以 PP 制品在寒冷的冬天使用很容易脆裂。PP 的耐化学腐蚀性还优于 PE，抗氧化剂与紫外线的能力稍逊于 PE。PP 在室温下几乎没有溶剂能够溶解，所以它可用于制作常温化学品的容器。除此之外，PP 在包装领域、汽车领域和家电领域的应用也非常广泛，可以作为汽车仪表板、保险杠等(图 3-8)。

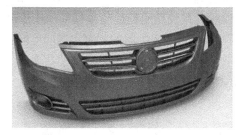

图 3-8　聚丙烯生产的汽车保险杠和可微波加热餐盒

3. 聚氯乙烯

聚氯乙烯(PVC)是使用量仅次于 PE(聚乙烯)的热塑性塑料。在结构上，将 PE 每个基本单元上的一个氢原子用氯原子替代就成为 PVC，但是与 PP(聚丙烯)相比，PVC 基本单元的构型难以控制，所以常见的 PVC 都是无规 PVC，基本不结晶，以非晶态存在和使用。PVC 的软化点只有 70℃，经进一步氯化后的氯化 PVC(CPVC)软化点可以提高到 100℃ 以上，一般用于热水管道。高分子质量的 PVC 常加入增塑剂生产软制品，如薄膜、软管、导线皮等。超高分子质量 PVC 经增塑后还可以成为一种热塑性橡胶。低分子质量 PVC 不使用增塑剂，可以直接生产硬制品，如上下水管道，既用于生活供水也用于工业用水。PVC 的强度很高，但脆性大，PVC 用于结构部件必须对其进行增韧。利用乙烯与醋酸乙烯酯的共聚物、氯化聚乙烯、ABS、聚丙烯酸酯等共混，增韧的 PVC 可以作为生产生活中常见的塑料门窗异型材(图 3-9)。

图 3-9　聚氯乙烯生产的门窗异型材和管道

4. 聚苯乙烯

聚苯乙烯(PS)与 PP 和 PVC 一样，具有立体异构现象。与 PVC 很相似，全同 PS 和间同 PS 由于合成困难几乎在市面上没有使用，生活中见到或使用的基本都是无规 PS。由于无规 PS 不结晶，它具有很高的透明度，还有高于 100℃的玻璃化转变温度，因此经常用于制作各种需要容纳一定温度的容器，如热食餐盒。但是 PS 脆性较高，在光照下容易发黄，所以不能用于制造"玻璃"。PS 另一大用途是泡沫制品。保温用的泡沫板和食品泡沫餐盒大部分是用 PS 泡沫制造的(图 3-10)。由于 PS 泡沫餐盒使用量大，加上回收机制不健全，已成为白色污染的主要来源。目前，人们已经开始逐步使用聚乳酸或淀粉等可降解高分子材料来替代 PS 泡沫餐盒。

此外，为克服 PS 脆性过大的问题，常常利用橡胶和苯乙烯进行共聚合，得到高抗冲聚苯乙烯(HIPS)。HIPS 广泛用于家电领域。苯乙烯另一种重要的共聚物是丙烯腈、丁二烯与苯乙烯的三元共聚物(ABS)。ABS 和 HIPS 都具有较高的韧性与良好的加工流动性，这两种塑料占据了几乎全部家用电器外壳的市场。苯乙烯与丙烯腈的共聚物透明度高于聚苯乙烯均聚物，但有更高的韧性，广泛应用于化妆品和药品的包装。其他重要的共聚物还有甲基丙烯酸甲酯-丁二烯-苯乙烯三元共聚物(MBS)，它具有与 ABS 相似的力学性能，同时具有很高的透明度。以上共聚物都含有聚丁二烯组分，分子链中丁二烯的双键是老化的主要因素。

图 3-10　聚苯乙烯生产的保温箱和泡沫餐盒

5. 酚醛树脂

酚醛树脂是由苯酚和甲醛为原料制备的热固性塑料。早在 1872 年，拜耳(Bayer)在实验室中首次合成出这种塑料。1909 年，美国科学家贝克兰(Baekeland)对甲醛和苯酚的反应进行了系统研究，他在反应中加入木粉等填料解决了酚醛树脂脆性大的问题，使酚醛树脂实现工业化生产。合成酚醛树脂的两种单体是苯酚和甲醛，其交联结构经过三个阶段完成：首先是线型阶段，再次是线型与交联的中间阶段，最后才是完全的，交联阶段。处于中间阶段时，酚醛树脂为脆性固体，可以制成粉末，与添加剂一起模压成型。添加剂中除固化剂外，主要成分是木粉，木粉赋予酚醛材料强度与韧性，其压缩强度可达 275MPa。酚醛具有优良的电绝缘性、低吸潮性，其使用温度高达 204℃。酚醛树脂用途极广，在国防、军工、交通、建筑、航天、船舶及化工等各个领域起到重要作用。

6. 环氧树脂

环氧树脂是另一种使用广泛的热固性塑料。环氧树脂是指分子中含有两个以上环氧基团的一类高分子的总称。它是环氧氯丙烷与双酚 A 或多元醇的缩聚产物。由于环氧基具有化学活性，可用多种含有活泼氢的化合物使其开环，固化交联生成网状结构。环氧树脂在热固性塑料中独具特色，它具有优良的黏结性。环氧树脂的固化体系中有活性很高的环氧基、羟基、醚键、胺键等极性基团。这些基团能够使环氧树脂对金属、陶瓷、玻璃、混凝土和木材产生良好的附着力。此外，环氧树脂的电绝缘性在热固性塑料中属于一流的品类，还具有良好的力学性能、耐腐蚀性和耐热性等，在汽车制造、电子电器、建筑领域得到广泛应用。

3.3.2　橡胶的基本概念

橡胶是高分子材料的三大品类之二。橡胶(rubber)是一类具有良好弹性的高分子。橡胶一词来源于印第安语 Cau-uchu，意为"流泪的树"。美国材料与试验协会(ASTM)将橡胶定义为"在较小应力下可发生较大形变，释放应力后可迅速恢复原始尺寸和形状的高分子材料"。这个定义表达了橡胶的三大特点：第一，橡胶属于高分子材料；第二，在较小应力下也能发生大形变；第三，橡胶具有迅速恢复原始形变的能力。橡胶的弹性与其他弹性有区别。根据定义，钢、锰等金属不能称为橡胶，某些弹性很好的形状记忆材料也不能称为橡胶。

1. 天然橡胶

天然橡胶很早就被人类发现并利用，是自然界天然产生的胶乳加工制得。自然界中能产生胶乳的植物非常多，据统计有 12000 多种。虽然能产生胶乳的植物很多，但是能用于大规模橡胶生产的植物却只有一种，即三叶橡胶树。三叶橡胶树中渗出液体胶乳，胶乳干燥后得到类似热塑性的塑料。早期亚马孙雨林中的土著人利用胶乳处理衣物，使衣物具备一定的防水能力，或者直接将胶乳涂抹在脚上，制成非常简陋的雨靴。哥伦布将这种胶乳带回欧洲，但此后几百年，由于这种材料改性工作没有进展，干燥的橡胶强度很低，弹性也不好，很容易氧化，人们很难发现它的用途，所以对它感兴趣的人很少。1770 年，英国化学家普里斯特利(Priestley)发现橡胶可用来擦去铅笔字迹，当时将具有这种用途的材料称为 rubber(橡皮擦)，该词一直沿用至今。直到 Goodyear 发现在天然橡胶中加入硫黄，可使这一材料发生质的变化，强度明显提高，并且产生特异的弹性，从此产生世界上第一种橡胶——天然橡胶。

天然橡胶是当今世界唯一大规模应用的直接由植物通过生物过程生产的高分子材料，

全球年产量在 1100 万吨左右，是载重汽车轮胎、工程轮胎、飞机轮胎的首选，它的最大特点是绿色和可拉伸结晶。天然橡胶需要硫化，胶乳与硫黄作用的过程就称为硫化过程。如图 3-11 所示，天然橡胶的分子结构发生变化。天然橡胶的分子链分子间作用力很小，主链上含有大量双键。分子间作用力小使得材料的强度低，但材料很容易发生形变，分子间容易发生滑移，因此弹性很差。主链上的大量双键也是容易形变的原因，也是它不耐氧化的原因。加入硫黄后，在邻近分子链的双键之间形成硫链，使天然橡胶产生交联。交联将分子链用化学键连在一起，提高了强度，同时限制分子链间的滑移，产生良好的弹性，也大幅减小了双键的密度，提高了抗氧化能力。但是硫化水平必须控制在一定范围内。如果硫化水平过高，天然橡胶就会变硬而失去弹性；硫化水平过低，也会导致交联度不够而弹性不足。

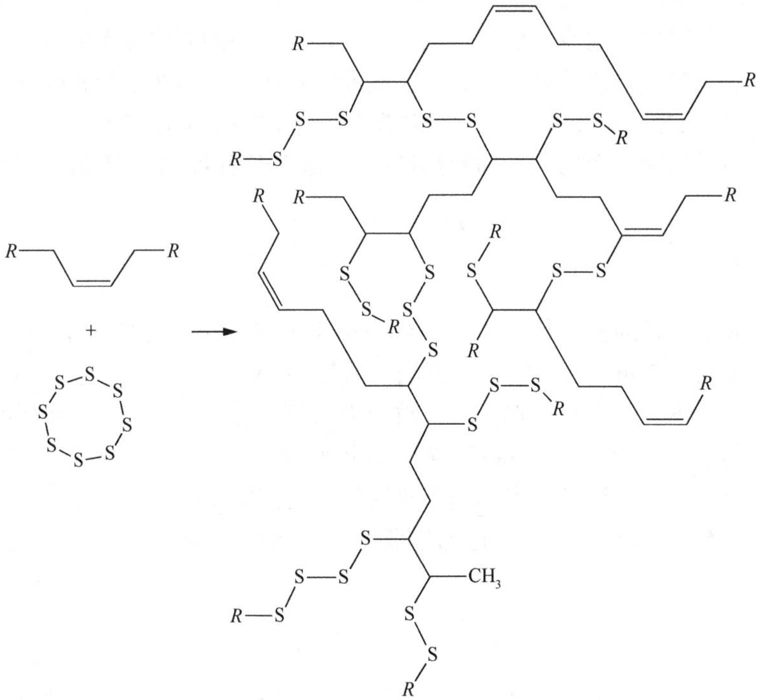

图 3-11　橡胶的硫化过程

2. 丁苯橡胶

丁苯橡胶是聚苯乙烯和丁二烯共聚物，其中丁二烯约占 75% 的比例，是目前最大的通用合成橡胶品种，也是最早实现工业化生产的橡胶品种之一。合成橡胶丰富的链结构和聚集态结构赋予其天然橡胶所不能比拟的性能。丁苯橡胶的力学性能、加工性能及制品的使用性能接近于天然橡胶，其耐磨、耐热、耐老化及硫化速度较天然橡胶更为优良，可与天然橡胶及多种合成橡胶并用，已成为轿车轮胎的主打胶种，广泛用于轮胎、胶带、胶管、电线电缆、医疗器具及各种橡胶制品的生产等领域(图 3-12)。

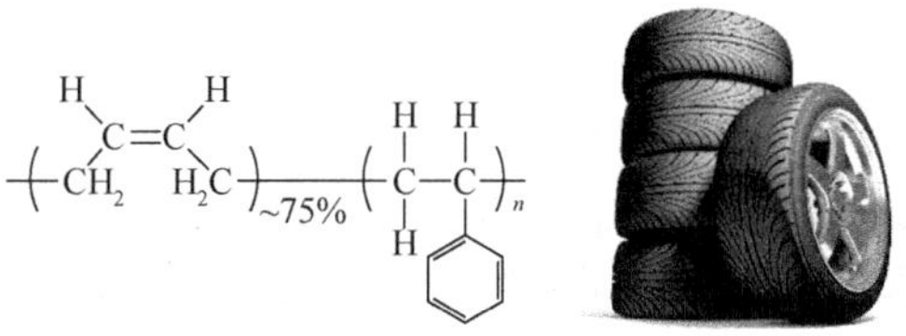

图 3-12　丁苯橡胶的分子式和用其制造的汽车胎面胶

3. 丁基橡胶

丁基橡胶是合成橡胶的一种，由异丁烯和少量异戊二烯合成。丁基橡胶具有良好的化学稳定性和热稳定性，最突出的是气密性和水密性。它对空气的透过率仅为天然橡胶的 1/7，而对蒸汽的透过率则为天然橡胶的 1/200，因此主要用于制造各种内胎、蒸汽管、水胎、水坝底层以及垫圈等各种橡胶制品(图 3-13)。

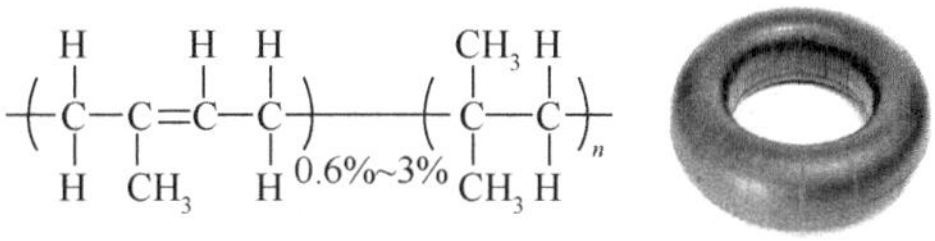

图 3-13　丁基橡胶的分子式和用其制造的汽车内胎

4. 丁腈橡胶和氯丁橡胶

大部分的橡胶有一个显著的问题，就是不耐油。为了解决耐油性的问题，就需要给橡胶的分子链中引入极性较大的基团，如腈基或卤原子，于是丁腈橡胶和氯丁橡胶就孕育而生。丁腈橡胶是由丁二烯和丙烯腈聚合而成的合成橡胶；而氯丁橡胶是以氯丁二烯为主要原料进行聚合制得的合成橡胶。这两种橡胶具有良好的力学性能，耐油、耐热、耐燃、耐日光、耐臭氧、耐酸碱、耐化学试剂，短期可耐 120～150℃，在 80～100℃可长期使用，具有一定的阻燃性(图 3-14)。耐油性丁腈橡胶要好于氯丁橡胶，缺点是耐寒性稍差、电绝缘性不佳，且生胶储存稳定性差，会产生"自硫"现象，门尼黏度增大，生胶变硬。

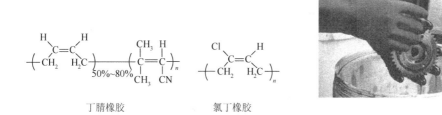

丁腈橡胶　　　　　氯丁橡胶

图 3-14　丁腈橡胶和氯丁橡胶的分子式和用其制造的耐油手套

5. 硅橡胶

硅橡胶是指主链由硅和氧原子交替构成，硅原子上通常连有两个有机基团的橡胶。硅橡胶最常见的品类是聚二甲基硅氧烷。从链结构来看，大多数橡胶为碳链高分子(如乙丙橡胶、天然橡胶等），C—C 单键很容易发生内旋转；对于聚二甲基硅氧烷，其主链 Si—O 键长为 0.164nm，键角分别为 140° 和 110°，明显大于 C—C 单键（0.154nm，109°28′），所以其单键内旋转阻力很小，分子链柔性极好，可作为特种橡胶在低温下使用；因此硅橡胶也称为柔性之王，其柔性在很低的温度下也能保持良好，一般在-55℃下仍能工作；引入苯基特殊设计后，可低达-100℃。这对地球两极探索、航空和宇航工业的意义重大。硅橡胶的耐热性能也很突出，在 180℃下可长期工作，稍高于 200℃也能承受数周或更长时间，瞬时可耐 300℃以上的高温。此外，硅橡胶还具有生理惰性、不会导致凝血的突出特性，因此在医用领域应用广泛，可用于防噪声耳塞、胎头吸引器、人造血管、鼓膜修补片，还有人造气管、人造肺、人造骨、硅橡胶十二指肠管等（图 3-15）。

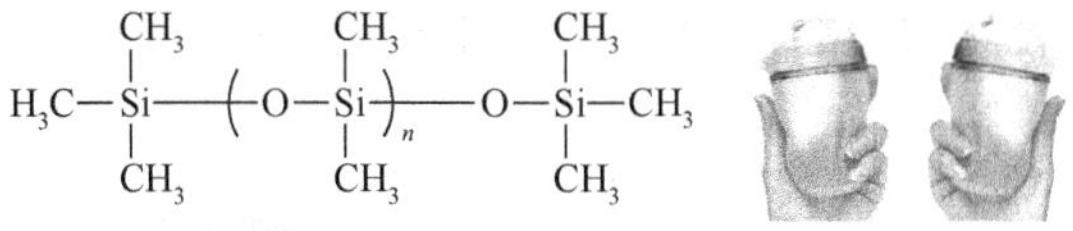

图 3-15　硅橡胶的分子式和用其制造的柔性奶瓶

除上述通用橡胶外，航空航天用高耐温、高耐寒、高耐介质的全氟醚橡胶、全氟聚醚橡胶、氟硅橡胶等发展迅速。另外，可反复加工和易回收利用的热塑性弹性体材料也快速发展。

3.3.3　纤维的基本概念

纤维是高分子材料的三大品类之三。纤维（fiber）是指由连续或不连续的细丝组成的物质。通常人们将长度比直径大 1000 倍以上且具有一定柔韧性和强度的纤细物质统称为纤维。纤维可以是自然界存在的，如蚕丝、羊毛、蜘蛛丝等；也可以是合成的，如涤纶、氨纶、锦纶等。本节将介绍合成纤维。

高分子纤维用途广泛，可织成细线纺织衣物，织毡时还可以织成纤维层，也常用来与其他物料共同组成复合材料。高分子纤维在一维方向具有高强度和高韧性的特点，而这种强度和韧性主要来源于纤维制造过程中分子链的高度取向；同时在拉伸的过程中，分子链还容易诱导结晶，且这种结晶能力非常强。如图 3-16 所示，取向排列的纤维分子链会形成"羊肉串"一般的结晶结构，这种结晶结构是纤维的强度来源。

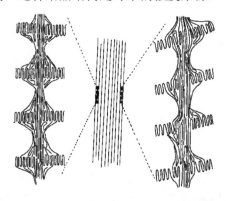

图 3-16　高分子纤维中的分子链取向和结晶结构

　　高分子合成纤维主要利用纺丝方法成型。成型方法根据成型的特点可以分为三种方法：熔体纺丝、干法纺丝和湿法纺丝，如图 3-17 所示。

　　熔体纺丝(简称熔纺)是合成纤维的主要成型方法之一，简称熔纺。主要合成纤维涤纶、锦纶、丙纶等都采用熔纺生产。熔纺包括以下步骤：①制备纺丝熔体(将高分子原料熔融或连续聚合制得熔体)；②熔体通过喷丝孔挤出形成熔体细流；③熔体细流冷却固化形成初生纤维；④初生纤维卷装或直接进行后处理。熔纺的特点是速度快，不需要溶剂和沉淀剂，设备简单，工艺流程短。

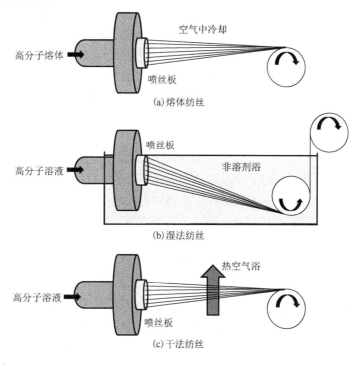

(a)熔体纺丝

(b)湿法纺丝

(c)干法纺丝

图 3-17　高分子合成纤维中的成型方法

　　湿法纺丝简称湿纺。由于受溶剂和凝固剂双扩散速度与凝固浴的流体阻力等限制，湿法纺丝速度远比熔纺速度低。但是某些不能用熔纺的合成纤维，如聚丙烯腈纤维和聚乙烯醇纤维适于湿纺生产。湿纺包括的工序是：①制备纺丝原液；②将原液从喷丝孔压出形成细流；③原液细流进入凝固浴，凝固成初生纤维；④初生纤维卷装或直接进行后处理。

　　干法纺丝简称干纺，与湿纺一样，是溶液纺丝中的一种。与熔纺相比，干纺适合于加工分解温度低于熔点或加热时易变色、能溶解在适当溶剂中的高分子。相比湿纺，干纺一般更适于纺制长丝。干纺的纺丝速度高且所得纤维的结构较致密，力学性能和染色性也较好。干纺需配制纺丝溶液和溶剂回收工序，辅助设备比熔纺多。干纺包括的工序是：①制备纺丝原液；②将原液从喷丝头毛细孔中压出的纺丝液细流；③原液进入纺丝通道中，通过热空气流使原液细流中的溶剂快速挥发，原液逐渐脱去溶剂固化成初生纤维；④初生纤维卷装或直接进行后处理。

　　(1)锦纶纤维

　　锦纶纤维是聚酰胺类树脂纤维的统称，它也有一个大名鼎鼎的商品名：尼龙纤维。锦纶纤维是世界上最早的合成纤维品种，密度约为 $1.15g/cm^3$，由于强度高、耐磨性好、回弹性好、原料资源丰富，一直广泛使用。锦纶吸湿性和染色性都比涤纶好，耐碱不耐酸，长期暴露在日光下其纤维强度会下降。锦纶的长丝可制成弹力丝，短丝可与棉及腈纶混纺，以提高其强度和弹性。锦纶的品种很多，有锦纶-6、锦纶-66、锦纶-11、锦纶-610，其中最主要的是锦纶-66，广泛应用在工业方面，如帘子线、传动带、软管、绳索、渔网等。

（2）涤纶纤维

涤纶是合成纤维中的一个重要品种。它是以对苯二甲酸二甲酯和乙二醇为原料经酯化缩聚反应而制得的成纤的聚对苯二甲酸乙二醇酯，并经纺丝和后处理制成的纤维。它的原料作为塑料用于制造矿泉水瓶。涤纶的特性是良好的透气性和排湿性，过去很长时间，它也称为"的确良"。涤纶大量用于制造衣着面料，因为涤纶具有极优良的定型性能，涤纶纱线或织物经过定形后生成平挺、蓬松形态或褶裥等，在使用中经多次洗涤仍能长时间不变形。除此之外，涤纶纤维还有较强的抗酸碱性、抗紫外线的能力。涤纶纤维面料的种类较多，除纯涤纶织品外，还有许多和各种纺织纤维混纺的产品，可以弥补纯涤纶织物的不足，发挥出更好的使用性能。

（3）氨纶纤维

氨纶纤维是一种高弹性纤维，是由聚氨酯纺织的纤维，它具有高度弹性，能够拉长 6～7 倍，随张力的消失能迅速恢复到初始状态，强度也比乳胶丝高 2～3 倍，线密度也更大，并且更耐化学降解。氨纶的耐酸碱性、耐汗、耐海水性、耐干洗性、耐磨性均较好。因此，平时生活中具有弹性的织物往往都是氨纶纤维纺织的，如运动服、健身服、游泳衣、篮球服、牛仔裤、袜子、尿布、紧身裤、外科手术用防护衣、内衣等。

（4）腈纶纤维

腈纶纤维是聚丙烯腈或丙烯腈含量大于 85%的丙烯腈共聚物制成的合成纤维。腈纶过去还有一个别称："开司米"。腈纶纤维的性能在所有合成纤维中最接近羊毛：弹性好，伸长率达 20%时回弹率仍可保持 65%，蓬松卷曲而柔软，保暖性比羊毛高 15%，有合成羊毛之称；耐晒性能优良，露天暴晒一年，强度仅下降 20%，还具有易染、色泽鲜艳、抗菌、不怕虫蛀等优点。腈纶纤维可以纯纺，也可与黏胶纤维、羊毛混纺，得到各种规格的中粗绒线和细绒线，可做成人造羊毛衣、窗帘、幕布、篷布等，缺点是耐碱性较差。

（5）丙纶纤维

丙纶纤维是聚丙烯纤维，是以等规聚丙烯为原料纺丝制得的合成纤维，是化学纤维中最轻的品种，其密度仅为 $0.90～0.92g/cm^3$，比锦纶轻 20%，比涤纶轻 30%，因此很适合作为对质量有要求的冬季服装絮填料或滑雪服、登山服等的面料。此外，丙纶纤维强度高，是制造渔网、缆绳的理想材料。丙纶纤维耐腐蚀性良好，对无机酸、碱稳定性很好；不发霉、不腐烂、不怕虫蛀等，但染色较困难、颜色淡、染色牢度差，普通染料均不能使其染色。

除此之外，高分子纤维还有许多品类，如维纶、氯纶、氟纶等，以及许多具有高强度、高模量的纤维，如超高分子质量聚乙烯纤维、凯夫拉纤维、聚酰亚胺纤维、PBO 纤维、M5 纤维等。

3.4　涂料与胶黏剂

3.4.1　涂料的基本概念

涂料是高分子的第四种重要大品类。涂料(paint)是一种材料,这种材料可以用不同的施工工艺涂覆在物件表面,形成黏附牢固、具有一定的强度、连续的固态薄膜。这样形成的膜也称涂层。古人很早就懂得割漆树采集树漆,并加工为涂料保护器具、家具和房屋。由此也产生中国漆器这种在化学工艺及美术工艺方面的重要发明。涂料除保护作用外,还具有装饰或特殊功能,如绝缘、防锈、防霉、耐热等。涂料根据成膜机理可以分为以下几类。

① 溶剂型涂料:这种涂料通常是用高分子、染料和溶剂混合配成的。溶剂是为了干燥后使高分子与染料一起形成薄膜。这类涂料中的挥发性有机化合物(VOC)容易引发环境问题,因此,开发低 VOC 含量的涂料成为目前的一个重要方向。这类涂料主要有纤维素涂料、乙烯基涂料、丙烯酸涂料、氯化橡胶涂料等。

② 水性涂料:严格来说,水性涂料也是溶剂型涂料的一种。水性涂料利用水替换涂料中的有机溶剂。大部分的高分子并不溶解在水中,所以制备水性涂料需要使用少量溶解于水的高分子或乳化水溶性高分子。水性涂料的成膜性能较差,干燥过程需要严格控制,常常加入少量的有机溶剂来提高成膜性能和涂装效果。这类涂料主要是聚乙烯醇、水性聚氨酯等。

③ 无溶剂型涂料:无溶剂型涂料有两种方式。一种是将高分子加热熔融后直接在物质表面冷却成膜;另一种是通过预聚物的反应成膜。作为主要成膜物质的高分子以液态预聚物形式存在,通过液态的高分子预聚物与相应的物质发生化学反应成膜。这两种方法都可以不使用溶剂。反应型涂料通常为双组分,其中一个组分为主要成膜物质,另一个组分一般是交联剂。使用时将两种组分混合后涂刷。在成膜过程中,成膜物质与固化剂发生反应而交联成膜。其涂膜的耐水性、弹性和耐老化性通常都较好,这类涂料主要包括环氧涂料、酚醛涂料、聚氨酯涂料、聚酯涂料等。

④ 粉末涂料:粉末涂料可以不用液体作为载体,而将粉末固体高分子和染料直接混合,涂层在物体表面并烧结在物体表面形成膜层。例如,可以将干燥的高分子粉末喷在材料表面上,加热,粉末便在表面上凝聚成膜;或用等离子弧将粉末粒子加热到熔融状态,喷在材料表面冷却成膜;或使高分子粉末带电后喷到材料表面,加热烘烤熔融成膜。粉末涂料技术越来越重要,因为它们消除了 VOC,减少环境污染。

下面介绍几种重要的高分子涂料。

(1)乳胶漆

乳胶漆是以聚醋酸乙烯酯或聚丙烯酸酯共聚乳液为主要基料,经过研磨分散后加入各种助剂和溶剂而成的涂料。乳胶漆在溶剂挥发后凝聚而成膜。膜的性质与基体高分子的性质有关。聚醋酸乙烯酯具有潮气透过性,涂装时不会鼓泡,适宜作为内墙涂料。聚丙烯酸酯具有优异的耐候性或耐久性,适宜作为内、外墙涂料。

(2)环氧涂料

环氧涂料是由环氧树脂、体质染料及固化剂组成的一种涂料,近年来发展很快。环氧涂料的主要品种是双组分涂料，由环氧树脂和固化剂组成。还有一些单组分自干型的品种，不过性能与双组分涂料比较有一定的差距。环氧涂料的主要优点是对水泥、金属等无机材料的附着力很强，涂料本身非常耐腐蚀，涂层力学性能优良，耐磨、耐冲击、耐有机溶剂、耐热、耐水，缺点是耐候性不好，日光照射久了有可能出现粉化现象，因而只能用于底漆或内用漆，如室内停车场、工厂和超市的洁净耐磨地坪。此外，环氧涂料装饰性较差，光泽不易保持，低温下涂膜固化缓慢，许多品种需要高温固化，涂装设备的投入较大。目前，环氧涂料主要用于地坪涂装、汽车底漆、金属防腐、化学防腐等方面。

(3) 聚氨酯涂料

聚氨酯涂料是比较常见的一类涂料，分为双组分聚氨酯涂料和单组分聚氨酯涂料。

双组分聚氨酯涂料一般由异氰酸酯预聚物和含羟基树脂两部分组成。涂料的品种很多，应用范围也很广，成膜后一般都具有良好的力学性能、较高的固体含量，各方面的性能都比较好。涂料的主要应用方向有木器涂料、汽车修补涂料、防腐涂料、地坪漆、电子涂料、特种涂料、聚氨酯防水涂料等，缺点是施工工序复杂，对施工环境要求很高。

单组分聚氨酯涂料主要是固化聚氨酯涂料、封闭型聚氨酯涂料等品种，其应用不如双组分聚氨酯涂料广，主要用于地板涂料、防腐涂料、预卷材涂料等，其总体性能也不如双组分聚氨酯涂料。

(4) 酚醛涂料

酚醛涂料是以酚醛树脂为主要树脂制成的涂料。酚醛涂料也是成熟的工业涂料。酚醛树脂既可以制造清漆，也可制成化学反应固化的双组分涂料，具有高硬度、光泽、快干、耐水、耐酸碱及绝缘等优点，广泛用于木器、家具、建筑、船舶、机械、电气及防化学腐蚀等方面，缺点是老化过程中漆膜易泛黄，不宜制造白色和浅色的涂料。

(5) 特种涂料

在某些特殊的应用场合，需要使用特种涂料。例如，在需要优异的耐化学腐蚀性和不粘性的场合，就需要喷涂聚四氟乙烯，典型的例子是家用的不粘锅。

我国建筑有严格的防火要求，这时就有涂防火涂料的需求。防火涂料的涂层本身具有不燃性，能防止火焰点燃或对燃烧有延缓、抑制作用。

建筑的屋顶、地下室、卫生间、浴室和外墙等常常需要进行防水处理，这时就要在基层表面上涂防水涂料。这种涂料是由合成高分子为主要成膜物质。涂刷该涂料可在常温条件下形成连续的、整体的、具有一定厚度的涂料防水层。

在建筑楼梯、夜间执勤人员的衣物上需要涂发光涂料。发光涂料具有发射出荧光的特性，能起到夜间指示的作用。发光涂料一般根据其荧光发射机理的不同，分为蓄光性发光涂料和自发性发光涂料。

在军事领域，由于雷达侦察是目前世界上用得最多、最有效的侦察手段之一，因此飞机的雷达隐身技术成为一种重要的技术，雷达隐身涂料可以最大限度地消除被雷达勘测到的可能性。

在很多情况下，建筑、汽车、船舶、飞机等交通工具有隔热保温和示温等要求，此时，热功能涂料的耐热、热吸收、耐低温等功能就能发挥作用。例如，破冰船水线下的船壳使用特殊的热功能涂料(抗冰漆)，利于低温下减小船体与冰的摩擦(图 3-18)。

图 3-18　我国雪龙号极地考察船

3.4.2　胶黏剂的基本概念

胶黏剂(adhesive)是高分子的第五种重要大品类。胶黏剂是通过界面的黏附和内聚等作用，使两种或两种以上的制件或材料连接在一起的天然的或合成的一类物质。胶黏剂的使用历史非常久远，可以追溯至 6000 年前的古埃及，当时古埃及人就开始采用阿拉伯胶黏合陶器。古人还有利用牛奶蛋白的干酪、淀粉糨糊以及糖浆黏合物品的记录。时至今日，胶黏剂的应用已渗入国民经济中的各个部门，成为工业生产中不可缺少的技术，在高技术领域中的应用也十分广泛。例如，生产一辆汽车要使用 5～10kg 胶黏剂；一架波音飞机的黏结面积达到 2400m²，可以说胶黏剂占据国民经济的重要地位。

一般而言，胶黏剂可以是液体，也可以是熔融的固体。不管是哪种形式，胶黏剂必须要良好地润湿被黏结表面。润湿性用液体能够润湿材料表面并能铺展的接触角表示。完全润湿时接触角是 0°，完全不润湿的接触角是 180°。润湿后胶黏剂能够流进孔中，包括材料中的微孔，并充满材料表面的沟槽，或者是打磨后金属或玻璃表面上的微小凹凸面。胶黏剂在表面上的自由铺展受表面状态的影响，如潮湿、氧化物的堆积、油渍和污渍等。胶黏剂在润湿黏结表面后，固化转为固体，形成材料之间的黏结。

目前有五种理论用于解释胶黏剂产生黏合作用的机理，分别是机械理论、吸附理论、扩散理论、化学键理论与静电理论。

① 机械理论。机械理论认为材料表面是不平整的，微观上布满了沟与孔。胶黏剂渗透到沟与孔之中，通过机械互锁将材料连接起来。

② 吸附理论。吸附理论认为胶黏剂与被粘表面的距离很近时，各种分子间都会产生分子间作用力(不仅有偶极作用，还会产生氢键)，这些作用力能够黏合材料。

③ 扩散理论。扩散理论认为通过分子的布朗运动，胶黏剂与材料表面的分子会彼此扩散，界面逐渐消失，从而形成分子水平上的过渡层，使胶黏剂与材料相连。

④ 化学键理论。化学键理论认为胶黏剂与被粘物表面因为发生化学反应而形成化学键。形成的化学键可以是离子键、共价键或配位键。由于化学键的形成，胶黏剂与被粘物表面产生黏结作用。

⑤ 静电理论。静电理论认为当金属与高分子胶黏剂密切接触时，自由电子容易向非金属一侧转移，使界面两侧产生接触电位，并形成双电层。双电层的电荷符号相反，从而产生了静电吸引力。

胶黏剂有以下分类方式。

① 按照被粘物分为金属用胶黏剂、陶瓷用胶黏剂、聚合物用胶黏剂等。

② 按照化学成分可以分为天然胶黏剂(骨胶、皮胶、淀粉糊、阿拉伯胶等)、合成胶黏剂、无机胶黏剂。

③ 按照形态和固化反应类型可以分为溶剂挥发型胶黏剂、反应型胶黏剂、热熔型胶黏剂、压敏型胶黏剂、再湿型胶黏剂等。

下面将介绍几种重要的高分子胶黏剂。

1. 聚醋酸乙烯酯胶

聚醋酸乙烯酯胶是一种水溶性胶黏剂,是由醋酸乙烯单体在引发剂作用下经聚合反应而制得的一种热塑性黏合剂,俗称"白乳胶"。聚醋酸乙烯酯胶用途广、用量大,由于分子中具有大量的羟基,羟基与大量含有活性基团的基材具有良好的黏结性,可常温固化、固化较快、黏结强度较高、黏结层具有较好的韧性和耐久性且不易老化。聚醋酸乙烯酯胶的显著优点有以下几点。

① 对多孔材料和亲水物质如木材、纸张、棉布、皮革、陶瓷等有很强的黏结力,且初始黏度较高。

② 能够室温固化,且固化速度快。

③ 以水为分散介质,不燃烧、不含有毒气体、不污染环境。

④ 为单组分的黏稠液体,使用方便。

⑤ 固化后的胶膜有一定的韧性,耐稀碱、稀酸,且耐油性很好。

目前,聚醋酸乙烯酯胶主要用在木材加工、家具组装、卷烟接嘴、建筑装潢、织物黏结、制品加工、印刷装订、工艺品制造以及皮革加工、标签固定、瓷砖粘贴等。

2. 氰基丙烯酸酯胶

氰基丙烯酸酯胶是主要成分为氰基丙烯酸酯系列物质的胶黏剂。氰基丙烯酸酯胶俗称"万能胶",市场上的 501 胶、502 胶、504 胶就属于该系列。氰基丙烯酸酯胶黏剂为单组分、无溶剂、低黏度的无色透明液体。氰基丙烯酸乙酯的化学性质极其活泼,只要遇到微量水分甚至空气中的水分就能固化,变成固态的聚氰基丙烯酸乙酯,故有瞬间黏粘剂之称。因此,氰基丙烯酸酯胶在生产过程中通常会加入少量的酸性物质,防止氰基丙烯酸乙酯在瓶内过早发生聚合反应。氰基丙烯酸酯分子中的酯基具有很强的氢键作用。氰基丙烯酸酯胶对金属和非金属材料均有很高的黏结强度,可用手工或机械施工,使用方便。

3. 环氧胶

环氧胶是一类由环氧树脂作为基料,混合固化剂、稀释剂、促进剂和填料配制而成的工程胶黏剂。环氧胶是性能极为优异的胶黏剂品种,具有环境适应性强、黏着力强、环保性好等特点,使其受到人们的广泛重视,应用范围极广。环氧胶黏剂具有以下优点:①环氧树脂含有多种极性基团和活性很大的环氧基,因而与金属、玻璃、水泥、木材、塑料等多种极性材料具有很强的黏结力,黏结强度很高;②胶层的体积收缩率小,为 1%~2%,是热固性树脂中固化收缩率最小的品种,环氧固化物的线胀系数也很小,所以胶层的尺寸稳定性好;③环氧树脂、固化剂及改性剂的牌号多,可通过合理的配方设计,使胶黏剂具有所需要的工艺性(快速固化、室温固化、低温固化、水中固化、低黏度、高黏度等)，并具有所要求的使用性能(耐高温、耐低温、高强度、高柔性、耐老化、导电、导热等)；④与多种有机物(单体、塑料、橡胶)和无机物(如填料等)具有很好的相容性和反应性，易于进行共聚、交联、共混、填充等改性。

4. 聚氨酯胶

聚氨酯胶是在主链上含有氨基甲酸酯基(NHCOO—)的一类胶黏剂。由于其结构中含有极性基团—NCO，故表现出高度的活性和极性，与含有活泼氢的基材反应生成聚氨酯或聚脲，从而使得体系强度明显提高。聚氨酯胶对各种材料的黏结性很强，能常温固化，并具有很高的反应性。高性能水性聚氨酯胶黏剂具有以下特点：①耐水、耐油性好；②黏结强度高，初黏力大；③良好的储存稳定性；④耐冻融，耐较高温度；⑤干燥速度较快，低环境温度下成膜性良好。

聚氨酯胶的胶膜坚韧，广泛用于黏结金属、木材、塑料、皮革、陶瓷、玻璃等。例如，生活中常见的鱼缸，因为防水要求常常使用聚氨酯胶进行黏合。常见的防水手机也是采用了聚氨酯胶保护内部的重要部件不被水侵入。

5. 热熔胶

热熔胶是一种加热黏合的胶黏剂。它是一种不需溶剂、不含水分的固体热塑性高分子。在常温下热熔胶是固体，当加热到熔点之上时，热熔胶熔融变为能流动且有一定黏性的液体，从而起到黏合作用。最常见的热熔胶是乙烯和醋酸乙烯在高温高压下共聚而成的，即EVA 树脂。这种树脂是制作热熔胶的主要成分，通常还加入增黏剂、黏度调节剂和抗氧剂。EVA 树脂的含量决定了热熔胶的基本性能，如胶的黏结能力、熔融温度及黏结强度。热熔胶常用于木材工业，如木材的封边、胶合板芯、板拼接、家具榫合等；热熔胶也用于纺织品尤其是服装加工，如无纺布、地毯接缝、衣料衬里、拉链等的黏结等。

3.5　高分子复合材料

微课视频

3.5.1　基本概念

复合材料的定义是两种或两种以上物理和化学性质完全不同物质组合而成的一种多相固体材料。复合材料的组分虽然保持相对的独立性，但是复合材料的性能却不是组分材料性能的简单加合，而是有显著改进。在复合材料中，通常有一相是连续相，也称基体；另一相是分散相，也称增强体。分散体是以独立的形态分布在整个基体相中，两相之间有着明显的界面。

可以通俗地理解高分子复合材料是以高分子为基体相的复合材料。但是为了准确把握复合材料的定义，需要注意：首先，复合材料要有"组分的独立性"，即分散相和基体相需要有可辨的尺寸，如固溶体钢是碳原子和铁原子在原子水平上的复合，这种材料就不能称为复合材料；其次，复合材料还要由"物理和化学性质完全不同物质组成"，如在聚丙烯中加入乙丙橡胶，就不满足不同物质的复合，因此也不能称为复合材料。

复合材料中分散相根据几何形态不同，可以是纤维，也可以是颗粒，甚至可以是片层、织物或蜂窝结构。其中，纤维增强复合材料是使用量最大、最重要的一类复合材料。几乎所有纤维都能用于高分子基体增强。高分子基体用 20%～40% 的玻璃纤维增强后，强度与模量都可以提高 2 倍。用连续玻璃纤维增强，强度与模量可以提高 4 倍。增强后还能使热膨胀系数降低，蠕变速率降低，抗冲击性、热变形温度、尺寸稳定性提高，同时密度低于铝合金材料。这种纤维增强高分子复合材料广泛用于飞机、汽车外壳制造，既达到强度要求，又降低质量，节省宝贵的石油资源。

　　在复合材料中，首先，纤维在长度方向上的强度远高于基体，可以明显提高复合材料的强度；其次，基体可以传递应力，包裹保护纤维，钝化纤维断裂引起的裂纹。本节将介绍纤维增强高分子复合材料的几种常见基体相、增强相和制备方法。

3.5.2　基体相

　　高分子复合材料有两种高分子基体，分别是热塑性高分子和热固性高分子。而其中超过 90% 的高分子复合材料的基体相都是热固性高分子。这里最大的问题就是纤维在浸染时树脂的黏度问题。纤维在浸染高分子溶液或高分子熔体时，黏度不能过高，不然难以实现理想的浸染。对于热固性高分子而言，它的起始黏度非常低，而经过固化后黏度才明显提高，但此时纤维的浸染过程早已完成，所以热固性高分子是理想的基体相。

　　目前最重要的热固性高分子基体有三种：酚醛树脂、环氧树脂和不饱和聚酯。

　　1. 酚醛树脂

　　酚醛树脂是由苯酚和甲醛缩合而成的，具有较高的弹性模量和良好的电绝缘性质。酚醛树脂具有极高的压缩强度（高达 215MPa），几乎可以与任何材料复合。石棉纤维、金属粉增强的酚醛树脂可以用于汽车的刹车片和离合器片。酚醛树脂复合材料的代表产品是家具制造常用的胶合板。

　　2. 环氧树脂

　　环氧树脂是第二种常见的高分子复合材料基体。环氧树脂的分子链端部或中间含有环氧基团，它固化前的分子链很短。固化时，分子交联形成三维网络，同时固化剂成为网络的一部分。由于固化剂的加入，环氧树脂具有无体积收缩的特性。制备复合材料所用的环氧树脂一般为双组分的，混合后发生固化。固化过程可以是环氧基团与其他基团作用，也可以是环氧基团之间相互反应。有些反应是催化产生的，有些是基团间直接的化学反应，其结果都是形成交联分子链。环氧树脂的性质由不同的环氧单体和固化剂决定。环氧树脂与高强度纤维（如硼纤维、石墨纤维）增强后可具有很高的强度和刚性。表 3-1 为环氧树脂复合材料的主要性能。

表3-1　环氧树脂复合材料的主要性能

组成	环氧树脂基体	玻璃短纤维	缠绕玻璃纤维	凯夫拉纤维	碳纤维	石墨纤维
密度/(g/cm^3)	1.20	1.79	1.86	1.25	1.46	1.58
使用温度/℃	80	150	150	150	150	150
抗拉强度/MPa	70	500	1500	1400	1900	1400
模量/GPa	8.0	23	55	78	145	210

3. 不饱和聚酯

不饱和聚酯是一种既可以是热塑性也可以是热固性的高分子材料,它是由二元酸(或酸酐)与二元醇经缩聚而制得的不饱和聚酯。其中大部分是热固性,也有少量是热塑性。热塑性不饱和聚酯有双酚 A 型的和乙烯基型。双酚 A 型聚酯可使复合材料产生弹性。乙烯基型聚酯实际上是一种环氧树脂,因乙烯基上有不饱和键而属于不饱和聚酯,能够应用于防化学腐蚀。热固性不饱和聚酯有苯乙烯共聚型聚酯、烷基型聚酯和烯丙基型聚酯。苯乙烯共聚型聚酯可以液体形式存放较长时间,加入固化剂后则迅速固化。烷基型聚酯多用于清漆一类的涂料。烯丙基型聚酯如邻苯二甲酸二烯丙酯,因其有较高的耐热性能,多用于电器行业。不饱和聚酯可与几乎所有的增强材料复合,最常用的是玻璃纤维。与玻璃纤维混合制成的复合材料俗称"玻璃钢",能够用于浴缸、机器零件、汽车与船舶外壳等。

4. 其他基体

其他热固性高分子基体包括硅树脂与聚酰亚胺,它们都属于高性能基体,但是受限于高价格,它们只能在特定的领域使用。硅树脂的耐热温度达到 315℃,而且具有不黏的特性。聚酰亚胺的耐热温度达到 260℃,可以制成预浸料后再成型,用于航空航天工业中。此外还有许多树脂,如用于仿瓷餐具的三聚氰胺甲醛树脂、用于强化木地板的脲醛树脂等,高分子材料能否用作复合材料的基体主要考虑能否浸润纤维或增强材料。大部分热固性塑料都能用作基体。

对于热塑性高分子,由于在加热熔融后黏度较高,很难在纤维表面均匀形成薄层,如果利用高加工温度使得热塑性高分子的黏度下降,又容易造成降解或分解的问题,因此热塑性高分子作为基体相,使用量少于热固性高分子。但是也有少量的热塑性高分子用于基体,如聚酰胺、聚碳酸酯、聚苯乙烯、聚甲醛、ABS、聚苯醚、氟塑料等,在复合材料中有一定用途。

解决上述问题的一个方法是将热塑性高分子溶于溶剂,将纤维从溶液中拉过,溶剂挥发之后,纤维上就涂上一层高分子。这种办法对涂覆大有改善,但是又要处理溶剂挥发的问题。这种技术常用于涂覆聚酰胺、聚酰亚胺、聚砜、聚醚酰亚胺等。溶液预浸与熔体预浸相比,优点在于预浸料柔软,更有黏结性。熔体预浸的纤维常常发硬,成型加工较为困难,而溶液预浸的纤维成型效率要高得多。

3.5.3 增强相

复合材料的增强相通常按照几何形状分类,可分为颗粒、纤维、织物和晶须。晶须一般用于金属基复合材料和陶瓷基复合材料,很少用于高分子复合材料。颗粒增强的高分子材料一般不视为狭义上的复合材料。如将橡胶与碳黑、二氧化硅、氧化锌等共混,常称为增强材料。常常为降低成本,将塑料与碳酸钙、滑石粉、黏土等共混,称为填充材料。高分子复合材料中最重要的增强相是纤维,以下介绍几种常见的增强纤维。

1. 硼纤维与碳化硅纤维

硼纤维是用化学沉积法制造的,将一根钨丝上沉积硼而形成的无机纤维,通常用氢和三氯化硼在炽热的钨丝上反应,置换出无定形的硼沉积于钨丝表面获得。硼纤维的密度为

$2.3\sim2.6g/cm^3$，抗拉强度为 3.65GPa，模量为 400GPa。用于金属基复合材料的硼纤维表面可以再涂上一层碳化硅，提高与金属的相容性。产生硼蒸气需要 1204℃ 的高温，硼纤维所用的原材料钨价格很高，化学沉积法的过程又复杂，导致硼纤维的价格更高。但尽管如此，用硼纤维增强的聚合物复合材料可以具有比铝还轻的质量，比钢还高的强度和刚度，在航空航天行业中仍然有较大的市场。

碳化硅纤维也用相似的化学沉积法制造。碳化硅纤维的抗拉强度为 $2.8\sim4.6GPa$，模量为 400GPa。碳化硅纤维的最高使用温度达 1200℃，其耐热性和耐氧化性均优于碳纤维，在最高使用温度下碳化硅纤维的强度保持率在 80% 以上，化学稳定性也好。碳化硅纤维的价格比硼纤维和碳纤维都低。用化学沉积工艺还可以制造其他增强纤维，如二硼化钛、碳化硼等。

2. 碳纤维

碳纤维是一种含碳量在 95% 以上的高强度、高模量纤维的纤维材料。它是由片状石墨等有机纤维沿纤维轴向方向堆砌而成，经碳化及石墨化处理而得到的材料。碳纤维密度比铝小，但强度却高于钢铁，并且具有耐腐蚀、高模量的特性，在国防军工和民用方面都是重要材料。它不仅具有碳材料的固有本征特性，又兼备纺织纤维的柔软可加工性，是新一代增强纤维。碳在自然界中具有多种形态，它既有金属的性质，又有非金属的性质。黑色的结晶碳为石墨；透明的结晶碳是金刚石；此外还有无定形的焦炭及准晶的碳黑等。

早期的碳纤维是有机纤维在隔绝空气高温下热解得到的。到目前为止，聚丙烯腈是使用最多的碳纤维前驱体。聚丙烯腈纤维热解时，先加热至 $200\sim250℃$ 使其环化，再加热到 1300℃ 左右，将非碳元素（N、O、H 等）去除，这个过程称为碳化。碳纤维在碳纯度不断提高的同时，形成石墨的晶体结构，这个过程称为石墨化。温度越高，石墨化的程度越高。当石墨化程度很高时，纤维具有极高的强度和模量。碳纤维的模量越高，表面越光滑；模量越低，表面越粗糙。粗糙表面容易浸润，所以普通应用都使用低模量的品种。只有在要求高模量时才使用高模量品种。此外，碳含量在 92%～95%、模量在 344GPa 以下的称为碳纤维，碳含量在 99% 以上、模量在 344GPa 以上的称为石墨纤维。

碳纤维具有许多优良性能。碳纤维的轴向强度和模量高、密度低、比强度高、无蠕变、非氧化环境下耐超高温、耐疲劳性好、比热及导电性介于非金属和金属之间、热膨胀系数小且具有各向异性、耐腐蚀性好、X 射线透过性好、导电导热性能良好、电磁屏蔽性好等。碳纤维的强度随温度升高而增加，直到 2000℃ 还能保持良好的尺寸稳定性。

碳纤维的缺点是抗氧化性较差、容易氧化，不像某些金属可以形成氧化保护膜。碳的氧化物是挥发性的。镀层可以防止碳纤维的氧化。碳纤维的其他缺点是脆性、对应变敏感、耐冲击性差。

3. 芳纶纤维

芳纶纤维是一种合成的高强度纤维，具有超高强度、高模量、耐高温、耐酸耐碱、质量轻等优良性能，其强度是钢丝的 5～6 倍，模量为钢丝或玻璃纤维的 2～3 倍，韧性是钢丝的 2 倍，而质量仅为钢丝的 1/5 左右，在 560℃ 的温度下，芳纶纤维不分解，不熔化，具有良好的绝缘性和抗老化性能，具有很长的生命周期。芳纶纤维最具代表性的是杜邦公司开发的凯夫拉(Kevlar)纤维,材料原名——聚对苯二甲酰对苯二胺。芳环结构赋予纤维热稳定性,棒状结构使分子链能够平行排列,达到高度取向。高度取向可以使纤维具有很高的强度与模量。

芳纶纤维与钢、铝板的复合装甲,广泛应用于坦克、装甲车、防弹衣和核动力航空母舰及导弹驱逐舰,使兵器的防护性能及机动性能均大为改观。芳纶纤维与碳化硼等陶瓷复合材料是制造直升机驾驶舱和驾驶座的理想材料,其抵御穿甲弹的能力比玻璃钢和钢装甲好得多。芳纶纤维还是制造防弹衣的理想材料。芳纶纤维代替尼龙和玻璃纤维,其防护能力至少可增加 1 倍,并且有很好的柔韧性,穿着舒适。芳纶纤维制作的防弹衣只有 2~3kg,穿着行动方便,已获得广泛采用。

4. 陶瓷纤维

陶瓷纤维是由氧化物、碳化物、氮化物制成的连续纤维。绝大多数的陶瓷纤维是氧化铝和二氧化硅。其密度约为 $3g/cm^3$,拉伸强度约为 2GPa,拉伸模量为 200GPa,使用温度高达 1300℃。陶瓷纤维中碳化物纤维的强度和模量比氧化物高得多。例如,碳化硅的密度约为 $2.5\ g/cm^3$,拉伸强度为 3GPa,拉伸模量高达 400GPa,使用温度为 1200℃。碳化硅和氮化硅纤维都是不连续的晶须。晶须是真正意义的单晶,其长径比可到 10000。晶须具有极高的强度,但其长度最多只有 1cm,只能用于不连续增强。陶瓷纤维和晶须很少用于高分子复合材料,多用于金属基复合材料。

5. 玻璃纤维

玻璃纤维是由二氧化硅、氧化铝、氧化钙、氧化硼、氧化镁、氧化钠等组成的一种纤维。玻璃纤维是熔融的玻璃从喷丝板中流出并拉伸冷却而制成的。玻璃纤维具有比有机纤维耐温高、不燃、抗腐、隔热、隔音、抗拉强度高、电绝缘性好的特点,但脆性大、耐磨性较差。著名的玻璃钢材料即使用玻璃纤维进行增强的复合材料。

根据组分含量的不同,玻璃纤维又分为 E 玻璃、S 玻璃等。E 玻璃含 55%二氧化硅、20%氧化钙、15%氧化铝和 10%氧化硼,拉伸强度为 5GPa,因最初目标是在电气场合应用而得名。S 玻璃含 10%氧化镁、25%氧化铝和 65%二氧化硅,因其高强度而得名,强度比 E 玻璃要高约 30%。玻璃纤维可以是单根的,可以制成连续长纤维,或切成短纤维,或编织成织物,也可以制成无纺布。短纤维用于增强热塑性高分子或模塑制品。纤维束用于缠绕加工,或用于编织玻璃布。织物增强的性能显然优于单维增强。

3.5.4 制备方法

1. 拉挤成型

拉挤成型是一种连续的复合材料成型工艺。拉挤成型将一束连续的纤维通过牵引装置拉紧浸染在树脂浴中,被浸染的纤维随后被牵入一个成型模具,经过模具后,树脂发生固化并成型(图 3-19)。所得到的制品具有特定的截面形状,如管材、棒材、工型材等,且长度不受限制。与高分子的挤出成型十分相似,拉挤成型的特点是生产过程完全实现自动化控制,生产效率高;拉挤成型制品中纤维含量可高达 80%,浸胶在张力下进行,能充分发挥增强材料的作用;生产过程中几乎没有废料,产品不需后加工;制品质量稳定,重复性好，长度可任意切断。

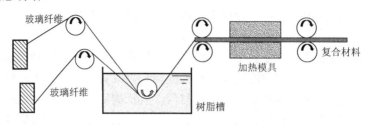

图 3-19　复合材料的拉挤成型示意图

2. 缠绕成型

缠绕成型是一种可以生产中空管状复合材料制品的工艺。缠绕成型首先将浸过高分子胶液的连续纤维按照特定规律缠绕到芯模上，然后利用固化将芯模脱除或将芯模破碎，成为复合材料制品(图 3-20)。其中，芯模可以利用石膏、石蜡、金属或塑料等制造。缠绕成型过程中，缠绕角对复合材料制品性能有很大影响。缠绕角是纤维与型芯轴线的夹角。这一夹角的正切等于型芯的周长与缠绕螺距之比。随缠绕角的增大，侧向强度提高而径向强度降低。缠绕成型的优点是能够按照要求排列纤维方向，所以特定方向的强度和模量的可设计性好。其次，缠绕成型的纤维比例高，有时可以达到 80% 左右，使制品具有高强度和高模量的特点。基于以上优点，缠绕成型方法可以生产不同的中空制品，如简单制品管子、复杂制品飞机壳体、汽车的框架、压力容器、导弹发射管、发动机箱、汽车弹簧片、油箱轴承等。但是缠绕成型设备成本非常高，只有大批量生产才可能降低成本。

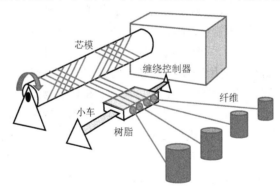

图 3-20　复合材料的缠绕成型示意图

3. 模压成型

模压成型是一种生产形状复杂的复合材料制品的工艺，如汽车部件。模压成型方法首先将一定量的高分子和纤维共混的块体或片材放在对开的金属模具中，关闭模具后抽真空，加热使得高分子原料熔化并充满整个模腔，固化完成后就能得到表面光洁的制品(图 3-21)。模压成型适合制造大型热塑性制品。因为热塑性塑料熔体黏度大、温度高，不适宜其他成型方法。同时模压成型可一次成型复杂制品，而无须二次加工，制品的外观和尺寸重复性好，容易实现机械化和自动化。基于以上优点，模压成型方法已成为复合材料的主要成型方法，广泛用于结构件、连接件、防护件和电气绝缘等。

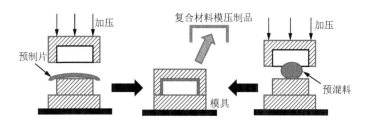

图 3-21　复合材料的模压成型示意图

3.6　功能高分子材料

3.6.1　光电高分子材料

1. 有机光伏电池

光伏电池也称太阳能电池，是将太阳的光能转换为电能的装置，也是一种新能源器件。一般而言，新能源要同时符合两个条件：一是蕴藏丰富，不会枯竭；二是安全、干净，不会威胁人类生存和破坏环境。按照这两个条件，太阳能是最理想的新能源。所以，利用太阳能对人类社会发展意义重大。法国科学家贝克勒尔(Becquerel)很早发现用光照射银会产生电流，但是这种光电转换效率很低，只有 1%。所以早期的光伏电池用于光度计元件。直到 20 世纪中叶美国贝尔实验室对半导体理论的研究，光伏电池的开发才得到突破性进展，开发出世界上第一个单晶硅光伏电池，而后单晶硅光伏电池一直是主流技术。

除了单晶硅这种硅基光伏电池，还有许多其他的光伏电池种类，如碲化镉、铜铟镓硒等化合物基光伏电池，以及染料敏化光伏电池、高分子光伏电池。制造高分子光伏电池的材料通常是有大量共轭键的导电高分子。共轭键是由交替 C—C 单键和 C=C 双键组成的，共轭键的电子简并轨道是离域的，形成了离域成键轨道 π 轨道和反键轨道 π^*。π 键是最高占据分子轨道(HOMO)，π^* 是最低未占据分子轨道(LUMO)。HOMO 和 LUMO 的能级差是有机电子材料的带隙，带隙为 1~4 eV。

高分子光伏电池的工作原理可以分为 4 个步骤：①太阳光照射材料，当材料吸收光子后，就形成了激发态，激发态是在静电力作用下结合的一个电子-空穴对，也称激子；②在光伏电池中，激子在不同物质的异质结中扩散；③激子扩散到供体/受体界面(D/A 界面)，从而破坏了电子-空穴对；④电子和空穴经过各自的路径传输到相应的电极。随后，电子和空穴被相应的电极收集形成电流(图 3-22)。

相对于其他光伏电池，高分子光伏电池具有如下优点。

① 高分子半导体材料的原料来源广泛易得、廉价、环境稳定性高、材料质量轻、吸收系数较高、有机化合物结构可设计且制备提纯加工简便、加工性能好、易进行物理改性等。

② 制备工艺更加灵活简单，可采用真空蒸镀或涂敷的办法制备成膜，还可采用印刷或喷涂等方式，生产中的能耗较无机材料更低，生产过程对环境无污染，且可在柔性或非柔性衬底上加工，具有制造面积大、超薄、廉价、简易、良好柔韧性等特点。

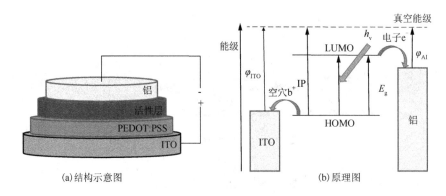

(a)结构示意图　　　　　　　(b)原理图

图3-22　高分子光伏电池

③ 器件是半透明的，便于装饰和应用，色彩可选。

但是，高分子光伏电池最大的问题就是光电转换率较低，如表 3-2 所示，因此尚未进入使用阶段，而且高分子光伏电池在有氧和水存在的条件下往往是不稳定的。如果高分子光伏电池的光电转换效率超过 10%，将会成为未来重要的新能源器件材料。

表3-2　不同光伏电池的转换率

光伏电池种类		材料	转换率
硅	结晶硅	单晶硅	15%～23%
		多晶硅	12%～17%
	非晶硅	a-Si，a-SiC，a-SiGe	8%～13%
半导体化合物	III-V 族	GaAs	18%～35%
	III-VI 族	CdS, CdTe	10%～14%
	多元化合物	CuInSe$_2$	12%～16%
有机物	染料敏化型	nMO(TiO$_2$)	约 12%
	有机 D/A 型	共轭高分子	约 8%

2. 有机发光二极管

发光二极管(LED)很像光伏效应的逆效应。太阳光照射光伏材料产生电子-空穴对，将电子和空穴分开就产生电流；相反，如果电子与空穴没有及时分开，就会再次复合辐射出可见光，根据这个现象可以制成发光二极管。

按照化学性质，发光二极管可以分有机发光二极管(OLED)和无机发光二极管(LED)。不论是哪种 LED，其核心的元件都是一个半导体二极管。能够制造 OLED 的材料有很多种，从小分子的有机物到高分子材料都有。典型的高分子材料有聚芴、PEDOT：PSS 等。这类材料制造的 OLED 器件中，有一个二极管元件。二极管中有一个含空穴带正电的 p 区和一个含电子带负电的 n 区。p 区的空穴和 n 区的电子在 p-n 结附近复合，此时会消耗周围的载流子，形成一个只有静电荷的空白耗尽区。在这个区域内电子不会发生迁移，在没有外加电场的条件下，电荷不会跨过 p-n 结。为了让电子能够跨过这个 p 耗尽区，需要在二极管的两头加上电压。一般 p 区接正极，n 区接负极。在电压的作用下，耗尽区会逐渐变窄甚至消失，电子和空穴就能够在 p-n 结区域内发生复合并释放一定能量的光。由此，二极管通电发光。

OLED 相比于传统的 LED，具有显著的优点。例如，OLED 可生产柔性器件，方便折叠和使用，能够为手机、笔记本电脑和电视制造柔性屏幕。OLED 还可以制造得非常薄，最低可低至 0.2mm。此外，OLED 的显示器最大的宽屏视角为 160°。在生产环节上，OLED 能够实现油墨印刷式生产，这样能够低成本大规模地量产显示屏幕。可以预见，OLED 将会在显示和照明方面拥有巨大的应用前景。

3.6.2 电活性高分子

电活性高分子(EAP)是一类能在外加电场诱导下，通过材料内部构造改变产生多种形式力学响应的高分子材料，具有特殊的力学性能和电性能。本节将介绍两种常见的电活性高分子材料。

1. 压电高分子和电致伸缩

压电高分子是一种典型的电活性高分子材料。压电高分子材料是能实现机械效应和电效应相互转换的一类高分子材料。简单来说，压电材料是受力就产生电压，不受力电压就消失的材料。传统的压电材料通常是陶瓷，但是部分的高分子材料也具有压电特性，其中最有代表性的就是聚偏氟乙烯。聚偏氟乙烯的密度只有压电陶瓷的 1/4，但是弹性比压电陶瓷大 30 倍。一般而言，压电效应的本质就是内部偶极矩的重排。在不受力的情况下，材料内部微区域内的偶极是无规分布的，相互抵消，因此整个材料不会表现出偶极矩；当材料受力的时候，微区内的偶极重新取向排列，产生偶极矩，也就在材料内部产生了电压。聚偏氟乙烯有两种常见的结晶形态，一种是 α 型，由熔体在冷却过程中形成。α 晶型的聚偏氟乙烯中 C—F 化学键排列没有规律，因此材料没有偶极矩。另一种是 β 型，通过拉伸使分子链取向后施加强电场极化形成，这个过程也称鲍尔(Bauer)过程。β 晶型的 C—F 键具有取向排列的特征，因此，材料产生偶极矩并表现出电压。

除聚偏氟乙烯以外，亚乙烯基二氰与乙酸乙烯酯、异丁烯、甲基丙烯酸甲酯、苯甲酸乙烯酯等的共聚物，也表现出较强的压电特性，而且高温稳定性更好。高分子压电材料具有低密度、柔韧性好的特点，可以制成大面积的薄膜，便于大规模集成化；具有较低的力学阻抗，可方便与人体或水等声阻抗配合，特别适合于医疗和水下探测领域。

电致伸缩材料实际上是压电材料的逆效应。对具有压电效应的材料施加电场作用时，材料内部的微区偶极就会发生转动，使其极化方向尽量转到与外电场方向一致，因此这种材料沿外电场方向的长度会发生变化，这种现象称为电致伸缩效应。

目前高分子压电材料主要作为换能材料使用，如音响元件和控制位移元件的制备。前者比较常见的是超声波诊断仪的探头、声呐、耳机、麦克风、电话、血压计等装置中的换能部件。将两枚压电薄膜贴合在一起，分别施加相反的电压，薄膜将发生弯曲而构成位移控制元件。利用这一原理可以制成光学纤维对准器件、自动开闭的帘幕对准件。此外，压电高分子材料还可以用于汽车加速度传感器，控制安全气囊，以及喷墨打印机的打印头挤墨粉部件等。

2. 介电弹性体

介电弹性体是另一类电活性高分子材料。介电弹性体是具有高介电常数的弹性体材料，在外界电刺激下可改变形状或体积。当外界电刺激撤销后，又能恢复到原始形状或体积，将电能转换成机械能。与电致伸缩材料相比，介电弹性体具有电致形变大、能量密度高、响应时间快、黏弹滞后损耗小、机电转换效率高、价格低、易于成形和不易疲劳损坏等优点。

如图 3-23 所示，介电弹性体的原理是在弹性体薄膜的上下表面涂敷上柔性电极，在电极两端施加电压后，两电极之间异性电荷产生的静电引力在膜厚方向挤压弹性膜，水平方向同性电荷的静电斥力则在电极上压缩薄膜，从而使弹性体膜厚度减小，面积变大。除去电压后，弹性体薄膜便回复到原来的形状，将电能转换成机械能。目前常见的介电弹性体包括硅橡胶、丙烯酸酯、聚氨酯、丁腈橡胶、亚乙烯基氟化三氟乙烯及其相应复合材料。

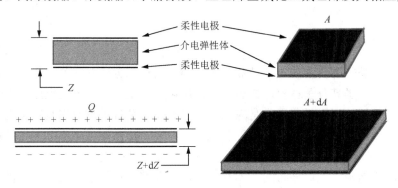

图 3-23   介电弹性体原理图

介电弹性体的理想应用是新能源设备。如压电材料一样，介电弹性体也具有逆效应，而这个效应可以用于发电。在海洋浮标上安装介电弹性体发电机，实现了从自然海浪运动产生电能。这种方式可直接通过波浪运动产生电能，而不需要通过复杂和昂贵的液压传动装置，在很少的运动部件支持下就可以改变高分子形状从而产生电能，降低了生产电力成本。这种发电机可以适用于小溪、河流等场所。介电弹性体还具有用于仿生机器人的潜力。仿生机器人具有高模量、轻质量、小体积、简单机械结构和低成本特点，可广泛应用于勘探、导航、狭小空间或限制环境救援等场合。介电弹性体也能够模仿人类骨骼肌收缩，通过驱动电场控制材料收缩而生产人造肌肉。介电弹性体驱动器虽然能产生较大的电致形变，但是需要很高的电场(150 MV/m)，这限制了介电弹性体在生物医学领域的应用，对人体和设备存在较大危险。因此，开发微驱动技术的介电弹性体，在小驱动电压下产生大电致形变的介电弹性体是发展目标。

3.6.3   其他功能高分子

1. 高分子分离膜

高分子分离膜是一种以高分子材料制备的薄膜，它具有一定的孔径，可以选择过滤物质。高分子分离膜以薄膜两侧的能量差(压力差、温度差、浓度差或电位差)作为动力，实现某些组分可以通过薄膜而某些组分不能通过薄膜，从而达到分离物质的效果。

与高分子分离膜相似的技术是热分离技术，如传统的蒸馏、结晶或升华等热过程可以实现某些物质的分离提取。但是高分子分离膜技术不需要加热，整个分离过程是完全物理而温和的，也更加节能。除此之外，像水和酒精这种具有共沸点的溶液，以及一些异构结晶体通过热分离的蒸馏和结晶是不可能实现选择性分离的，而通过高分子分离膜技术可以实现上述物质的分离。因此，高分子分离膜技术在许多方面都有重要应用。

高分子分离膜分离技术根据过程不同可以分为以下几种。

① 超滤。超滤是指利用超滤膜将溶剂和较小尺寸的溶质过滤掉，而留下尺寸较大的溶质。过滤溶质尺寸取决于超滤膜的孔径，过程类似于过筛，过滤的驱动力是压力差。例如，生活中常见的奶酪就是通过超滤方法将牛奶中的蛋白质滤出；滤除水中的铁锈、泥沙、悬浮物、胶体、细菌、大分子有机物等有害物质，保留对人体有益的一些矿物质元素，是矿泉水、山泉水生产工艺中的核心要求。

② 微滤。微滤与超滤相似，同样利用压力差作为驱动力，也是过筛过程。过滤后留下的溶质更小，尺寸小于 0.1μm。例如，生活中去除水中的细菌或者空气中的灰尘常常用到微滤膜。

③ 反渗透。反渗透是一种超高精度的利用压差的膜法分离技术。如图 3-24 所示，反渗透膜的两侧分别是溶液和纯溶剂。纯溶剂在两侧存在浓度差的情况下会自发向溶液侧移动，使得溶液侧的液面逐渐提高；当液面的高度产生的压力差等于渗透的压力时，达到渗透平衡状态，这个压差也称为渗透压。如果反过来对溶液侧施压，溶液侧的溶剂就会向纯溶剂侧移动，这个过程就称为反渗透。反渗透将溶液中的溶质分离出来，可滤除水中几乎一切的杂质(包括有害的和有益的)，只允许水分子通过，主要用于海水生产饮用水。反渗透技术还能有效去除各种杂质、超细病菌。因此未来生活饮用水的净化将以反渗透技术为主。

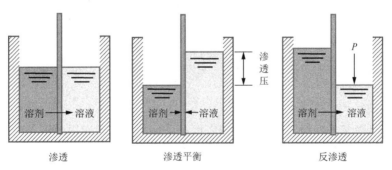

图 3-24 高分子反渗透膜原理图

④ 纳滤。纳滤是一种介于反渗透和超滤之间的过滤技术。纳滤也需要加压，孔径一般为几纳米，因此称纳滤。它能够透过溶剂和一些小分子质量或低价态的溶质。纳滤膜可以去除二价、三价离子，或者相对分子质量小于 200 的有机物，甚至一些微生物、胶体、病毒等。纳滤膜的一大特点是膜本身带有电荷，在很低的压力下就能够达到较好的过滤效果。

⑤ 透析。透析也是一种利用透析膜分开溶液和溶质，并利用浓度差将溶液侧的溶剂向纯溶剂侧移动的技术。从溶液中分离的流体称为料液，而接受溶质的称为透析液。常见的应用是过滤血液中的代谢废物，起到人工肾的作用。

2. 超吸水高分子

一般而言，高分子材料亲油不亲水；少数高分子材料，如纸、棉花或者吸水海绵，能够吸收少量的水，最多也就达到自身质量的 20 倍，而且一旦受到外力作用吸收的水就会重新释放，即保水能力很弱。但是，有这么一类高分子材料，它能吸收其自身质量数百倍、甚至上千倍的水，并具有很强的保水能力，即使受外力也不容易失水，这种高分子称为超吸水高分子(SAP)。

考量超吸水高分子的主要指标有两个：一个是吸水量，另一个是保水能力。在超吸水高分子材料中使用最多的是聚丙烯酸钠的交联物。如图 3-25 所示，聚丙烯酸钠中有两个基团：一个是羧基负离子(—COO$^-$)基，另一个是钠离子(Na$^+$)。当遇到水时，水分子与亲水性的金属钠形成配位水合，与电负性很强的氧原子形成氢键。然而，剩下的—COO$^-$由于电荷相同而彼此排斥，同时因为疏水作用而排向网络的内侧。进入网络中的水分子由于极性作用而局部冻结失去活动性，形成"伪冰"结构。上述作用的结果就是分子从线团向溶胶状态伸展，起到了超吸水和保水的作用。但是这种超吸水高分子不能够吸收盐水，在少量的盐溶液中，聚丙烯酸钠的吸水倍率会由 1000 倍下降到 50 倍左右。

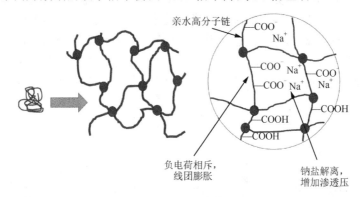

图 3-25　超吸水高分子原理示意图

超吸水高分子所吸收的水分主要束缚于网状结构中，如果网格太小，水分子不容易渗入；但是网格太大，又不具备保水性。同时，超吸水高分子网络的交联点密度至关重要，交联点的密度过大，吸水率会大幅降低；但是交联点的密度过低，又会造成吸水后的凝胶强度差。

超吸水高分子材料的应用很多，如婴儿用的一次性纸尿布、宇航员用的尿巾、妇女卫生用品、土壤保水剂、医用膏药基材、缓释型药剂、工业堵水剂等。

3. 形状记忆高分子

形状记忆高分子(shape memory polymer，SMP)是一种具有初始形状的制品，是在一定的条件下改变其初始条件并固定后，通过外界条件(如热、电、光、化学感应等)的刺激又可恢复其初始形状的高分子材料。形状记忆材料是很大的一类材料，典型的代表是形状记忆金属合金材料，但是部分高分子材料也具有形状记忆。这类形状记忆高分子材料通常利用降温的方式使材料获得一个"临时形状"，在外场的刺激下，它会回到记忆形变之前的"永久形状"。与形状记忆金属合金材料相比,形状记忆高分子材料的回复时间更短,形变量更大。

形状记忆高分子材料的原理较复杂,需要有高分子物理课程的相关知识。但是简单来说就是非晶态的高分子有一个关键的温度,称为玻璃化转变温度(T_g)。非晶态高分子在这个温度下属于玻璃态,分子链冻结无法运动;而高于这个温度时属于橡胶态,分子链运动自由。此外,在橡胶态的高分子链趋向于出现一种"松弛"的构象态时,这个状态也称最可几状态。这个状态也可以说是材料的"永久形状"。在橡胶态下的高分子链,如果给一个张力,分子链就会发生运动。随后释放张力,分子链又回到最可几状态,完成一个最简单的形状记忆过程。但是如果同样给一个张力,分子链发生运动后,将高分子降温到玻璃态,这时候分子链冻结,形成"临时形状",当需要回复的时候只需要加热到橡胶态就可以再次回到"永久形状"。

但是,普通的线形分子链只能施加较小的张力,如果张力过大,分子链之间就会发生滑移,造成永久的不可逆形变,失去形状记忆效果。为了解决这个问题,通常需要把分子链变成具有交联点的网状结构。交联点相互牵制,既保持良好的形变量,又几乎可以完全抑制分子链之间的滑移。这种形状记忆高分子的网络结构是依赖化学键形成的,但是这种结构不溶不熔,可加工性很差。因此,出现了具有物理交联结构的形状记忆高分子材料。

物理交联结构的形状记忆高分子通常是两相高分子,两相高分子分别具有两个玻璃化转变温度,硬相具有高玻璃化转变温度 T_g,软相具有低玻璃化转变温度 T_{trans}。

当温度 $T>T_g$ 时,两相都属于橡胶态,材料没有固定形状,也没有交联点。如图 3-26 所示,当 $T_{trans}<T<T_g$ 时,硬相在玻璃态,而软相在橡胶态,硬相起到交联点的作用,此时材料是交联结构,软相的最可几状态就是材料的"永久形状"。此时,可以施加张力改变材料的形状,并降温使 $T<T_{trans}$,两相都处于玻璃态,使材料获得"临时形状"。一旦需要材料回复形状,只需 $T>T_{trans}$ 即可。

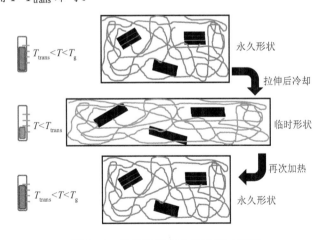

图 3-26 形状记忆高分子原理示意图

形状记忆高分子材料可以应用于包装、服装、军事等方面。部分可生物相容的形状记忆高分子材料还可以制作医用组织缝合线、防止血管阻塞器、止血钳等。

思考与练习

1. 高分子材料和聚合物分别是什么？
2. 高分子发展史上的三次里程碑分别是什么？
3. 高分子材料有哪些特点？
4. 高分子材料的结构有哪些？
5. 塑料是什么？有哪些典型的塑料？
6. 橡胶是什么？橡胶有什么特点？有哪些典型的橡胶？
7. 常见的高分子纤维有哪些？
8. 高分子胶黏剂的机理是什么？
9. 高分子复合材料有什么特点？有何应用？
10. 列举一种功能高分子材料，并解释其原理。

第4章 无机非金属材料

微课视频

4.1 概　述

无机非金属材料(inorganic nonmetallic materials)是与高分子材料和金属材料并列的三大材料之一，是以某些元素的氧化物、碳化物、氮化物、卤素化合物、硼化物以及硅酸盐、铝酸盐、磷酸盐、硼酸盐等物质组成的材料，是除高分子材料和金属材料以外的所有材料的统称。

无机非金属材料种类繁多，用途各异，目前还没有统一完善的分类方法，一般将其分为传统无机非金属材料和新型无机非金属材料两大类，如图 4-1 所示。常见的传统无机非金属材料有玻璃、水泥、陶瓷、耐火材料，新型无机非金属材料有先进陶瓷、无机涂层、无机纤维等。传统无机非金属材料是工业和基本建设所必需的基础材料。例如，水泥是一种重要的建筑材料；耐火材料与高温技术，尤其与钢铁工业的发展关系密切；各种规格的平板玻璃、仪器玻璃和普通的光学玻璃以及日用陶瓷、卫生陶瓷、建筑陶瓷、化工陶瓷和电子陶瓷等与人们的生产、生活密切相关，以上这些材料产量大，用途广。其他产品如搪瓷、磨料(碳化硅、氮化硅、氧化铝)、铸石(辉绿岩、玄武岩等)、碳素材料、非金属矿(石棉、云母、大理石等)也都属于传统无机非金属材料。新型无机非金属材料是 20 世纪中期以后发展起来的具有特殊性能和用途的材料，它们是现代新技术、新产业、传统工业技术改造、现代国防和生物医学所不可缺少的物质基础，主要有先进陶瓷(advanced ceramics)、非晶态材料(noncrystal-line materials)、人工晶体(artificial crystal)、无机涂层(inorganic coating)和无机纤维(inorganic fibre)等。

在化学组成上无机非金属材料与高分子材料和金属材料不同，主要由氧化物和硅酸盐，其次由碳酸盐、硫酸盐和非氧化物组成。在晶体结构上，无机非金属的晶体结构远比金属复杂，没有自由电子，具有比金属键和纯共价键更强的离子键与混合键。这种化学键所特有的高键能赋予无机非金属材料以高熔点、高硬度、耐腐蚀、耐磨损、高强度和良好的抗氧化性等基本属性，以及宽广的导电性、隔热性、透光性及良好的铁电性、铁磁性和压电性。此外，水泥在胶凝性能上，玻璃在光学性能上，陶瓷

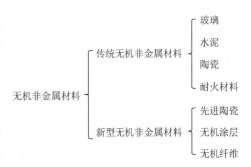

图 4-1　无机非金属材料的分类

在耐腐蚀、介电性能上，耐火材料在防热隔热性能上都有其优异的特性，是金属材料和高分子材料所不及的，常见传统无机非金属制品如图 4-2 所示。但是无机非金属材料也存在某些缺点，如断裂强度低、延展性差等，仍有待进一步改善。

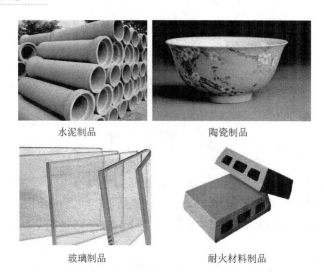

水泥制品　　　　　　陶瓷制品

玻璃制品　　　　　　耐火材料制品

图 4-2　传统无机非金属制品

　　科学技术的不断发展，带来了技术上的革新，无论是传统无机非金属材料还是新型无机非金属材料都有了长足的进步。其应用也从建筑及日常生活领域发展到冶金、化工、交通、能源、窑炉、机械设备、电工电子、食品、光学、医药、照明、新闻、情报技术以及其他尖端科技领域。无机非金属新材料具有独特的性能，是高技术产业不可缺少的关键材料。例如，稀土掺杂石英玻璃广泛应用于导弹、卫星及坦克、火箭等武器激光测距系统，耐辐射石英玻璃应用于各种卫星及宇宙飞船的控制系统；光学纤维面板和微通道板作为成像增强器与微光夜视元件在全天候兵器中得到应用；航空玻璃为中国各类军用飞机提供了关键部件；人工晶体材料中激光、非线性光学和红外等晶体用于弹道制导、电子对抗、潜艇通信、激光武器等；特种陶瓷中，耐高温、高韧性陶瓷可用于航空、航天发动机、卫星遥感，可制作特殊性能的防弹装甲陶瓷及特种纤维用于电子对抗等。目前已开发了近 4000种高性能、多功能无机非金属新材料新品种，这些高性能材料在发展现代武器装备中起到十分重要的作用。

　　如今，无论在工业部门、日用品行业还是人们生活等许多方面，没有无机非金属材料都是难以想象的。这些材料无论在品质上还是在数量上都在不断提高。无机非金属材料应用范围的日益扩大首先与原材料的储量有关，大多数无机非金属材料是用资源丰富、成本低廉的硅酸盐原料制作的；其次，生产无机非金属材料(水泥、玻璃和陶瓷等)消耗的能量比钢铁、铝等金属和塑料等高分子材料低得多；最后，在很多场合，无机非金属材料能替代金属材料和高分子材料，使材料的利用更经济合理。

　　无机非金属材料的发展史可以说是一部人类文明的发展史，旧石器时代人们用来制作工具的天然石材是最早的无机非金属材料。中国商代就有了原始瓷器，陶器的出现促进了人类进入金属时代。中国夏代炼铜用的陶质炼锅是最早的耐火材料。18 世纪以后钢铁工业的兴起促进了耐火材料向多品种、耐高温、耐腐蚀方向发展。18 世纪工业革命以后，随着建筑、机械、钢铁、运输等工业的兴起，无机非金属材料得到了较快的发展，出现了电子陶瓷、化工陶瓷、金属陶瓷、平板玻璃、化学仪器玻璃、光学玻璃、平炉和转炉用耐火材料、快硬强等性能优异的水泥。20 世纪以来，对材料提出了更高的要求，促进了特种无机非金属材料的迅速发展，20 世纪 30～40 年代出现了高频绝缘陶瓷、铁电陶瓷、压电陶瓷、铁氧体和热敏电阻陶瓷等。20 世纪 50～60 年代开发了碳化硅和氮化硅等高温结构陶瓷、氧化铝透明陶瓷、快离子导体陶瓷、气敏和湿敏陶瓷等。后来，又出现了变色玻璃、光导纤维、电光效应、电子发射及高温超导等各种新型的无机非金属材料。

4.2　陶　　瓷

4.2.1　陶瓷的概念

1. 陶瓷的概念

陶瓷(ceramics)是指以黏土及各种天然矿物、化工原料、人工合成粉体等为原料，经过配料、研磨、成型、干燥、烧结等工艺制得的各种制品，是陶器和瓷器的总称。陶器通常是未烧结或部分烧结的产品，断面粗糙无光，不透明，敲之声音粗哑，有的无釉、有的施釉，密度小，吸水率比瓷器高。精陶器的吸水率为 9%～12%(如日用精陶、美术陶器、釉面砖等)，粗陶器的吸水率可达 18%～22%(如盆、罐、砖瓦、各种陶管等)；瓷器坯体已烧结，致密度较高，有一定透明性，断面有贝壳状光泽，通常根据需要施有各种类型的釉，吸水率一般小于 0.5%(如日用细瓷、骨质瓷、高压电子陶瓷、铝质瓷、压电陶瓷等)。介于陶器与瓷器之间的一类产品就是国际上通称的炻器，吸水率一般为 4%～8%(如日用石器、卫生陶瓷、化工陶瓷、低压电子陶瓷、地砖、锦砖、青瓷等)。

2. 陶瓷材料的分类

陶瓷材料种类众多，分类方法也有很多种，为了便于掌握各种陶瓷材料的区别和应用特性，一般从不同的角度进行分类。按化学组成分为氧化物陶瓷(如氧化铝陶瓷、氧化锆陶瓷等)和非氧化物陶瓷(如碳化硅陶瓷、氮化硅陶瓷、硼化锆陶瓷等)。按功能特征分为结构陶瓷和功能陶瓷。

(1)结构陶瓷

结构陶瓷是指作为工程结构材料使用的陶瓷材料，它具有高强度、高硬度、高弹性模量、耐高温、耐磨损、耐腐蚀、抗氧化、抗热震等特性，主要用于耐磨损、高强度、耐热冲击、硬质、高刚性、低热膨胀性和隔热等结构陶瓷材料，大致可分为氧化物陶瓷、非氧化物陶瓷和陶瓷基复合材料。其分类、特性及用途见表 4-1。

表4-1　结构陶瓷的分类、特性及用途

系列		材料	特性	用途
氧化物		Al_2O_3、ZrO_2、MgO、SiO_2、BeO、莫来石	高强度、高硬度、高韧性、高导热性、高耐磨性	受力构件、车床、机床零件、模具、刀具、研磨介质
非氧化物	碳化物	SiC、B_4C	耐高温、高硬度、抗热震性好	汽车发动机零部件、耐磨材料、航空航天材料
	氮化物	Si_3N_4、BN、AlN		
	硼化物	ZrB_2、TiB_2		
纳米陶瓷		纳米氧化物、非氧化物	塑性、韧性	高性能结构零件
低膨胀陶瓷		堇青石、锂辉石、钛酸铝	$\alpha < 2 \times 10^{-6}\,℃^{-1}$	耐急冷急热结构零件

（2）功能陶瓷

功能陶瓷是指具有电、磁、光、声、超导、化学、生物等特性，且具有相互转化功能的一类陶瓷。大致可分为电子陶瓷（包括绝缘、介电、铁电、压电、热释电、敏感、导电、超导、磁性等陶瓷）、热学光学功能陶瓷（包括耐热、隔热、导热、透明、红外线辐射、发光等陶瓷）、生物与抗菌陶瓷、多孔陶瓷。除此之外，它还包括电磁功能陶瓷、光电功能陶瓷和生物-化学功能陶瓷等陶瓷制品和材料。其分类、特性及用途见表 4-2。

表4-2　功能陶瓷的分类、特性及用途

功能	系列		材料	特性	用途
电子陶瓷	绝缘陶瓷		Al_2O_3、MgO、BeO、AlN、BN、SiC	绝缘性	集成电路基片、装置瓷、真空瓷、高频绝缘瓷
	介电陶瓷		TiO_2、$La_2Ti_2O_7$、$MgTiO_3$	介电性	陶瓷电容器、微波陶瓷
	铁电陶瓷		$BaTiO_3$、$SrTiO_3$	铁电性	陶瓷电容器
	压电陶瓷		PZT、PT、LNN	压电性	换能器、谐振器、滤波器、压电变压器、声呐
	热释电陶瓷		PZT、$PbTiO_3$	热电性	温度测定、红外线辐射计数
	敏感陶瓷	热敏	PTC、NTC	传感性	热敏电阻、过热保护器
		气敏	SnO_2、ZnO、ZrO_2		气体传感器、氧探头、气体报警器
		湿敏	$Si-Na_2O-V_2O_5$ 系		湿度测量仪、湿度传感器
		光敏	CdS、CdSe		光敏电阻、光传感器
		压敏	ZnO、SiC		压力传感器
	磁性陶瓷	软磁	Mn-Zn 铁氧体	软磁性	记录磁头、磁芯、电波吸收体
		硬磁	Ba、Sr 铁氧体	硬磁性	铁氧体磁石
	导电陶瓷		ZrO_2、$LaCrO_3$、$Na-\beta-Al_2O_3$	离子导电性	钠硫电池固体电解质、氧传感器
	超导陶瓷		Re-Ba-Cu-O 系	超导性	电子系统、磁悬浮、选矿
热学光学功能陶瓷	耐热陶瓷		Al_2O_3、ZrO_2、MgO、SiC、Si_3N_4	耐热性	耐火材料
	隔热陶瓷		氧化物纤维、空心球	隔热性	隔热材料
	导热陶瓷		BeO、AlN、SiC	导热性	基板
	透明陶瓷		Al_2O_3、MgO、BeO、Y_2O_3、ThO_2、PLZT	透光性	高压钠灯、激光元件、光储存元件、光开关
	红外线辐射陶瓷		SiC 系、Zr-Ti-Re 系、Fe-Mn-Co-Cu 系	辐射性	红外线辐射器、红外线治疗仪、光开关
	发光陶瓷		ZnS	发光性	标记牌、装饰、电子工业
生物与抗菌陶瓷	生物惰性陶瓷		Al_2O_3、单晶、微晶	生物相容性	人工关节
	生物活性陶瓷		HAP、TCP	生物吸收性	人工骨材料
	医用陶瓷		压电、磁性、光纤	诊断传感器	医用诊断仪器、超声波治疗、检测器
	银系陶瓷		沸石载银、磷酸锆载银	杀菌	抗菌陶瓷制品、抗菌材料
	钛系陶瓷		TiO_2	吸附载体性	抗菌陶瓷制品、抗菌材料
多孔陶瓷	化学载体		$\gamma-Al_2O_3$、堇青石	催化载体性	固定酶载体、催化剂载体、生物化学反应控制装置
	蜂窝		堇青石、钛酸铝	多孔性	汽车尾气净化器用催化载体、热交换器
	泡沫		高铝、低膨胀陶瓷	轻质、多孔	高温液体过滤、轻质隔热材料

4.2.2 陶瓷的发展

距今 7000～8000 年的新石器时代早期，我国的先民就已经开始制作陶器。由于当时人类的社会生产力低，社会的物质文明程度不高，新石器时代陶器粗糙、制作不精良。在新石器时代晚期的仰韶文化、屈家岭文化、河姆渡文化、大汶口文化、龙山文化等十几个文化遗址的挖掘中，出土了大量的陶瓷，其主要品种有灰陶、彩陶、黑陶和几何印纹陶等。殷商时代出现了釉陶，从无釉到有釉，在技术上是一个很大的进步，是制陶技术上的重大成就，为陶过渡到瓷创造了必要的条件，釉陶的出现可以看成我国陶瓷发展过程中的第一次飞跃。

商朝陶器总体上继承了新石器时代的样式，在种类上并没有多大的发展。周代陶器的重要发展是陶器应用到了建筑方面，如版瓦、简瓦、瓦当、瓦钉、阑干砖等。公元前 246 年～前 206 年修建的长城和阿房宫，说明建筑陶瓷材料已大量使用。大批制作精美、造型生动、同真人真马一样大小的秦俑的出土充分证明了我国秦代的制陶技术已达到相当高的水平。

两汉时期，釉陶大量替代铜质日用品，从而又使陶器得到迅速发展。汉代的釉陶已发展到很高阶段，这是由陶向瓷过渡的桥梁。

隋唐时代，陶瓷发展也进入一个繁荣成长的阶段。唐三彩是一种低温铅釉陶器，因经常使用黄、绿、褐三种色彩得名，一般作为陪葬品(分为器皿、人物、动物)，是我国古代陶器工艺的精品。

宋代是中国制瓷业极其辉煌的历史时期，各地新兴窑场不断出现，涌现出不少驰名中外的瓷窑。五大名窑，即汝窑、官窑、哥窑、钧窑、定窑，就是其中的典型代表。此外，陕西的耀州窑、福建的建窑、江西的吉州窑、浙江的象州窑、河北的磁州窑，也都是当时比较著名的窑场。宋瓷在工艺上取得较高成就，品种丰富多彩、造型简洁优美、装饰方法多种多样。

明代以前的陶瓷釉色以青为主，明代以白瓷为大宗，为瓷器的装饰创造了物质条件。

清初制瓷技巧更达到了历史的高峰，凡是明代已有的工艺和品种，大多有所提高或创新。

随着人类社会科学技术水平的不断提高，近代材料科学领域出现了各种精细陶瓷和功能陶瓷，如建筑卫生陶瓷、电气陶瓷、电子陶瓷、化工陶瓷、高温陶瓷、人工晶体和特种功能材料，其用料和制作工艺已超出传统陶瓷的范畴。"先进陶瓷"这一术语最早出现于 20 世纪 50 年代的英国。特别是近几十年来电子技术、空间技术、激光技术、计算机技术、红外线技术等的发展，迫切需要一些有特殊性能的材料，而某些陶瓷恰恰能满足这类要求，因此，新型陶瓷材料得到了迅速的发展。

4.3 玻 璃

4.3.1 玻璃的概念和发展

玻璃是高温下熔融，冷却过程中黏度逐渐增大、不析晶，室温下保持熔体结构的非晶态固体。在现代科学技术和日常生活中，玻璃发挥着越来越重要的作用。如今玻璃早已从日常生活的广阔天地走进尖端科学的各个领域，品种繁多，五颜六色，琳琅满目。

玻璃的出现与使用在人类的生活里已有 4000 多年的历史。从 4000 年前的美索不达米亚和古埃及的遗迹里，都曾有小玻璃珠的出土。古埃及人是世界上最早的玻璃制造者，他们用泥罐熔融，以捏塑或压制方法制造饰物和简单器皿。从先秦出土的玻璃器物可以看出，我国的玻璃制造至少有 3000 年的历史。研究表明，我国在东周时期所制造的玻璃珠、玻璃壁等饰物，其成分与古埃及和其他国家的古代玻璃有明显的区别，这说明中国也是最早发明玻璃的国家之一。

公元 1 世纪初，古罗马人发明用铁管把玻璃液吹制成各种形状的制品，如美丽精巧的花瓶、风格别致的酒杯和宝石般的装饰品，这一创造对玻璃的发展起到了很大的作用。不久人们懂得了玻璃容易加工成型的性质并加以利用，把它做成玻璃窗、玻璃瓶和望远镜的透镜。

11～17 世纪，玻璃的制造中心在威尼斯。1291 年，威尼斯政府为了技术保密，把玻璃工厂集中在穆兰诺岛，当时生产的制品，如窗玻璃、玻璃瓶、玻璃镜和其他装饰玻璃等，样式新颖，别具一格，畅销全欧洲乃至世界各地。许多制品精美细腻，具有高度艺术价值，但十分昂贵。15～17 世纪是威尼斯玻璃业的鼎盛时期。

到 17 世纪，欧洲许多国家都建立了玻璃厂，开始用煤代替木柴作为燃料，玻璃工业又有了很大的发展。到 18 世纪末，威尼斯玻璃业从顶峰跌落了下来，被捷克取而代之。捷克的玻璃艺术品从 17 世纪开始就活跃在欧洲市场，是世界上生产玻璃器皿颇有名气的国家。

但是，无论是威尼斯，还是捷克，在当时都没有采用机器生产，生产条件艰苦。随着英国工业革命的兴起和发展（18 世纪后期～19 世纪上半期），玻璃制造技术也得到了进一步提高。1828 年，法国工人罗宾发明了第一台吹制玻璃瓶的机器，但由于产品质量不高，而没有得到推广。19 世纪中叶，煤气发生炉和蓄热室池炉应用于玻璃的连续生产。19 世纪末，德国人阿贝和肖特对光学玻璃进行了系统的研究，为玻璃科学基础的建立做出了杰出的贡献。

20 世纪以来，玻璃的生产技术获得了极其迅速的发展，玻璃工艺学逐渐成为专门学科。20 世纪初，由于玻璃瓶、罐的需要量剧增，逐渐出现了各式各样的自动制瓶机代替工人的手工操作，实现了玻璃瓶的机械化生产。1905 年，英国的欧文斯发明了第一台玻璃瓶自动成型机。随后 1925 年相继又出现了第一台行列式制瓶机。19 世纪时出现了把玻璃拉成空心圆筒的机器。筒子拉成后，切成小段，再剪成薄板。后来，比利时的发明家弗克设计出一种拉板机，经过几十年的改进，发展成为引上机，平板玻璃才开始大量生产。再经过英国皮尔金顿公司近 30 年的研究，1959 年开始采用浮法进行平板玻璃的工业生产。浮法工艺的出现，是世界玻璃生产发展史上的又一次重大变革，并且正在不断地取代其他的生产方法。

目前，玻璃工业已经逐步实现了机械化、自动化生产，如平板玻璃、玻璃容器、灯罩、电子管、显像管等均已采用了自动化。只有造型复杂、批量小、经济上不合算的产品才用手工成型。

4.3.2　玻璃的组成与性质

1. 玻璃的组成

玻璃的组成很复杂，以最常用的硅酸盐玻璃为例，其主要化学成分为 SiO_2（70%～75%）、Na_2O（15%左右）、CaO（6%～10%），还含有少量的 Al_2O_3、MgO 等。

玻璃中各种氧化物的作用如下。

① 二氧化硅（SiO_2）：是制造平板玻璃最主要的成分，是玻璃的骨架，能增加玻璃液的黏度，降低玻璃的结晶倾向，提高玻璃的化学稳定性和热稳定性。

② 氧化铝（Al_2O_3）：增加玻璃液黏度的影响程度比 SiO_2 大。Al_2O_3 能降低玻璃的结晶倾向和结晶速率，降低玻璃的膨胀系数，从而提高玻璃的热稳定性、化学稳定性和机械强度。

③ 氧化钙（CaO）：是玻璃的主要成分之一，能加速玻璃的熔化和澄清过程，但它也会使玻璃产生结晶倾向。在高温时，CaO 能降低玻璃液黏度，为高速拉引玻璃创造有利条件。玻璃中 CaO 的含量不宜太大，如大于 10%，则会增加玻璃的脆性。

④ 氧化镁（MgO）：能提高玻璃化学稳定性和机械强度，对提高玻璃的热稳定性也有良好的影响。MgO 对玻璃液黏度的作用较复杂，当温度高于 1200℃时，会使玻璃黏度降低；而在 900～1200℃，会使玻璃黏度有增加的倾向；温度低于 900℃时，又使玻璃的黏度下降，因此玻璃中的 MgO 含量也不宜太大。

⑤ 氧化钠（Na_2O）：能明显降低玻璃液的黏度，是制造玻璃的助熔剂，对玻璃的形成和澄清过程都有很大的影响，但 Na_2O 含量过多时，会使玻璃的化学稳定性、热稳定性以及机械强度明显降低，而且容易使玻璃发霉，生产成本增加。

⑥ 氧化钾（K_2O）：和 Na_2O 一样，也是助熔剂，也能明显降低玻璃的黏度，但其作用稍差。在碱金属氧化物含量一定时，适量增加 K_2O 会提高玻璃的化学稳定性，降低玻璃的结晶倾向，改善玻璃光泽。

⑦ 氧化铁（Fe_2O_3 和 FeO）：是一种杂质，会使玻璃着色，必须严格控制。FeO 会使玻璃呈青绿色，Fe_2O_3 使玻璃呈黄绿色，Fe_3O_4 会使玻璃呈绿色，玻璃中通常以 Fe_2O_3 和 FeO 存在。

2. 玻璃的性质

（1）物理性质

玻璃属于致密材料，内部几乎无孔隙。其密度与化学成分有关：含有重金属离子时密度较大；含大量 PbO 的玻璃的表观密度可达 6.5g/cm³；普通玻璃的表观密度为 2.5～2.6g/cm³。

（2）光学性质

玻璃具有优良的光学性质，广泛用于建筑物的采光、装饰及光学仪器和日用器皿，当光线入射玻璃时，表现出反射、吸收和透射三种性质。光线透过玻璃的性质称为透射，以透光率表示。普通玻璃的透明性好，透光率达 82%以上。光线被玻璃阻挡，按一定角度反射出来称为反射，以反射率表示。光线通过玻璃后，一部分光能损失，称为吸收，以吸收率表示。玻璃的反射率、吸收率、透光率之和等于入射光的强度，为100%。反射率、吸收率、透光率与玻璃的颜色、折射率、表面状态、玻璃表面是否镀有膜层、膜层的性质和厚度，以及光的入射角等多种因素有关。由于玻璃的用途不同，对这三项光学性质的要求各异。

(3) 热学性质

玻璃的比热容一般为 $0.33 \times 10^3 \sim 1.05 \times 10^3$ J/(kg·K)，它随温度升高而增加，还与化学成分有关。当含 Li_2O、B_2O_3 等氧化物时，比热容增大；含 PbO、BaO 时，其值降低。

玻璃是热的不良导体，导热系数较低。导热系数随温度的升高而降低，同时与玻璃的化学组成有关。增加 SiO_2、Al_2O_3 时，导热系数增大；石英玻璃的导热系数最大，为 1.344W/(m·K)；普通玻璃的导热系数为 $0.75 \sim 0.92$ W/(m·K)。由于玻璃传热慢，在玻璃温度急变时，沿玻璃的厚度从表面到内部，膨胀量不同，由此产生内应力，当应力超过玻璃极限强度时就会造成碎裂。因此，玻璃热稳定性差，受急冷、急热时易破裂。

(4) 力学性质

玻璃的力学性质主要是指其抗压强度、抗弯强度、弹性、硬度和脆性等。

抗压强度：玻璃的抗压强度与化学成分、制品形状、表面性质和制造工艺有关。玻璃的抗压强度高，一般为 $600 \sim 1200$ MPa。SiO_2 含量高的玻璃有较高的抗压强度，CaO、Na_2O 及 K_2O 等会降低抗压强度。

抗弯强度：玻璃的理论计算抗弯强度极限为 1200MPa，但实际强度仅为理论强度的 $1/200 \sim 1/300$，即 $40 \sim 60$ MPa，与抗压强度相比，玻璃的抗弯强度小得多，故玻璃在冲击力作用下易破碎，是典型的脆性材料。

弹性：玻璃在常温下具有一定的弹性，普通玻璃的弹性模量为 $(6 \sim 7.5) \times 10^4$ MPa，为钢的 1/3，与铝相近。随温度的升高，玻璃的弹性模量下降，出现塑性变形。

硬度：一般玻璃的莫氏硬度为 $6 \sim 7$。

脆性：玻璃的主要缺点是质脆，脆性指标为 $1300 \sim 1500$，脆性指标越大，脆性越高。玻璃的脆性也可以根据冲击试验来确定。

(5) 化学性质

玻璃具有较好的化学稳定性。在通常情况下，玻璃对水、酸、盐以及化学试剂或气体等具有较强的抵抗能力，能抵抗除氢氟酸和磷酸以外的各种酸类的侵蚀，但耐碱性差。在长期受到侵蚀介质的腐蚀下，如果玻璃组成中含有较多易蚀物质，玻璃的化学稳定性将变差，进而导致玻璃损坏。

(6) 电学和磁学性质

在常温下，玻璃一般是电绝缘材料，但随着温度的升高，玻璃的导电性迅速提高，特别是在玻璃化转变温度以上，电导率急剧增加。当达到熔融状态时，玻璃通常变成良导体。利用玻璃在常温下的低电导率，可制造照明灯泡、气体放电管、高压绝缘子等。利用玻璃在高温下的较高电导率，可以进行玻璃电熔和电焊等。在常温下可导电的导电玻璃(如 ITO 导电玻璃)已产业化，广泛用于光显示，如制备数字钟表和计算机等，已为电子工业的重要材料。

4.4　水　泥

4.4.1　水泥的概念和发展

凡细磨成粉末状，加入适量水后，可成为塑性浆体，既能在空气中硬化，又能在水中硬化，并能将砂、石等材料牢固地胶结在一起的水硬性胶凝材料，称为水泥。胶凝材料是指在物理、化学作用下，能从浆体变成坚固的石状体，并能胶结其他物料，且具有一定机械强度的物质。根据化学组成的不同，胶凝材料可分为无机与有机两大类，石灰、石膏、水泥等工地上俗称为"灰"的建筑材料属于无机胶凝材料；而沥青、天然或合成树脂等属于有机胶凝材料。按照硬化条件，胶凝材料又可分为水硬性胶凝材料和气硬性胶凝材料两大类。水硬性胶凝材料是指既能在空气中硬化又能在水中硬化的材料，如各种水泥；气硬性胶凝材料是指只能在空气中硬化，而不能在水中硬化的材料，如无机的石灰、石膏及有机的环氧树脂胶黏剂等。

胶凝材料是人类在生产实践中，随着社会生产力的发展而产生、发展的，有着极为悠久的历史。黏土以及黏土掺加一些稻草、壳皮等植物纤维材料是人类使用最早的一种胶凝材料。随着火的发现，在公元前 3000～前 2000 年，我国、古埃及、古希腊以及古罗马等就已开始利用经过煅烧所得的石灰、石膏来调制砌筑砂浆，如我国的万里长城、古埃及的金字塔等就是由这类胶凝材料建造的。

到了 18 世纪后半期，先后出现了水硬性石灰和罗马水泥，它们都是将含有适量黏土的黏土质石灰石经过煅烧所得。在此基础上，发展到用天然水泥岩(黏土含量为 20%～25%的石灰石)煅烧、磨细而制得天然水泥。然后，逐渐发现用石灰石与定量的黏土共同磨细混匀，经过煅烧，能制成一种人工配制的水硬性石灰，这实际上可以看成近代硅酸盐水泥制造的雏形。

19 世纪初期(1810～1825 年)开始用人工配合原料，经高温煅烧成块(熟料)，再进行粉磨以制造水硬性胶凝材料的方法进行生产。由于这种胶凝材料凝结后的外观颜色与当时英国波特兰城建筑岩石相似，故称为波特兰水泥。由于含较多的硅酸钙，不但能在水中硬化，而且能长期抗水，强度甚高。其首批大规模使用的实例是 1825～1843 年修建的泰晤士河隧道工程。

水泥的种类很多，目前水泥品种已达 100 多种，并且随着生产与技术的发展而不断增加。按照水泥的用途和性能可将其分为通用水泥、专用水泥以及特性水泥三大类。通用水泥用于大量土木建筑工程，如普通硅酸盐水泥、矿渣硅酸盐水泥、火山灰质硅酸盐水泥和粉煤灰硅酸盐水泥等。专用水泥则指有专门用途的水泥，如油井水泥、大坝水泥、砌筑水泥等。特性水泥是某种性能突出的一类水泥，如快硬早强硅酸盐水泥、低热矿渣硅酸盐水泥、耐酸硅酸盐水泥、耐高温水泥、油井水泥、膨胀和自应力硅酸盐或铝酸盐水泥、装饰水泥、低碱度水泥、防辐射水泥、有机-无机复合水泥等。

4.4.2　水泥的水化和硬化

在水泥熟料中，四种主要化学组成 CaO、SiO_2、Al_2O_3 和 Fe_2O_3 并不是以单独的氧化物形式存在，而是在经过高温煅烧后，以两种或两种以上的氧化物反应生成的多种矿物集合体即矿物的形式存在，其晶粒细小，通常为30～60μm。

1. 水泥的水化

由于水泥熟料是多矿物的聚集体，它与水的相互作用比较复杂。为了讨论方便，首先研究水泥单矿物的水化，然后在这个基础上讨论硅酸盐水泥的水化作用过程和机理。

(1)硅酸钙矿物的水化

C_3S 具有比较强烈的水化反应能力，水化反应速度比较慢。C_3S 在常温下的水化反应可用下列反应式表示。

$$3CaO \cdot SiO_2 + nH_2O \longrightarrow xCaO \cdot SiO_2 \cdot yH_2O + (3-x)Ca(OH)_2$$

这个反应式表明，C_3S 与水发生水化作用后，其产物为水化硅酸钙和氢氧化钙。C_3S 水化产物的组成并不是固定的，与水固比、温度及有无其他离子参与水化反应都有关。在常温下，水固比增加将使水化硅酸钙的 CaO 与 SiO_2 之比减小，而且 CaO 与 SiO_2 之比随水化时间的延长而下降。在无限加水稀释的情况下，水化生成物最终会分解成氢氧化钙和硅酸凝胶。

C_3S 的水化过程可以分为以下五个阶段。

第一阶段为初始水解期。当 C_3S 与水作用时，C_3S 中的 Ca^{2+} 在 OH^- 的作用下溶出并进入溶液中，在 C_3S 表面形成一个缺钙的富硅层。接着，溶析出来的 Ca^{2+} 通过化学吸附作用而吸附在富硅层表面，形成双电层。这个水化阶段为诱导前期，时间很短，在15min内即可以完成。

第二阶段为诱导期。经历第一阶段后，溶液中的 Ca^{2+} 浓度增加，但尚未达到饱和，因此，C_3S 中的 Ca^{2+} 可以继续溶析出来而进入溶液。由于在 C_3S 表面形成了富硅双电层，因而从 C_3S 中溶出 Ca^{2+} 的速度减慢，进入诱导期，又称为静止期，一般持续 2～4h，这是硅酸盐水泥浆体能在几小时内保持塑性的原因。初凝时间基本上相当于诱导期的结束。

第三阶段为加速期。随着溶液中 Ca^{2+} 和 OH^- 浓度的增加，一旦达到过饱和，就会形成稳定的 $Ca(OH)_2$ 晶核，在靠近 C_3S 颗粒表面离子浓度最大的区域，晶核开始长大。由于 $Ca(OH)_2$ 还会与水化硅酸钙中的 SiO_3^{2-} 结合，$Ca(OH)_2$ 也可作为水化硅酸钙的晶核。但由于 SiO_3^{2-} 比 Ca^{2+} 迁移困难，所以水化硅酸钙仅限于在颗粒表面生长。$Ca(OH)_2$ 晶体开始也可能在 C_3S 颗粒表面上生长，但有些晶体在远离颗粒或在孔隙中形成。由于水化硅酸钙或氢氧化钙的成核结晶，液相中 Ca^{2+} 的浓度减小，C_3S 中的 Ca^{2+} 就易于向外扩散，从而使其水化重新加速。

第四阶段为衰退期。随着水化的进行，C_3S 界面和富硅层逐渐推向内部，外层形成纤维状的水化硅酸钙，成为离子迁移的障碍，从而导致水化速率的降低或水化作用的衰退。此时，水化速度主要受离子通过水化产物层扩散速度的控制。

第五阶段为稳定期。这一阶段的反应速率很低，属于基本上稳定的阶段，水化作用完全受扩散速率控制。

C_2S 的水化过程和 C_3S 极为相似，也有诱导期、加速期等，但其水化速率小得多，约为 C_3S 的1/20。

（2）铝酸钙矿物的水化

C_3A 与水反应迅速，其水化产物的组成与结构受溶液中 Ca^{2+}、Al^{3+} 浓度和温度的影响很大。在常温下，C_3A 依下式水化。

$$2(C_3A)+27H \longrightarrow C_4AH_{19}+C_2AH_8$$

C_4AH_{19} 在低于 85% 的相对湿度时，即失去结晶水而成为 C_4AH_{13}。C_4AH_{19}、C_4AH_{13} 和 C_2AH_8 均为六方片状晶体，在常温下处于介稳状态，有向 C_3AH_6 等轴晶体转化的趋势。

在液相的 CaO 达到饱和时，C_3A 还可能依下式水化。

$$C_3A+CH+12H \longrightarrow C_4AH_{13}$$

这个反应在硅酸盐水泥浆体的碱性液相中最易发生，而处于碱性介质中的六方片状晶体 C_4AH_{13} 在室温下又能够稳定存在，其数量迅速增多，就足以阻碍粒子的相对移动，使水泥浆体产生瞬时凝结。为此，在水泥粉磨时通常掺有石膏。在石膏与 CaO 同时存在的条件下，C_3A 虽然开始快速水化成 C_4AH_{13}，但接着就会与石膏反应，形成三硫型水化硫酸钙，又称为钙矾石。

$$4CaO \cdot Al_2O_3 \cdot 13H_2O+3(CaSO_4 \cdot 2H_2O)+14H_2O \longrightarrow$$
$$3CaO \cdot Al_2O_3 \cdot 3CaSO_4 \cdot 32H_2O+Ca(OH)_2$$

C_3A 尚未完全水化而石膏已经耗尽时，则 C_3A 水化所生成的 C_4AH_{13} 又能与先前形成的钙矾石生成单硫型水化硫铝酸钙。

$$2(4CaO \cdot Al_2O_3 \cdot 13H_2O)+3CaO \cdot Al_2O_3 \cdot 3CaSO_4 \cdot 32H_2O \longrightarrow$$
$$3(3CaO \cdot Al_2O_3 \cdot CaSO_4 \cdot 12H_2O)+20H_2O+2Ca(OH)_2$$

当石膏含量极少时，在所有的钙矾石都转化成单硫型水化硫铝酸钙后，未完全水化的 C_3A 会发生下列反应：

$$3CaO \cdot Al_2O_3+3CaO \cdot Al_2O_3 \cdot CaSO_4 \cdot 12H_2O+Ca(OH)_2+12H_2O \longrightarrow$$
$$2[3CaO \cdot Al_2O_3 \cdot \frac{1}{2}(CaSO_4 \cdot Ca(OH)_2) \cdot 12H_2O]$$

由此可见，石膏的引入使铝酸盐的溶解度降低，而石膏加 $Ca(OH)_2$ 更会进一步使其溶解度减小，直到接近于零。因此，石膏与 $Ca(OH)_2$ 一起所产生的延缓水解的作用是最为明显的。

C_4AF 的水化作用及其产物与 C_3A 相似，其中的氧化铁基本上起着与氧化铝相同的作用。在水化产物中铁置换部分铝，形成水化硫铝酸钙和水化硫铁酸钙的固溶体。C_4AF 的水化速率比 C_3A 略低，水化热较低，即使单独水化也不会产生瞬凝。

（3）硅酸盐水泥的水化

由于水泥颗粒是一个多矿物的聚集体，这些单矿物之间不可避免地要产生相互作用，因此，硅酸盐水泥的水化要比单矿物的水化复杂得多。

当水泥与水拌和后，立即发生化学反应，水泥的各个组分开始溶解。当 C_3S 水化时，会析出大量的 $Ca(OH)_2$。此外，在水泥中还掺有少量石膏，所以填充于颗粒之间的液相不再是纯水，而是含有各种离子的溶液。水泥的水化作用基本上是在 $Ca(OH)_2$ 和 $CaSO_4$ 的饱和溶液或过饱和溶液中进行的。因此可以认为，在常温下，硅酸盐水泥的水化产物主要是氢氧化钙、水化硅酸钙、含水铝酸钙、含水铁酸钙和水化硫铝酸钙等。

在硅酸盐水泥的水化过程中，由于溶液中含有各种离子（如铝、铁、硫等），水化硅酸钙的结构中很可能进入铝、铁、硫等离子。有一些研究者认为，在水泥的水化过程中，还可能由于水化硅酸盐和水化铝(或铁)酸盐之间发生二次反应，生成水化硅铝(或铁)酸钙。

水泥中各种矿物组成之间对水化过程也产生影响。例如，硅酸盐水泥中 C_3A 的存在就影响其中硅酸钙的水化速度，这是由于 C_3A 在水化时要结合较多的 $Ca(OH)_2$ 形成高碱性的水化物 C_4AH_{13}，从而使液相中 Ca^{2+} 的浓度降低。又如，由于 C_3A 较快水化，迅速提高了液相中 Ca^{2+} 的浓度，促使 $Ca(OH)_2$ 成核结晶，从而使 C_2S 的诱导期缩短，水化有所加速。再如，C_3A 和 C_4AF 都要与硫酸根离子结合，但 C_3A 反应速度快，较多的石膏被其消耗后，就使 C_4AF 不能按计量要求形成足够的硫铝(铁)酸钙，使水化受到延缓。

2. 水泥的硬化

水泥加水拌成的浆体起初具有可塑性和流动性，随着水化反应的不断进行，浆体逐渐失去流动能力，转变为具有一定强度的固体，这个过程称为水泥的硬化。水化是水泥产生硬化的前提，能与水互相作用生成水化物，但不一定都具有胶凝能力，也就是说不一定具有硬化并形成人造石的能力。水泥硬化并形成人造石的一个决定性条件是形成足够数量的稳定水化物，以及这些水化物能彼此相连形成网状结构。

水泥硬化可分为以下三个阶段。

第一阶段：水泥拌水至起凝，C_3S 与水迅速反应生成 $Ca(OH)_2$ 饱和溶液，并从中析出 $Ca(OH)_2$ 晶体。同时，石膏也很快进入溶液，和 C_3A 反应生成细小的钙矾石晶体。在这一阶段，由于水化产物尺寸小，数量又少，不足以在颗粒间架桥相连，网状结构未能形成，水泥浆呈塑性状态。

第二阶段：大约从初凝起到 24h 为止，水泥水化开始加速，生成较多的 $Ca(OH)_2$ 和钙矾石晶体。同时，水泥颗粒上长出纤维状的水化硅酸钙。由于钙矾石晶体的长大以及水化硅酸钙的大量形成，产生了强(结晶的)、弱(凝集的)不等的接触点，将各颗粒初步连接成网使水泥浆凝结。随着接触点数目的增加，网状结构不断加强，强度相应增加，原先留在颗粒空间中的非结合水就逐渐分割成各种尺寸的水滴，填充在相应尺寸的孔隙之中。

第三阶段：是指 24h 以后，直到水化结束的阶段。在一般情况下，石膏已耗尽，所以钙矾石转化为水化硫铝酸钙，还可能形成 $C_4(AF)H_{13}$。随着水化的进行，水化硅酸钙、氢氧化钙、水化硫铝酸钙以及 $C_4(AF)H_{13}$ 等水化产物的数量不断增加，结构更趋致密，强度相应提高。

4.5 耐火材料

广义的耐火材料是指物理化学性质允许其在高温环境下使用的材料。耐火材料广泛用于冶金、化工、石油、机械制造、硅酸盐、动力等工业领域，在冶金工业中用量最大，占总产量的 50%～60%。狭义的耐火材料是指耐火度不低于 1580℃的一类无机非金属材料。耐火度是指耐火材料锥形体试样在没有荷重情况下，抵抗高温作用而不软化熔倒的摄氏温度。

耐火材料品种繁多、用途各异，按化学矿物组成不同，耐火材料分为硅质、硅酸铝质、镁质、白云石质、铬质、碳质、锆质和特种耐火材料八类；按化学特性不同，可分为酸性、中性和碱性耐火材料三类；按耐火度不同，可分为普通耐火材料(耐火度 1580～1770℃)、高级耐火材料(耐火度 1770～2000℃)和特级耐火材料(耐火度>2000℃)三类；按成型工艺不同，可分为天然岩石加工成型、压制成型、浇注成型、可塑成型、捣打成型、喷射成型和挤出成型耐火材料七类；按用途不同，可分为钢铁行业用、有色金属行业用、石化行业用、硅酸盐行业(玻璃窑、水泥窑、陶瓷窑等)用、电力行业用、废物焚烧熔融炉用和其他行业用耐火材料七类；按产品形状不同，可分为块状耐火材料和不定形耐火材料等。

4.5.1　硅质耐火材料

硅质耐火材料是指含 SiO_2 在 93%以上的耐火材料，属于酸性耐火材料，主要有普通硅砖、高密度高纯硅砖、含铬硅砖、熔融石英制品和不烧砖、硅质捣料等，具有较好的荷重软化温度。SiO_2 在不同温度下有不同的晶型，其结晶转变情况如图 4-3 所示。

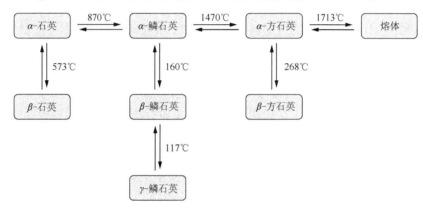

图 4-3　石英结晶转变图

由图 4-3 可见，SiO_2 在常压下有七个晶型变体和一个非晶型变体，即 α-石英、α-鳞石英、α-方石英、β-石英、β-鳞石英、β-方石英、γ-鳞石英和石英玻璃(熔体)。上述各变体间的转变可分为两类。

第一类是石英、鳞石英、方石英之间的转变，属重建型转变。由于所需活化能大，转变温度高而缓慢，并伴随有较大的体积效应。

第二类是上述变体的亚种 α、β、γ 型的转变，属于位移型转变。由于它们在结构上差别很小，转变快，并伴随有比重建型转变小的体积效应。

由于 SiO_2 各种变体的晶体结构不同，其密度不同，它们在转变过程中有体积效应产生，快速转变时所发生的体积变化比慢速转变时所发生的体积变化小，其中鳞石英型转变时体积变化较小，方石英型较大，而且鳞石英具有较高的体积稳定性，硅砖中鳞石英具有矛头状双晶相互交错的网络状结构，因而使砖具有较高的荷重软化点及机械强度。当硅砖中有残余石英存在时，由于在使用中它会继续进行晶型转变，体积膨胀较大，易引起砖体结构松散，因此一般希望烧成后硅砖中含大量鳞石英，方石英次之，而残余石英越少越好。

硅砖的最大优点是荷重软化温度高，一般都在 1620℃以上，几乎接近其耐火度。弱点是热稳定性和体积稳定性较差，水冷仅 1～2 次，主要是因为高低型晶体转变，所以硅砖不宜用于温度有剧变之处。因加热时易产生体积膨胀，故砌砖时必须留出适当的膨胀缝。因硅砖在低温下体积变化更大，故烘烤炉子时，从低温（<600℃）升温应缓慢。

硅砖是酸性冶炼设备的主要砌筑材料，也是炼焦炉、铜熔炼炉等不可缺少的筑炉材料。由于硅砖的荷重软化温度高，因而也可用在碱性平炉和电炉炉顶上，甚至用作蓄热室上层格子砖。

4.5.2　镁质耐火材料

镁质耐火材料是以菱镁矿、海水镁砂和白云石等作为原料，以方镁石为主晶相，氧化镁含量在80%以上的耐火材料，属于碱性耐火材料。镁质耐火材料细分为镁砖、镁铝砖、镁硅砖、镁钙砖、镁铬砖和镁碳砖等。

1. 镁砖

因为方镁石（MgO）矿物的结晶熔点高达2800℃，故镁砖的耐火度在一般耐火砖中是最高的，通常在2000℃以上。镁砖的高温强度不高，荷重软化开始温度为1500～1550℃，比耐火度低500℃以上。镁砖属于碱性耐火材料，对于CaO、FeO等碱性熔渣的抵抗能力很强，对于酸性熔渣的抵抗力则很差，故通常用作碱性熔炼炉的砌筑材料。镁砖不能与酸性耐火材料相接触，在1500℃以上就会相互起化学反应而被侵蚀。因此，镁砖不能和硅砖混砌。镁砖的热震稳定性差，一般只能承受水冷2～8次。镁砖的热膨胀系数大，在20～1500℃的线胀系数为$14.3 \times 10^{-6}\,℃^{-1}$，故砌砖过程中，应留足够的膨胀缝。镁砖的导热能力为黏土砖的几倍，故镁砖砌筑的炉体外层，一般应有足够的隔热层，以减少散热损失。煅烧不够的氧化镁与水作用，产生水化反应：

$$MgO + H_2O \longrightarrow Mg(OH)_2$$

水化反应使体积膨胀达77.7%，镁砖遭受严重破坏，产生裂纹或崩落，所以镁砖在储存过程中必须注意防潮。

镁砖在冶金工业中应用很广，炼钢工业中可用来砌筑碱性平炉炉底和炉墙、顶吹转炉炉衬、电弧炉炉墙、炉底、均热炉和加热炉炉底、混铁炉内衬等。有色冶金工业中用以砌筑炼铜、镍、铅的鼓风炉炉缸、前床、精炼铜反射炉、矿石电炉内衬等。

2. 镁铝砖

镁铝砖是以方镁石为主晶相、镁铝尖晶石为次晶相而制成的镁质耐火材料。镁铝砖采用含钙少的煅烧镁砂（MgO含量>90%，CaO含量<2.2%）作为原料，加入约8%的工业氧化铝（Al_2O_3）粉，以亚硫酸纸浆废液作为结合剂，在1580℃的高温下烧制而成。与镁砖相比，镁铝砖具有以下特点：①镁铝砖的耐急冷急热性好，可承受水冷20～25次。②镁铝砖的高温强度高于镁砖，荷重软化温度达1580℃以上。

4.5.3　硅酸铝质耐火材料

硅酸铝质耐火材料是以Al_2O_3和SiO_2为主要成分的耐火材料，一般由叶蜡石、耐火黏土、高铝矾土、硅线石族矿物等天然原料或刚玉、莫来石等人工合成原料制成。根据Al_2O_3含量的不同，它可分为半硅质耐火材料（Al_2O_3含量15%～30%）、黏土质耐火材料（Al_2O_3

含量 30%～48%)和高铝质耐火材料(Al_2O_3 含量>48%)三种。

1. 半硅质耐火材料

SiO_2 含量>65%，Al_2O_3 含量 15%～30%的耐火材料属于半硅质耐火材料，其耐火度不低于 1650℃。半硅砖的各种性能介于黏土砖和硅砖之间，耐火度为 1650～1710℃。半硅质耐火材料因含有较多的石英，石英膨胀系数大，导致热稳定性比黏土砖差，荷重软化开始温度为 1350～1450℃。因原料中黏土的收缩被 SiO_2 的膨胀所抵消，故体积稳定性较好。半硅砖所用原料丰富、价格较低、性能较好、应用较广，可以代替二、三等黏土砖，常用于砌筑熔铁炉内衬、加热炉炉顶和烟囱等。

2. 黏土质耐火材料

自然界产出的黏土质耐火材料有耐火黏土和高岭土，主要组成为高岭石($2Al_2O_3 \cdot 4SiO_2 \cdot 4H_2O$)，其余部分为 K_2O、Na_2O、CaO、MgO、TiO_2 及 Fe_2O_3 等杂质(含量 6%～7%)。根据 Al_2O_3、SiO_2 和杂质含量的不同，耐火黏土分为硬质黏土和软质黏土两种，硬质黏土中 Al_2O_3 含量较多，杂质含量较少，耐火度高，但可塑性差；软质黏土中 Al_2O_3 含量较少，杂质较多，耐火度较低，但可塑性好。

黏土受热后，首先放出结晶水，继续升高温度，则发生一系列变化并产生体积收缩，所以天然硬质耐火黏土必须预先煅烧成熟料，以免砖坯在烧成时因体积收缩而产生裂纹。因熟料没有可塑性和黏结性，故制砖时必须加入一部分软质黏土作为结合剂。

一般黏土砖的耐火度在 1580～1730℃，由于黏土砖在较低温度下出现液相而开始软化，如果受外力就会变形，所以黏土砖的荷重软化温度比耐火度低得多，仅 1350℃左右。黏土砖是弱酸性的耐火材料，它能抵抗酸性熔渣的侵蚀，对碱性熔渣的侵蚀抵抗能力则稍差。黏土砖的膨胀系数小，所以热稳定性好，在 850℃时的水冷一般为 10～15 次。

黏土砖用途广泛，尤其适用于温度变化较大部位，凡无特殊要求的砖体均可用黏土砖砌筑，如高炉、热风炉、化铁炉、平炉和电炉等温度较低部位。盛钢桶、浇铸系统、加热炉、热处理炉、燃烧室、烟道、烟囱等也可用黏土砖。

3. 高铝质耐火材料

Al_2O_3 含量在 46%以上，采用刚玉、高铝矾土或硅线石等铝含量高的矿物原料制成的耐火材料统称为高铝质耐火材料。

高铝砖的耐火度比黏土砖和半硅砖的耐火度都要高，达 1750～1790℃，属于高级耐火材料。因为高铝制品中 Al_2O_3 含量高，杂质少，形成易熔的玻璃体少，所以荷重软化温度比黏土砖高。但因莫来石结晶未形成网状组织，故荷重软化温度仍没有硅砖高。高铝砖接近于中性，能抵抗酸性熔渣和碱性熔渣的侵蚀。由于其中含有 SiO_2，所以抗碱性熔渣的能力比抗酸性熔渣的能力弱。

高铝砖主要用于砌筑高炉、热风炉、电炉炉顶、鼓风炉、反射炉、回转窑内衬。此外，高铝砖还广泛地用作平炉蓄热式格子砖、浇注系统用的塞头、水口砖等。但高铝砖价格要比黏土砖高，故用黏土砖能够满足要求的地方就不必使用高铝砖。

4.5.4　碳质耐火材料

碳质耐火材料是用碳及其化合物制成的，包括碳质制品、石墨制品等。

碳质耐火材料的特性如下：耐火度高，在3500℃时升华，碳质制品是中性耐火材料，具有很好的抗侵蚀能力；导热性和导电性好；热膨胀系数小，热稳定性好；高温强度高，耐磨性好。主要缺点是碳和石墨在氧化气氛中容易被氧化。

碳质制品主要是碳砖，目前多用于冶金工业中砌筑高炉风口以下的炉缸和炉底，也用作铝电解槽的内衬。

石墨制品是以石墨为原料，用软质黏土作为结合剂，成型后在还原气氛中烧成的。常见的石墨质耐火制品有熔炼金属的石墨坩埚及铸钢用的石墨塞头砖等，此外还可做成石墨电极。石墨制品的特性基本上与碳砖相同，导热能力比碳砖更高。由于石墨晶型的抗氧化能力较强，加上石墨颗粒周围有黏土构成的保护膜，故石墨制品的抗氧化能力比碳砖强得多，可做成坩埚直接在高温火焰中使用。

4.5.5　不定形耐火材料

不定形耐火材料也称为散状耐火材料，传统的筑炉方式是以耐火砖为主体的，散状料只是作为砌砖的泥浆、砖缝填料或补炉料。但近30年来，国内外散状耐火材料有了很大发展，出现了各种耐火浇注料、耐火可塑料及多种捣打料、喷涂料等。

(1)耐火浇注料

耐火浇注料的使用温度在900℃以上，甚至可达1600～1800℃。根据所用结合剂和材质的不同，耐火浇注料分为硅酸盐水泥耐火浇注料、铝酸盐水泥耐火浇注料、水玻璃耐火浇注料、磷酸盐耐火浇注料、镁质耐火浇注料和轻质耐火浇注料等。耐火浇注料可以直接浇灌在热工设备上的模板内，捣固以后经过一定养护即可；也可先做成浇注料预制件，再用来砌筑炉衬。

(2)耐火可塑料

耐火可塑料的用途很广，除用于加热炉炉底水管包扎外，还用于均热炉炉口和烟道拱顶、加热炉炉顶、烧嘴砖，以及炼钢厂的盛钢桶、保温帽等部位。这种耐火材料具有耐火度高、热稳定性好、绝热性能好、抗侵蚀性好、抗震性能及耐磨性能好等优点。

(3)捣打料

捣打料采用水玻璃、耐火黏土、焦油、沥青等作为结合剂，配料以后，用人工或气锤捣实，再经高温烧结而成。捣打料可代替耐火砖，用来捣筑冶金炉的某些部位或整个炉子。目前，高炉部分炉衬、电炉炉底、铜熔炼反射炉炉底以及感应电炉整个炉体，皆广泛使用捣打料捣筑而成。捣筑而成的炉体具有无砖缝、坚固致密、不易渗漏金属液体、抗侵蚀能力强等优点。

(4)喷补料

喷补料由耐火骨料及结合剂等组分组成。现代转炉、电炉、钢精炼炉等高温炉，普遍采用高温喷补炉衬的方法来延长炉子寿命和提高生产效率。耐火骨料的组成根据耐火砖的种类和炉内温度等条件选定。结合剂采用水玻璃或聚磷酸盐等，料配好后，依靠压缩空气喷枪喷于炉壁上。在高温下喷补料烧结于被损坏的炉壁上，与原来的砖砌体结合成整体。

（5）耐火泥

耐火泥是填充于砖缝之间的细粉状耐火材料。耐火泥加水或水玻璃等黏结剂，调制成泥浆称为耐火胶泥，用以黏结耐火砖块。

砖缝是炉子砌体的薄弱环节，容易被熔融炉渣浸入。因此，要求填充砖缝的耐火泥具有良好的黏结性、致密性且不产生裂缝，并具有与耐火砖近似的高温性能。

4.5.6 轻质耐火材料

轻质耐火材料也称隔热材料或绝热材料。为了减少热损失、提高加热效率、降低燃料消耗量以及改善车间劳动条件，窑炉砌体外层一般用隔热材料砌筑。隔热材料的热导率很低、气孔率高、密度小。各种轻质耐火材料都可作为高温隔热材料，如轻质黏土砖、轻质硅砖、轻质高铝砖和轻质耐火混凝土等。

陶瓷纤维是近年来广泛应用的一种新型高温隔热材料，它是以高铝矾土或高岭土为主要原料，在2000～2200℃的高温下熔化后，用高速空气或蒸汽流喷吹制成的。它具有质量轻、耐高温、热稳定性好、导热系数小、热容小和抗热震的特点。工作温度在900～1200℃的隔热材料有硅藻土砖、密度很小的轻质黏土砖、珍珠岩和蛭石等。

近年来，随着高温新技术，特别是钢铁冶炼新技术的发展，有重要用途的优质耐火材料向高技术、高性能、高精度方向发展。制品从以氧化物和硅酸盐为主向氧化物和非氧化物并重演变，并有向氧化物与非氧化物复合发展的趋势；原料从以天然为主向天然、精选和人工合成并重演变。工艺上对精料、精配、高压和高温等方面提出更加严格的要求。通过调节、控制显微结构特征，明显改进、优化材料的高温性能，尤其是高温力学性能、抗热震性能和抗侵蚀性能。

思考与练习

1. 简述无机非金属材料的定义、特点和类别。
2. 为什么多数无机非金属需要先制成粉末？
3. 简述陶瓷的概念和分类。传统陶瓷材料有哪些类型？简要说明其性能特点和应用领域。
4. 陶瓷的制备包括哪些工序？陶瓷在烧结过程中会发生哪些物理化学变化？
5. 与传统陶瓷相比，先进陶瓷在组成和制备工艺上有何特点？
6. 陶瓷材料的力学性能受哪些方面的影响？
7. 普通玻璃具有哪些主要性质？
8. 玻璃可以分为哪几大类？试分别举例说明其主要用途。
9. 简要说明硅酸盐水泥的生产工艺过程。在水泥熟料的烧成过程中通常发生哪些物理和化学反应？
10. 硅酸盐水泥的矿物组成主要是什么？
11. 简述 C_3S 水化过程的五个阶段，并比较 C_2S 与 C_3S 的水化速率，说明其不同的原因。
12. 简述硅酸盐水泥的水化和硬化过程及机理。
13. 简述耐火材料的分类方法。

第 5 章　材料的成型与加工技术

前面已经学习金属、高分子和无机非金属三大系列材料的基本结构和基本知识，这三大系列材料是生产、生活中常见的材料，也是工程材料的主要组成部分，它们都是发挥材料的结构性，即结构材料。结构材料（structural materials）是以力学性能为基础，制造受力构件所用材料，当然，结构材料对物理或化学性能也有一定要求，如光泽、热导率、抗辐照、抗腐蚀、抗氧化等。与结构材料相对应的是功能材料，功能材料是指通过光、电、磁、热、化学、生化等作用后具有特定功能的材料。在国外，常将这类材料称为功能材料（functional materials）、特种材料（speciality materials）或精细材料（fine materials）。功能材料涉及面广，具体包括光电功能、磁功能、分离功能、形状记忆功能等。这类材料相对于通常的结构材料而言，一般除了具有机械特性，还具有其他的功能特性。本章主要介绍结构材料，也就是工程材料的成形与制备、加工技术。

5.1　金属材料的成形技术

5.1.1　铸造成形

铸造（cast）是人类掌握比较早的一种金属热加工工艺，已有约 6000 年的历史。中国在公元前 1700～前 1000 年已进入青铜铸件的全盛期，工艺上已达到相当高的水平。铸造是将液体金属浇铸到与零件形状相适应的铸造空腔中，待其冷却凝固后，以获得零件或毛坯的方法。被铸物质原多为固态但加热至液态的金属（如铜、铁、铝、锡、铅等），而铸模的材料可以是砂、金属甚至陶瓷。应不同要求，铸造使用的方法也会有所不同。与其他零件成形工艺相比，铸造成形具有生产成本低、工艺灵活性大、几乎不受零件尺寸及形状结构复杂程度的限制等特点。铸件的质量可由几克到数百吨，壁厚可薄至 0.3mm 也可以大于 1mm。现代铸造技术在现代化大生产中占据了重要的位置。铸件在一般机器中占总质量的 40%～80%，但其制造成本只占机器总成本的 25%～30%。图 5-1 是工厂铸造车间金属液浇注成形的过程。传统的铸造主要分为砂型铸造和特种铸造两种。

1. 砂型铸造

砂型铸造是利用砂作为铸模材料，又称砂铸，翻砂，包括湿砂型、干砂型和化学硬化砂型三类，但并非所有砂均可用于铸造。砂型铸造的优点是成本较低，铸模所使用的砂可重复使用；缺点是铸模制作过程耗时耗力，铸模本身不能重复使用，须破坏后才能取得成品。砂型（芯）铸造方法包括湿砂型、树脂自硬砂型、水玻璃砂型、干型和表干型、实型铸造、负压造型；砂芯制造方法是根据砂芯尺寸、形状、生产批量及具体生产条件进行选择的。图 5-2 为砂型铸造的工艺过程，主要包括制造模样、制备造型材料、造型、制芯、合型、熔炼、浇注、落砂、清理与检验等工序。在生产中，可分为手工制芯和机器制芯。

图 5-1 工厂铸造车间浇注成形过程

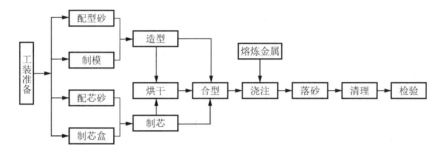

图 5-2 砂型铸造的工艺过程

1）手工造型

手工造型是全部用手工或手动工具完成的造型工序。手工造型特点是操作方便灵活、适应性强，造型工具和设备比较简单，模样生产准备时间短；但生产率低，劳动强度大，铸件质量不易保证，故主要用于单件或小批量生产。

根据铸件结构、尺寸、生产批量和生产条件的不同，可选用不同的手工造型方法。各种常用手工造型方法的特点及适用范围见表 5-1。

表5-1 常用手工造型的方法及适用范围

造型方法		主要特点	适用范围
按砂箱特征区分	两箱造型	铸型由上型和下型组成，造型、起模、修型等操作方便，是造型最基本的方法	适用于各种生产批量，各种大、中、小铸件
	三箱造型	铸型由上、中、下三部分组成，中型的高度须与铸件两个分型面的间距相适应。三箱造型费工，应尽量避免使用	主要用于单件、小批量生产具有两个分型面的铸件

造型方法		主要特点	适用范围
按模样特征区分	地坑造型	在车间地坑内造型，用地坑代替下砂箱，只要一个上砂箱，可减少砂箱的投资。但造型费工，而且要求操作者的技术水平较高	常用于砂箱数量不足、制造批量不大或质量要求不高的大、中型铸件
	整模造型	模样是整体的，分型面是平面，多数情况下，型腔全部在下半型内，上半型无型腔。造型简单，铸件不会产生错型缺陷	适用于一端为最大截面，且为平面的铸件
	挖砂造型	模样是整体的，但铸件的分型面是曲面。为了起模方便，造型时用手工挖去阻碍起模的型砂。每造一件，就挖砂一次，费工、生产率低	用于单件或小批量生产分型面不是平面的铸件
	假箱造型	为了克服挖砂造型的缺点，先将模样放在一个预先做好的假箱上，然后放在假箱上造下型，假箱不参与浇注，省去挖砂操作。操作简便，分型面整齐	用于成批生产分型面不是平面的铸件
	分模造型	将模样沿最大截面处分为两半，型腔分别位于上、下两个半型内。造型简单，节省工时	常用于最大截面在中部的铸件
	活块造型	铸件上有妨碍起模的小凸台、肋条等。制模时将此部分做成活块，在主体模样起出后，从侧面取出活块。造型费工，要求操作者的技术水平较高	主要用于单件、小批量生产带有突出部分、难以起模的铸件
	刮板造型	用刮板代替模样造型。可明显降低模样成本，节约木材，缩短生产周期。但生产率低，要求操作者的技术水平较高	主要用于有等截面的或回转体的单件或小批量的大、中型铸件

2）机器造型

机器造型是指用机器完成填砂、紧砂和起模等操作的造型方法。与手工造型相比，机器造型能够显著提高劳动生产率和铸型质量，并能提高铸件的尺寸精度、表面质量，使劳动条件大为改善。但由于机器造型需要造型机、模板及特制砂箱等专用机器设备，生产准备时间长，成本高，主要用于中、小铸件的成批或大量生产，图 5-3 为全自动造型机。

机器造型主要分为紧砂和起模两个过程。机器造型紧实砂型的方法很多，最常用的是振压紧实法和压实紧实法等。振压紧实法如图 5-4 所示，砂箱放在带有模样的模板上，填满型砂后靠压缩空气的动力，使砂箱与模板一起振动而紧砂，再用压头压实型砂即可。

图 5-3　全自动造型机

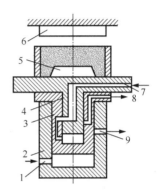

图 5-4　振压紧实造型机工作原理

1.压实进气口；2.压实气缸；3.压实活塞；4.振实活塞；5.模板；
6.压头；7.振实进气口；8.振实排气口；9.压实排气口

压实紧实法是直接在压力作用下使型砂得到紧实。如图 5-5 所示，固定在横梁上的压头将辅助框内的型砂从上面压入砂箱得以紧实。

经过压实后，还有一个起模的过程，为了实现机械起模，机器造型所用的模样与底板连成一体，称为模板。模板上有定位销与砂箱精确定位。图 5-6 是顶箱起模的示意图。起模时，四个顶杆在起模液压缸的驱动下一起将砂箱顶起一定高度，从而使固定在模板上的模样与砂型脱离。图 5-7 是典型的砂型铸造的零件。

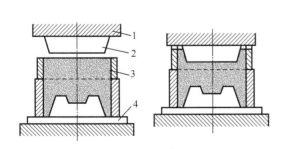

图 5-5　压实紧实法工作原理

1.横梁；2.压头；3.辅助框；4.模板

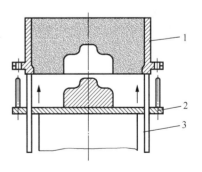

图 5-6　顶箱起模

1.砂箱；2.模板；3.顶杆

图 5-7　典型的砂型铸造的零件

2. 特种铸造

对于铸件，要求生产出更加精确、性能更好、成本更低的铸件。为适应这些要求，铸造工作者发明了许多新的铸造方法，这些方法统称为特种铸造。特种铸造具有两个基本特点：①改变铸型的制造工艺或材料；②改善液体金属充填铸型及随后的冷凝条件。这两方面为特种铸造的基本特点，对于每一种特种铸造方法，它可能只具有某一方面的特点，也可能同时具有两方面的特点。例如，压力铸造、低压铸造、差压铸造、离心铸造等均具有两方面的特点；而陶瓷型精密铸造、消失模铸造等只是改变了铸型的制造工艺或材料，金属液充填过程仍是在重力作用下完成的。特种铸造具有以下优点：①铸件尺寸精确，表面粗糙度低，更接近零件最后尺寸，从而易于实现少切削或无切削加工；②铸件内部质量好，力学性能高，铸件壁厚可以减薄；③降低金属消耗和铸件废品率；④简化铸造工序(除熔模铸造外)，便于实现生产过程的机械化、自动化；⑤改善劳动条件，提高劳动生产率。

特种铸造按照造型材料又可分为以天然矿产砂石为主要造型材料的特种铸造(如熔模铸造、泥型铸造、壳型铸造、负压铸造、实型铸造、陶瓷型铸造等)和以金属为主要铸型材料的特种铸造(如金属型铸造、压力铸造、连续铸造、低压铸造、离心铸造等)两类。

1) 金属型铸造

金属型铸造是将液体金属在重力作用下浇入金属铸型，以获得铸件的一种方法，铸型可以反复使用几百次到几千次，所以又称永久型铸造。它利用熔点较原料高的金属制作铸模，其中细分为重力铸造法、低压铸造法和高压铸造法。受制于铸模的熔点，可被铸造的金属也有所限制。

(1) 金属型的结构与材料

根据分型面位置的不同，金属型可分为垂直分型式、水平分型式和复合分型式三种结构，其中垂直分型式金属型开设浇注系统和取出铸件比较方便，易实现机械化，应用较广，如图 5-8 所示。

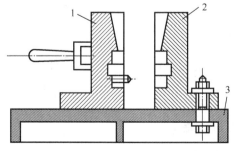

图 5-8　垂直分型式金属型

1.动型；2.定型；3.底座

图 5-9 为铸造铝合金活塞用的垂直分型式金属型，它由两个半型组成。上面的大金属芯由三部分组成，便于从铸件中取出。当铸件冷却后，首先取出中间的楔片及两个小金属芯，然后将两个半金属芯沿水平方向向中心靠拢，再向上拔出。制造金属型的材料熔点一般应高于浇注合金的熔点。如浇注锡、锌、镁等低熔点合金，可用灰铸铁制造金属型；浇注铝、铜等合金，则要用合金铸铁或钢制金属型。金属型用的芯子有砂芯和金属芯两种。有色金属铸件常用金属型芯。

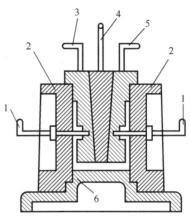

图 5-9　铝合金活塞金属型简图

1. 镶孔金属型芯；2. 左右半型；3～5. 分块金属型芯；6. 底型

(2) 金属型的铸造工艺措施

由于金属型导热快，没有退让性和透气性，直接浇注易产生浇不到、冷隔等缺陷及内应力和变形，且铸件易产生白口组织，为了确保获得优质铸件和延长金属型的使用寿命，必须采取下列工艺措施：①预热金属型，减缓铸型冷却速度；②表面喷刷防黏砂耐火涂料，以减缓铸件的冷却速度，防止金属液直接冲刷铸型；③控制开型时间。因金属型无退让性，除在浇注时正确选定浇注温度和浇注速度外，浇注后，如果铸件在铸型中停留时间过长，易引起过大的铸造应力而导致铸件开裂，因此，铸件冷凝后，应及时从铸型中取出。通常铸铁件出型温度为 780～950℃，开型时间为 10～60s。

(3) 金属型铸造的特点

①尺寸精度高，尺寸公差等级为 IT12～IT14，表面质量好，机械加工余量小；②铸件的晶粒较细，力学性能好；③可实现一型多铸，提高劳动生产率，节约造型材料。但金属型的制造成本高，不宜生产大型、形状复杂和薄壁铸件；由于冷却快，铸铁件表面易产生白口组织，切削加工困难；受金属型材料熔点的限制，熔点高的合金不适宜用金属型铸造。所以金属型铸造一般应用于铜合金、铝合金等铸件的大批量生产，如活塞、连杆、气缸盖等；铸铁件的金属型铸造目前也有所发展，但其尺寸限制在 300mm 以内，质量不超过 8kg。

2) 压力铸造

压力铸造，简称压铸，实质是在高压作用下，使液态或半液态金属以较高的速度充填压铸型(压铸模具)型腔，并在压力下成形和凝固而获得铸件的方法。常用的压射比压为 30～50MPa，充型时间为 0.01～0.2s。

与其他铸造方法相比，压铸有以下优点：产品质量好，铸件尺寸精度高，一般相当于6～7级，甚至可达4级；表面光洁度好，一般相当于5～8级；强度和硬度较高，强度一般比砂型铸造提高25%～30%，但延伸率降低约70%；尺寸稳定，互换性好；可压铸薄壁复杂的铸件；生产效率高，机器生产率高，易实现机械化和自动化；经济效果优良，由于压铸件尺寸精确、表面光洁等优点，一般不再进行机械加工而直接使用。图5-10是压铸生产的铝合金零件。

图 5-10　压铸生产的铝合金零件

压铸是最先进的金属成形方法之一，是实现少切屑、无切屑的有效途径，应用很广，发展很快。目前压铸合金不再局限于有色金属如锌、铝、镁和铜，也逐渐扩大用来压铸铸铁和铸钢件。

压铸是在压铸机上完成的，压铸机根据压室工作条件不同分为冷压室压铸机和热压室压铸机两类。热压室压铸机的压室与坩埚连成一体，而冷压室压铸机的压室是与坩埚分开的。冷压室压铸机又可分为立式和卧式两种，目前以卧式冷压室压铸机应用较多，其工作原理如图5-11所示。

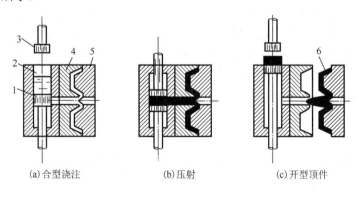

(a)合型浇注　　　　　(b)压射　　　　　(c)开型顶件

图 5-11　压力铸造

1、3.活塞；2.压实；4.定型；5.动型；6.工件

3）低压铸造

低压铸造是指铸型一般安置在密封的坩埚上方，坩埚中通入压缩空气，在熔融金属的表面上造成低压力（0.06～0.15MPa），使金属液由升液管上升填充铸型和控制凝固的铸造方法。这种铸造方法补缩好，铸件组织致密，容易铸造出大型薄壁复杂的铸件，无须冒口，金属收得率达95%。无污染，易实现自动化；但设备费用较高，生产效率较低，一般用于铸造有色金属合金。

低压铸造是将液态合金在压力作用下由下而上压入铸型型腔，并在压力作用下凝固获得铸件的铸造方法。低压铸造的原理如图 5-12 所示，密封的坩埚内通入干燥的压缩空气或惰性气体，借助于作用于金属液面上的压力，使金属液沿升液管自下而上通过浇道平稳地充满铸型，充型压力一般为 20～60kPa。当铸件完全凝固后，解除液面上的气体压力，使升液管和浇道中没有凝固的金属液靠自重流回坩埚中，然后打开铸型，取出铸件。

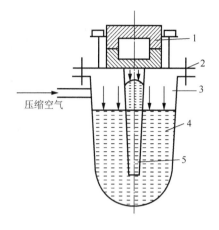

图 5-12　低压铸造的基本原理和工艺过程

1. 铸型；2. 密封盖；3. 坩埚；4. 金属液；5. 升液管

低压铸造生产工艺过程包括以下四道基本工序：①金属熔炼及模具或铸型的准备；②浇注前的准备，包括坩埚密封(装配密封盖)、升液管中的扒渣、测量液面高度、密封性试验、配模、紧固模具或铸型等；③浇注，包括升液、充型、增压、凝固、卸压和冷却等；④脱模，包括松型脱模和取出铸件。

低压铸造可以采用砂型、金属型、石墨型等。充型过程既与金属型铸造和砂型铸造等重力铸造有区别，也不同于高压高速充型的压力铸造，具有如下优点。

①纯净金属液充型，提高了铸件的纯净度。由于熔渣一般浮于金属液表面，而低压铸造由坩埚下部的金属液通过升液管实现充型，彻底避免了熔渣进入铸型型腔。②金属液充型平稳，减少或避免了金属液在充型时的翻腾、冲击、飞溅现象，从而减少了氧化渣的形成。③铸件成形性好，金属液在压力作用下充型，可以提高金属液的流动性，有利于形成轮廓清晰、表面光洁的铸件，对于大型薄壁铸件的成形更为有利。④铸件在压力作用下结晶凝固，能得到充分的补缩，铸件组织致密。⑤提高金属液的收得率，一般情况下不需要冒口，并且升液管中未凝固的金属可回流至坩埚，重复使用，使金属液的收得率明显提高，收得率一般可达 95%。⑥生产操作方便、劳动条件好、生产效率高、易实现机械化和自动化。

4) 连续铸造

连续铸造是一种先进的铸造方法，又称连铸，其原理是将熔融的金属不断浇入一种称为结晶器的特殊金属型中，凝固了的铸件连续不断地从结晶器的另一端拉出，它可获得任意长或特定长度的铸件。发展连铸是我国冶金工业进行结构优化的重要手段，使我国金属材料生产的低效率、高消耗现状得到根本改变，并推动产品结构向专业化方向发展。近终形连铸、单晶连铸、高效连铸、连铸坯热送热装等先进连铸技术的发展将非常活跃，而且将带动一系列新型材料的研制开发。连续铸造的示意图和工厂实景图如图 5-13 所示。

连续铸造在国内外已经广泛采用，如连续铸锭(钢或有色金属锭)、连续铸管等。连续铸造和普通铸造比较有下述优点：①由于金属迅速冷却，结晶致密，组织均匀，力学性能较好；②连续铸造时，铸件上没有浇注系统的冒口，故连续铸锭在轧制时不用切头去尾，节约了金属，提高了收得率；③简化了工序，免除造型及其他工序，因而减轻了劳动强度，所需生产面积也大为减小；④易于实现机械化和自动化，铸锭时还能实现连铸连轧，明显提高了生产效率。

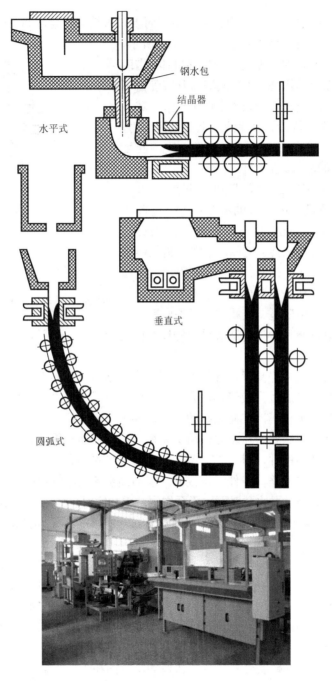

钢水包

结晶器

水平式

垂直式

圆弧式

图 5-13　连续铸造的示意图和工厂实景图

5) 离心铸造

离心铸造是将液体金属注入高速旋转的铸型内，使金属液做离心运动充满铸型和形成铸件的技术与方法。离心运动使液体金属在径向能很好地充满铸型并形成铸件的自由表面；不用型芯能获得圆柱形的内孔；有助于液体金属中气体和夹杂物的排除；影响金属的结晶过程，从而改善铸件的力学性能和物理性能。离心铸造原理如图 5-14 所示，根据铸型旋转轴线的空间位置，常见的离心铸造可分为卧式离心铸造和立式离心铸造。铸型的旋转轴线处于水平状态或与水平线夹角很小(4°)时的离心铸造称为卧式离心铸造。铸型的旋转轴线处于垂直状态时的离心铸造称为立式离心铸造。铸型旋转轴线与水平线和垂直线都有较大夹角的离心铸造称为倾斜轴离心铸造，但应用很少。

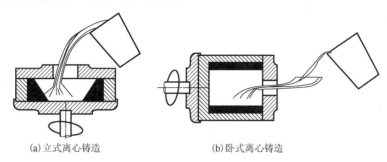

(a)立式离心铸造　　　　　　　　(b)卧式离心铸造

图 5-14　离心铸造原理

生产效益显著的铸件有双金属铸铁轧辊、加热炉底耐热钢辊道、特殊钢无缝钢管、刹车鼓、活塞环毛坯、铜合金蜗轮、异型铸件如叶轮、金属义齿、金银介子、小型阀门和铸铝电机转子。

离心铸造最早用于生产铸管，随后这种工艺得到快速发展。国内外在冶金、矿山、交通、排灌机械、航空、国防、汽车等行业中均采用离心铸造工艺来生产钢、铁及非铁碳合金铸件。其中尤以离心铸铁管、内燃机缸套和轴套等铸件的生产最为普遍。对一些成形刀具和齿轮类铸件，也可以对熔模型壳采用离心力浇注。离心铸造既能提高铸件的精度，又能提高铸件的力学性能。

离心铸造有如下优点：①几乎不存在浇注系统和冒口系统的金属消耗，提高工艺出品率；②生产中空铸件时可不用型芯，故在生产长管形铸件时可大幅度地改善金属充型能力，降低铸件壁厚与长度或直径的比值，简化套筒和管类铸件的生产过程；③铸件致密度高，气孔、夹渣等缺陷少，力学性能好；④便于制造筒、套类复合金属铸件，如钢背铜套、双金属轧辊等；⑤成形铸件时，可借离心运动提高金属的充型能力，故可生产薄壁铸件。

6)熔模铸造

熔模铸造又称失蜡铸造，包括压蜡、修蜡、组树、沾浆、熔蜡、浇铸金属液及后处理等工序。失蜡铸造是在用蜡制作所要铸成零件的蜡模上涂以泥浆，这就是泥模。泥模晾干后，放入热水中将内部蜡模熔化。将熔化完蜡模的泥模取出再焙烧成陶模。一经焙烧。一般制泥模时就留下了浇注口，再从浇注口灌入金属熔液，冷却后，所需的零件完成。

工艺过程如下。

① 压型制造。压型(图 5-15(b))是用来制造蜡模的专用模具，它是根据铸件的形状和尺寸制作的母模(图 5-15(a))来制造的。压型必须有很高的精度和低的表面粗糙度，而且型腔尺寸必须包括蜡料和铸造合金的双重收缩率。当铸件精度高或大批量生产时，压型一般用钢铜合金或铝合金经切削加工制成；小批量生产或铸件精度要求不高时，可采用易熔合金、塑料或石膏直接向母模上浇注而成。

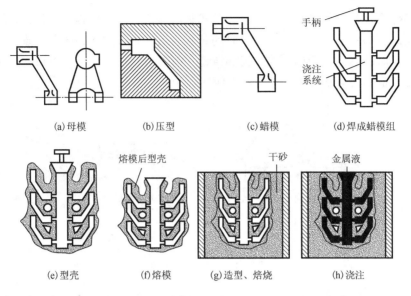

(a)母模　　　　(b)压型　　　　(c)蜡模　　　　(d)焊成蜡模组

(e)型壳　　　　(f)熔模　　　　(g)造型、焙烧　　　　(h)浇注

图 5-15　熔模铸造的工艺过程

② 制造蜡模。蜡模材料常用 50%石蜡和 50%硬脂酸配制而成。将蜡料加热至糊状，在一定的压力下压入型腔内，待冷却后，从压型中取出得到一个蜡模(图 5-15(c))。为提高生产率，常把数个蜡模熔焊在蜡棒上，成为蜡模组(图 5-15(d))。

③ 制造型壳。在蜡模组表面浸挂一层以水玻璃和石英粉配制的涂料，然后在上面撒一层较细的硅砂，并放入固化剂(如氯化铵水溶液等)中硬化。使蜡模组外面形成由多层耐火材料组成的坚硬型壳(一般为 4～10 层)。型壳的总厚度为 5～7mm(图 5-15(e))。

④ 熔模。通常将带有蜡模组的型壳放在 80～90℃的热水中，使蜡料熔化后从浇注系统中流出。脱模后的型壳如图 5-15(f)所示。

⑤ 造型、焙烧。把脱蜡后的型壳放入加热炉中，加热到 800～950℃，保温 0.5～2h，烧去型壳内的残蜡和水分，洁净型腔。为使型壳强度进一步提高，可将其置于砂箱中，周围用粗砂充填，即造型(图 5-15(g))，然后进行焙烧。

⑥ 浇注。将型壳从焙烧炉中取出后，周围堆放干砂，加固型壳，然后趁热(600～700℃)浇入合金液，并凝固冷却(图 5-15(h))。

⑦ 脱壳和清理。用人工或机械方法去掉型壳、切除浇冒口，清理后即得铸件。

熔模铸造的优点：熔模铸件尺寸精度较高，一般可达 CT4～6(砂型铸造为 CT10～13，压铸为 CT5～7)。当然，由于熔模铸造的工艺过程复杂，影响铸件尺寸精度的因素较多，如模料的收缩、熔模的变形、型壳在加热和冷却过程中的线量变化、合金的收缩率以及在凝固过程中铸件的变形等，所以普通熔模铸件的尺寸精度虽然较高，但其一致性仍需提高。

压制熔模时，采用型腔表面光洁度高的压型，因此，熔模的表面光洁度也比较高。此外，型壳由耐高温的特殊黏结剂和耐火材料配制成的耐火涂料涂挂在熔模上而制成，与熔融金属直接接触的型腔内表面光洁度高。所以，熔模铸件的表面光洁度比一般铸造件的高。

5.1.2　塑性成形

金属塑性成形(metal plastic forming)是指材料在外力作用下会产生应力和应变(即变

形），当施加的力所产生的应力超过材料的弹性极限，达到材料的流动极限后，再除去所施加的力，除了占比例很小的弹性变形部分消失，会保留大部分不可逆的永久变形，即塑性变形，使物体的形状尺寸发生改变，同时材料的内部组织和性能也发生变化。绝大多数金属材料都具有产生塑性变形而不破坏的性能，利用这种性能对金属材料进行成材和成形加工的方法统称为金属塑性成形。

金属材料经成形过程后，其组织、性能获得改善和提高。凡受交变载荷作用或受力条件恶劣的构件，一般都要通过塑性成形过程才能达到使用要求。塑性成形是无切屑成形方法，因而能使工件获得良好的流线形状及合理的材料利用率。用塑性成形方法可使工件尺寸达到较高精度，具有很高的生产效率。塑性成形分冷成形、温成形和热成形。温成形要考虑温度对材料性质的影响，热成形还要考虑材料的蠕变效应。金属塑性成形包括块体成形、板料成形及轧制等。各种塑性成形都以金属材料具有塑性性质为前提、都需要外力作用、都存在外摩擦的影响、都遵循着共同的金属学和塑性力学规律。

1. 金属塑性变形的基础理论

各种金属的塑性成形都是通过对金属施加外力，使之产生塑性变形来实现的。金属受外力后，首先产生弹性变形，当外力超过该金属的屈服点后，才开始产生塑性变形。金属在外力作用下，其内部产生应力。此应力迫使原子离开原来的平衡位置，从而改变了原子间的距离，使金属发生变形，并引起原子位能的增高。但处于高位能的原子具有返回原来低位能平衡位置的倾向。因而，当外力停止作用后，应力消失，变形也随之消失，金属的这种变形称为弹性变形；当外力增大到使金属的内应力超过该金属的屈服极限以后，外力停止作用，金属的变形也并不消失，这种变形称为塑性变形。

金属塑性变形的实质可以用晶粒内部产生滑移、晶粒间产生滑移和晶粒发生转动的经典理论来解释。单晶体的滑移变形示意图如图 5-16 所示。晶体在切应力作用下，晶体的一部分与另一部分沿着一定的晶面产生相对滑移，从而引起单晶体的塑性变形。这是一种纯理想晶体的滑移，实现这种滑移所需的外力要远大于实际测得的数据。这证明实际晶体结构及其塑性变形并不完全如此。因此，又出现了其他的观点。近代物理学理论说明晶体内部有缺陷，其类型有点缺陷、线缺陷和面缺陷三种。位错是晶体中的线缺陷(图 5-17(a))。由于位错的存在，部分原子处于不稳定状态。在比理论值低许多的切应力作用下，处于高位能的原子很容易从一个相对平衡的位置移动到另一个位置(图 5-17(b)和(c))，形成位错运动。位错运动到晶体表面就实现了整个晶体的塑性变形(图 5-17(d))。

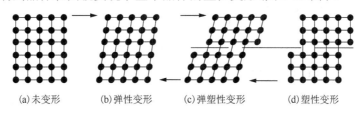

(a)未变形　　　(b)弹性变形　　　(c)弹塑性变形　　　(d)塑性变形

图 5-16　单晶体滑移变形示意图

多晶体的塑性变形可以看成组成多晶体的许多单个晶粒产生变形的综合效果。同时晶粒之间也有滑动和转动，称为晶间变形(图 5-18)。每个晶粒内部都存在许多滑移面，因此整块金属的变形量可以比较大。低温时多晶体的晶间变形不可过大，否则将引起金属的破坏，对工件质量产生很大影响，需采取必要的工艺措施以保证产品质量。

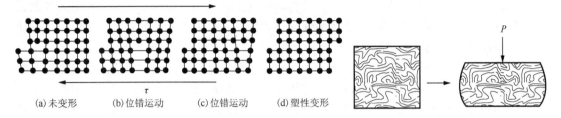

(a) 未变形　　(b) 位错运动　　(c) 位错运动　　(d) 塑性变形

图 5-17　位错运动引起塑性变形示意图　　　　图 5-18　多晶体塑性变形示意图

2. 金属塑性变形对组织和性能的影响

1) 加工硬化

金属在常温下经过塑性变形后，内部组织将发生变化，晶粒沿变形最大的方向伸长；晶格与晶粒均发生扭曲，产生内应力；晶粒间产生碎晶。金属的力学性能随其内部组织的改变而发生明显变化。变形程度增大时，金属的强度及硬度升高，而塑性和韧性下降，这一现象称为加工硬化，也称为变形强化。产生原因是金属在塑性变形时，晶粒发生滑移，出现位错的缠结，使晶粒拉长、破碎和纤维化，金属内部产生残余应力等。加工硬化给金属件的进一步加工带来困难。例如，在冷轧钢板的过程中会越轧越硬以至轧不动，因而需在加工过程中安排中间退火，通过加热消除其加工硬化。又如，在切削加工中使工件表层脆而硬，从而加速刀具磨损、增大切削力等。但有利的一面是，它可提高金属的强度、硬度和耐磨性，特别是对于不能以热处理方法提高强度的纯金属和某些合金尤为重要。

2) 回复与再结晶

加工硬化是一种不稳定现象，处于高位能的原子具有自发地回复到其低位能状态的趋势，但在室温下不易实现。当温度升高时，金属原子获得热能，热运动加剧，使原子得以回复正常排列，消除了由于变形产生的晶格扭曲，使加工硬化得到部分消失，这一过程称为回复(图 5-19(b))。这时的温度称为回复温度。金属经塑性变形产生的加工硬化，随着温度的升高，会出现回复过程，加工硬化现象得到部分消除。当温度继续升高到金属熔点热力学温度的 2/5 时，金属原子获得更多的热能，开始以某些碎晶或杂质为核心结晶成新的晶粒，从而消除全部加工硬化现象。这个过程称为再结晶(图 5-19(c))，这时的温度称为再结晶温度。工业上常借助回复完成消除应力的退火，提高合金的抗腐蚀性；借助再结晶消除形变组织，使合金具有某种特定的性能。

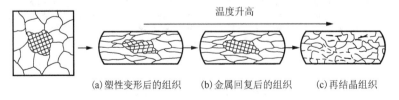

温度升高

(a) 塑性变形后的组织　　(b) 金属回复后的组织　　(c) 再结晶组织

图 5-19　金属的回复和再结晶示意图

3）冷变形和热变形

由于金属在不同温度下变形后的组织和性能均不同，通常以再结晶为界，将金属的塑性变形分为冷变形和热变形两种。冷变形也称冷加工，是指金属在再结晶温度以下所进行的变形或加工，如钢的冷拉或冷冲压等；热变形或热加工是金属在再结晶温度以上所进行的变形或加工，如钢的热轧、热锻等。金属的冷变形虽然是在再结晶温度以下的变形，也是金属处于加热状态，但并非热变形或热加工。例如，纯铁在400℃时的加工仍为冷加工，因为纯铁的最低再结晶温度是 450℃。同样，金属在再结晶温度以上的变形，虽然没有加热金属或在室温下，也并非冷变形或冷加工。例如，铅、锡等低熔点的金属在室温下的加工为热加工，因为铅、锡的最低再结晶温度分别为-63℃、-96℃。冷变形过程中只有加工硬化而无回复和再结晶现象，变形后的金属具有加工硬化组织。变形过程中需要很大的变形抗力，变形程度不易过大，以避免工件产生裂纹。冷变形能使金属获得较高硬度和低粗糙度，一般不须切削加工。生产中常应用冷变形来提高产品的表面质量。常温下进行的冷撤、冷挤以及冷冲压等都属于冷变形。

热变形是金属在再结晶温度以上的塑性变形。热变形时加工硬化与再结晶过程同时存在，而加工硬化又几乎同时被再结晶消除。变形后，金属具有再结晶组织而无加工硬化现象。金属只有在热变形的情况下，才能以较小的功达到较大的变形，加工尺寸较大和形状比较复杂的工件，同时获得力学性能好的再结晶组织。但是，由于热变形是在高温下进行的，因而金属在加热过程中表面容易形成氧化层，而且产品的尺寸精度和表面品质较低，劳动条件较差，生产效率也较低。自由锻、热模锻、热轧、热挤压等工艺都属于热变形方法。

3. 锻造成形

锻造成形（简称锻造）是一种利用锻压机械对金属坯料施加压力，使其产生塑性变形以获得具有一定力学性能、一定形状和尺寸锻件的加工方法，属于锻压（锻造与冲压）的两大组成部分之一。通过锻造能消除金属在冶炼过程中产生的铸态疏松等缺陷，优化微观组织结构，同时由于保存了完整的金属流线，锻件的力学性能一般优于同样材料的铸件。相关机械中负载高、工作条件严峻的重要零件，除形状较简单的可用轧制的板材、型材或焊接件外，多采用锻件。

锻造加工方法很多，按金属变形温度，可分为热锻、温锻和冷锻；按所用设备和工具的不同，可分为自由锻造（又称自由锻）、锻模锻造（又称模锻）、胎模锻造和特种锻造。这里重点介绍自由锻和模锻。

自由锻指用简单的通用性工具，或在锻造设备的上、下砧铁之间直接对坯料施加外力，使坯料产生变形而获得所需的几何形状及内部质量的锻件加工方法。采用自由锻方法生产的锻件称为自由锻件。自由锻以生产批量不大的锻件为主，采用锻锤、液压机等锻造设备对坯料进行成形加工，获得合格锻件。自由锻的基本工序包括镦粗、拔长、冲孔、切割、弯曲、扭转、错移及锻接等。自由锻采取的都是热锻方式。自由锻的主要工序及应用举例见表5-2。

表5-2   自由锻的主要工序及应用

工序名称	定义	图例	用途
镦粗	干砧镦粗（图(a)） 带尾梢镦粗（图(b)） 局部镦粗（图(c)） 展平镦粗（图(d)）	镦粗:使毛坯的高度减小、横截面积增大的锻造工序 局部镦粗:对坯料上某一部分进行镦粗	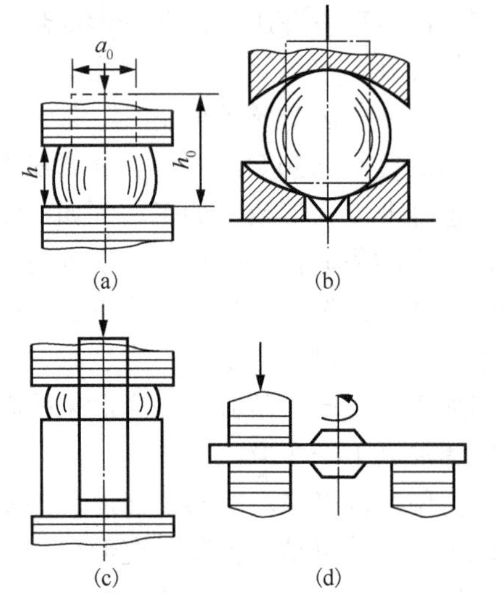 用于制造高度小、截面大的工件,如齿轮、圆盘等 作为冲孔前的准备工作 增大随后拔长工序的锻造比
拔长	普通拔长（图(a)） 芯轴拔长（图(b)） 芯轴扩孔（图(c)）	普通拔长:使毛坯的横截面积减小而长度增加的锻造工序 芯轴拔长:减小空心毛坯外径和壁厚,增加长度的工序 芯轴扩孔:减小空心毛坯的壁厚,增加内径和外径的工序	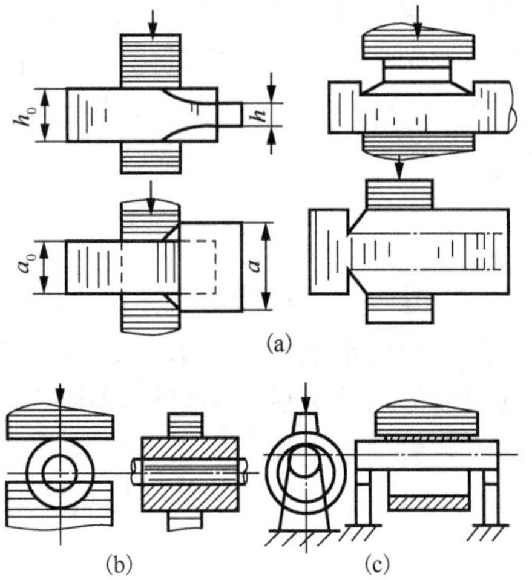 用于制造长而截面小的工件,如轴、连杆、曲轴等 制造长轴类空心件、圆环类件,如炮筒、圆环、套筒等
弯曲	角度弯曲（图(a)） 成形弯曲（图(b)）	角度弯曲:将毛坯弯曲成所需角度的锻造工序 成形弯曲:利用简单工具或胎模将坯料弯成所需角度和外形的工序	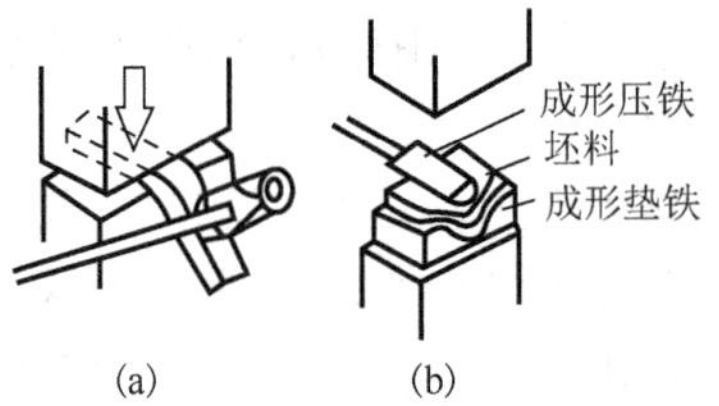 锻制弯曲形零件,如角尺、U形弯板 使锻造流线方向符合锻件的外形而不被割断,提高锻件质量,如吊钩等

图例（镦粗）: 图(a)、(b)、(c)、(d)

图例（拔长）: 图(a)、(b)、(c)

图例（弯曲）: 图(a)、(b) 成形压铁 坯料 成形垫铁

续表

工序名称		定义	图例	用途
冲孔	实心冲子冲孔（图(a)） 空心冲孔（图(b)） 板料冲孔（图(c)）	冲孔：在坯料上冲出通孔或不适孔的工序	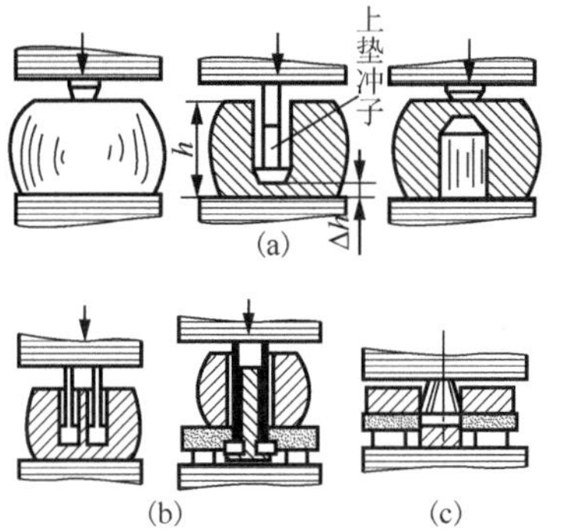	制造空心件，如齿轮毛坯、圆坯、套筒 锻件质量要求高的大型工件，可用空心冲孔去掉质量较差的铸锭中心部分

模锻又分为开式模锻和闭式模锻，金属坯料在具有一定形状的锻模膛内受压变形而获得锻件，模锻一般用于生产质量不大、批量较大的零件。模锻可分为热模锻、温模锻和冷模锻。温模锻和冷模锻是模锻的未来发展方向，也代表了锻造技术水平。按照材料分，模锻还可分为黑色金属模锻、有色金属模锻和粉末制品成形。顾名思义，就是材料分别是碳钢等黑色金属、铜铝等有色金属和粉末冶金材料。闭式模锻和闭式镦锻属于模锻的两种先进工艺，由于没有飞边，材料的利用率高，用一道工序或几道工序就可能完成复杂锻件的精加工；锻件的受力面积小，所需要的荷载也小。但是，应注意不能使坯料完全受到限制，为此要严格控制坯料的体积、控制锻模的相对位置和对锻件进行测量，努力减少锻模的磨损。

按照锻件分模线和主轴线的形状以及锻件在平面图上轮廓尺寸的比例，将模锻件分为三类，如表 5-3 所示。

表5-3　模锻件的分类

类别	组别	锻件图例
I 类-短轴类锻件	简单形状	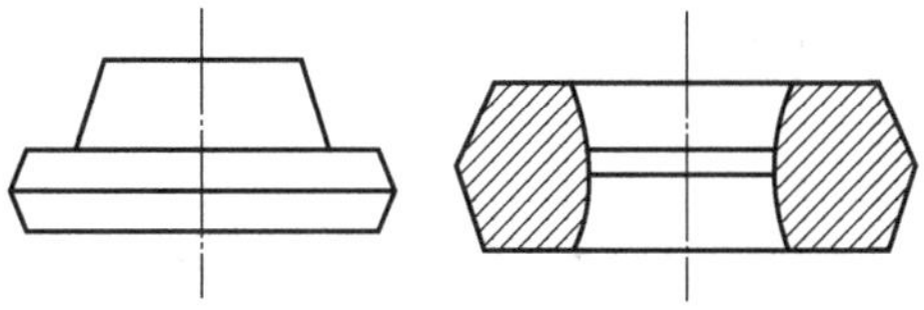
	复杂形状	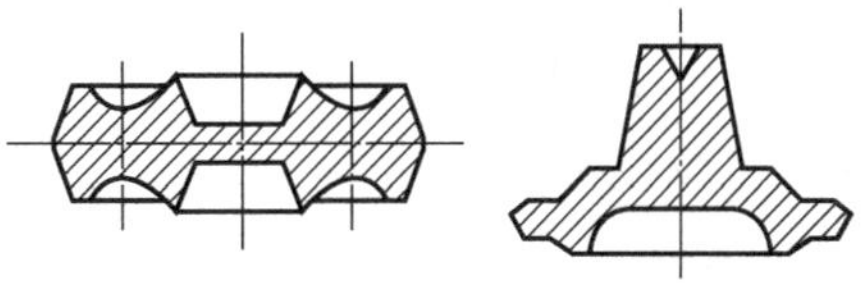

类别	组别	锻件图例
Ⅱ类-长轴类锻件	直长轴线	
	弯曲轴线	
	叉线	
Ⅲ类-复杂类锻件	—	

4. 板料冲压

图 5-20　典型的板料冲压的零件

板料冲压是利用冲模使板料产生分离或变形的加工方法。因多数情况下板料无须加热，故称冷冲压，又简称冷冲或冲压，只有当板厚超过 8mm 时，才采用热冲压，图 5-20 是典型的板料冲压的零件。

板料冲压包括分离工序(落料、冲孔、切断、切口、切边修整、精密冲裁)和成形工序(弯曲、拉深、起伏、翻边、缩口、胀形、整形、压平)两个基本的过程。

(1)落料及冲孔(统称冲裁)

落料及冲孔是利用模具使坯料按封闭的轮廓产生分离的工序。这两个工序中坯料变形过程和模具结构都是一样的，只是用途不同。落料冲下的部分为工件，而周边是废料；冲孔冲下的部分为废料，而周边是成品。冲裁既可直接冲制成品零件，又可为其他成形工序制备坯料。

冲裁变形过程一般分为三个阶段，即弹性变形阶段(第一阶段)、塑性变形阶(第二阶段)段和断裂分离阶段(第三阶段)，如图 5-21 所示。

冲裁件的断面具有明显的区域特征：断面由塌角、光亮带、剪裂带和毛刺四个部分组成(图 5-22)。光亮带越宽，冲裁件断面质量越高。

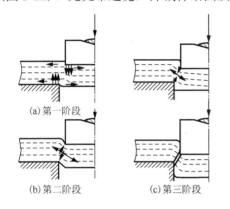

图 5-21　冲裁变形过程

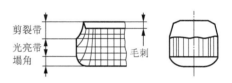

图 5-22　冲裁断面状态图

冲裁模间隙是指冲裁模凸、凹模刃口部分尺寸之差。凸、凹模间隙不仅严重影响冲裁件断面质量，而且影响模具寿命、卸料力、推件力、冲裁力和冲裁件的尺寸精度。间隙过小时，凸、凹模刃口附近的剪裂纹向外错开，上、下剪裂纹不能互相重合，材料中拉应力减小，压应力增大，裂纹的产生被抑制而推迟，光亮带增大。由于弹性恢复，所得的冲裁件外形尺寸大于凹模尺寸，内孔尺寸小于凸模尺寸；同时，凸、凹模所受的摩擦力增大，模具刃口部分的磨损加重，模具寿命缩短(图 5-23(a))。间隙过大时，凸、凹模刃口附近的剪裂纹向内错开，上、下剪裂纹不能重合，材料中的拉应力增大，易产生裂纹，塑性变形阶段结束较早，致使光亮带减小，剪裂带和毛刺增大；同时材料对凸、凹模的摩擦作用也减弱，模具寿命延长(图 5-23(c))。

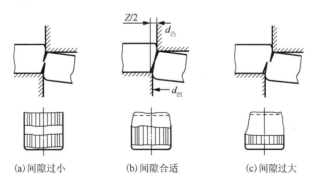

图 5-23　间隙对断面的影响

(2)修整

利用修整模沿冲裁件外线或内孔刮削一薄层金属，以切掉普通冲裁时在冲裁件端面上

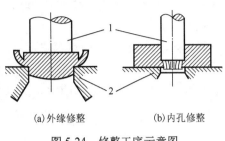

(a) 外缘修整　　　　(b) 内孔修整

图 5-24　修整工序示意图

1. 凸模；2. 凹模

存留的剪裂带和毛刺，从而提高冲裁件的尺寸精度、降低表面粗糙度。修整冲裁件的外形称外缘修整。修整冲裁件的内孔称内孔修整（图 5-24）。

(3) 精密冲裁

修整虽可获得高精度和光洁剪断面的冲裁件，但增加了修整工序和模具，使冲裁件的成本增加，生产率降低。精密冲裁是经一次冲裁获得高精度和光洁断面冲裁件的一种高质量、高效率的冲裁方法。应用最广泛的精密冲裁方法是强力压边精密冲裁（图 5-25）。冲裁时，压边圈 V 形齿首先压入板料，在 V 形齿内侧产生向中心的侧向压力，同时，凹模中的反压力顶杆向上以一定压力顶住板料，当凸模下压时，V 形齿以内的材料处于三向压应力状态。

(4) 拉深

拉深是利用拉伸模把平板坯料制成各种空心零件的工序。在冲压生产中，拉深是一种广泛使用的工序，用拉深工序可得到旋转体零件、方形零件及复杂形状零件。图 5-26 是圆筒形零件的拉深过程。

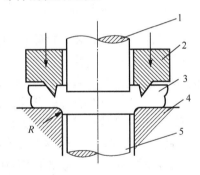

图 5-25　强力压边精密冲裁

1. 凸模；2. V 形齿；3. 冲裁件；4. 凹模；5. 反压力顶杆

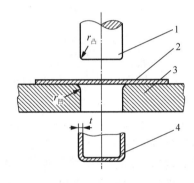

图 5-26　圆筒形零件的拉深过程

1. 凸模；2. 毛坯；3. 凹模；4. 工件

(5) 弯曲

弯曲是将坯料的一部分相对于另一部分弯曲成一定角度的工序（图 5-27）。弯曲时材料内侧受压，而外侧受拉。当外侧拉应力超过坯料的抗拉强度时，将造成金属破裂。坯料越厚，内弯曲半径 r 越小，则压缩及拉伸应力越大，越容易弯裂，致使工件报废。

5. 精密模锻

精密模锻是指在模锻设备上锻造出形状复杂、锻件精度高的模锻工艺。例如，精密模锻锥齿轮，其齿形部分可直接锻出而不必再经过切削加工。

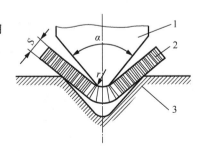

图 5-27　弯曲的过程

1. 凸模；2. 板料；3. 凹模

精密模锻的工艺过程一般是先将原始坯料普通模锻成中间坯料，然后对中间坯料进行严格的清理，除去氧化皮或缺陷，最后采用无氧化或少氧化加热后进行精锻。为了最大限度地减少氧化，提高锻件质量，精锻的加热温度较低，精锻时需在中间坯料上涂润滑剂以减少摩擦，延长锻模寿命。

精密模锻是提高锻件精度和表面质量的一种先进工艺。它能够锻造形状复杂、尺寸精度高的零件，如锥齿轮、叶片等。其主要工艺特点如下。

① 需要精确计算原始坯料的尺寸，严格按坯料质量下料。否则会增大锻件尺寸公差，降低精度。

② 需要精细清理坯料表面，除净坯料表面的氧化皮、脱碳层及其他缺陷等。

③ 为了提高锻件的尺寸精度、降低表面粗糙度，应采用无氧化和少氧化加热，尽量减少坯料表面形成的氧化皮。

④ 为了最大限度地减少氧化，提高锻件的质量，精锻的加热温度较低，对于碳素钢，锻造温度在 900～950℃，称为温模锻。

⑤ 精密模锻的锻件精度在很大程度上取决于锻模的加工精度。因此，精锻模膛的精度必须很高，一般要比锻件精度高两级。精锻模一定要有导柱导套结构，保证合模准确。为排除模膛中的气体，减小金属流动阻力，使金属更好地充满模膛，在凹模上应开有排气小孔。

⑥ 模锻时要很好地进行润滑和冷却锻模。

⑦ 精密模锻一般都在刚度大、精度高的模锻设备上进行，如曲柄压力机、摩擦压力机或高速锤等。

精密模锻是在普通模具基础上发展起来的一种少切削或无切削加工新工艺。它是将零件上需要切削加工才能达到精度要求的部分直接锻出或仅需留少量磨景。因此，采用精密模锻工艺需对模锻的有关环节提出更严格的技术要求，例如，对毛坯的下料质量及表面质量的控制，预制坯的合理设计，毛坯的少氧化或无氧化加热，加热规范及冷却规范的控制，模具制造和使用精度的控制，合适的润滑及冷却条件的选取等。

精密模锻具有节约金属和缩短切削加工工时的显著优点，但是，由于强化了模锻的有关环节而会使部分成本提高，所以对具体产品是否选精密模锻工艺生产应根据生产成品零件的综合经济指标以及零件结构和性能的特殊要求进行综合考虑。

6. 挤压成型

挤压是使金属坯料在外力作用下，通过模具上的孔形，发生塑性变形而获得具有一定形状和尺寸的零件加工方法。

零件挤压按照金属流动方向和凸模运动方向可分为以下四种。

① 正挤压：金属流动方向与凸模运动方向相同，如图 5-28(a)所示。

② 反挤压：金属流动方向与凸模运动方向相反，如图 5-28(b)所示。

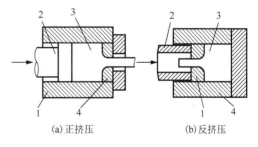

(a) 正挤压　　　　(b) 反挤压

图 5-28　挤压示意图

1.挤压筒；2.凸模；3.坯料；4.挤压模

③ 复合挤压：挤压过程中，坯料上一部分金属的流动方向与凸模运动方向相同，而另

一部分金属流动方向与凸模运动方向相反(图5-29)。

④ 径向挤压:金属运动方向与凸模运动方向成90°角,如图5-30所示。

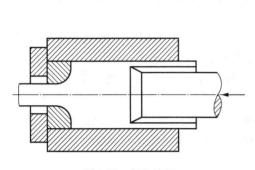

图5-29 复合挤压

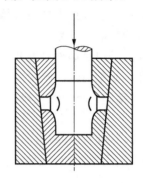

图5-30 径向挤压

挤压按金属坯料所具有的温度不同又可分为以下三种。

① 热挤压:挤压时坯料温度高于材料的再结晶温度,与锻造温度相同。热挤压的变形抗力小,允许每次变形程度大,但产品的表面粗糙。热挤压广泛应用于冶金部门中生产铝、铜、镁及其合金的型材和管材等。

② 冷挤压:冷挤压是指坯料变形温度低于材料的再结晶温度(经常是在室温下)的挤压工艺。冷挤压时变形抗力比热挤压高得多,但产品的表面光洁,而且产品内部组织为加工硬化组织,从而提高了产品的强度。目前冷挤压已广泛应用于制造机器零件和毛坯。

③ 温挤压:温挤压是介于热挤压和冷挤压之间的挤压方法,将金属加热到再结晶温度以下的某个合适温度(100~800℃)进行挤压。与热挤压相比,温挤压坯料氧化脱碳少,表面粗糙度低,产品尺寸精度高。与冷挤压相比,温挤压变形抗力降低,每个工序的变形程度增加,模具寿命延长,冷挤压材料品种扩大。温挤压材料一般不须进行预先软化退火、表面处理和工序间退火。温挤压零件的精度和力学性能低于冷挤压件。

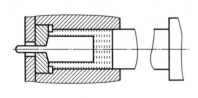

图5-31 静液挤压

除了上述挤压方法,还有一种静液挤压方法(图5-31)。静液挤压时,凸模与坯料不直接接触,而是给液体施加压力,再经液体传给坯料,使金属通过凹模时成形。静液挤压由于在坯料侧面无挤压产生的摩擦,所以金属变形较均匀,可提高一次的变形量,挤压力也较其他挤压方法小10%~50%。

7. 轧制成形

轧制成形是利用旋转的轧辊使金属坯料逐步变形制成工件的锻造成形方法,属于旋转锻造。轧制成形时的变形是逐步的、连续的、旋转的,所以生产效率高,设备运转平稳,易于实现机械化和自动化。这种成形方法适用于制造轴、轴承环、钢球、丝杠、齿轮和小工具等。轧制成形一般分为纵轧、横轧、斜轧和楔横轧。

① 纵轧:它是轧辊轴线与坯料轴线互相垂直的轧制方法,包括各种型材轧制、辊轧制和碾环轧制等,其中辊轧制示意图见图5-32,碾环轧制示意图见图5-33。碾环轧制是用来扩大环形坯料的外径和内径,从而获得各种环状零件的轧制方法。

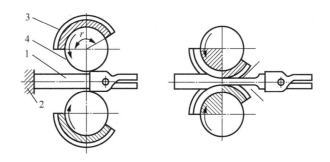

图 5-32　辊轧制示意图

1. 坯料；2. 挡板；3. 扇形模块；4. 轧辊

② 横轧：它是轧辊轴线与坯料轴线互相平行的轧制方法，如齿轮轧制等。齿轮轧制是一种无削或少削加工齿轮的工艺。直齿轮和斜齿轮均可由热轧制造。在轧制前将毛坯外缘加热，然后将带齿轮的轧轮 1 做径向进给(图 5-34)，迫使轧轮与毛坯 2 对辊。在对辊过程中，毛坯上一部分金属受压形成齿谷，相邻部分的金属被轧轮齿部"反挤"而上升，形成齿顶。

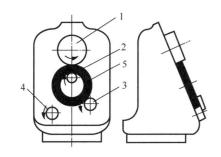

图 5-33　碾环轧制示意图

1. 驱动辊；2. 芯轴；3. 导向辊；4. 信号辊；5. 坯料

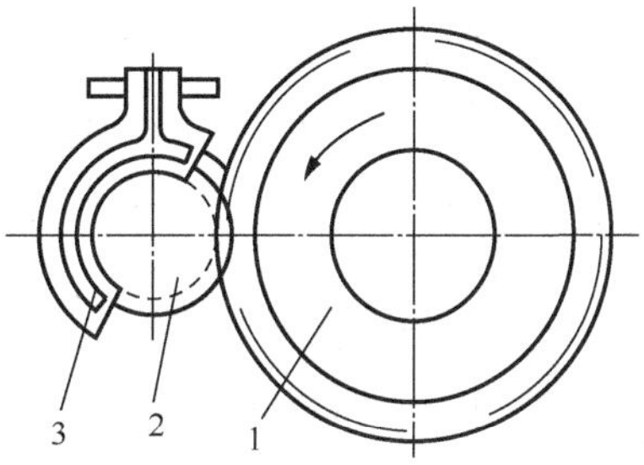

图 5-34　齿轮轧制示意图

1. 轧轮；2. 毛坯；3. 感应加热器

③ 斜轧：斜轧也称螺旋斜轧。它是轧辊轴线与坯料轴线相交一定角度的轧制方法。如周期性轧制(图 5-35(a))、钢球轧制(图 5-35(b))、冷轧丝杠等。

④ 楔横轧：利用两个外表面镶有楔形凸块、并做同向旋转的平行轧辊轴对沿轧辊轴向送进的坯料进行轧制的方法称为楔横轧(图 5-36)。

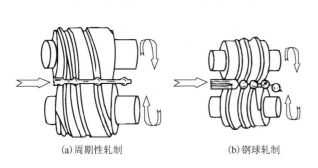

(a)周期性轧制　　　　(b)钢球轧制

图 5-35　螺旋斜轧

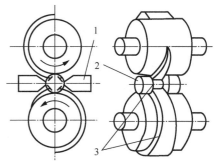

图 5-36　两辊式楔横轧

1. 导板；2. 轧件；3. 带楔形凸块的轧辊

5.1.3　粉末冶金成形

粉末冶金成形(又称粉末冶金)是制取金属粉末或用金属粉末(或金属粉末与非金属粉末的混合物)作为原料,经过成形和烧结,制造金属材料、复合材料以及各种类型制品的工艺技术。粉末冶金法与生产陶瓷有相似的地方,均属于粉末烧结技术,因此,一系列粉末冶金新技术也可用于陶瓷材料的制备。由于粉末冶金技术的优点,它已成为解决新材料问题的钥匙,在新材料的发展中起着举足轻重的作用。

粉末冶金包括制粉和制品。其中制粉主要是冶金过程。而粉末冶金制品则远超出材料和冶金的范畴,往往是跨多学科的技术。尤其是现代金属粉末 3D 打印,集机械工程、CAD、逆向工程技术、分层制造技术、数控技术、材料科学、激光技术于一身,使得粉末冶金制品技术成为跨更多学科的现代综合技术。

粉末冶金技术可以最大限度地减少合金成分偏聚,消除粗大、不均匀的铸造组织。在制备高性能稀土永磁材料、稀土储氢材料、稀土发光材料、稀土催化剂、高温超导材料、新型金属材料方面具有重要的作用。

粉末冶金成形可以制备非晶、微晶、准晶、纳米晶和超饱和固溶体等一系列高性能非平衡材料,这些材料具有优异的电学、磁学、光学和力学性能;粉末冶金成形可以容易地实现多种类型的复合,充分发挥各组元材料各自的特性,是一种低成本生产高性能金属基和陶瓷复合材料的工艺技术;粉末冶金成形可以生产普通熔炼法无法生产的具有特殊结构和性能的材料与制品,如新型多孔生物材料、多孔分离膜材料、高性能结构陶瓷模具和功能陶瓷材料等;粉末冶金成形可以实现近净形成和自动化批量生产,从而可以有效地减少生产的资源和能源消耗;粉末冶金成形可以充分利用矿石、尾矿、炼钢污泥、轧钢铁磷、回收废旧金属作为原料,是一种可有效进行材料再生和综合利用的新技术。常见的机加工刀具和五金磨具,很多就是粉末冶金技术制造的。

5.1.4　其他成形技术

1. 超塑成形及扩散连接技术

超塑成形及超塑成形/扩散连接技术(SPF & SPF/DB)是利用材料的超塑性,对形状复杂、难以加工的薄壁零件,采用吹塑、胀形等方法进行成形的过程,是一种几乎无余量、低成本、高效的特种成形方法。例如,铝锂合金可以通过合金化或者机械热处理获得均匀、细小、等轴晶而产生超塑性能。铝锂合金的 SPF 研究始于 1980 年,在 1982 年的范堡罗国际航空航天展览会上英国超塑性成形金属公司首次演示了铝锂合金的超塑性现象及其超塑 F 零件。美国 Weldalite049 合金具有优异的超塑性,在 507℃固溶处理,不加反压,$4×10^{-3}s^{-1}$ 应变速率下,延伸率可达 829%。这一应变速率明显高于其他铝合金的应变速率,这对解决超塑工艺速度低的问题有重要意义。俄罗斯已经对 1420 铝锂合金采用 SPF 工艺加工了许多飞机的零部件,有的尺寸达 1200mm×600mm。国内航天材料及工艺研究所、北京航空制造工程研究所等科研单位针对铝锂合金的 SPF 及 SPF/DB 组合工艺进行了大量的开拓性工作,取得了很多成果。目前,铝锂合金的超塑成形正由次承力构件向主承力构件发展,并且由单一的超塑成形向超塑成形/扩散连接的组合工艺发展,使铝锂合金加工成本更低,结构更具整体性、轻质量。

2. 旋压技术

旋压技术是一项综合锻造、挤压、拉深、弯曲等工艺特点的少切削或无切削加工的先进工艺。剪切旋压(图 5-37)是近年来在传统旋压技术基础上发展起来的新型旋压技术,它不改变毛坯的外径而改变其厚度来实现制造圆锥等各种轴对称薄壁件的旋压方式(锥形变薄旋压)。这种成形方法的特点是旋轮受力较小,半锥角和壁厚互相影响,材料流动流畅,表面粗糙度低和成形精度高,并且能较容易地成形、拉深、旋压难于成形的材料。航天器上许多铝锂合金构件都是空心回转体薄壳结构,特别适合用旋压法加工,其中最典型的零件是运载火箭低温储箱的圆顶盖。美国"大力神"运载火箭圆顶盖采用 3 块直径为 0.65m、厚为 10.7mm 的 Weldalite049 板材旋压制造。其中中部使用变极性等离子弧焊焊接,测得其室温抗拉强度达 600MPa 左右,-196℃时增加到 700MPa,且有很好的断裂韧性。"奋进号"航天飞机的外储箱圆顶盖也采用了相同的旋压技术,并在外储箱的筒段采用了先进的剪切旋压技术。

图 5-37　剪切旋压

5.2　高分子材料的成型

5.2.1　压制成型

压制成型是高分子材料成型最重要的方法之一,广泛用于热固性塑料和橡胶制品的成型加工。压制成型是指主要依靠外压的作用实现成型物料造型的一次成型技术。根据成型物料的性状和加工设备及工艺的特点,压制成型可分为模压成型和层压成型两大类,前者包括热固性塑料的模压成型、橡胶的模压成型和增强复合材料的模压成型,后者包括复合材料的高压和低压层压成型。

1. 热固性塑料的模压成型

模压成型是热固性塑料的主要成型工艺。其工艺过程是将模塑料在已加热到指定温度的模具中加压,使物料熔融流动并均匀地充满模腔,在加热和加压的条件下经过一定的时间,使其发生化学交联反应而变成具有三维体型结构的热固性塑料制品。

热固性塑料的模压成型过程是物理化学变化过程,模塑料的成型工艺性能对成型工艺的控制和制品质量的提高有很重要的意义。模塑料的主要成型工艺性能有如下影响因素:流动性、固化速率、成型收缩率和压缩率。

(1)流动性

热固性模塑料的流动性是指其在受热和受压作用下充满模具型腔的能力。流动性首先与模塑料本身的性质有关,包括热固性树脂的性质和模塑料的组成。树脂相对分子质量低,反应程度低,填料颗粒细小而又呈球状,低分子物含量或含水量高则流动性好。其次与模具和成型工艺条件有关，模具型腔表面光滑且呈流线型，则流动性好，在成型前对模塑料进行预热及模压温度高无疑能提高流动性。

(2) 固化速率

这是热固性塑料成型时特有的也是最重要的工艺性能，它是衡量热固性塑料成型时化学反应的速度。它以热固性塑料在一定的温度和压力下，使制品的力学性能达到最佳值所需的时间与试件的厚度的比值来表示，此值越小，固化速率越大。

(3) 成型收缩率

热固性塑料在高温下模压成型后脱模冷却至室温，其各向尺寸将会发生收缩，此成型收缩率定义为在常温常压下，模具型腔的单向尺寸和制品相应的单向尺寸之差与模具型腔的单向尺寸之比。成型收缩率大的制品易发生翘曲变形，甚至开裂。

(4) 压缩率

热固性模塑料一般是粉状或粒状料，其表观相对密度与制品的相对密度相差很大，模塑料在模压前后的体积变化很大，可用压缩率来表示。

热固性塑料模压成型工艺过程通常由成型物料的准备、成型和制品后处理三个阶段组成，工艺过程如图 5-38 所示。

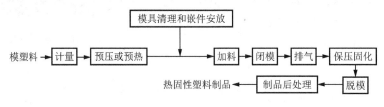

图 5-38   热固性塑料模压成型工艺图

2. 复合材料的压制成型

1) 层压成型

层压成型是指在压力和温度的作用下将多层相同或不同材料的片状物通过树脂的黏结和熔合，压制成层压塑料的成型方法。对于热塑性塑料可将压延成型所得的片材通过层压成型工艺制成板材。层压成型是制造增强热固性塑料制品的重要方法。层压制品所用的热固性树脂主要有酚醛、环氧、有机硅、不饱和聚酯及环氧-酚醛树脂等。所用的骨架材料包括棉布、绝缘纸、玻璃纤维布、合成纤维布、石棉布等，在层压制品中起增强作用。不同类型树脂和骨架材料制成的层压制品，其强度、耐水性和电性能等都有所不同。层压成型工艺由浸渍上胶、压制和后加工热处理三个阶段组成。

(1) 浸渍上胶

这个工艺是制造层压制品的关键工艺，主要包括树脂溶液配制、浸渍和干燥等工序。树脂溶液配制通常是在浸渍前首先将树脂按需要配制成一定浓度的胶液。浸渍是使树脂溶液均匀涂在增强材料上，并尽可能使树脂渗透到增强材料的内部，以便树脂充满纤维的间隙。浸渍前对增强材料也要进行适当的表面处理和干燥，以改善胶液对其表面的浸润性。图 5-39 是浸渍上胶机示意图。上胶后要马上进入干燥箱进行干燥，干燥的目的是除去溶剂、水分及其他挥发物，同时使树脂进一步化学反应。干燥过程中主要控制干燥箱各段的温度和附胶材料通过干燥箱的速度。干燥后所得附胶材料的主要质量指标是挥发物含量、不溶性树脂含量和干燥度等，这些指标影响层压成型操作和制品质量。

（2）压制

层压制品主要有板材、管材或棒材及模型制品，不同制品其压制工艺是不同的。层压板材的压制成型过程包括裁剪、叠合、进模、热压和脱模等操作。层压管材和棒材也是以干燥的附胶材料为原料，用专门的卷管机卷绕成管坯或棒坯（图 5-40）。

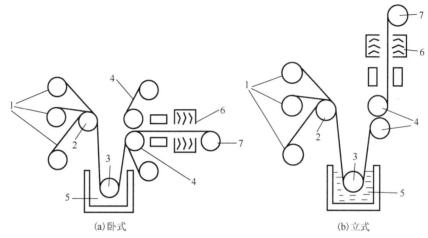

图 5-39　浸渍上胶机示意图

1. 原材料卷辊；2. 导向辊；3. 浸渍辊；4. 挤压辊；5. 浸渍槽；6. 干燥室；7. 收卷辊

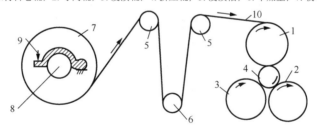

图 5-40　卷管工艺示意图

1. 上辊筒；2、3. 支承辊；4. 管芯；5. 导向辊；6. 张力辊；
7. 胶布卷辊；8. 刹车轮；9. 翼形螺母；10. 胶布

层压模型制品也是以附胶材料为原料经裁剪、叠合，制成型坯，放入模腔中进行热压，模压工艺同前述的热固性塑料的模压成型。

（3）后加工热处理

后加工是修整去除压制好的制品的毛边及进行机械加工制得各种形状的层压制品。热处理是将制品在 120～130℃下处理 48～72h，使树脂固化完全，以提高热性能和电性能。

2）模压成型

复合材料的模压成型工艺与热固性塑料的模压成型类似，是将模压料放在金属对模中，在一定的温度和压力作用下，制成异型制品的工艺过程。复合材料的模压料多数是以热固性树脂作为黏结剂浸渍增强材料后制得的中间产物，常用的树脂有酚醛、环氧、环氧-酚醛和聚酯树脂等，增强材料多数是玻璃纤维。根据模压料中玻璃纤维的物理形态可将模压成型工艺分为短纤维料模压、毡料模压、碎布料模压、缠绕模压、织物模压、定向铺设模压和片状模塑料模压。模压料一般可用预混法和预浸法两种形式制备。

3）手糊成型

手糊成型工艺是制造玻璃钢制品常用的一种成型方法，手糊成型制品是以不饱和聚酯树脂或环氧树脂为胶黏剂浸渍片状连续材料所组成的复合材料，以玻璃纤维布作为增强材料所得的制品即通常所称的玻璃钢。由于在成型时，树脂的交联固化是游离基型加聚反应，其间没有低分子物析出，因此成型时可以不加压力，或仅须加上少许的压力以保持黏结表面相互接触即可，故亦称这类材料的成型为接触成型，属于低压压制成型。

手糊成型的优点是：成型过程不用高压，也不必加热，设备及工艺都比较简单，生产成本低；对模具材料的要求比较低，可以使用玻璃、陶瓷、石膏、水泥、木材和金属等材料，制造方便，成型面积可大可小，形状也可复杂或简单；由于成型时没有高压，填料纤维不易断裂，可发挥其更大的增强作用，所得制品的力学性能优良。但缺点是制品的结构密实性欠佳，尺寸控制难以一致。

手糊成型工艺过程是手工在预先涂好脱模剂的模具上，先刷上一层树脂液，然后铺一层玻璃布，并排除气泡，如此重复，直至达到所需厚度，经固化后脱模，再经过加工和修饰即可得到制品。手糊成型常用模具示意图如图 5-41 所示。

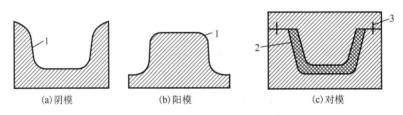

(a)阴模   (b)阳模   (c)对模

图 5-41   手糊成型常用模具示意图

1. 工作面；2. 模腔；3. 对模

5.2.2   挤出成型

挤出成型是高分子材料加工领域中变化众多、生产率高、适应性强、用途广泛、所占比例最大的成型加工方法。挤出成型是使高聚物的熔体(或黏性流体)在挤出机的螺杆或柱塞的挤压作用下通过一定形状的口模而连续成型，所得的制品为具有恒定断面形状的连续型材。

挤出成型工艺适合于所有的高分子材料。塑料挤出成型亦称挤塑或挤出模塑，几乎能成型所有的热塑性塑料，也可用于热固性塑料，但仅限于酚醛等少数热固性塑料，且可挤出的热固性塑料制品种类也很少。塑料挤出的制品有管材、板材、棒材、片材、薄膜、单丝、线缆包覆层、各种异型材以及塑料与其他材料的复合物等。目前约 50% 的热塑性塑料制品是挤出成型的。此外挤出成型工艺也常用于塑料的着色、混炼、塑化、造粒及塑料的共混改性等。挤出成型以挤出为基础，配合吹胀、拉伸等技术则发展为挤出-吹塑成型和挤出-拉幅成型制造中空吹塑与双轴拉伸薄膜等制品。可见挤出成型是塑料成型最重要的方法之一。橡胶的挤出成型通常称为压出，橡胶压出成型应用较早，设备和技术也比较成熟，压出是使胶料通过压出机连续地制成各种不同形状半成品的工艺过程，广泛用于制造轮胎胎面、内胎、胶管及各种断面形状复杂或空心、实心的半成品，也可用于包胶操作，是橡胶工业生产中的一个重要工艺过程。在合成纤维生产中，螺杆挤出熔融纺丝是从热塑性塑料挤出成型发展起来的连续纺丝成型工艺，在合成纤维生产中占有重要的地位。

根据挤出物料塑化方式不同，挤出成型可分为干法挤出和湿法挤出。干法挤出是靠外加热将物料变成熔体，塑化与挤出成型在挤出机内完成，制品的定型处理为简单的冷却固化；湿法挤出的物料塑化是通过有机溶剂对物料的作用，使其成为黏流状态，塑化是在挤出机之外预先完成的，制品的定型处理是依靠溶剂的挥发而固化。湿法挤出的优点是物料塑化均匀性更好，可以避免物料成型时的热降解，但考虑到溶剂的回收以及生产环境的污染等问题，实际生产上应用并不多，目前仅用于纤维素塑料等不能加热塑化的少数塑料的挤出。

挤出设备有螺杆挤出机和柱塞式挤出机两大类，前者为连续式挤出，后者为间歇式挤出。螺杆挤出机又可分为单螺杆挤出机和多螺杆挤出机，目前单螺杆挤出机是生产上用得最多的挤出设备，也是最基本的挤出机。多螺杆挤出机中双螺杆挤出机近年来发展最快，其应用也逐渐广泛。柱塞式挤出机是借助柱塞的推挤压力，将事先塑化好的或由挤出机料筒加热塑化的物料从机头口模挤出而成型的。物料挤完后柱塞退回，再进行下一次操作，生产是不连续的，而且挤出机对物料没有搅拌混合作用，故生产上较少采用。但由于柱塞能对物料施加很高的推挤压力，只应用于熔融黏度很大及流动性极差的塑料。

单螺杆挤出机由传动系统、挤出系统、加热和冷却系统、控制系统等部分组成。此外，每台挤出机都有一些辅助设备。其中挤出系统是挤出成型的关键部分，对挤出成型的质量和产量起重要作用。挤出系统主要包括加料装置、料筒、旗杆、机头和口模等部分，如图 5-42 所示。

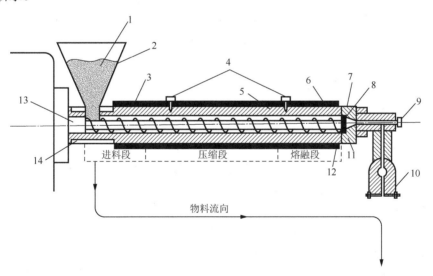

图 5-42　单螺杆挤出机示意图

1. 树脂；2. 料斗；3. 硬衬垫；4. 热电偶；5. 机筒；6. 加热装置；7. 衬套加热器；8. 多孔板 9. 熔体热电偶；
10. 口模；11. 衬套；12. 过滤网；13. 螺杆；14. 冷却夹套

挤出成型一般包括原料的准备、预热、干燥、挤出成型、挤出物的定型与冷却、制品的牵引与卷取（或切割），有些制品成型后还经过后处理。工艺流程如图 5-43 所示。

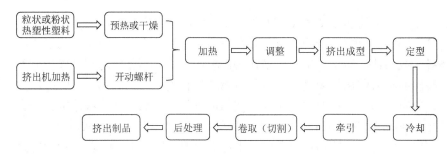

图 5-43   单螺杆挤出机工艺流程

聚合物加工业的发展，对高分子材料成型和混合工艺提出了越来越多和越来越高的要求。单螺杆挤出机在某些方面就不能满足这些要求，例如，用单螺杆挤出机进行填充改性和加玻璃纤维增强改性等，混合分散效果就不理想。另外，单螺杆挤出机尤其不适合粉状物料的加工。为了适应聚合物加工中混合工艺的要求，特别是硬聚氯乙烯粉料的加工，双螺杆挤出机自 20 世纪 30 年代后期在意大利开发后，经过半个多世纪的不断改进和完善，得到了很大的发展。硬聚氯乙烯粉料、管材、异型材、板材几乎都用双螺杆挤出机加工成型。作为连续混合机，双螺杆挤出机已广泛用来进行聚合物共混、填充和增强改性，也用来进行反应挤出。

5.2.3   注射成型

注射成型是塑料在注塑机加热料筒中塑化后，由柱塞或往复螺杆注射到闭合模具的模腔中形成制品的塑料加工方法。此法能加工外形复杂、尺寸精确或带嵌件的制品，生产效率高。大多数热塑性塑料和某些热固性塑料均可用此法进行加工。用于注塑的物料须有良好流动性，才能充满模腔以得到制品。20 世纪 70 年代以来，出现了一种带有化学反应的注射成型方法，称为反应注射成型，发展很快。

塑料的注射成型又称注射模塑，简称注塑，是塑料制品成型的重要方法。随着石油工业的发展，塑料的注射成型技术有了很大的提升，尤其是塑料作为工程结构材料的出现，注塑制品的用途已扩大到国民经济各个领域。目前注射制品约占塑料制品总量的 30%。

塑料的注射成型是将粒状或粉状塑料加入注射机的料筒，经加热熔化呈流动状态，然后在注射机的柱塞或移动螺杆快速而又连续的压力下，从料筒前端的喷嘴中以很高的压力和很快的速度注入闭合的模具内。充满模腔的熔体在受压的情况下，经冷却(热塑性塑料)或加热(热固性塑料)固化后，开模得到与模具型腔相应的制品。

注射成型是间歇生产过程，除了很大的管、棒、板等型材不能用此法生产，其他各种形状、尺寸的塑料制品都可以用这种方法生产。它不但常用于树脂的直接注射，也可用于复合材料、增强塑料及泡沫塑料的成型，还可同其他工艺结合起来，如与吹胀相互配合而组成注射-吹塑成型。

注射成型用于橡胶加工通常称为注压。其所用的设备和工艺原理同塑料的注射有相似之处。但橡胶的注压是以条状或块粒状的混炼胶加入注压机，注压入模后须停留在加热的模具中一段时间，使橡胶进行硫化反应，才能得到最终制品。橡胶的注压类似于橡胶制品的模型硫化，只是压力传递方式不一样，注压时压力大、速度快，比模压生产能力大、劳动强度低、易自动化，是橡胶加工的方向。

注射机是注射成型的主要设备，注射机的类型和规格很多，根据注射机的结构不同，塑料在料筒中的塑化方式也不同，分成以下几种。

(1)柱塞式注射机

利用柱塞将物料向前推进，通过分流梭经喷嘴注入模具。物料在料筒内熔化，热量可由电阻加热器供给，物料的塑化依靠导热和对流传热。这类注射机发展最早，应用广泛，制造及工艺操作都比较简单，目前仍广泛使用在注射小型的制品中，如图 5-44 所示。

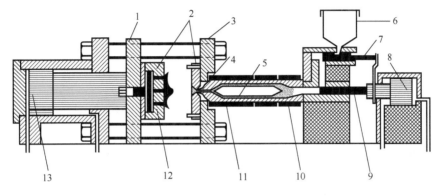

图 5-44　柱塞式注射机

1.动模板；2.注射模具；3.定模板；4.喷嘴；5.分流梭；6.料斗；7.加料调节装置；8.注射油缸；9.注射活塞；
10.加热器；11.加热料筒；12.顶出杆(销)；13.锁模油缸

(2)双阶柱塞式注射机

双阶柱塞式注射机相当于两个柱塞式注射装置串联而成。物料先在第一只预塑化料筒内传热、熔融塑化，再进入第二只注射料筒内，然后熔体在柱塞压力下经喷嘴注入模腔内。这种结构形式是上述柱塞式的改进，塑化效率及生产能力都有所提高。

(3)螺杆预塑化柱塞式注射机

在原柱塞式注射机上装上一台仅作预塑化用的单螺杆挤出供料装置。塑料通过单螺杆挤出机预塑化后，经单向阀进入注射料筒，再由柱塞注射。这种注射机明显提高了塑料的塑化效果及生产能力，在高速、精密和大型注射装置及低发泡注射方面都有发展与应用。

(4)移动螺杆式注射机

移动螺杆式注射机由一根螺杆和一个料筒组成，螺杆既能旋转又能做水平往复移动。螺杆在旋转时起加料、塑化物料作用，熔体向前移动，螺杆在旋转的同时往后退，直到加料和塑化完毕才停止后退与旋转。在注射时，螺杆向前移动，起注射柱塞的作用。塑料熔化的热来自机筒的外加热以及螺杆转动和塑料之间的摩擦热。这种注射机结构严密，塑化效率高，生产能力大，为目前塑料注射成型最为常见的形式。

除此之外，按照外形注塑机可分为立式、卧式、角式等；按照加工能力分为以"g"为单位的和以"cm³"为单位的；按照用途分为热塑性塑料通用型，热固性塑料型，发泡型，排气型，高速型，多色、精密、鞋用及螺纹制品用等专用型等；按照合模机构特征进行分类可分机械式、液压式和液压机械式注射机等。

无论柱塞式还是移动螺杆式注射机，一个完整的注射成型过程包括成型前的准备、注射过程和制品的后处理三个阶段。工艺流程如图 5-45 所示。

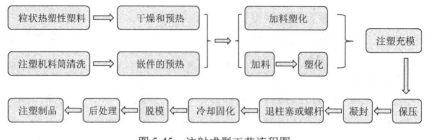

图 5-45　注射成型工艺流程图

5.2.4　压延成型

压延成型是生产高分子材料薄膜和片材的主要方法，它是将接近黏流温度的物料通过一系列相向旋转着的平行辊筒的间隙，使其受到挤压和延展作用，成为具有一定厚度和宽度的薄片状制品。

压延成型广泛应用于橡胶和热塑性塑料的成型加工中。橡胶的压延是橡胶制品生产的基本工艺过程之一，是制成胶片或与骨架材料制成胶布半成品的工艺过程，它包括压片、压型、贴胶和擦胶等作业。塑料的压延成型主要适用于热塑性塑料，其中以非晶型的聚氯乙烯及其共聚物最多，其次是 ABS、乙烯-醋酸乙烯及其共聚物以及改性聚苯乙烯等塑料，近年来也有压延聚丙烯、聚乙烯等结晶型塑料。压延薄膜制品主要用于农业、工业包装、室内装饰以及各种生活用品等，压延片材制品常用作地板、软硬唱片基材、传送带以及热成型或层压用片材等。所以压延制品在国民经济各个领域应用相当广泛。

压延制品的生产是多工序作业，其生产流程包括供料阶段和压延阶段，是一个从原料混合、塑化、供料，到压延的完整、连续的生产线。供料阶段所需的设备包括混合机、开炼机、密炼机或塑化挤出机等。压延阶段由压延机和牵引、轧花、冷却、卷取、切割等辅助装置组成，其中压延机是压延成型生产中的关键设备。

压延机主要由几个平行排列的辊筒组成。压延机的类型很多，通常是根据辊筒的数目和排列形式进行分类。

按辊筒数目来分，压延机有双辊、三辊、四辊、五辊，甚至六辊。双辊压延机只有一道辊隙，通常用于塑炼和压片，即开放式炼胶机或辊压机。目前以三辊和四辊压延机使用最为普遍，一般橡胶压延用三辊压延机较多，而塑料压延较多用四辊压延机。随着压延机辊筒数目的增加，物料受压延的次数也就增加，因而可生产更薄的制品，而且厚度更均匀、表面更光滑、产品质量更高。此外，辊筒数目增加，对于同样的压延效果，辊筒的转速可以明显增加，这样生产率就提高。

按照排列方式，辊筒的排列形式很多，通常三辊压延机的排列形式有 I 形、三角形等，四辊压延机则有 I 形、L 形、倒 L 形、Z 形和斜 Z 形等(图 5-46)。辊筒排列形式将直接影响压延机制品质量和生产操作及设备维修是否方便。一般的原则是尽量避免各辊筒在受力时产生的形变彼此发生干扰，应充分考虑操作的方便和自动供料的需要等。因此目前以倒 L 形和斜 Z 形应用最广。

完整的压延成型工艺过程可以分为供料和压延两个阶段。供料阶段是压延前的备料阶段，主要包括塑料的配制、混合、塑化和向压延机传输喂料等工序。压延阶段是压延成型的主要阶段，包括压延、牵引、刻花、冷却定型、输送及卷绕或切割等工序。所以压延成型的工艺过程实际上是从原料开始经过各种聚合物加工步骤的整套连续生产线（图 5-47）。

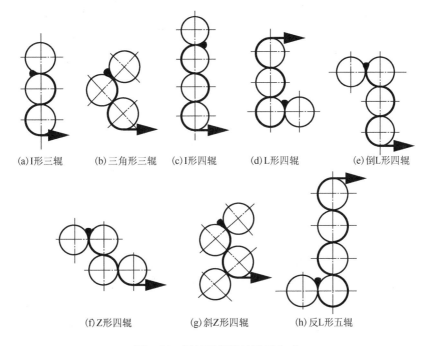

(a)I形三辊　　(b)三角形三辊　　(c)I形四辊　　(d)L形四辊　　(e)倒L形四辊

(f)Z形四辊　　(g)斜Z形四辊　　(h)反L形五辊

图 5-46　压延机辊筒的排列方式

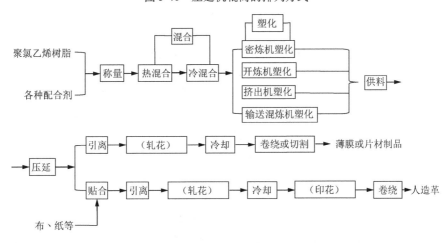

图 5-47　压延成型工艺流程

5.3　无机材料的制备与成型

5.3.1　水泥制备

前文所述，凡细磨成粉末状、加入适量水后可成为塑性浆体，既能在空气中硬化，又能在水中硬化，并能将砂、石、钢筋等材料牢固地胶结在一起的水硬性胶凝材料，通称为水泥。水泥的主要成分为硅酸盐。在无机非金属材料中，水泥占有突出的地位，它是基本建设的主要原材料之一，广泛应用于工业、农业、国防、交通、城市建设、水利以及海洋开发等工程。

硅酸盐水泥的生产工艺可用"两磨一烧"来概括。两磨即生料的配制与磨细。将生料煅烧使之部分熔融形成以硅酸钙为主要成分的熟料矿物；将熟料与适量石膏或适量混合材料共同磨细为水泥，制备工艺如图 5-48 所示。

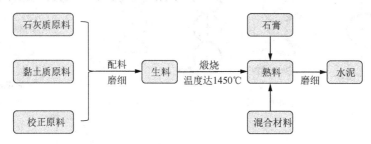

图 5-48　水泥的制备工艺示意图

(1) 生料的制备

生料的制备包括生料的配合、粉磨与均化，分为干法和湿法两种，所得生料分别称为生料粉与生料浆。当采用干法制备生料时，先将原料干燥，而后混合、磨细，制得生料粉，再通过预均化措施(如采用空气搅拌)，得到混合均匀的生料粉。当采用湿法制备生料时，则先将石灰石破碎至 8～25mm 的颗粒，同时将黏土压碎并将其加入淘泥池中淘洗。然后，将破碎后的石灰石与黏土泥浆，按配料的要求，共同在生料磨中湿磨，所得生料浆用泵送入料浆库，在料浆库中对其化学成分再进行调整，然后泵送至料浆池中备用。

(2) 熟料的烧成

熟料的烧成是水泥生产的关键，它直接关系到水泥的产量、质量、燃料与材料的消耗以及燃烧设备的安全运转。熟料的烧成通常采用回转窑与立窑两种燃烧设备，立窑适用于规模较小的工厂，而大中型工厂则宜采用回转窑。采用立窑燃烧水泥熟料时，生料的制备必须采用干法；采用回转窑时，生料的制备可以采用干法，也可以采用湿法。

熟料烧结分为干燥与脱水、碳酸盐分解、固相反应三个过程。将形成的硅酸盐水泥熟料迅速冷却后即水泥熟料块，将水泥熟料块与适量石膏共同磨细即硅酸盐水泥。

5.3.2　玻璃成型

玻璃是非晶态固体中最重要的一族。玻璃作为非晶态材料，无论在科学研究还是实际应用上，与单晶体或多晶体(如陶瓷)相比都有它的独特之处。正因为如此，玻璃科学已经发展成为一门新兴的应用性科学，玻璃制品的生产已形成庞大的工业体系。玻璃的品种在不断增加，已由过去的传统氧化物玻璃(如硅酸盐玻璃、硼酸盐玻璃、磷酸盐玻璃、锗酸盐玻璃)发展到非传统氧化物玻璃(如重金属氧化物玻璃)和非氧化物玻璃(硫化物玻璃、卤化物玻璃等)。玻璃的应用领域也在不断拓展，从传统的建筑采光玻璃、日用及装饰玻璃等发展到通信用玻璃纤维、核聚变用激光玻璃、加速器用闪烁玻璃、光信号调制用非线性光学玻璃及探测用红外光纤等。

　　玻璃根据成分的不同，有多种不同的方法，其中一些方法已在生产实际中获得应用，而另一些方法则只有学术价值或还处于实验室研究开发阶段。

　　1. 熔体冷却方法

　　熔体冷却方法包括常规的熔体冷却和极端骤冷两种方法。常规的熔体冷却法是目前工业生产普遍采用的方法。在工业生产中，配合料由投料口进入熔窑后，在上部火焰和下层玻璃液的加热下升温、脱水，进行硅酸盐反应，并伴随有吸热或放热效应的发生。随着温度的进一步升高，反应产物变成含有大量气泡(如二氧化碳、三氧化硫、二氧化硫等)的玻璃熔体。配合料熔化后由于密度增大，逐渐流下配合料堆，进入下层熔融玻璃液(图 5-49)。由于熔窑中的玻璃液温度分布不均匀和出料作业的综合作用，形成了图 5-49 中这种运动方式。

　　在投料口至热点区域，上层玻璃液流向投料口，下层玻璃液流向热点，并在热点上升。上升后的玻璃液，由于出料作业，部分玻璃液越过热点流向出料口。流向出料口的玻璃液逐渐冷却降温，密度增大，部分玻璃液下沉进入回流，返回熔化部。

　　与常规的熔体冷却方法不同，一些熔体(如金属及强离子键性物质)采用普通冷却速度(如在空气中冷却)是不能获得玻璃的。原因是这些熔体黏度极小，在冷却过程中熔体中的质点极易移动而排列成晶格结构。为了获得玻璃态物质，就必须采用极端骤冷方法，即通过急速冷却使熔体的无序状态继承下来。

　　最早的急速冷却形成玻璃技术是使用压力冲击波将熔体液滴抛向弯曲的铜板，由于高速导热冷却(冷却速度为 $10^5 \sim 10^9 \text{℃/s}$)，形成数微米厚的玻璃薄片。另一种急速冷却方法是将熔体液滴从坩埚中挤出下落至两块金属平板之间，由液滴通过光电池进行电子触发使其中一块平板快速向另一块静止平板运动而对液滴施加压力，这种方法制成的玻璃薄片厚度较前一种方法更为均匀，且没有气孔，但冷却速度较慢(约为 10^5℃/s)。类似的方法有将熔体液滴滴在两个快速旋转的滚轮之间进行冷却。用上述方法只能制得用于实验室中进行结构研究的小样品。

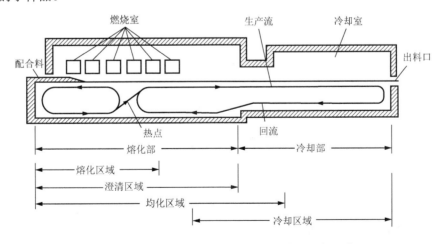

图 5-49　玻璃熔窑熔制过程及液流运动和反应区域

2. 气相冷却方法

将一种或几种组分在气相中沉积到基体上也能得到非晶态固体。气相物质是通过加热适当的化合物得到的。无化学反应介入时称为非反应沉积，有化学反应介入时则称为反应沉积。气相冷却技术通常用来制取电子学和光学应用方面的薄膜，反应沉积法也可制得用熔体冷却方法不易得到的块状玻璃或超纯材料。气相冷却技术制备玻璃通常包括蒸发冷却、溅射和反应沉积等方法。

3. 固态方法

除前文介绍的用熔体冷却和气相冷却法获得玻璃或非晶态物质外，也可以通过固态方法从晶体得到非晶态固体，如辐照、冲击波、机械及扩散等。

高能粒子辐照是将高能粒子与晶体中原子碰撞形成晶格缺陷，使晶格的有序度降低，最终形成非晶态固体。快中子的碰撞概率较低，但每一次碰撞都能产生大量的晶格缺陷。带电粒子碰撞的概率较高，但能形成的位错较少。粒子的动能传给临近原子便形成"热刺"，在 $10^{-10}\sim10^{-11}$s 内温度达到数千开，使 10^4 个原子的区域内局部熔融，接着发生超快急冷。许多陶瓷材料受到剂量约为 3×10^{20} 个中子的照射可变成无定形态。

4. 溶胶-凝胶法

有一系列通过溶液化学途径合成无机玻璃的方法，溶胶-凝胶法是其中之一。这种方法的特点是，玻璃网络结构是通过低温下适当化合物的液相化学聚合反应而形成的。首先通过液体原料的混合反应而形成溶胶，然后通过凝胶化使溶胶转变为凝胶，最后除去凝胶中的水分及有机物等液相并通过烧结除去固相残余物而制得玻璃。通过溶胶-凝胶方法可以获得不同类型的材料，如图 5-50 所示。

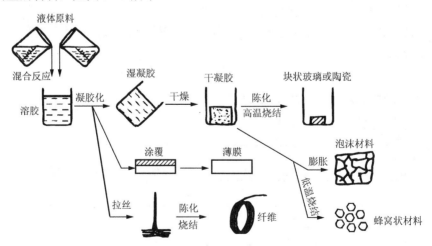

图 5-50　通过溶胶-凝胶法获得不同材料的示意图

总之，获得玻璃或非晶态固体的方法很多，除前面介绍的四种方法外，通过阳极氧化及热分解也可以获得非晶态固体。

5.3.3　陶瓷成型

陶瓷是由粉状原料成型后在高温作用下硬化而形成的制品，是多晶、多相(晶相、玻璃相和气相)的聚集体。陶瓷材料是无机非金属材料中的一个重要部分，它具有耐高温、耐腐蚀、高强度、多功能等多种优异性能，已在各工业部门及近 30 年迅速发展起来的空间技术、火箭、导弹、医疗、电视等新技术领域得到广泛应用。陶瓷材料的使用量也在日益增大，使用范围不断拓展，已形成庞大的工业体系；同时，科学技术的发展也对陶瓷材料提出了更多更新的要求，使得陶瓷材料领域的科研日益活跃。因此，无论从产业角度还是从科研角度来看，陶瓷材料都是十分引人注目的一个重要领域。

陶瓷根据成分和用途的不同分成传统陶瓷和新型陶瓷，不同的陶瓷具有不同的成型工艺。陶瓷的制备工艺比较复杂，但基本的工艺包括原材料的制备、坯料的成型、坯料的干燥和制品的烧成或烧结等四大步骤。通常还把表面加工作为最后一道工序。

1. 原材料的制备

陶瓷工业原料，特别是传统的硅酸盐陶瓷材料所用的原料大部分是天然原料。这些原料开采出来以后，一般需要加工，即通过筛选、风选、淘洗、研磨以及磁选等，分离出适当颗粒度的所需矿物组分。对于特种原料，如生产电工陶瓷、磁性陶瓷等特殊陶瓷制品所用的原料使用化学工业制品已与日俱增。人们常称这些原料为合成原料。

(1)天然原料

传统陶瓷的典型制造过程是泥料的塑性成型。因而人们常将天然原料分为可塑性原料、弱塑性原料及非塑性原料三大类。

可塑性原料的主要成分是高岭土、伊利石、蒙脱石等黏土矿物，多为细颗粒的含水铝硅酸盐，具有层状晶体结构。当其用水混合时，有很好的可塑性，在坯料中起塑化和融合作用，赋予坯料以塑性或注浆成型能力，并保证干坯的强度及烧成后的使用性能。它是陶瓷制品成型能够进行的基础，也是黏土质陶瓷成瓷的基础。最重要的黏土原料是以高岭石为基础的矿物。

弱塑性原料主要有叶蜡石和滑石，这两种矿物都具有层状结构特征，与水结合时具有弱的可塑性。

非塑性原料的种类很多，本书只能选择一些最重要的种类加以说明。陶瓷中常讲到减塑剂及助熔剂，前者对可塑性有影响，后者则对烧成过程起作用。石英砂和黏土烧熟料是典型的减塑剂，长石是典型的助熔剂。

(2)合成原料

陶瓷在发展过程中对原料的要求越来越高，对某些制品，人们希望采用均一而纯净的原料。因此，天然矿物原料已不能满足要求；而且某些新型陶瓷材料所用的原料自然界几乎没有或完全没有。在这种情况下只能用合成方法来生产所需的原料。化学工业提供了大量的原料，这里不作详细叙述。根据合成方法和用途可将它们分类。但各类互相交叉重复是不可避免的，也不能将所有原料都包括进去，特别是十分特殊的物质。

2. 坯料的成型和干燥

在陶瓷生料中加入液体(一般为水)后形成一种特殊状态，它具有成型过程中所需要的工艺性能。大量的水可使颗粒料形成稠厚的悬浮液(泥浆)，少量的水形成可捏成团的粉料，水量适中则形成可塑的且在外力作用下可加工成各种形状的泥块(可塑泥料)。按照不同的制备过程，坯料可以是可塑泥料、粉料或泥浆，以适应不同的成型方法。

成型的目的是将坯料加工成一定形状和尺寸的半成品，使坯料具有必要的机械强度和一定的致密度。主要的成型方法有三种。

① 可塑成型是在坯料中加入水或塑化剂，制成塑性泥料，然后通过手工、挤压或机加工成型。这种方法在传统陶瓷中应用最多。

② 注浆成型是将浆料浇注到石膏模中成型。常用于制造形状复杂、精度要求不高的日用陶瓷和建筑陶瓷。

③ 压制成型是在粉料中加入少量水或塑化剂，然后在金属模具中加较高压力成型。这种方法应用范围广，主要用于特种陶瓷和金属陶瓷的制备。

除上述几种方法外，还有注射成型、爆炸成型、薄膜成型、反应成型等方法。通常，成型后坯体的强度不高，常含有较高的水分。为了便于运输和适应后续工序(如修坯、施釉等)，必须进行干燥处理。

将坯料放在空气中，当空气中的水蒸气分压小于坯体内的水蒸气分压时，水分即从坯体内排除，干燥过程从此开始。

3. 制品的烧结或烧成

坯体经过成型及干燥后，颗粒间只有很小的附着力，因而强度相当低。要使颗粒间相互结合以获得较高的强度，通常是将坯体经一定高温烧成。在烧成过程中往往包含多种物理、化学变化和物理化学变化，如脱水、热分解和相变、熔融和溶解、固相反应和烧结以及析晶、晶体长大和剩余玻璃相的凝固等过程。

烧结是陶瓷制备中重要的一环，伴随烧结发生的主要变化是颗粒间接触界面扩大并逐渐形成晶界；气孔从连通逐渐变成孤立状态并缩小，最后大部分甚至全部从坯体中排除，使成形体的致密度和强度增加，成为具有一定性能和几何外形的整体。烧结可以发生在单纯的固体之间，也可以在液相参与下进行。前者称为固相烧结，后者称为液相烧结。无疑，在烧结过程中可能会包含某些化学反应的作用，但烧结并不依赖化学反应的发生。它可以在不发生任何化学反应的情况下，简单地将固体粉料进行加热转变成坚实的致密烧结体，如各种氧化物陶瓷和粉末冶金制品的烧结，这是烧结区别于固相反应的一个重要方面。

烧结过程可以用图 5-51 来说明。图 5-51(a)表示烧结前成形体中颗粒的堆积情况。这时，颗粒有的彼此以点接触，有的则互相分开，保留较多的空隙。图 5-51(a)、(b)表明随烧结温度的提高和时间的延长，开始产生颗粒间的键合和重排过程。这时颗粒因重排而互相靠拢，图 5-51(a)中的大空隙逐渐消失，气孔的总体积逐渐减小，但颗粒之间仍以点接触为主，颗粒的总表面积并没有减小。图 5-51(b)、(c)开始有明显的传质过程，颗粒间由点接触逐渐扩大为面接触，颗粒间界面积增加，固-气表面积相应减小，但仍有部分空隙是连通的。图 5-51(c)、(d)表明，随着传质的继续，颗粒界面进一步发育长大，气孔则逐渐缩小和变形，最终转变成孤立的闭气孔。与此同时，颗粒粒界开始移动，粒子长大，气孔逐渐迁移到粒界上消失，烧结体致密度增大，如图 5-51(d)所示。

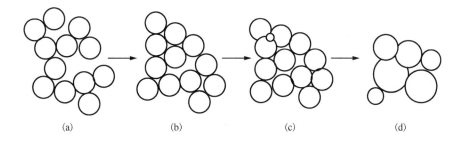

图 5-51　粉状成型体的烧结过程示意图

基于上述分析，可以把烧结过程划分为初期、中期、后期三个阶段。烧结初期只能使成形体中颗粒重排，空隙变形和缩小，但总表面积没有减小，空隙最终不能填满；烧结中、后期则可能最终排出气体，使孔隙消失，得到充分致密的烧结体。

烧结方法有多种，除粉末在室温下加压成型后再进行烧结的传统方法外，还有热等静压、水热烧结、热挤压烧结、电火花烧结、爆炸烧结、等离子体烧结、自蔓延高温合成等方法。这些方法各有优缺点，根据不同的要求，选择不同的成型烧结方法。

5.3.4　耐火材料制备

耐火材料是耐火度不低于 1580℃ 的一类无机非金属材料。耐火度是指耐火材料锥形体试样在没有荷重情况下，抵抗高温作用而不软化熔倒的摄氏温度。但仅以耐火度来定义耐火材料并不全面，1580℃ 并不是绝对的。现定义为凡物理化学性质允许其在高温环境下使用的材料称为耐火材料。耐火材料广泛用于冶金、化工、石油、机械制造、硅酸盐、动力等工业领域，在冶金工业中用量最大，占总产量的 50%～60%。

根据制品的致密程度和外形不同，耐火材料的成型工艺有烧结法、熔铸法和熔融喷吹法等。

烧结法是将部分原料预烧成熟料，破碎和筛分，再按一定配比与生料混合，经过成型、干燥和烧成。原料预烧的目的是将其中的水分、有机杂质、硫酸盐类分解的气体烧除，以减少制品的烧成收缩，保证制品外形尺寸的准确性。原料在破碎和研磨后还需要经过筛分，因为坯料由不同粒度的粉料进行级配，可以保证最紧密堆积而获得致密的坯体。

为了使各种生料和熟料的成分与颗粒均匀化，要进行混炼，同时加入结合剂，以增强坯料结合强度。例如，硅酸铝质坯料加入结合黏土，镁质坯料加入亚硫酸纸浆废液，硅质坯料加入石灰乳等。根据坯料含水量，可以采用半干法成型(约含 5% 水分)、可塑法成型(约含 15% 水分)和注浆法成型(约含 40% 水分)。然后进行干燥和烧成。熔铸法是将原料经过配料混匀和细磨等工序，再高温熔化，直接浇铸，经冷却结晶、退火成为制品，如熔铸莫来石砖、刚玉砖和镁砖等。它们的坯体致密、机械强度高、高温结构强度大、抗渣性好，使用范围不断在扩大。熔融喷吹法是将配料熔化后，以高压空气或过热蒸气进行喷吹，使之分散成纤维或空心球的方法。制品主要用作轻质耐火、隔热材料。此外，还可制成粉状或粒状不定形耐火材料，临用时以焦油、沥青、水泥、磷酸盐、硫酸盐或氯化盐等结合剂胶结，不经成型和烧结而直接使用。

思考与练习

1. 从铸件质量方面考虑，普通铸造与特种铸造所获得的铸件质量的差别及造成这种差别的原因是什么？

2. 简述金属塑性变形对材料的组织和性能的影响。

3. 简述水泥的制备流程。

4. 叙述复合材料压制成型的过程。

5. 粉末冶金成形有哪些特点？

第6章 材料焊接技术

6.1 概　述

焊接就是通过物理或化学的方法，以加热、加压或两者并用的方式，使分离的金属零件形成原子间的结合，将分离的金属材料永久性连接成为一个整体的工艺过程。

焊接是一种先进的制造技术，称为"工业裁缝"。它涉及材料、机械加工、工艺装备以及自动化技术等多个技术领域，是目前应用极为广泛的一种永久性连接方式，广泛应用于航空航天、石油化工、交通运输、造船、建筑、压力容器、电子电力、机械制造等各行各业。据统计，现在世界上每年钢材消耗量的 50% 都是由焊接工艺实现的。

我国自实行改革开放政策以来，在大型焊接钢结构的开发与应用方面创造了 1949 年以来的最高水平，有的已经成为世界第一，如国家大剧院、大吨位原油船舶、核电站反应器、神舟飞船的返回舱、长江大桥等。世界关注的长江三峡水利工程，其水电站的水轮机转轮直径为 10.7m，高为 5.4m，重达 440t，成为世界最大、最重的不锈钢焊接转轮。

6.1.1 焊接技术的发展

焊接技术起源较早，在古代就出现了铸焊和锻焊技术。但是由于热源技术和熔池保护技术缺乏，一直到 19 世纪的第二次工业革命，才出现真正意义上的熔焊技术。在 1881 年的巴黎"首次世界电器展"上，法国卡伯特（Cabot）实验室的学生，俄罗斯的本纳尔多斯（Benardos）在碳极和工件引弧填充金属棒使其熔化，首次展示了电弧焊的方法，标志着熔焊技术的诞生。虽然高能量密度的电弧提供了熔焊所必需的高温，热源技术得以解决，但是由于缺乏保护气体，熔融金属极易与空气中的氧反应，焊接金属上到处是气孔和小缝，焊缝不能隔绝空气，根本不可能让焊缝防水，焊接质量极差。

焊接技术总是随着热源技术和熔池保护技术的进步而不断发展。20 世纪初，瑞典的谢尔贝格（Kjellberg）发明了涂层焊条，利用涂层高温的时候放出大量的二氧化碳气体对熔池进行了保护，从而使得焊接接头的质量得到了大幅度的提高，从此，焊接技术，特别是熔焊技术应用到实际工业生产中并迅速推广。随后，熔池保护技术不断提升。1930 年美国的罗宾洛夫发明使用焊丝和焊剂的埋弧焊，焊机机械化得到进一步的发展。20 世纪 40 年代，在第二次世界大战期间，为适应航空界铝、镁合金的合金钢焊接的需要，钨极和熔化极惰性气体保护焊相继问世。1953 年，苏联的柳巴夫斯基（Lyubavskii）和诺沃肖洛夫（Novoshilov）发明二氧化碳气体保护焊，促进了气体保护焊的应用和发展。随后如混合气体保护焊、药芯焊丝气体保护焊、电渣焊和自保护焊也相继诞生。

但是焊接连接件由于存在大量的孔洞，焊接接头并不牢固，无法在工业生产中得到实际应用。20 世纪上半叶则主要解决了熔池的保护问题，使得熔池中的氧化物夹杂和气孔问题得到解决，焊接连接件的质量达到了使用标准，焊接技术的应用在实际工业生产中得到迅速推广。20 世纪下半叶则主要解决了焊接热源的问题，获得了多种更高能量密度的热源，使得焊接接头的熔化区、熔合区和热影响区都缩小到极小区域，极快的加热速度和冷却速度明显降低了焊接接头的晶粒尺寸，焊接接头的力学性能得到了极大的提高。同时，由于热源的集中，也使得微区焊接成为了可能。这个时候诞生或者成熟的焊接技术的主要代表有等离子弧焊、激光焊、电子束焊等。除了熔焊技术，这个时候还出现了利用其他热源设计的焊接技术，如超声波焊、电阻焊、摩擦焊、搅拌摩擦焊、爆炸焊等。

到了 21 世纪，为了进一步提高焊接质量和焊接效率，各种精密焊接技术和自动化焊接技术层出不穷。时至今日，随着焊接技术的深入研究和发展，在多数材料的制备、成型和设备的组装、维修中，焊接已经成为一项至关重要的工艺，并且为我国的许多重大项目做出了重要的贡献，如三峡水电站的建设、高速铁路的建设、辽宁号航空母舰的建设等。

6.1.2　焊接技术的简介

焊接技术是连接成型的一个分支。连接成型是指将若干个支块连接成一个整体的成型方法，按照连接机理不同，一般可以分为焊接、胶接和机械连接(图 6-1)。胶接主要是指利用胶水的黏合力进行物体的连接，往往用于塑料和玻璃等方面的连接，具有连接温度低、操作简单、使用方便的特点。机械连接是指利用螺丝、螺栓、铆钉等方式对支块材料进行固定而形成的连接，具有连接强度高、易拆卸的特点，它分为螺栓连接和铆接，主要用于金属方面的连接。焊接主要用于金属与金属、金属与陶瓷之间的永久性连接。它相对于胶接来说，有更高的连接强度、更高的使用温度、更长的使用寿命。相对于机械连接来说，焊接更牢固，不容易松动，同时密封性更好，适用性更强，特别是薄板的连接、油气管道的连接。

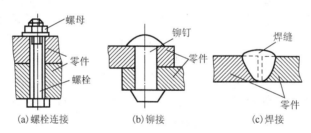

图 6-1　常见的材料连接方式

焊接主要分为熔焊、压力焊和钎焊三类。

① 熔焊是指焊接过程中，将连接处的金属在高温等的作用下至熔化状态而完成的焊接方法，可形成牢固的焊接接头。由于被焊工件是紧密贴在一起的，在温度场、重力等的作用下，若不加压力，两个工件熔化的融液会发生混合现象。待温度降低后，融液部分凝结，两个工件就牢固地焊在一起，完成焊接的方法。由于在焊接过程中固有的高温相变过程，在焊接区域就产生了热影响区。固态焊接和熔焊相反，固态焊接没有金属的熔化。

② 压力焊是指利用焊接时施加一定压力而完成焊接的方法，压力焊又称压焊。锻焊、接触焊、摩擦焊、气压焊、冷压焊、爆炸焊属于压焊范畴。压焊是典型的固相焊接方法，固相焊接时必须利用压力使待焊部位的表面在固态下直接紧密接触，并使待焊部位的温度升高，通过调节温度、压力和时间，使待焊表面充分进行扩散而实现原子间结合。压焊有两种形式：一是将被焊金属接触部分加热至塑性状态或局部熔化状态，然后施加一定的压

力，以使金属原子间相互结合形成牢固的焊接接头，如锻焊、接触焊、摩擦焊、气压焊等就是这种类型的压焊方法；二是不进行加热，仅在被焊金属接触面上施加足够大的压力，借助于压力所引起的塑性变形，以使原子间相互接近而获得牢固的压挤接头，这种压力焊的方法有冷压焊、爆炸焊等。压焊工具有夹具、焊剂、焊剂容器。

③ 钎焊是采用比母材熔点低的金属材料作为钎料，将焊件和钎料加热到高于钎料熔点，低于母材熔化的温度，利用液态钎料润湿母材，填充接头间隙并与母材相互扩散实现连接焊件的方法。钎焊变形小，接头光滑美观，适合于焊接精密、复杂和由不同材料组成的构件，如蜂窝结构板、透平叶片、硬质合金刀具和印刷电路板等。

焊接技术目前应用广泛，它主要有以下特点。

① 成型方便。通过焊接技术可以实现以小拼大，实现大型机械、设备的制造，避免一次性成型对特大型设备的要求；焊接还可以实现复杂零部件的成型，特别是一些无法直接铸造成型的零部件。简化复杂零件和大型零件的加工工艺，缩短加工周期。

② 适应性强。焊接在各种场合下的现场完成连接或者修复工作，包括野外、水下、空中等；可实现特殊结构的生产及不同材料间的连接成型。

③ 连接性能好。焊接可以实现材料之间的永久性高强度连接，焊接连接件不容易松动，满足各种性能要求；整体性好，具有良好的气密性、水密性；可实现异种金属的连接。

④ 节省材料，减轻质量。生产成本低，与螺栓连接或者铆接相比，焊接加工更为简单，对连接件要求更低、更节省材料。

6.1.3　常见的焊接技术及特点

随着生产和科学技术的不断发展，目前金属焊接方法的种类很多，如果按照焊接过程的特点区分，可以归纳为熔焊、压焊和钎焊三大类，具体如图 6-2 所示。

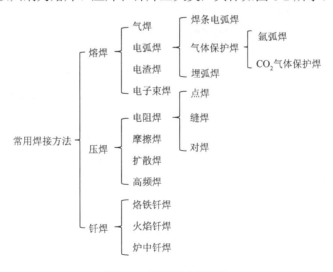

图 6-2　焊接技术的分类

1. 焊条电弧焊

焊条电弧焊（习惯称为手弧焊）是以焊接电弧为热源，利用手工操作焊条进行焊接的方

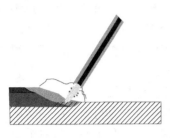

图6-3　焊条电弧焊

法。焊接过程如图6-3所示。

当焊条与工件的距离缩短到一定距离的时候，空气被击穿，焊条与工件之间产生短路电流，该短路电流使金属发生熔化、蒸发、汽化为气体并产生电子逸出和气体电离，由于电场的存在，自由电子相互碰撞和复合，形成电弧。电弧热使工件和焊芯同时熔化形成熔池，同时使焊条的药皮熔化和分解。药皮熔化后与液态金属发生物理化学反应，所形成的熔渣不断从熔池中浮起；药皮受热分解产生大量的CO_2、CO和H_2等保护气体，围绕在电弧周围。熔渣和气体能防止空气中氧和氮的侵入，起保护熔化金属的作用。

一般焊比较厚的工件的时候，采取正接法，即工件接阳极，焊条接阴极；焊接非铁金属及合金薄钢板的时候，采用反接法，即工件接阴极，焊条接阳极，以免烧穿焊件。

2. 埋弧焊

埋弧焊是一种利用电弧作为热源，焊接时熔池和焊接电弧被焊剂所覆盖，从外面看不到电弧的一种焊接技术。这种焊接技术可以很容易实现自动化或者半自动化，因此焊接质量较为稳定。另外，由于电弧不外漏，焊接时产生的烟尘和辐射远低于焊条电弧焊，对人体健康危害较小。凡是焊缝可以保持在水平位置或倾斜度不大的焊件，无论是对接、角接还是搭接接头，都可以用埋弧焊焊接，如平板的拼接缝、圆筒形焊件的纵缝和环缝、各种焊接结构中的角接缝和搭接缝等。

埋弧焊焊接时电源的两极分别接在导电嘴和焊件上，焊丝通过导电嘴与焊件接触，在焊丝周围撒上焊剂，然后起动电源，由电流经过导电嘴、焊丝与焊件构成焊接回路(图6-4)。焊丝和焊件之间引燃电弧后，电弧的热量使周围的焊剂熔化形成熔渣，部分焊剂分解、蒸发成气体，气体排开熔渣形成一个气泡，电弧就在这个气泡中燃烧。连续送入电弧的焊丝在电弧高温作用下加热熔化，与熔化的母材混合形成金属熔池。金属熔池上覆盖着一层液态熔渣，熔渣外层是未熔化的焊剂，它们一起保护金属熔池，使其与周围空气隔离，并使有碍操作的电弧光辐射不能散射出来。电弧向前移动时，电弧力将熔池中的液态金属排向后方，则熔池前方的金属就暴露在电弧的强烈辐射下而熔化，形成新的熔池，而电弧后方的熔池金属则冷却凝固成焊缝，熔渣也凝固成渣壳(焊渣)覆盖在焊缝表面。由于熔渣的凝固温度低于液态金属的结晶温度，熔渣总是比液态金属凝固迟一些。这就使混入熔池的熔渣、溶解在液态金属中的气体和冶金反应中产生的气体能够不断地逸出，焊缝不易产生夹渣和气孔等缺陷。

3. 气体保护焊

气体保护焊是指利用某种或者某几种气体作为电弧介质并对焊接电弧和熔池进行保护的电弧焊接方法。该方法由于采用气体进行保护，不许添加药皮，相比较于焊条电弧焊来说，电弧飞溅较少，也避免了药皮燃烧产生刺激性气味，因此劳动环境更好。另外，由于避免了剧烈燃烧而引发的电弧不可预料的扰动和夹杂的引入，因此焊接质量更好、焊缝更美观。气体保护焊可以分为非熔化极(钨极)惰性气体保护焊(TIGW)和熔化极气体保护焊(GMAW)(图6-5)。以氩气作保护气体的称为氩弧焊(MIGW)，可以焊接碳素钢、低合金钢、耐热钢、低温钢、不锈钢等材料，并常用来焊接铝及其合金。以二氧化碳气体作保护气体的称为二氧化碳气体保护焊(以活性气体作保护气的称为 MAGW)。二氧化碳气体保护焊按填充焊丝的不同分为实心二氧化碳气体保护焊和药芯二氧化碳气体保护焊。实心二氧化碳气体保护焊可以焊接低碳钢、低合金钢。药芯二氧化碳气体保护焊(FCAW)不仅可以焊接碳素钢、低合金钢，而且可以焊接耐热钢、低温钢、不锈钢等材料。

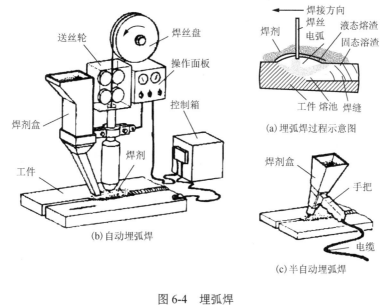

图 6-4　埋弧焊

```
                    ┌─ 非熔化极(钨极)惰性气体保护焊(TIGW)
  气体保护焊 ─┤
                    │                               ┌─ 熔化极惰性气体保护焊(MIGW)
                    │                               ├─ CO₂气体保护焊
                    └─ 熔化极气体保护焊(GMAW) ─┤
                                                    ├─ 氧化性混合气体保护焊(MAGW)
                                                    └─ 管状焊丝气体保护焊(FCAW)
```

图 6-5　气体保护焊的分类

熔化极气体保护焊是利用焊丝与工件间产生的电弧作为热源将金属熔化的焊接方法。焊接过程中，电弧熔化焊丝和母材形成的熔池及焊接区域在惰性气体或活性气体的保护下，可以有效地阻止周围环境空气的有害作用。采用的是可熔化的焊丝与焊件之间的电弧作为热源来熔化焊丝和母材金属，并向焊接区输送保护气体，使电弧、熔化的焊丝、熔池及附近的母材金属免受周围空气的有害作用(图 6-6)。在非熔化极电弧焊的焊接过程中，钨极不熔化，电极本身不通过电弧向熔池过渡填充金属。

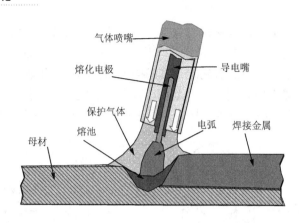

图 6-6   气体保护焊

4. 电渣焊

电渣焊是利用电流通过液体熔渣所产生的电阻热来进行焊接的方法。根据使用的电极形状，可以分为丝极电渣焊、板极电渣焊和熔嘴电渣焊等。电渣焊是在垂直位置或接近垂直的位置进行的。电渣过程不仅可用于焊接、堆焊和焊补，也可用于精炼金属。电渣焊除可焊接碳钢、低合金钢、中合金钢、高合金钢、铸铁外，也可用来焊接铝及铝合金、镁合金、钛及钛合金和铜。电渣焊的发明，根本上改变了重型机械和大型结构的制造与安装过程。可采用铸焊、锻焊等来部分代替大型铸、锻件，因而可减少大型的铸锻车间和装备。

电渣焊过程中，首先在焊丝与引弧板之间产生电弧，电弧热使电弧周围的焊剂熔化，当液态熔渣达到一定的深度时，则提高送丝速度，降低电弧电压，使焊丝插入熔池，电弧熄灭，转入下一过程；当电流经过渣池流向工件时，靠渣池产生的电阻热来熔化焊丝和工件，被熔化的金属密度大于熔渣的密度，靠自重而沉积在渣池的下部，形成熔池，随着电极的不断熔化与送进，熔池与渣池不断上升，则远离热源的熔池底部金属冷却凝固形成焊缝(图 6-7)。

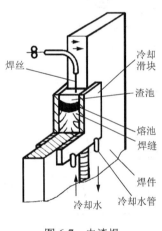

图 6-7   电渣焊

5. 电阻焊

电阻焊是利用接触电阻热将接头加热到塑性或熔化状态，再通过电极施加压力，形成原子间结合的焊接方法。按接头形式与工艺方法分为搭接电阻焊和对接电阻焊。其中搭接电阻焊又分为点焊、凸焊和缝焊，对接电阻焊分为对焊和滚对焊(图 6-8)。

物理本质是利用焊接区本身电阻热和大量塑性变形能量使两个分离表面原子之间接近到晶格距离形成金属键，在接触面上产生共同晶粒而得到焊点、焊缝或对接接头。电流在通过焊接接头时会产生接触电阻热。由于材料的接触电阻很小，所以电阻焊所用的电流很大(几千到几十万安培)。

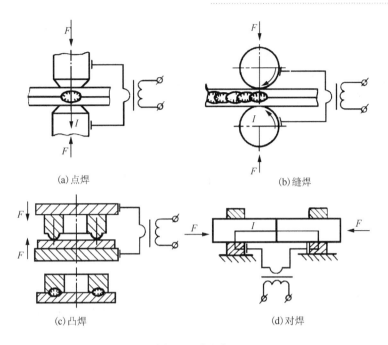

(a)点焊 (b)缝焊

(c)凸焊 (d)对焊

图 6-8 电阻焊

6. 摩擦焊

摩擦焊（friction welding，FW）是利用焊件接触的端面相对运动中相互摩擦所产生的热，使端面达到热塑性状态，然后迅速顶锻，完成焊接的一种固相焊接方法。摩擦焊以其优质、高效、节能、无污染等优势受到制造业的重视，特别是近年来开发出的搅拌摩擦焊、超塑性摩擦焊等新技术，使其在航空航天、核能、海洋开发等技术领域及电力、机械、石化、汽车制造等产业部门得到了越来越广泛的应用。

如图 6-9 所示，当两个圆形截面焊件进行摩擦焊时，首先使焊件 1 以中心线为轴高速旋转，然后将焊件 2 向焊件 1 方向移动、接触，并施加一定的轴向压力，接触端面就开始摩擦并产生热量，当达到给定的摩擦时间或规定的摩擦变形量，即接头加热达到焊接温度时，立即停止焊件 1 的转动，同时施加更大的顶锻压力，进行顶锻，完成焊接。焊接过程不加填充金属，不需要焊剂和保护气体，全部焊接过程只需几秒钟。

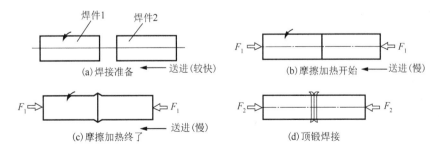

图 6-9 摩擦焊

7. 钎焊

钎焊是采用比母材熔点低的金属材料作为钎料，将焊件和钎料加热到高于钎料熔点，低于母材熔化温度，利用液态钎料润湿母材，填充接头间隙并与母材相互扩散实现连接焊件的方法。钎焊变形小，接头光滑美观，适合于焊接精密、复杂和由不同材料组成的构件，如蜂窝结构板、透平叶片、硬质合金刀具和印刷电路板等。

钎焊前对工件必须进行细致地加工和严格清洗，除去油污和过厚的氧化膜，保证接口装配间隙。间隙一般要求在 0.01～0.1mm 宽。钎剂的作用是去除母材和钎料表面的氧化膜，

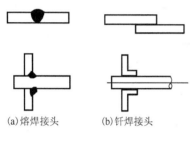

(a)熔焊接头   (b)钎焊接头

图 6-10   钎焊接头与熔焊接头对比

覆盖在母材和钎料的表面，隔绝空气，具有保护作用。钎剂同时可以改善液体钎料对母材的润湿性能。钎焊可以分为硬钎焊和软钎焊。硬钎焊是指所用钎料的熔化温度高于450℃，接头的强度大，用于受力较大、工作温度较高的场合，所用的钎料多为铜基、银基等。软钎焊是指钎料熔化温度低于450℃，常用锡铅钎料，适用于受力不大、工作温度较低的场合。钎焊接头与熔焊接头对比如图 6-10所示。

8. 电子束焊

电子束焊是一种将高能电子束作为加工热源，用高能量密度的电子束轰击焊件接头处的金属，使其快速熔融，然后迅速冷却来达到焊接的目的的材料连接方法(图 6-11)。它可以对多种金属和合金进行焊接。例如，难熔金属(如钨、钼等金属)的焊接，可在一定程度上解决此类材料焊接时产生的再结晶发脆问题；化学性质活泼材料(如对铌、锆、钛、钛合金、铝、铝合金、镁等金属及其合金)的焊接；耐热合金和各种不锈钢、镍基合金、弹簧钢、高速钢的焊接；对不同性质材料(如对钢与青铜、钢与硬质合金、钢与高速钢、金属与陶瓷，以及对厚度悬殊零件)的焊接。电子束焊因具有不用焊条、不易氧化、工艺重复性好及热变形量小的优点而广泛应用于航空航天、原子能、国防及军工、汽车和电气电工仪表等众多行业。

电子是物质的一种基本粒子，通常情况下它们围绕原子核

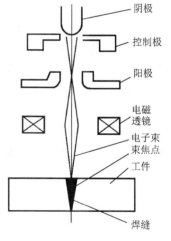

图 6-11   电子束焊

高速运转。当给电子一定的能量时，它们能脱离轨道跃迁出来。加热一个阴极，使得其释放并形成自由电子云，当电压加大到 30～200kV 时，电子将加速，并向阳极运动。热阴极(或灯丝)发射的电子，在真空中被高压静电场加速，经磁透镜产生的电磁场聚集成功率密度高达 $1.5×10W/cm$ 的电子束(束径为 0.025mm)，轰击到工件表面上，释放的动能转变为热能，熔化金属，焊出既深又窄的焊缝(深宽比可达 10～30)，焊接速度可达 125～200m/h，工件的热影响区和变形量都很小。电子束的焊接工作室一般处于高真空状态，称为高真空电子束焊。处于低真空状态时压力为 100～10000Pa，称为低真空电子束焊。在大气中焊接的电子束焊称为非真空电子束焊。真空工作室为焊接创造高纯洁的环境，因而不需要保护

气体就能获得无氧化、无气孔和无夹渣的优质焊接接头。

9. 扩散焊

扩散焊是指将焊件紧密贴合，在一定温度和压力下保持一段时间，使接触面之间的原子相互扩散形成连接的焊接方法。扩散焊的接头性能可与母材相同，特别适合于焊接异种金属材料、石墨和陶瓷等非金属材料，弥散强化的高温合金、金属基复合材料和多孔性烧结材料等。扩散焊已广泛用于反应堆燃料元件、液压泵耐磨部件、钻机配油套等耐磨部件、耐腐蚀部件、蜂窝结构板、静电加速管、各种叶片、叶轮、冲模、过滤管和电子元件等的制造。

在真空或惰性环境下，将两个待焊试件紧密接触，加热至低于固相线的温度（$T=0.5\sim 0.8T_m$），在一定的压力作用下，首先界面局部接触塑性变形，促使氧化膜破碎分解；当达到净面接触时，为原子间扩散创造了条件，同时界面上的氧化物被溶解吸收；继而再结晶组织生长，晶界移动，有时出现联生晶及金属间化合物，经过一段时间后构成牢固一体的焊接接头。

10. 等离子弧焊

等离子弧焊是借助水冷喷嘴对电弧的拘束作用，获得高能量密度的等离子弧进行焊接的方法。按焊缝成形原理，等离子弧焊有下列三种基本方法：穿孔型等离子弧焊、熔透型等离子弧焊和微束等离子弧焊。等离子弧焊可用钨极氩弧焊焊接的金属。如不锈钢、铝及铝合金、钛及钛合金、镍、铜、蒙耐尔合金等，均可用等离子弧焊焊接。这种焊接方法可用于航空航天、核能、电子、造船及其他工业部门中。

等离子弧焊过程中主要利用等离子弧能量密度大和等离子流吹力大的特点，将工件完全熔透，并在熔池上产生一个贯穿焊件的小孔。等离子弧通过小孔从背面喷出，熔化的金属在电弧吹力、液体金属重力和表面张力相互作用下保持平衡（图6-12）。它的稳定性、发热量和温度都高于一般电弧，因而具有较大的熔透力和焊接速度。形成等离子弧的气体和它周围的保护气体一般用氩气。根据各种工件的材料性质，也有使用氦气、氮气、氩气或其中两者混合的混合气体的。

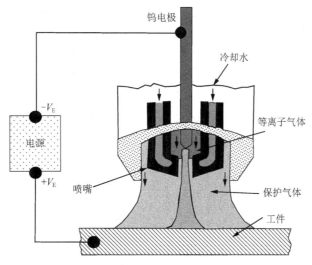

图6-12 等离子弧焊

11. 超声波焊

超声波焊是利用高频振动波传递到两个须焊接的物体表面，在加压的情况下，使两个物体表面相互摩擦而形成分子层之间的熔合。超声波焊还在电子工业、电器制造、新材料的制备、航空航天及核能工业、食品包装盒、高级零件的密封技术方面都有很广泛的应用，加上其节能、环保、操作方便等突出优点，对于我国建设资源节约型、环境友好型的现代化社会，超声波焊将发挥很大的促进作用。

在超声波振动能的作用下，焊接线首先开始熔化，熔体在压力作用下向被焊产品上下表面铺展，当停止超声后，温度降下来，熔融塑料凝固，从而使被焊产品连接在一起。超声波焊的原理是利用超声波频率（超过 16kHz）的机械振动能量，连接同种金属或异种金属的一种特殊方法。在对金属进行超声波焊接时，既不向工件输送电流，也不向工件施以高温热源，只是在静压力作用之下，将弹性振动能量转变为工件界面间的摩擦功、形变能及有限的温升，使得焊接区域的金属原子瞬间激活，两相界面处的分子相互渗透，最终实现金属焊件的固态连接（图 6-13）。

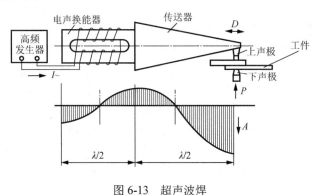

图 6-13 超声波焊

12. 激光焊

激光焊是利用大功率相干单色光子流聚焦而成的激光束为热源进行的焊接（图 6-14）。这种焊接方法通常有连续功率激光焊和脉冲功率激光焊。激光焊的优点是不需要在真空中进行，缺点是穿透力不如电子束焊强。激光焊时能进行精确的能量控制，因而可以实现精密微型器件的焊接。它能应用于很多金属，特别是能解决一些难焊金属及异种金属的焊接。

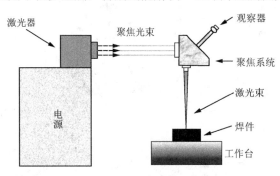

图 6-14 激光焊

激光焊本质上是非透明物质和激光相互作用的过程。整个过程是极其复杂的反应过程，宏观上表现为熔化、吸收、汽化和反射。根据焊接的机理分为热传导焊接和激光深熔焊。热传导焊接是当激光辐射到焊接材料上时，一部分激光被焊接材料吸收并将光能转化为热能，表面热量通过以热传导的形式向材料深处传递使焊接工件熔化，最终将焊件熔接到一起。激光深熔焊是将功率密度较大的激光束辐射到焊接材料时，材料将吸收的光能转化为热能，并加热到汽化产生金属蒸气，在金属蒸气离开工件表面时产生的反作用力的作用下，熔化的金属液体流向四周并形成凹坑，随着热量的不断产生，凹坑逐渐加深，当停止激光的照射后，凹坑周边溶液回流、冷却后将工件焊接在一起。

13. 搅拌摩擦焊

搅拌摩擦焊(friction stir welding，FSW)利用一种特殊形式的搅拌头边旋转边前进，通过搅拌头与工件的摩擦产生热量，摩擦热使该部位金属处于热塑性状态，并在搅拌头的压力作用下从其前端向后部塑性流动，从而使待焊件压焊为一个整体(图 6-15)。它可以焊接所有牌号的铝合金以及用熔焊方法难以焊接的材料，并突破了普通摩擦焊对轴类零件的限制，可进行板材的对接、搭

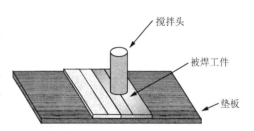

图 6-15　搅拌摩擦焊

接、角接及全位置焊接。由于搅拌摩擦焊是固态焊接，所以没有熔化焊时的气孔、裂纹及合金元素烧损等缺陷。搅拌摩擦焊的接头性能普遍优于熔化焊。目前，搅拌摩擦焊技术已在飞机制造、机车和船舶制造等领域得到广泛的应用，主要用于铝及其合金、铜合金、镁合金、钛合金、铅、锌等非铁金属材料的焊接，也可用于焊接钢铁金属。

搅拌摩擦焊是利用摩擦热作为焊接热源的一种固相焊接方法，但与常规摩擦焊有所不同。在进行搅拌摩擦焊时，首先将焊件牢牢地固定在工作平台上，然后搅拌焊头高速旋转并将搅拌焊针插入焊件的接缝处，直至搅拌焊头的肩部与焊件表面紧密接触，搅拌焊针高速旋转与其周围母材摩擦产生的热量和搅拌焊头的肩部与焊件表面摩擦产生的热量共同作用，使接缝处材料温度升高且软化，同时，搅拌焊头边旋转边沿着接缝与焊件做相对运动，搅拌焊头前面的材料发生强烈的塑性变形。随着搅拌焊头向前移动，前沿高度塑性变形的材料挤压到搅拌焊头的背后。在搅拌焊头与焊件表面摩擦生热和锻压共同作用下，形成致密牢固的固相焊接接头。

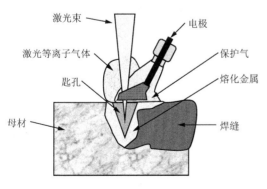

图 6-16　激光-电弧复合焊

14. 激光-电弧复合焊

激光-电弧复合焊是采用激光束和电弧等离子体热源的方法进行焊接(图 6-16)。尽管激光-电弧复合焊作为一项应用技术还处于其初始阶段，但是它已经在很多工业领域显示出强大的优势。目前激光-电弧复合焊系统正向集成化、轻型化、智能化发展，将广泛应用于工业生产中。

激光-电弧复合焊结合了激光和电弧两个独立热源各自的优点：激光热源具有高的能量密度、极优的指向性及透明介质传导的特性，电弧等离子体具有高的热-电转化效率、低廉的设备运行成本、技术发展成熟等优势，极大程度地避免了二者的缺点(如金属材料对激光的高反射率造成的激光能量损失、激光设备高的设备成本、低的电-光转化效率等，电弧热源较低的能量密度、高速移动时放电稳定性差等)，同时二者的有机结合衍生出了很多新的特点(高能量密度、高能量利用率、高的电弧稳定性、较低的工装准备精度以及待焊接工件表面质量等)，使之成为具有极大应用前景的新型焊接热源。

6.1.4　焊接技术的发展趋势

为了满足不同材料、不同环境、不同性能要求下的连接要求，经过一个多世纪的发展，已经陆续开发出了数十种焊接技术，大部分焊接技术目前已经基本成熟，并且广泛应用于各行各业，成为一种不可或缺的材料加工方法。探索无止境，随着科技的进步，在新时代背景下，焊接技术也面临着新的挑战。

① 提高焊接过程机械化、自动化、智能化水平。焊机实现程序控制、数字控制；研制从准备工序、焊接到质量监控全部过程自动化的专用焊机；在自动焊接生产线上，推广、扩大数控的焊接机械手和焊接机器人，是提高焊接过程自动化水平的有效途径，应用焊接专家系统、神经网络系统等能提高焊接过程智能化水平。

② 热源的应用和开发。焊接工艺几乎运用了世界上一切可以利用的热源，如火焰、电弧、电阻、激光、电子束等。但新的、更好、更有效的焊接热源研发一直在进行中，例如，采用两种热源的叠加，以获得更强的能量密度，如等离子束加激光、电弧中加激光等。

③ 复杂焊接产品质量的可靠检测与寿命评估。发展无损探伤技术，研究焊接结构可靠性及寿命的评估理论和方法；发展计算机模拟技术，使焊接技术得到进一步提高和完善。

6.2　焊 接 方 式

6.2.1　合金结构钢焊接

1. 热轧钢、正火钢及控轧钢的焊接

热轧钢是经过高温加热轧制而成的钢材，其强度不是很高，但足以满足使用要求，它的塑性、可焊性较好。正火钢是将钢加热到临界温度以上，使钢全部转变为均匀的奥氏体，然后在空气中自然冷却产生，广泛应用于制造铁路、桥梁等构件。热轧钢和正火钢一般采用焊条电弧焊、CO_2焊、TIGW、MIGW/MAGW、药芯焊丝气体保护焊、单丝或多丝 SAW、电渣焊、高速 CO_2 焊、窄间隙焊，以及双丝高效 MAGW 等焊接方法进行焊接。

控轧钢是采用微合金化和控轧等技术，达到细化晶粒和沉淀强化相结合的效果。它是管线钢，是石油、天然气输送管线工程的主流钢种，一般采用焊条电弧焊和半自动药芯焊丝气体保护焊。

2. 调质钢的焊接

调质钢一般是指含碳量为 0.3%～0.6% 的中碳钢。一般用这类钢制作的零件要求具有很

好的综合力学性能，即在保持较高的强度的同时又具有很好的塑性和韧性，人们往往使用调质处理来达到这个目的，所以习惯上就把这一类钢称为调质钢。各类机器上的结构零件大量采用调质钢，它是结构钢中使用最广泛的一类钢。

为使调质状态的钢焊后的软化降到最低，采用热量集中、能量密度高的焊接热源，在保证焊透的条件下尽量用小线能量，以减小热影响区的软化。选用氩弧焊或等离子弧焊、电子束焊效果较好。

3. 珠光体耐热钢的焊接

珠光体耐热钢以 Cr-Mo 钢为基，通常加入少量 V、W、Nb、Ti。它具有很好的抗氧化性和热强性，工作温度可高达 600℃，广泛用于制造蒸汽动力发电设备。珠光体耐热钢的热影响区容易出现硬化、冷裂纹、软化，以及焊后热处理或高温长期使用中的再热裂纹问题，焊接方法以焊条电弧焊为主，埋弧焊、电渣焊、窄间隙焊也得到应用。

4. 低温钢的焊接

通常把-10～-196℃的温度范围称为"低温"，低于-196℃时称为"超低温"。低温钢主要是为了适应能源、石油化工等产业部门的需要而迅速发展起来的一种专用钢。低温钢要求在低温工作条件下具有足够的强度、塑性和韧性，同时应具有良好的加工性能，主要用于制造-20～-253℃低温下工作的焊接结构，如储存和运输各类液化气体的容器等。

低温钢由于含碳量低，其淬硬倾向和冷裂倾向小，具有良好的焊接性。但是过大的焊接线能量会使焊缝及热影响区形成粗晶组织而使低温韧性大为降低，相变的发生及制造过程中残余应变的存在会使构件中存在较大的残余应力，从而增大设备脆性破坏的风险。

6.2.2　不锈钢及耐热钢焊接

1. 奥氏体不锈钢焊接

奥氏体不锈钢室温组织为奥氏体。它是在高铬不锈钢中加入适当的镍(镍的质量分数ω_{Ni} 为 8%～25%)而形成的。其主要合金元素是铬、镍。奥氏体不锈钢属于耐蚀钢，它有优良的耐腐蚀性，强度较低，而塑性、韧性极好，焊接性能良好，是目前工业上应用最广泛的不锈钢，主要用作化工容器、设备和零件等。奥氏体不锈钢焊接容易造成降低焊接接头抗晶间腐蚀和应力腐蚀能力。奥氏体不锈钢可以采用所有的熔焊方法，最好采用焊条电弧焊、钨极氩弧焊、熔化极气体保护焊、埋弧焊、等离子弧焊等进行焊接。

2. 铁素体不锈钢焊接

铁素体不锈钢室温组织为铁素体，铬的质量分数较高(13%～30%)，碳的质量分数较低(低于 15%)。此类钢的耐酸能力强；加入钼后，则可以提高耐酸腐蚀和抗应力腐蚀的能力。此外，它还有很好的抗氧化能力，强度低，塑性好，主要用于制作化工设备中的容器、管道等，广泛用于硝酸、氮肥工业中。

铁素体不锈钢在高温下可能会或根本不出现少量的奥氏体组织，故在焊接热循环作用下可能或根本不出现马氏体组织，焊接后不会出现强度显著下降或淬火硬化问题。因此，焊接接头的室温强度不是焊接的主要问题；由于热膨胀系数低，故焊接热裂纹和冷裂纹也不是主要矛盾。但焊接接头的塑、韧性降低，即发生脆化，以及耐腐蚀性必须重视。普通纯度铁素体不锈钢的焊接方法通常可采用焊条电弧焊、药芯焊丝电弧焊、熔化极气体保护焊、钨极氩弧焊和埋弧焊。无论采用何种焊接方法都应以焊接热输入为目的，以抑制焊接区的铁素体晶粒过分长大。工艺上可采用多层多道快速焊，强制冷却焊缝的方法。

3. 马氏体不锈钢焊接

马氏体不锈钢室温组织为马氏体，铬的质量分数较高(13%～17%)，碳的质量分数也较高(0.1%～1.1%)。马氏体不锈钢具有一定的淬硬性、耐酸腐蚀性和较好的热稳定性及热强性，主要用于力学性能要求较高、在弱腐蚀介质中工作的零件和工具，也可作为温度在700℃以下长期工作的耐热钢使用，如汽轮机的叶片、内燃机排气阀和医疗器械等。这类钢的焊接性较差。

马氏体不锈钢可以采用各种电弧焊方法进行焊接。目前仍以焊条电弧焊为主，而采用二氧化碳气体保护焊或氩、二氧化碳混合气体保护焊，可以明显降低焊缝中含氢量，从而降低焊缝冷裂的敏感性。

4. 奥氏体-铁素体双相不锈钢焊接

奥氏体-铁素体双相不锈钢室温组织为奥氏体+铁素体，与含碳量相同的奥氏体不锈钢相比，具有较小的晶间腐蚀倾向和较高的力学性能，且韧性比铁素体不锈钢好。

奥氏体-铁素体双相不锈钢具有良好的焊接性能，与铁素体不锈钢及奥氏体不锈钢相比，它既不像铁素体不锈钢的焊接热影响区，由于晶粒严重粗化而使塑韧性大幅降低，也不像奥氏体不锈钢对焊接热裂纹比较敏感。现代超低碳含氮双相不锈钢，钢中的足够的氮可促进焊接接头热影响区在高温下形成的单相铁素体冷却时，发生逆转变并形成足够的奥氏体，故焊接热影响区的塑、韧性较好，且抗应力腐蚀、点腐蚀的性能优良。奥氏体-铁素体双相不锈钢可用钨极氩弧焊、熔化极氩弧焊、等离子弧焊及埋弧焊等方法进行焊接。

6.2.3　有色金属的焊接

1. 铝合金焊接

铝及铝合金具有密度小，比强度高，耐磨性、导电性、导热性好，模量高，疲劳强度高，断裂韧性良好，裂纹扩散率较低以及在低温度下能保持良好的力学性能等特点，广泛应用于航空航天、汽车、电工、化工、交通运输、国防等工业部门。铝合金还具有优良的成形工艺和良好的抗腐蚀性，因此广泛应用于各种焊接机构和产品中。

铝合金和氧的亲和力很大，表面极易形成难熔氧化膜，加之铝及其合金导热性强，焊接时容易造成不熔合现象。由于氧化膜密度与铝合金的密度接近，也易成为焊缝金属的夹杂物。因此，焊接前需将其去除，焊接过程中需防止焊接区发生氧化。铝合金的电导率及热导率很高，约为低碳钢的5倍，焊接时，需采用功率很大的焊接设备，有时还要求预热。铝的线胀系数约为低碳钢的2倍，凝固时收缩率比低碳钢大2倍，焊接变形及裂纹倾向也较大。铝及铝合金的固态和液态色泽不易区别，焊接操作时难以控制熔池温度。铝及铝合金具有较好的冷热加工性能和焊接性，可以采用常规的熔焊方法进行焊接。常用的焊接方法有氩弧焊、等离子弧焊、电阻焊和电子束焊等，也可以采用冷压焊、超声波焊、钎焊等。

热功率大、能量集中和保护效果好的焊接方法对铝合金的焊接较为合适。气焊和电弧焊在铝合金焊接中易被氩弧焊取代，仅用于修复和焊接不重要的结构。

2. 铜合金焊接

铜合金是以纯铜为基体加入一种或几种其他元素所构成的合金。纯铜呈紫红色，又称紫铜。纯铜熔点为 1083℃，具有优良的导电性、导热性、延展性和耐蚀性，主要用于制作发电机、母线、电缆、开关装置、变压器等电工器材和热交换器、管道、太阳能加热装置的平板集热器等导热器材。

影响铜及铜合金焊接性的工艺难点主要有四项元素。一是高热导率的影响。铜的热导率比碳钢大 10 倍，当采用的工艺参数与焊接同厚度碳钢差不多时，则铜材很难熔化，填充金属和母材也不能很好地熔合。二是焊接接头的热裂倾向大。焊接时，熔池内铜与其中的杂质形成低熔点共晶物，使铜及铜合金具有明显的热脆性，产生热裂纹。三是产生气孔的缺陷比碳钢严重得多，主要是氢气孔。四是焊接接头性能的变化。晶粒粗化，塑性下降，耐蚀性下降等。铜及铜合金的焊接方法很多，如气焊、碳弧焊、焊条电弧焊、钨极氩弧焊、埋弧焊、等离子弧焊等。它们各有不同的应用场合，必须根据铜及铜合金的种类、焊件厚度、产品结构形状、生产条件、对焊接生产率和接头质量要求等加以选择。

3. 钛合金焊接

钛具有超众的性能，储藏量大，在地壳中约占总质量的 0.42%，在金属世界里排行第七，含钛的矿物多达 70 多种。目前钛的用途发展很快，已广泛应用于飞机、火箭、导弹、人造卫星、宇宙飞船、舰艇、军工、轻工、化工、纺织、医疗以及石油化工等领域。

钛及钛合金的性质活泼，溶解氮、氢、氧的能力很强，常规的焊条电弧焊、气焊、CO_2 气体保护焊不适用于钛及钛合金的焊接。焊接钛及钛合金应用最多的是钨极氩弧焊和熔化极氩弧焊，等离子弧焊、电子束焊、真空电子束焊、电渣焊、钎焊和扩散焊等也有应用。

4. 镁合金焊接

镁合金是以镁为基础加入其他元素组成的合金。其特点是密度小、强度高、弹性模量大、散热好、减振性好、承受冲击载荷能力比铝合金大、耐有机物和碱的腐蚀性能好。主要合金元素有铝、锌、锰、铈、钍以及少量锆或镉等。目前使用最广的是镁铝合金，其次是镁锰合金和镁锌锆合金，主要用于航空航天、运输、化工、火箭等工业部门。

镁合金由于熔点低、热导率高，一般来说，钨极惰性气体保护电弧焊和熔化极惰性气体保护电弧焊是镁合金常用的焊接方法。此外，镁合金还可以采用电阻点焊、摩擦焊、搅拌摩擦焊、激光焊、电子束焊等工艺进行焊接。由于镁的比热容和熔化潜热小，因此焊接时要求的输入热量少而焊接速度高。大多数情况下，镁合金件可采用熔化焊，如电弧焊、激光焊、电子束焊和气焊等方法进行焊接。

6.2.4 铸铁焊接

铸铁是碳的质量分数大于 2.11% 的铁碳合金。按照碳元素在铸铁中存在的形式和石墨形态，可将铸铁分为白口铸铁、灰铸铁、可锻铸铁、球墨铸铁及蠕墨铸铁等五大类。灰铸铁、可锻铸铁、球墨铸铁及蠕墨铸铁中的碳基本以石墨形式存在，部分存在于珠光体中。这四种铸铁由于石墨形态不同，性能有较大差别。最早出现的灰铸铁，石墨呈片状，其成本低廉，铸造性、加工性、减振性及金属间摩擦性均优良，至今仍然是工业中应用最广泛的铸铁类型。

铸铁焊接常用的方法主要有焊条电弧焊、气焊、CO_2 气体保护电弧焊、手工电渣焊、气体火焰钎焊以及气体火焰粉末喷焊等。近年来，直接将焊接用于零部件的生产在实际工作中的比例越来越大，主要是将球墨铸铁件之间、球墨铸铁与各种钢件或有色金属件之间，采用细丝 CO_2 焊、摩擦焊、激光焊、电子束焊、电阻对焊、扩散焊等方法连接起来。

6.3　焊接冶金原理

材料的性能是由组织所决定的，所以任何焊接接头的性能评价，包括力学性能、耐腐蚀性能、导电性能等，究其根本原因，都离不开对组织的分析。焊接冶金原理主要就是介绍焊接过程中焊接接头组织的演变过程。

材料的熔焊过程主要包括加热熔化和凝固，在这个过程中，会发生大量的物理和化学反应，包括熔化区中旧相的熔化消失、新相的形核与长大，热影响区的物相转变、晶粒的长大，第二相的固溶与析出、再结晶的发生等，而所有这些反应最终都会直接决定焊接材料的使用性能。

6.3.1　焊接热过程

1. 焊接热过程及其特点

在焊接热源作用下金属局部加热与熔化，同时出现热量的传播和分布的现象，而且这种现象贯穿整个焊接过程，这就是焊接热过程。一切焊接物理化学过程都在这种过程中发生和发展，它直接影响焊接的质量和生产率。

焊接热过程的特点如下：焊接热量集中作用在焊件连接部位，而不是均匀加热整个焊件；焊接时，由于热作用的瞬时性，热源以一定速度移动，焊件上任一点受热的作用都具有瞬时性，即随时间而变。

焊接热过程对焊接质量的影响如下：①焊接热过程决定了焊接熔池的温度和存在时间；②在焊接热过程中，由于热传导的作用，近缝区可能产生淬硬、脆化或软化现象；③焊接是不均匀加热和冷却的过程；④焊接热过程对焊接生产率发生影响。

2. 焊接热源

焊接的热源主要有以下几种。

① 电弧热。利用气体介质在两电极之间强烈而持续放电过程产生的热能为焊接热源。电弧热是目前应用最广泛的焊接热源，如焊条电弧焊、埋弧焊、氩弧焊、CO_2 气体保护焊。

② 化学热。利用助燃(氧气)和可燃气体(乙炔)或铝、镁热剂进行化学反应时所产生的热能作为焊接热源。

③ 电阻热。利用电流通过导体时产生的电阻热作为热源。

④ 摩擦热。摩擦焊时，相对旋转的表面经摩擦加热，去除氧化层，最后在略低于焊件熔点的温度下，轴向加压而连接起来。搅拌摩擦焊是利用摩擦热和变形热来提高工件的温度与塑性变形能力，并在压力下形成接头。

⑤ 电子束。利用高压高速运动的电子在真空中猛烈轰击金属局部表面。

⑥ 激光。将激光经过聚焦产生能量高度集中的激光束作为焊接热源。

⑦ 等离子。电弧放电或高频放电产生高速电离的离子流，它本身携带大量的热能和动能，利用这种能量作为焊接热源(等离子焊接、切割和喷涂)。

3. 焊接温度场

自然界中，热量的传递主要有三种基本方式：热传导、热对流和热辐射。焊接过程中，热源能量的传递也包括以上三种方式，对于电弧焊来讲，热量从热源传递到焊件主要通过热辐射(温度越高，辐射能力越强)和热对流方式，而母材和焊丝内部则通过热传导方式。

焊接过程中，工件上的各点温度都是在随时间而有规律的变化的。焊件上(包括内部)某瞬时的温度分布，称为焊接温度场。焊接温度场可用等温线或等温面的分布来表征。等温线或等温面是把焊件上瞬时温度相同的点连接在一起，成为一条线或一个面。移动热源焊接过程中，焊件上各点温度随时间及空间而变化(不稳定温度场)，但经过一段时间后，达到准稳定状态(移动热源周围的温度场不随时间改变)。焊接温度场主要有以下几个类型。

① 一维温度场(线性传热)：焊条或焊丝的加热(面热源，径向无温差，如同一个均温的小平面在传热)。

② 二维温度场(平面传热)：一次焊透的薄板，板厚方向无温差(线热源，把热源看成沿板厚的一条线)。

③ 三维温度场(空间传热)：厚大焊件表面堆焊(点热源)。

4. 焊接热循环

在焊接过程中，工件的温度随着瞬时热源或移动热源的作用而发生变化，温度随时间由低而高，达到最大值后，又由高而低的变化称为焊接热循环。简单地说，焊接热循环就是焊件上温度随时间的变化，它描述了焊接过程中热源对母材金属的热作用。

焊接热循环的特征如下：

① 加热最高温度(即峰值温度)随着离焊缝中心线距离的增大而迅速下降。

② 达到峰值温度所需的时间随着离焊缝中心线距离的增大而增加。

③ 加热速度和冷却速度都随着离焊缝中心线距离的增大而下降，即曲线从陡峭变为平缓。

焊接热循环主要参数如下：

① 加热速度。焊接加热速度要比热处理时的加热速度快得多，这种快速加热使体系处于非平衡状态，因而在其冷却过程中必然影响热影响区的组织和性能。

② 加热最高温度：指工件上某一点在焊接过程中所经历的最高温度，即该点热循环曲线上的峰值温度，温度过高，其母材晶粒发生严重长大，材料塑性降低。

③ 在相变温度以上停留的时间：在相变温度以上停留的时间越长，就越有利于奥氏体的均匀化过程，如果温度很高，即使时间不长，对某些金属来说，也会造成严重的晶粒长大。

④ 冷却速度(或冷却时间)。冷却速度是决定热影响区组织和性能的最重要参数之一，它直接影响到材料的最终组织组成和晶粒尺寸。

6.3.2 焊接化学冶金

在焊接过程中，焊接区内各种物质之间在高温下相互作用的过程，称为焊接化学冶金过程。焊接化学冶金主要研究在各种焊接工艺条件下，冶金反应与焊缝金属成分、性能之间的关系及其变化规律，并运用这些规律合理地选择焊接材料，控制焊缝金属的成分和性能，使之满足使用要求，设计创新焊接材料。

1. 焊接化学冶金过程的特点

与普通冶金相比，焊接冶金的最大特点是冶金过程处于非平衡状态。焊接的化学冶金主要包含四个过程，即焊条熔化、熔滴过渡、熔池温度、熔池中流体运动状态。

① 焊条熔化。电弧热是熔化焊条的主要热源，但仅有部分电功率用来加热熔化焊条，熔化的金属(焊芯和母材)和熔化的药皮(熔渣)构成了熔池。熔池呈半椭球状，其轮廓为母材熔点的等温面，并随焊接热源同步移动。熔池的停留时间还和母材的板厚、热导率、热容等影响熔池冷却速度的因素有关。

② 熔滴过渡。熔滴由内部的焊芯金属和外表面包裹的熔渣组成，并呈周期性地过渡到熔池。熔滴有三种过渡形式：短路过渡，即熔滴长大到和熔池金属接触，形成短路，电弧熄灭，液滴下落后，电弧重新引燃；附壁过渡，即熔滴沿药皮套筒滑向熔池壁；颗粒(喷射)过渡，即熔滴还没长大接触到熔池便下落。熔滴的过渡形式与焊接方法、药皮、焊条直径、电流、极性、焊工操作水平等有关。熔滴的尺寸、存在时间等对化学冶金反应有很大的影响。反应进行程度将随电流增加而减小，随电压的增加而增大。短路过渡比颗粒过渡损失小。

③ 熔池温度。熔池内的温度是不均匀的。

④ 熔池中流体运动状态。在各种力(热对流、电弧吹力、电磁力等)的作用下，熔池内发生强烈的搅拌作用。熔池流体的搅拌有利于加速焊接化学冶金反应、均匀焊缝金属成分、气体和非金属夹杂外逸。

2. 气相对金属的作用

焊接气体来源于焊条中的有机物的分解，如纤维素、淀粉等，从200℃开始到800℃完全分解，分解出 CO_2、CO、H_2、H_2O 等；药皮中碳酸盐和高价氧化物的分解，如赤铁矿(Fe_2O_3)和锰矿(MnO_2)逐渐分级分解，产生大量氧气和低价氧化物；金属和熔渣的蒸发、气体的分解。焊接过程中所产生的并且对焊接质量有重要影响的气体主要有氮气、氧气和氢气。

3. 熔渣及其对金属的作用

在焊条电弧焊的过程中，由于药品的燃烧，发生剧烈的化学反应，产生大量的金属氧化物和硅酸盐、碳酸盐，它们脱落后会在熔池的表面形成厚厚的一层熔渣。根据熔渣的成分和性能可分为盐型熔渣、盐-氧化物型熔渣和氧化物型熔渣三大类。熔渣在焊接过程中有重要的作用：

① 机械保护作用。覆盖在熔滴和熔池表面，隔绝空气，减少和避免金属与空气发生反应，减少有害作用。

② 改善焊接工艺性能。在熔渣中加入一定的物质，使电弧引燃容易、燃烧稳定、飞溅减少，保证良好的操作性、脱渣性和焊缝成形等。

③ 合金化，添加相关微量元素，控制焊缝成分和性能。

④ 冶金处理作用。熔渣和液体金属能够发生一系列反应，去除焊缝中的有害杂质，如氧、硫、磷、氢等。

6.4　焊接质量检测

焊接质量检测是一项复杂的工程，它需要运用多方面的知识。这门技术的理论基础是以近代物理学、化学、电子学、材料学为支撑的；从工程角度来说，它又是以全面质量管理科学与无损评定技术紧密结合的一个崭新领域；在具体检测方法和相关原理上，又涉及磁、电、声、光、热、力等各个领域；在取得准确的检测结果方面，有时尚需多种检测方法的有机配合、运用获得的多种信息对材料的物理性能和变异以及各类缺陷做出准确的评价。

焊接检测技术具有较为广泛的应用领域。它不仅用于工业生产中，在医疗、生物技术、电子技术、地质科学等诸多领域均可得到有效的运用。尤其在金属材料制造领域，如锅炉压力容器、化工机械、造船、海洋构造、航空航天以及核反应堆等生产制造领域更是不可缺少的质量保证手段。

1. 焊接检测的意义

随着现代工业技术的发展，焊接结构产品和焊接加工技术在现代科学技术与生产中得到了广泛的应用。近年来，由于忽视焊接产品质量检验造成的事故屡见不鲜。例如，某热电厂供热管道发生爆炸，原因是焊后检查不严，未焊透深度达板厚的 80%。又如，某化纤厂盛氮球罐水压试验时发生爆裂，原因是竣工检查时漏检裂纹。

对材料、试样、产品的检验，主要是探测其中的缺陷，了解各类缺陷的性质、位置、尺寸、形状、分布规律等。因此，需要对材料及工件内部缺陷、分布规律和特点有一定的认识，熟悉它们在每种检测方法中的显像规律并做出正确的评价。焊接检测的主要作用如下：

① 确保焊接结构制造质量，保证其使用性能。

② 改进焊接工艺，合理使用焊接技术。

③ 降低产品成本。

④ 有效保障并促进焊接技术的推广和应用。

2. 焊接检测的分类

焊接检测可分为破坏性检验、非破坏性检验两类。非破坏性检验又称为无损检测，是不损坏被检材料或成品的性能与完整性而检测其缺陷的方法。破坏性检验是从焊件上切取试样，或以产品的整体破坏做试验，以检测其各种力学性能、化学成分、焊接性等的试验方法。产品不同，检验的内容也不相同，例如，船舶、桥梁、锅炉、压力容器、建筑结构等均有区别。

检测的项目主要概括为以下几方面：①外观质量检查，主要检查产品和焊缝的外形尺寸和检查焊缝表面缺陷；②无损检测，主要检查焊缝内部缺陷；③压力试验（强度检验），主要进行水压试验和气压试验测试；④气密性试验，检验产品的密封性；⑤焊接接头力学性能试验，主要检查焊接接头的强度、塑性、韧度，分析裂纹的特点、成因。

3. 焊接检测的过程

焊接检测过程，基本上由焊前检验、焊接过程检验、焊后检验、安装调试质量检验和产品服役质量检验等五个环节构成。

① 焊前检验。主要检验项目有基本金属质量检验、焊材质量检验、焊接结构设计鉴定、焊件备料检查、焊接装配质量检验、焊接试板检查、能源检查、辅机检查、工具检查、焊接环境检查、预热检查、焊工资格检查等。

② 焊接过程检验。主要项目有焊接规范的检验、复核焊接材料、检查焊道表面质量、检查冷却温度及时间、检查焊后热处理等。

③ 焊后检验。焊后检验过程包括外观检查、无损检验、力学性能检验、金相检验、焊缝晶间腐蚀检验、焊缝铁素体含量检验、致密性检验、焊缝强度检验等。

④ 安装调试质量检验。安装调试质量检验包括两个方面：对现场组装的焊接质量进行检验；对产品制造时的焊接质量进行现场复查。

⑤ 产品服役质量检验。包括产品运行期间的质量监控、产品检修质量的复查、服役产品质量问题现场处理、焊接结构破坏事故现场处理。

思考与练习

1. 与螺栓连接和胶接相比，焊接有什么特点？
2. 氩弧焊是什么？氩弧焊的焊接特点是什么？
3. 激光焊是什么？激光焊有什么特点？
4. 珠光体不锈钢的焊接特点是什么？常用的焊接方法有哪些？
5. 铝合金的焊接特点有哪些？常用的焊接方法有哪些？
6. 焊接热循环是什么？焊接热循环的特点有哪些？
7. 简述焊接质量检测的意义。

第7章 功能材料

微课视频

7.1 概　述

功能材料是相对于结构材料而言。一般而言，结构材料是指力学性能为基础，具有抵抗外力作用而保持自己的形状、结构不变的材料；而功能材料则是指以其他物理或化学的性质(如电、声、光、磁、热等)为主要性能发挥作用的材料。随着功能材料的发展，这个定义并不准确，如一些梯度功能材料也符合结构材料的定义。也有人提出所有材料都是功能材料，结构材料只是一种以力学性能为主要功能的功能材料。总而言之，对功能材料下一个严格的、科学的定义十分困难，因为它是一门新兴的学科，其内容常常随着新材料的出现不断扩展。因此，本章只能对现有的几种典型的功能材料进行介绍，起一个抛砖引玉的作用。

功能材料的概念是由美国贝尔研究所莫顿(Morton)博士在1965年首先提出来的，但人类对功能材料的应用远早于1965年，如中国古代罗盘、指南针使用的就是典型的磁性功能材料。然而早期的功能材料品种和产量均较少，且发展缓慢。直到第二次世界大战以后，随着高科技的发展，功能材料也得到飞速的发展。20世纪50年代微电子和半导体电子功能材料得到快速发展；60年代激光技术令光学功能材料面貌一新；70年代以后光电子材料、形状记忆合金、储能材料、原子反应堆材料、太阳能材料、高效电池、温差发电材料等纷纷涌现；90年代中期以来，迅速发展的纳米材料掀开了新一轮的科技竞赛。进入21世纪，随着各种现代技术，如激光、计算机、红外、光电、空间、机器人和生物等的发展，以及各种新的制备材料方法和现代分析测试技术在功能材料研究与生产中的实际应用，功能材料的品种越来越多，其应用范围也越来越广。功能材料已成为材料科学和工程领域中最为活跃的部分之一，正在渗透到现代生活的各个领域。我国功能材料的研发和生产起步于中华人民共和国成立后，早期主要服务于军工事业。改革开放以后，伴随着我国工业水平和经济的飞速发展，功能材料的研发、生产和应用也同步得到发展壮大，并扩展到民用领域。现如今已颇具规模，广泛用于电子、通信、仪表、电力、能源、汽车等国民经济的重要产业部门。随着世界贸易组织规则在我国的不断深化，改革开放的不断深入，国内厂商也必须面对越来越激烈的国际竞争。虽然我国功能材料在产品质量上较过去有了大的飞跃，但由于功能材料产业在我国起步较晚，与发达国家相比，仍然存在较大差距。

7.2 光学材料

微课视频

7.2.1 概述

光学材料分为光功能材料和光介质材料。大量的传统光学材料如玻璃、有机玻璃等都是光介质材料。它们以折射、反射和透射等方式，进行光线的传输。它们还可能吸收或透过特定范围的光线,从而改变光线的光谱。

光功能材料指在外场(电、光、磁、热、声、力等)作用下,材料的光学性质会发生变化,利用这种变化可以实现对信号的探测以及能量或频率转换的材料。根据作用机理或应用目的的不同,光功能材料可以分为激光材料、电光材料、磁光材料、弹光材料、声光材料、热光材料、光信息存储材料、非线性光学材料以及光电转换材料。光功能材料是由于激光的出现而发展起来的一类材料,而这类材料的发展也推动了光学的基础研究,促进了激光技术、红外技术和信息技术等新兴技术的发展。

7.2.2 激光材料

激光(laser)原意表示经受激辐射引起的光放大。与普通光源相比,激光具有方向性好、亮度高、单色性好和相干性好等优点。

激光就是受激辐射的光。图 7-1 为红宝石激光器工作原理图,其工作原理为当红宝石受到闪光灯(多为高能的脉冲氙灯)照射时,红宝石内部的原子受到激发而跃迁到激发态。这时,只要有一个原子产生自发辐射,辐射出一个光子,相当于入射光,它将诱导临近处于激发态的原子受激辐射出有相同的频率、位相、偏振和传播方向的光子。激发出的光子被全反射镜和反射镜反射折回,在通过红宝石时,又激发出更多的光子。这样,经过多次反复,在很短时间内激发出成千上万个性质完全相同的光子,最后形成一束极强的光子流从输出端发射出来,这就是激光。

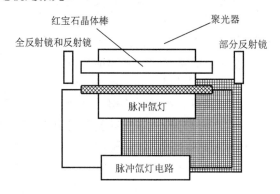

图 7-1   红宝石激光器工作原理图

激光材料就是受激辐射出光子的材料,如红宝石激光器中的红宝石。一般而言激光材料分气体激光材料(如 CO_2)和固体激光材料,本书主要介绍固体激光材料。固体激光材料一般应具有热膨胀系数小、弹性模量大、热导率高、光照稳定性好和化学稳定性好等特点。

固体激光材料由基质材料和激活离子两部分构成,如红宝石激光器的基质材料为 Al_2O_3,激活离子为 Cr^{3+}。基质材料决定激光材料的各种物理化学性质,而激活离子决定激光的光谱性质。但二者也存在着相互作用。

基质材料分为晶体、玻璃两种。最常用的基质玻璃是掺杂钕的硅酸盐玻璃、硼酸盐玻璃和磷酸盐玻璃。晶体又可以分为氧化物、复合氧化物、氟化物、阳离子配合物和复合氟化物。其中使用较多的是以下三种。

① 氟化物晶体。这类晶体熔点较低,易于生长单晶,是早期研究的激光晶体材料,如

CaF_2、BaF_2、SrF_2、MgF_2 等。它们大多要在低温下才能工作，所以现在较少应用。

② 金属含氧酸化合物晶体。这类材料是较早研究的激光晶体材料之一，均以三价稀土离子为激活离子，如 $CaWO_3$、$CaMnO_4$、$LiNbO_4$ 等。

③ 金属氧化物晶体。这类晶体，如 Al_2O_3、$Y_3Al_5O_{12}$、Er_2O_3、Y_2O_3 等，掺入三价过渡金属离子或三价稀土离子构成激光晶体，应用较广。常用的是红宝石激光材料和钕钇铝石榴石激光材料。掺杂时不需电荷补偿，但它们的熔点均高，制取优质单晶较困难。

激活离子的作用是在固体中提供亚稳态能级，由光泵作用激发振荡出一定波长的激光。激活离子最好是四能级的，即被光泵激发到高能级上的粒子，由感应激发跃迁到低能级发生激光振荡时，不直接降到基态，而是降到中间的能级，这比直接降到基态的三能级工作的激活离子效率高，振荡的阈值也低。因此激活离子大多为三价和二价的铁系、镧系、锕系元素。激活离子的种类决定激光的波长。

7.2.3 电光材料

物质的光学特性受电场影响面发生变化的现象统称为电光效应，其中物质的折射率受电场影响而发生改变的电光效应分为波克尔效应(也称泡克耳斯效应)和克尔效应，这也是电光材料应用最多的两种原理。电光材料大部分是晶体，当晶体受光照射，并在与入射光垂直的方向上加上高电压时，晶体将呈现双折射现象，并且其折射率的改变和电场强度成正比，这种现象称为波克尔效应。波克尔效应的电光晶体不具有反演对称性，如铌酸锂、钽酸锂、硼酸钡和砷化镓等。在与入射光垂直的方向上加高电压，由于各向同性体中的分子受到电力的作用而发生取向(偏转)，呈现各向异性，结果产生双折射，即沿两个不同方向物质对光的折射能力有所不同，从而一束入射光变成两束出射光，而且其折射率变化与电场强度的平方呈比例变化，这种现象为克尔效应。克尔效应的电光晶体具有反演对称性。波克尔效应和克尔效应的最重要区别在于：波克尔效应是与电场强度成正比，而克尔效应则是与电场强度的平方成比例。

电光材料通常要求如下：

① 有效电光系数大、折射率高。

② 光学均匀性高。光学均匀性不好将造成开关关不死、光强的调制度以及偏转的分辨率下降。

③ 透明波段。电光材料要求对所用光波透明，即光吸收小，介质损耗小。

④ 温度稳定性。要求折射率随温度变化小。由于电光效应产生的折射率改变一般很小，若温度稳定性差，折射率的温度变化会造成器件性能的极大变化。

⑤ 易于获得高光学质量、大尺寸单晶电光器件。尺寸往往达厘米量级，因而获得高光学质量的大尺寸单晶是对材料的重要要求。

目前实用的电光功能材料主要是一些高电光品质因子的晶体材料和晶体薄膜。具有波克尔效应的材料有 DKDP(KD_2PO_4)、ADP($NH_4H_2PO_4$)、LN($LiNbO_3$)、LT($LiTaO_3$)等单晶；具有克尔效应的材料有硝基苯、二硫化碳等液体。由于波克尔效应材料具有线性响应低、工作电压低的特点，因此光通信中使用较多。

通过电光效应改变材料的折射率，从而改变透过光束的偏振态和相位，由此可产生一系列光功能效应。主要应用于以下五个方面。

① 电光开关。将电光晶体置于互成正交的一对偏振器之间，这样通过外加电压就能使晶体中两个偏振模程差改变半个波长，从而实现对透过光的开关控制。这种电光效应的响应可达 10^{-10}s，是任何机械快门都无法企及的。

② 光强度的电调制。将电光晶体置于互成正交的一对偏振器之间，利用透过光强与外加电压的关系即可制成光强度的线性调制器。

③ 光偏转器。利用电光晶体可使透过光相对于入射光产生偏振方向改变，这样可用另一块双折射晶体实现离散角偏转。这类偏转器称为离散角偏转或数字式偏转。另一类光束偏转器利用电光晶体折射率随电压而改变的特性，即将电光晶体制成棱镜形，则外加电压就会连续改变光束的偏转角，多块棱镜的串接可以增加其偏转角，这类偏转器称为光束连续偏转器。

④ 光频率调制。通过控制外加电场的频率，使得光强调制器中出射光波是本身频率与电场频率的混频，从而改变光波的频率。该应用一般在微波电场的频率调制。

⑤ 波导效应。将电光材料制成波导，就可以以低的调制或开关电压来实现波导模的调制、开关和偏转。由此可制成小型、紧凑的各种光电子器件。

7.2.4　声光材料

声光材料是具有声光效应的光功能材料。声光效应，是由外加超声波（机械波）作用于某些物质之后，使得材料中产生声致非线性极化的现象。超声波引起的声光效应尤为显著。这是因为超声波能够引起物质密度的周期性疏密变化，因而可使正在该物质中传输的光受到折射、反射和散射，从而使光波的方向、强度、频率和相位受超声波控制。折射率的疏密起着衍射晶格的作用，也会引起光进行方向的变化。

声光效应有两种表现形式（图 7-2），当外加的超声波频率较高时，入射光与出射光产生布拉格衍射；当外加的超声波频率较低时，由于超声波的作用，在物质内形成疏密波（起光栅作用），出射光产生衍射，即拉曼-纳斯衍射。声光效应的衍射光在移动的超声波源作用下也会受多普勒效应的影响，使其光频产生偏离，因此，声光效应可用来进行光调制。

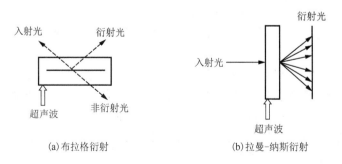

(a)布拉格衍射　　　　　　　(b)拉曼-纳斯衍射

图 7-2　声光效应

几乎所有透明材料都具有声光效应。但实际可应用的声光材料并不多。通常对声光材料性能要求是：

① 具有高的声光衍射因子，即弹光系数和折射率大，声速小。

② 具有低的光学和声学损耗，即对光的散射和吸收少，对超声波吸收少。

③ 热学性质方面，因高频时由于声损耗在材料中产生温升，从而导致更大的损耗，所以选用声速和折射率的温度系数较低的材料，并采用有效的散热措施。

声光材料分为玻璃和晶体两类。玻璃介质的优点如下：易于生产，可获得形状各异的大尺寸块体；退火后，光学均匀性好、光损耗小、易加工、价格低。其主要缺点如下：在可见光谱区，难以获得折射率大于 2.1 的透明玻璃；玻璃的弹光系数小。一般地说，玻璃只适用于声频低于 100MHz 的声光器件。常用的玻璃类声光材料有 Te 玻璃、重火石玻璃、As_2S_3、As_2Se_3 等。

单晶介质是最重要的一类声光材料，适宜制造频率高于 100MHz 的高效率声光器件。单晶介质材料的物理性质是各向异性的，可通过选择声模和光模的最佳组合，获得从材料的平均性质所预想不到的有益的声光性能。常用的晶体类声光材料有钼酸铅、铌酸锂、钇铝石榴石等。

声光材料可用于制作声光偏转器、声光强度(或频率)调制器和声光滤波器，以及低功耗的声表面波声光器件。例如，在光调制方面，间歇地发生超声波场合，光被偏振化，能以有衍射光或无衍射光的形式进行数字调制。由于衍射光的强度与超声波强度呈正比，因此超声波的强弱变化也能模拟调制光的强弱；随着超声波频率的变化，光的多普勒位移也会发生变化，故也可进行频率调制。此外，由于声光器件具有大带宽、大容量实时处理信号的能力而广泛地用于时域、频域实时信号处理，并形成一门新的信号处理技术——声光信号处理技术。

7.2.5 磁光材料

磁光材料是具有磁光效应的光功能材料。磁光效应是光与磁场中的物质或与具有自发磁化强度的物质之间相互作用所产生的各种现象。磁光效应的本质是在外加磁场和光波电场共同作用下产生的非线性极化，从而使透射光波和反射光波的强度、偏振和相位受磁场的调制。磁光材料具有旋光性，磁致旋光现象具有不可逆性质，这是其与自然旋光现象的根本区别。

磁光效应有磁光法拉第效应、磁光克尔效应、双折射效应和塞曼效应等。当直线偏振光入射到强磁性体表面被反射时，该偏振光状态发生变化，此现象为磁光克尔效应。当光沿磁场方向通过介质时，由透射引起的偏振面旋转现象称为磁光法拉第效应。当加外界磁场后，在原来不显示双折射的物质上表现出双折射，这种现象称为双折射效应，也称为穆顿效应。当光射入磁场内时，光谱线会分裂为几根，这现象称为塞曼效应。

所有的晶体材料都具有磁光效应，而且多种磁光效应应同时存在，但有些晶体效应太复杂，而有些效应又太小，没有实用价值。研究和应用较多的是亚铁磁性石榴石类材料、稀土过渡薄膜材料和高费尔德常数类材料。亚铁磁性石榴石类材料一般可表达为 $R_nFe_5O_{12}$，R 为稀土元素，如 $GdFe_5O_{12}$、$Dy_3Fe_5O_{12}$、$Er_3Fe_5O_{12}$、$Y_3Fe_5O_{12}$、$Gd_{10}Y_{1.5}Fe_5O_{12}$ 等。这类材料属于体心立方结构。亚铁磁性石榴石单晶薄片对可见光是透明的，对近红外辐射几乎是完全透明的。稀土过渡薄膜材料，如 Cd-Co、Ho-Co、Te-Fe 等，具有较强的磁光效应，可制作磁光器件。高费尔德常数的材料是一类十分有用的光学材料，含有大量 Ca、In、Sn、Pb 和 Bi 等元素的离子的磁光玻璃是顺磁性或逆磁性的弱磁材料，由于制造方便、便宜、透光性好，因而有较大的应用范围。具有磁光效应的半导体材料主要是锗、硅、硫化铅、锑化铟、砷化铟及亚锡酸镁等。

磁光材料应用于许多磁光器件，如调制器、隔离器、环行器、相移器、锁式开关、Q开关等，快速控制激光参数，也可用于激光雷达、测距、光通信、激光陀螺、红外探测和激光器件放大器等系统的光路中，还可用于磁光记录。

7.2.6 光纤材料

1. 光纤的结构

光纤是用高透明电介质材料制成的非常细(外径为 $125\sim200\mu m$)的低损耗导光纤维,它不仅具有束缚和传输从红外到可见光区域内的光的功能,而且具有传感功能。光导纤维由纤芯和包层两部分组成。纤芯一般由高折射率的石英玻璃或多组分光学玻璃制成,包层由低折射率的玻璃或塑料制成,具体结构如图 7-3(a)所示。光纤的导光能力取决于纤芯和包层的性质。但是这样的光纤太过于脆弱,无实用价值,还需要在光纤的外围加上被覆层和缓冲层,具体结构如图 7-3(b)所示。一次被覆层,主要目的是防止玻璃光纤的玻璃表面受损伤,并保持光纤的强度。因此,在选用材料和制造技术上,必须防止光纤产生微弯或受损伤。通常采用连续挤压法把热可塑硅树脂被覆在光纤外而制成,此层的厚度为 $100\sim150\mu m$,在一次被覆层之外是缓冲层,外径为 $400\mu m$,目的在于防止光纤因一次被覆层不均匀或受侧压力作用而产生微弯,带来额外损耗。因此,必须用缓冲效果良好的低杨氏模量材料作为缓冲层,为了保护一次被覆层和缓冲层,在缓冲层之外加二次被覆层。二次被覆层材料的杨氏模量应比一次被覆层的大,而且要求具有小的温度系数,常采用尼龙,这一层外径常为 0.9mm。

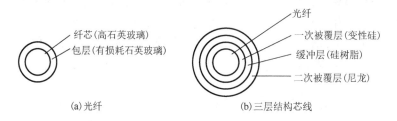

图 7-3   光纤结构示意图

按光纤芯折射率分布不同可分为阶跃型光纤和梯度型光纤两大类。阶跃型光纤分多模光纤和单模光纤,它们的折射率分布都是突变的,纤芯折射率均匀分布,而且具有恒定值。阶跃型多模光纤和单模光纤的区别仅在于,后者的芯径和折射率差都比前者小。设计时,适当地选取这两个参数,使得光纤中只能传播最低模式的光,这就构成了单模光纤。按材料组分不同,光纤可分为高二氧化硅(石英)玻璃光纤、多组分玻璃光纤和塑料光纤等。目前,通信用光纤都是高二氧化硅玻璃光纤。按光纤传播光波的模数来分,则有多模光纤、单模光纤两大类。从传感的角度来分,有传输光纤和功能光纤。

2. 光纤的传输原理

如果有一束光投射到折射率分别为 n_1 和 $n_2(n_1>n_2)$ 的两种材料上,在它们的界面处发生折射,其入射角为 θ_1,折射角为 θ_2,则入射光和折射光之间服从光的折射定律:

$$n_1 \sin \theta_1 = n_2 \sin \theta_2 \qquad (7\text{-}1)$$

由式(7-1)可知，当入射角 θ_1 逐渐增大时，折射角也相应增大。当 $\theta_1=\arcsin(n_1/n_2)$ 时，折射角 $\theta_2=\pi/2$，这时入射光线全部返回原来的介质中去，这种现象称为光的全反射。此时的入射角 $\arcsin(n_1/n_2)$ 称为临界角。在光纤中，光的传送就是利用光的全反射原理，当入射进纤芯中的光与光纤轴线的交角小于一定值时，光线在界面上发生全反射。这时，光将在纤芯中沿锯齿状路径曲折前进，但不会穿出包层。这样就完全避免了光在传输过程中的折射损耗，其传输路径示意图如图 7-4 所示。

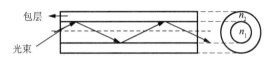

图 7-4　光线在光纤中传输示意图

若一种光纤只允许传输一个模式的光波，则称它为单模光纤。如果一种光纤允许同时传输多个模式的光波，这种光纤为多模光纤。多模光纤直径为几十至上百微米，与光波长相比大得多，因此，许多模式的光波进入光纤后都能满足全反射条件，在光纤中得到正常的传输。多模光纤的传输频率主要受到模式色散的限制，所以传输的信息量不可能很高。单模光纤的直径非常细，只有 $3\sim10\mu m$，同光波的波长相近。在这样细的光纤中，只有沿着光纤轴线方向传播的一种模式的光波满足全反射条件，在光纤中就得到正常的传输，其余模式的光波由于不满足全反射条件，在光纤中传送一段距离后很快就被淘汰。此外，单模光纤不存在模式色散，所以传输频带比多模光纤宽，传输的信息容量大。在大容量、长距离光纤通信中单模光纤具有很好的应用前景。但单模光纤直径太细，制造工艺要求高，使用还不普遍，因此目前光通信所使用的光纤大多是多模光纤。

3. 光纤材料

光纤材料主要有石英玻璃光纤、多组分玻璃光纤、晶体光纤和红外光纤四种。

① 石英玻璃光纤。目前国内外所制造的光纤绝大部分是高二氧化硅玻璃光纤即石英玻璃光纤。为降低石英玻璃光纤的内部损耗，采用化学气相反应沉积法制取高纯度的石英预制棒，再拉丝，制成低损耗石英玻璃光纤。

② 多组分玻璃光纤。多组分玻璃光纤的成分除石英 (SiO_2) 外，还含有氧化钠 (Na_2O)、氧化钾 (K_2O)、氧化钙 (CaO)、三氧化二硼 (B_2O_3) 等其他氧化物。

③ 晶体光纤。晶体光纤可分为单晶与多晶两类。单晶光纤的制造方法主要有导模法和浮区熔融法。导模法是把一支毛细管插入盛有较多熔体的坩埚中，在毛细管里的液体因表面张力作用而上升，将定向籽晶引入毛细管上端的熔体层中，并向上提拉籽晶，使附着的熔体缓慢地通过一个温度梯度区域，单晶纤维便在毛细管的上端不断生长。浮区熔融法是先将高纯原料做成预制棒，然后使用激光束在预制的一端加热，待其局部熔融后把籽晶引入熔体并按一定速率向上提拉，便得到一根单晶纤维。

④ 红外光纤。近年来，随着高功率激光器的出现，需要与之相配的红外光纤。目前正在研究的有重金属氧化物玻璃、卤化物玻璃、硫系玻璃和卤化物晶体等。重金属氧化物玻璃主要指密度较石英玻璃大的氧化物玻璃，如 CeO_2、$CeO_2\text{-}SbO_3$、$CaO\text{-}Al_2O_3$ 等。卤化物

玻璃主要有 BeF_2、$BaF_2\text{-}CaF_2\text{-}YF_3\text{-}AlF_3$、$GdF_3\text{-}BaF_2\text{-}ZaF_4$ 等。硫系玻璃指以 S、Se、Te 等元素为主体的单元或多元玻璃化合物。

7.3　磁 性 材 料

具有强磁性的材料称为磁性材料。磁性材料具有能量转换、存储或改变能量状态的功能，是重要的功能材料。按照材料的化学组成，可以将磁性材料划分为金属磁性材料和非金属(陶瓷铁氧体)磁性材料；按照使用形态，又可分为块状体磁性材料、粉末磁性材料和薄膜型磁性材料。磁性材料按功能可分为软磁性材料、硬磁性材料、半硬磁材料、矩磁材料、旋磁材料、压磁材料、磁记录材料、泡磁材料、磁光材料等。

7.3.1　磁学基本原理

(1)磁感应强度 B

点电荷 q 以速度 v 在磁场中运动时受到力 F 的作用。在磁场给定的条件下，当 v 与磁场方向垂直时受力最大，为 F。F 与 $|q|$ 及 v 成正比，它们的比值与运动电荷无关，反映磁场本身的性质，此比值为磁感应强度。其方向定义为：由正电荷所受最大力 F 的方向转向电荷运动方向 v 时，右手螺旋前进的方向。

$$B = \frac{F}{qv} \tag{7-2}$$

(2)磁场强度 H

表示磁场强弱的物理量，称为磁场强度，单位为安/米(A/m)。如果磁场由长度为 l、电流为 I 的圆柱形 N 匝线圈产生，则其磁场强度为

$$H = \frac{NI}{l} \tag{7-3}$$

磁场强度只与产生磁场的宏观传导电流及导体的形状有关，而与磁介质无关。它与磁感应强度 B 的关系为

$$H = \frac{B}{\mu} \tag{7-4}$$

式中，μ 为导磁物质的磁导率。真空的磁导率为 $\mu_0 = 4\pi \times 10^{-7} H/m$。

(3)磁化强度 M

磁化强度是指在外磁场 H 作用下，磁矩沿着外磁场方向排列而使外磁场强化的量度。其定义为媒质微小体元 ΔV 内的全部分子磁矩矢量和与 ΔV 之比。

$$M = \frac{\sum\limits_i m_i}{\Delta V} \tag{7-5}$$

由于 M 与外磁场强度 H 呈正比，因此也有

$$M = \chi H \tag{7-6}$$

式中，χ 为磁化率，是无量纲参数。

任何物质在外磁场作用下都会极化，并有

$$B = \mu H = \mu_0 H + \mu_0 M = \mu_0 H + \mu_0 \chi H = \mu_0 H(1 + \chi) \qquad (7\text{-}7)$$

$$\mu / \mu_0 = \mu_r = (1 + \chi) \qquad (7\text{-}8)$$

式中，μ_r 为相对磁导率，是无量纲参数。

(4)磁化曲线、磁滞回线和矫顽力

磁化曲线是在外加磁场 H 作用下，所感应产生的磁感应强度 B 或磁化强度 M 的变化曲线。因此该曲线一般横坐标为 H，纵坐标为 B 或 M。

磁滞回线表示磁场强度周期性变化时，强磁性物质磁滞现象的闭合磁化曲线。它表明了强磁性物质反复磁化过程中磁化强度 M 或磁感应强度 B 与磁场强度 H 之间的关系，具体的磁滞回线如图 7-5 所示。将磁性材料从剩余磁化强度 $M=0$ 开始，逐渐增大磁化场的磁场强度 H，磁化强度 M 将随之沿图 7-5 中 OAB 曲线增加，直至到达磁饱和状态 B。继续增大 H，样品的磁化状态将基本保持不变，直线段 BC 几乎与 H 轴平行。OAB 曲线称为起始磁化曲线。

此后若减小磁场 H，磁化曲线从 B 点开始并不沿原来的起始磁化曲线返回，这表明磁化强度 M 的变化滞后于 H 的变化，这种现象称为磁滞。当 H 减小为零时，M 并不为零，而等于剩余磁化强度 M_r。要使 M 减到零，必须加一反向磁化场，而当反向磁化场加强到 $-H_{cm}$ 时，M 才为零，H_{cm} 称为矫顽力。

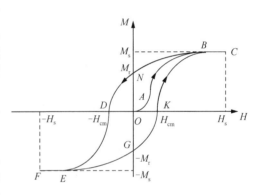

图 7-5　磁滞回线

如果反向磁场继续增大到 $-H_s$，样品将沿反方向磁化到达饱和状态 E，相应的磁化强度饱和值为 $-M_s$。E 点和 B 点相对于原点对称。此后若使反向磁场减小到零，然后又沿正方向增加。样品磁化状态将沿曲线 $EGKB$ 回到正向饱和磁化状态 B。$EGKB$ 曲线与 $BNDE$ 曲线也相对于原点 O 对称。由此看出，当磁化场由 H_s 变到 $-H_s$，再从 $-H_s$ 变到 H_s 反复变化时，样品的磁化状态变化经历着由 $BNDEGKB$ 闭合回线描述的循环过程。曲线 $BNDEGKB$ 称为磁滞回线。磁滞回线所包围的面积正比于在一次循环磁化中的能量损耗。

7.3.2　磁性材料的分类

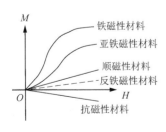

图 7-6　五类磁体的磁化曲线

根据磁化率 χ 及其变化规律，可以把各种物质的磁性分为五类，即抗磁性、顺磁性、铁磁性、反铁磁性、亚铁磁性。这五类的磁化曲线有着明显的不同，具体如图 7-6 所示。

(1)抗磁性

抗磁性材料的磁化率 $\chi < 0$，$|\chi|$ 在 $10^{-6} \sim 10^{-4}$。抗磁性物质的原子或离子的电子壳层是填满的，因此它们的原子磁矩不等于零，但由原子组成的分子的总磁矩为零。属于此类的材料有 Ti、Zn、Cu、Ag、Au、Hg、Pb、S 等。

(2) 顺磁性

顺磁性材料的磁化率 $\chi > 0$，χ 在 $10^{-5} \sim 10^{-3}$。磁化强度 M 与磁场 H 方向相同。这些物质的原子或分子都具有未填满的电子壳层，所以有电子磁矩。但这些物质的原子或分子磁矩之间作用很微弱，对外作用相互抵消，所以不表现宏观磁性，在外磁场中，显示微弱的磁性。属于此类的材料有 Mo、Al、Pt、Sn 等，以及居里温度以上的铁磁元素 Fe、Ni 等。

(3) 铁磁性

铁磁性材料的 $\chi > 0$，在 $1 \sim 10^4$，因此，铁磁性材料磁性很强，即常说的磁性材料。铁磁性的物理本质与逆磁性和顺磁性不同，逆磁性和顺磁性只有在外磁场的作用下才显其逆磁和顺磁性。而铁磁性，即使无外磁场的存在，其中的元磁体也会定向排列，形成"自发磁化"。微观上，铁磁性是通过相邻晶格结点原子的电子壳层的相互作用而引起的。这种相互作用致使原子磁矩定向平行排列，并产生自发磁化现象。铁磁体内这些自发磁化的区域称为"磁畴"。外磁场作用促使磁畴磁化成同一方向，即表现出宏观的磁化强度。实际上，并不是所有电子壳层都可以引起这种相互作用，只有含有未配对的 3d 电子的壳层才存在这种相互作用。铁磁性材料的磁性特点是只有在居里温度以下才具有铁磁性，而在居里温度以上，就会转变为顺磁性。铁磁体的另一特点就是在外磁场作用下，磁化过程不可逆，即磁滞现象。利用这种现象可以把铁磁性材料用于各个方面。

(4) 反铁磁性

反铁磁性与铁磁性一样，其微小磁矩在磁畴内排列整齐，其磁矩反平行交错有序排列，但不表现宏观强的净磁矩。与铁磁性所不同的是，在这些材料中，反平行排列相互对立。温度越低，其内部的这种排列越紧。当温度上升到奈耳温度以上时，其相对磁导率略大于1，并随温度升高而增加，超过这一温度后该物质变成顺磁性材料。反铁磁性材料主要有部分金属(如 Mn、Cr)、部分铁氧体(如 $ZnFeO_4$)、某些化合物(如 MnO、NiO)等。

(5) 亚铁磁性

亚铁磁性是反铁磁性的一个变种，它是当反平行的原子磁矩数值不相等时，还残存着磁性。铁氧体是一种典型的亚铁磁性物质。

7.3.3　典型的磁性材料

1. 软磁性材料

软磁性材料主要是指容易反复磁化，在外磁场去掉后容易退磁的材料。它的特点是矫顽力低(低于 $10^2 A/m$)，相对磁导率大，每周期磁滞损耗小。由于它的磁导率高，一旦外磁场发生小的变化，材料的磁场就发生很大变化。软磁性材料可分金属软磁材料和非金属软磁材料。

代表性金属软磁材料有纯铁、硅钢片和铁镍合金。硅钢片是在钢中加 Si 和在氢中脱碳来降低矫顽力，是较为经济的方法。另外，加 Si 还可提高其比电阻，以降低涡流损失和磁滞损耗，显著降低反复磁化的损耗，这种办法对软磁性材料的发展有过重要意义。因此，直至目前，硅钢片在磁性材料中仍占有重要位置。铁镍合金的软磁性能比电工钢要优越得多。在低磁场中，具有高磁导率、低饱和磁感应强度、很低的矫顽力和低损耗，而且加工成型性能也比较好。

非金属软磁材料典型代表为软磁铁氧体。铁氧体是一种特殊的非金属磁性材料，属于亚铁磁性范围。铁氧体可分为软磁铁氧体、硬磁铁氧体、旋磁铁氧体、矩磁铁氧体和压磁铁氧体。现在应用的铁氧体多数为软磁铁氧体，与金属软磁性材料相比，其磁导率与磁化率之比很大，电阻率比较高。铁氧体是将铁的氧化物(如 Fe_2O_3)与其他金属氧化物用特殊工艺制成的复合氧化物，典型的铁氧体材料如尖晶石铁氧体和石榴石铁氧体。

非晶态合金软磁材料是新型的软磁材料，具有比电阻高、交流损失很小、制造工艺简单、成本低、强度高、耐腐蚀等优点，如 Fe-P-C-B 非晶合金。铁基非晶态软磁合金饱和磁感应强度高，矫顽力低，耗损特别小，但磁致伸缩大；钴基非晶态软磁合金饱和磁感应强度较低，磁导率高，矫顽力低，损耗小，磁致伸缩几乎为零；而铁镍基非晶态软磁合金介于以上两者之间。

新型纳米软磁材料，如 Fe-Cu-Nb-Si-B 系合金，经过适当的热处理，可以获得细小晶粒的磁晶，其磁致伸缩系数很小，磁导率高，矫顽力低，软磁性能好。

2. 硬磁性材料(永磁材料)

硬磁性材料与软磁性材料相反，硬磁性材料是指难以磁化，且除去外场以后仍能保留高的剩余磁化强度的材料。它的主要特点是矫顽力高，一般 $H_c > 10^4 A/m$，磁滞回线较粗，剩余磁感应强度大于 1T。这类材料主要有硬磁铁氧体、变形硬磁合金、铝镍钴硬磁合金、稀土硬磁合金等。

3. 矩磁材料

矩磁材料是指磁滞回线近似矩形的磁性材料。这类材料的剩余磁感应强度很高，接近于饱和磁感应强度，矫顽力较小，信噪比和抗干扰比高，对环境和温度稳定性好等。这类材料包括铁氧体磁芯材料和磁膜材料。大量使用的矩磁铁氧体主要是 $(Mn-Mg)Fe_2O_4$ 系和 $(LiMnFe)_3O_4$ 系铁氧体材料。这类材料具有磁性记忆功能，可靠性极高，主要用于电子计算机随机存取的记忆装置，还可作为磁放大器、变压器、脉冲变压器等使用。用这类材料作为磁性涂层可制成磁鼓、磁盘、磁卡和各种磁带等。还有矩磁合金如 Fe-Ni 系、Fe-Ni-Mo 系等。

4. 压磁材料

压磁材料就是磁致伸缩材料，即物体磁化时，会发生伸长或缩短的变化的性质。这类材料有如下特点：饱和磁致伸缩系数高，可获得最大变形量；产生饱和磁致伸缩的外加磁场低；在恒定应力作用下，单位磁场变化可获得高的磁通密度变化。常见的磁致伸缩材料有两大类，分别为磁致伸缩合金和铁氧体磁致伸缩材料。

磁致伸缩合金饱和磁化强度高，力学性能优良，可在大功率下使用，但电阻率低，不能用于高频，如 Fe-Co-V 系、Fe-Ni 系、Fe-Al 系和 Ni-Co 系合金。

铁氧体磁致伸缩材料与磁致伸缩合金正相反，其电阻高，可用于高频，但饱和磁化强度低，力学强度也不高，不能用于大功率状态；一些含稀土元素的金属互化物(如 SmFe 系)，其饱和磁致伸缩系数和磁弹耦合系数都高，但缺点是要求外加磁场高，往往难以满足。

当前，还在兴起的非晶态磁致伸缩合金综合性能良好，常用于表面声波器件中，如超声发生器、接收器、超声探伤仪、超声钻头、回声控测仪、超声延迟存储器、滤波器、稳频器、谐波发生器、振荡器、微波检波器等。

5. 旋磁材料

旋磁材料是具有旋磁性的材料。若沿材料的某一方向加一交变磁场,能够在 x、y、z 各方向产生磁化,产生磁感应强度,这个性质就是旋磁性。对这类材料的主要要求是:铁磁共振线宽, ΔH 窄,以降低旋磁器件的磁损耗;饱和磁化强度适当,以适应不同频率的需要;居里温度高,以提高材料对温度的稳定性;电阻率高,以降低涡流损耗。旋磁材料基本上是铁氧体磁性材料,一般称为微波铁氧体材料。以 YFe_2O_4 类尖晶石型铁氧体应用最早,而应用较多的是 $(Mn-Mg)Fe_2O_4$ 系和 $(LiMnFe)_3O_4$ 系铁氧体。近年来开发的有稀土离子 $R_3Fe_5O_{12}$ 系石榴石型铁氧体。

6. 巨磁电阻材料

巨磁电阻材料是具有巨磁电阻效应的一类功能材料。巨磁电阻效应是指磁性材料的电阻率在有外磁场作用时较之无外磁场作用时存在巨大变化的现象。巨磁电阻是一种量子力学效应。它产生于层状的磁性薄膜结构。这种结构由铁磁材料和非铁磁材料薄层交替叠合而成。当铁磁层的磁矩相互平行时,载流子与自旋有关的散射最弱,材料有最小的电阻。当铁磁层的磁矩为反平行时,与自旋有关的散射最强,材料的电阻最大。当该类材料的电阻随外磁场的变化巨大时,也称为超磁电阻材料。由于自由电子在磁场下受洛伦兹力作用,许多物质都可呈现磁电阻效应,但通常是微不足道的。1988 年人们首次在用分子束外延法制备的 Fe/Cr 多层金属膜体系中发现巨磁电阻现象,之后在金属间化合物(如 Sm-Mn-Ge)以及钙钛矿结构的磁性氧化物膜(如 Nd-Pb-Mn-O、La-Ba-Mn-O、La-Ca-Mn-O)之中均观察到了巨磁电阻现象。尤其是在钙钛矿结构的 $LaMnO_3$ 衍生物的单晶和薄膜材料中发现超磁电阻效应后,这类材料的研究取得了突破性的进展,许多结构新颖、性能优越的巨磁电阻材料相继发现,为巨磁电阻材料的研究开辟了广阔的领域。

由于巨磁电阻材料在电磁器件(如磁头、磁传感器、磁开关、磁记录以及磁电子学等)方面具有巨大的应用前景,因此引起了人们极大的兴趣,对它的研究近年来已成为物理学和材料化学的一个新兴的前沿领域。

磁性功能材料是具有较强磁性的材料,能够进行能量的转换、存储或改变能量状态。除了传统的铁氧磁性材料,非晶磁性材料、稀土磁性材料、纳米磁性材料等发展迅速,它们的磁性能远超过铁氧磁性材料,这些磁性材料广泛地应用在音响、计算机、通信、自动化、仪器仪表、航空航天、医药生物、农业等各个领域。一些新型的磁性功能材料如巨磁阻抗、巨磁电阻、巨磁致伸缩等,利用特大的磁-热、磁-电、磁-力、磁-光等交叉效应为未来磁性材料的应用发展开辟了崭新的道路,这也使得磁性材料成为最活跃的研究领域之一。

7.4　电　性　材　料

在环境作用下,具有导电行为的材料称为电性材料。宇宙中所有物质,无论具有何种结构和何种状态,都具有不同程度的导电能力,绝对绝缘体是不存在的。通常把物质的电阻率为 $10^{-12} \sim 10^{-6} \Omega m$ 的物质称为导体,电阻率为 $10^{-5} \sim 10^8 \Omega m$ 的物质称为半导体,电阻

率为 $10^9\Omega m$ 以上的物质称为绝缘体。从微观来讲，材料之所以具有导电性是因为材料内部存在传递电流的载流子。载流子分三种：电子、空穴和离子。以电子或空穴为电流的导体称为电子导体或第一类导体，如金属，电流通过这类导体时，不改变导体本身的结构和性能；以离子为电流的导体称为离子导体或第二类导体，如酸、碱、盐溶液，电流通过这类导体时，必然伴随化学变化。

根据能带理论(图 7-7)，在固体材料中，组成材料的众多原子的最外层轨道上的电子能级构成能级带，相同能级的电子轨道形成一个能级带。充满电子的能级带称为满带，没有充满电子的能级带称为导带，没有电子的能级带称为空带，在导带与空带之间的能级差段称为禁带。金属的禁带 E_g 较小，说明电子无须克服能量或者只需很少的能量就可直接从导带跃入空带，在金属中形成电流；而绝缘体的禁带 E_g 较大，使电子无法跃迁到空带，因此，无法形成电流而导电。如果材料导带中的部分电子所具有的能量可以使之越过禁带，跃迁到空带，那么该材料就是半导体。禁带影响着在外界作用下，导带上电子向空带跃迁的数量，外界作用影响着导带上电子的跃迁能力。导带上电子跃迁状况影响材料的电、磁、光、声性能。

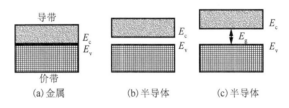

图 7-7 能带理论示意图

在超低温和一定条件下，在外电压作用下，材料的导带和空带能级一致，禁带为零的材料称为超导体。超导体的电阻为零，电子的流动没有阻力。

电性材料分为导体材料、电阻材料(精密电阻材料、电阻敏感材料)、电热材料、热电材料、超导材料等。

7.4.1 导体材料

导体材料主要有三种，分别为金属导体、聚合物导体、离子导体。

1. 金属导体

金属自由电子理论认为：金属具有很强的导电能力是由于金属中存在着大量的自由电子，在没有外电场作用时，这些自由电子在金属中做无规则热运动，在各个方向上的平均速度为零，因而不产生电流。当有外电场作用时，这些自由电子沿电场反方向产生净运动，便形成电流。自由电子在运动中不断与金属中离子点阵碰撞产生阻力，因而不能在电场作用下无限加速，而获得正比于外电场的恒定电流。能带理论则认为：金属中电子能级劈裂成导带和禁带相间的能带，导带的能级是允许电子具有的能级，禁带的能级是不允许电子具有的能级。金属导电能力的不同是由于能带结构不同造成的。

金属导体材料广泛应用于电力、电子工业技术领域。它具有高电导率、高力学性能、良好的抗腐蚀性能、良好的成型加工性能，同时价格低廉，纯金属中导电性能好的有银、铜、金、铝，其导电性能由好至坏。因此，导体材料基本采用这几种金属和它们的合金。

2. 聚合物导体

聚合物是由许多共价键的小分子重复键合起来组成的。一般高分子聚合物材料都是绝缘体，但是某些具有特殊结构的材料以及通过掺杂进行复合形成的复合聚合物具有导电性；或者因为聚合过程中常使用催化剂，在高温、高压下聚合而成，故常含有离子杂质或分解物，因而具有导电性。所以导电聚合物中电子导电和离子导电同时存在，只是程度不同，一般不易判别处于支配地位的载流子究竟是离子性质的，还是电子性质的，需要专门设备才能有效地判别出来。聚合物导体电导率可达到半导体和导体之间，使高分子材料成为半导体或导体。

聚合物导体材料结构有以下几个特征。

① 分子共轭。共轭聚合物具有 π 电子分子轨道，分子内的长程相互作用使之形成能带，禁带宽度 E_g 随共轭体系长度（n 聚体）的增加而减少，不同导电高分子的链长与其电导率之间有定量关系。另外，分子间的势垒很高，链上键长并不均等，侧链上的立体障碍等都将使电导率降低。采用热裂解可以得到具有梯形共轭结构的导电聚合物，如聚丙烯腈、聚乙烯醇。但这些共轭高分子都不溶不熔、质地硬脆、力学性能不好，其应用受限。

② 掺杂。用具有导电性能的小分子掺杂到高分子中可以明显提高聚合物的导电性，例如，用 I_2、Br_2 掺杂到典型的绝缘体聚乙烯中，其电导率可以增加七个数量级。电导率的增加随掺杂条件（如掺杂剂种类、浓度，掺杂温度、时间等）的不同而不同。此外，聚合物非晶态比例大时，电导率的升高更为明显。

③ 电荷转移复合物。利用高分子给体与低分子受体复合可以得到电导率高得多的高分子导体材料。这类材料典型的有乙烯咔唑（PVK）-三硝基芴酮（TNF）体系、聚乙烯吡啶（PVP）-碘体系、聚正离子-四氰基对苯醌二甲烷（TCNQ）体系等。

常用的聚合物导体主要有电池材料、透明导电膜、透明电磁波屏蔽、导电橡胶和光电导聚合物等。

3. 离子导体

离子导电是当电流经过材料时，由离子运动完成的导电行为，而具有离子导电能力的材料称为固体电解质；因固体电解质比正常的离子化合物的电导率高几个数量级，所以也称快离子导体。许多晶体有很高的离子导电性，如 Ag 的卤化物和硫化物、具有 CaF_2 结构的高浓度缺陷的氧化物（如 CaO、ZrO_2）。这些离子导体在电池中应用较多。导电陶瓷就属于快离子导体。

7.4.2　电阻材料

电阻材料是由于线路中设计需要采用的，具有控制电路电流作用的材料，其性能要求包括电阻温度系数小、易于加工、阻值稳定适当。电阻材料包括精密电阻材料和电阻敏感材料。精密电阻材料一般具有较恒定的高电阻率，电阻温度系数小，并且电阻随时间的变化小，因此常用作标准电阻器，在仪器仪表及控制系统中有广泛的应用。电阻敏感材料是指制作通过电阻的变化来获取系统中所需信息元器件的材料，如应变电阻、热敏电阻、光敏电阻、气敏电阻等材料。

1. 精密电阻材料

常用的精密电阻材料有五类，分别为 Cu-Mn 系合金、Ni-Cr 系合金、Cu-Ni 系合金、贵金属合金和 Fe-Cr-Al 系合金。Cu-Mn 系合金在电阻温度曲线上具有负电阻温度系数，因此以它为基体制成了各种 Cu-Mn 系电阻合金，其标准成分质量分数为 Cu：86%；Mn：12%；Ni：2%。Ni-Cr 系合金具有更宽的使用温度，电阻温度系数更小，耐热性良好，耐腐蚀性更高，易于拉丝。但锡焊较困难，其成分为 Cr：20%；Al：3%；Mn：1%；Fe：2.5%；其余为 Ni。Cu-Ni 系合金可以在较宽的温度范围内使用，其最高使用温度可达 400℃，而且耐腐蚀性、耐热性较好。其代表性合金康铜的成分为 Cu：60%；Ni：40%。贵金属合金耐腐蚀，抗氧化，接触电阻小，电阻温度系数很小，热稳定性好。这类合金主要有 Pt 基、Au 基、Pd 基和 Ag 基电阻材料。Fe-Cr-Al 系精密电阻是在电热合金的基础上进行成分的调整后获得的，它可以通过改变 Al 和 Cr 的组成，使电阻温度系数在正值与负值之间变化，因此可制作出电阻温度系数较小的精密电阻合金，但加工性能稍差，焊接性能不好。

2. 电阻敏感材料

电阻敏感材料分为：①应变电阻材料，这类材料有 Cu 基、Ni 基、Fe 基及贵金属的合金；②热敏电阻材料，这类材料常用 Co 基、Ni 基和 Fe 基合金；③光敏电阻材料，这类材料常用半导体材料，如 BaO、PbO、Fe_2O_3、CoO、NiO、Cu_2O 等；④气敏电阻材料，这类材料常用金属氧化物，如 ZnO、SnO_2。

热敏电阻材料是电阻敏感材料中的一种重要材料，它分为两种，分别为电热材料和热电材料。电热材料是利用电流通过导体将放热。电热材料常用作电热器。对电热材料的性能要求是：有高的电阻率和低的电阻温度系数，在高温时具有良好的抗氧化性，并有长期的稳定性，有足够的高温强度，易于拉丝。目前，常用的为 Ni-Cr 系和 Fe-Cr-Al 系合金。

热电材料是指利用其热电性的材料。对于金属热电材料，主要是利用塞贝克效应制作热电偶，是重要的测温材料之一。而对半导体热电材料则可利用塞贝克效应、珀耳帖效应及汤姆逊效应制作将热能转变为电能的转换器，以及利用电能的加热器和制冷器。

对金属热电偶材料的性能要求为具有高的热电势及高的热电势温度系数，保证高的灵敏度，同时要求热电势随温度的变化是单值的，最好呈线性关系；具有良好的高温抗氧化性和抗环境介质的腐蚀性，在使用过程中稳定性好，重复性好，并容易加工，价格低廉。完全满足这些要求比较困难，各种热电偶材料也各有其优缺点，一般根据使用温度范围来选择热电偶材料。为了确定两种材料组成热电偶后的热电势，技术上选用铂作为标准热电极材料，这是因为铂的熔点高、抗氧化性强及较好的重复性。较常用的非贵金属热电偶材料有镍铬、镍铝、镍铬-镍硅、铁-康铜、铜-康铜等。贵金属热电偶材料最常使用的有铂-铂铑及铱-铱铑等。

7.4.3 超导材料

超导材料是一种非常重要的电性功能材料。超导现象是在 1911 年由科学家昂内斯将汞冷却到 4.2K 发现的，由于温度极低，很难得到实际的应用。20 世纪 30 年代，迈斯纳效应的发现使人们认识到超导电性是一种宏观尺度上的量子现象。1957 年，巴丁、库珀和施里弗基于电子与声子的相互作用，建立了成功的微观理论，解释了超导电性的起源。长期以来，科学家一直致力于室温超导的研究，只有达到室温超导，才能使超导特性得到实际有效的应用，我国科学家赵忠贤院士在高温超导领域做出了杰出的贡献，首次制备出突破液氮温度的钇钡铜氧体超导材料。目前超导体临界温度纪录保持在 160K。

1. 超导体的基本性质

超导体拥有两个基本性质，分别为零电阻效应和迈斯纳效应(图 7-8)。超导体的零电阻效应是指当温度下降至某一数值以下时，超导体的电阻率突然变为零。而常规导体，在处于理想金属晶体状态下也是没有电阻的，这就是常导体的零电阻。实际上，金属晶格原子的热运动、晶体缺陷和杂质等因素，使周期场受到破坏，电子受到散射，故而产生一定的电阻，这种电阻即使温度降为零时，也不为零，仍保留一定的剩余电阻率。金属越不纯，剩余电阻率就越大。因此超导体具有零电阻现象与常规导体零电阻在实质上截然不同。

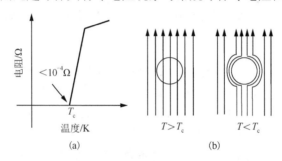

图 7-8　超导体的零电阻效应和迈斯纳效应

迈斯纳效应也称为完全抗磁性。它是指处于磁场中的超导体，在临界温度以下时，其内部的磁感应强度为零。无论这个磁场是在超导体转变成超导态之前加载，还是在变成超导态之后加载，超导体内部的磁感应强度均为零。也就是说超导态是一个热力学平衡状态，与进入超导态的途径无关。迈斯纳效应产生的原因为当超导体处于超导态时，在磁场作用下，表面产生一个无损耗感应电流。这个电流产生的磁场恰与外加磁场大小相等、方向相反，因而总磁场为零。换句话说，这个无损感应电流对外加磁场起着屏蔽作用，因此又称该电流为抗磁性屏蔽电流。

超导态的零电阻效应和迈斯纳效应是超导态的两个相互独立、又相互联系的基本属性。单纯的零电阻并不能保证迈斯纳效应的存在，但零电阻是迈斯纳效应的必要条件。因此，超导体必须同时具备零电阻效应和迈斯纳效应，只有一种效应不能认定为超导体。

2. BCS 理论

关于超导现象存在许多的理论，如二流体模型、伦敦方程、金兹堡-朗道理论。但影响最大的是 BCS 理论。

BCS 理论是，美国物理学家巴丁、库珀和施里弗于 1957 年提出的超导电性量子理论。该理论是从微观角度对超导电性机理做出合理解释的最富有成果的探索。他们三人因此获得 1972 年诺贝尔物理学奖。

库珀证明：只要两个电子间有净的吸引作用，不管这种作用多么微弱，它们都能形成束缚态，两个电子的总能量将低于费米能级 $2E_F$。此时，这种吸引作用有可能超过电子之间的库仑排斥作用，而表现为净的相互吸引作用，这样的两个电子称为库珀电子对。从能量上看，组成库珀对的两个电子，因相互作用导致势能降低，使得库珀对的总能量低于 $2E_F$。在此之上他们建立了 BCS 理论。

BCS 理论的核心观点主要有两个：

① 超导电性来源于电子间通过声子作为媒介所产生的相互吸引作用，当这种作用超过电子间的库仑排斥作用时，电子会形成束缚对，就是库珀对，从而导致超导电性的出现。库珀对会导致能隙存在。超导临界场、热力学性质和大多数电磁学性质都是这种库珀对的结果。

② 元素或合金的超导转变温度与费米面附近电子能态密度 N_{E_F} 和电子-声子相互作用能 U 有关，可用电阻率来估计。

3. 超导的隧道效应

约瑟夫森隧道效应：当两个超导体中间夹一个极薄的绝缘体(1nm 厚)构成一个隧道结时，库珀电子对穿过势垒后仍保持着配对状态。

宏观长程量子干涉效应：当直流磁场加到包含两个结的超导电路时，会使最高超导电流呈现随磁场强度变化的干涉效应，超导量子干涉仪就是利用这个效应工作的。

4. 超导体的三个临界参数

临界温度(T_c)：超导体从常导态转变为超导态的温度就称为临界温度。临界温度是在外部磁场、电流、应力和辐射等条件维持足够低时，电阻突然变为零时的温度。

临界磁场(H_c)：对于超导态的物质，若施以足够强的磁场，可以破坏其超导性，使它由超导态转变为常导态，电阻重新恢复。这种能够破坏超导态所需的最小磁场强度称为临界磁场。H_c 是温度的函数，一般可以近似表示为抛物线关系。

临界电流(I_c)：破坏超导电性所需的最小极限电流，也是产生临界磁场的电流，也就是超导态允许流动的最大电流。

5. 超导体的分类

超导材料大致分为两类，分别为第一类超导体和第二类超导体。在临界磁场以下，即显示其超导性，超过临界磁场立即转变为常导体的超导材料为第一类超导体。

对于第二类超导体而言，有两个临界磁场，即下临界磁场和上临界磁场。在温度低于临界温度、外磁场低于下临界磁场时，第一、第二类超导体相同，处于完全抗磁性状态。而当外磁场介于下临界磁场和上临界磁场之间时，第二类超导体处在超导态和正常态的混合状态。在混合状态时，磁力线呈斑状进入超导体内部，电流在超导部分流动。随着外加磁场的增大，正常态部分逐渐增大，直到外磁场超过上临界磁场时，超导部分消失，转为正常态。

根据金兹堡朗道理论，产生第一类超导体和第二类超导体的原因是任何超导体内都存在超导区与常导区，这两个区域之间界面存在界面能，界面能大于零的为第一类超导体，界面能小于零的为第二类超导体。

第一类超导体都是元素超导体，如 Hg、Ti、Zr、Hf、Th、Nb、W 等。但并非所有的元素超导体都是第一类超导体，在已发现的超导元素中，钒、铌和钽属于第二类超导体，其他元素均属第一类超导体。然而大多数超导合金和化合物则属于第二类超导体。

超导体主要有四类：元素超导体、合金超导体、化合物超导体和氧化物超导体。元素超导体目前已发现有 50 多种，它们大多属于第一类超导体，临界温度非常低，难于应用。合金及化合物超导体多达几千种，真正能够实际应用的并不多。最受关注的是氧化物超导体，目前的高温超导体大部分是氧化物超导体，如钇钡铜氧体、镧锶铜氧体、铊钡钙铜氧体等。非氧化物类的高温超导体较少，其典型代表为 C_{60}。

也存在一些其他类型的超导体，但仍处于探索阶段。例如，非晶超导体，它具有高强度、高均匀度、高耐磨、高耐腐蚀等优点；非晶态结构长程无序使超导体的临界温度提高，纳米非晶态合金制备将会在这一领域里有更大的空间；复合超导体指用超导线（或带）与良导体复合而成的超导体，具有承载电流大、退化效应小、超导稳定性好、机械强度高等特点；重费米超导体低温电子比热容系数大，超导体电子有效质量比自由电子的质量大几百甚至几千倍，具有超常规的性能；有机超导体具有质量轻、易于在分子水平设计加工等优点，这一材料尤其适合用纳米组装技术进行合成。

6. 超导体的应用

超导体可以利用其超导特性在电力、交通、勘探、通信和测量等方面发挥巨大作用。超导体的零电阻效应显示了其无损耗输送电流的性质，大功率发电机、电动机如能实现超导化将会明显降低能耗，并使其小型化。如将超导体应用于潜艇的动力系统，可以明显提高它的隐蔽性和作战能力。在交通运输方面，负载能力强、速度快的超导悬浮列车和超导船的应用，都依赖于磁场强、体积小、质量轻的超导磁体。利用超导隧道效应，人们可以制造出世界上最灵敏的电磁信号的探测元件和高速运行的计算机元件。用这种探测器制造的超导量子干涉仪可以测量地球磁场几十亿分之一的变化，能测量人的脑磁图和心磁图，还可用于探测深水下的潜水艇；放在卫星上可用于矿产资源普查；通过测量地球磁场的细微变化为地震预报提供信息。超导体用于微波器件可以明显改善卫星通信质量。超导材料的应用显示出巨大的优越性。

超导磁体还用于核磁共振层析扫描，这种医用技术是通过对弱电磁辐射的共振效应来确定一些核（如氢）的性质。共振频率正比于磁场强度，借助于计算机，对人体不同部位进行核磁共振分析，可以得到人体各种组织包括软组织的切片对比图像，这用其他方法很难得到。核磁共振比 X 射线技术不仅更加有效及精确，而且是一种对人身体无害的诊断手段。

目前，高温超导材料逐渐从研究阶段转变为应用发展阶段，作为一类有重大应用价值的技术，实际开发与基础应用研究已相互推动，逐步发展成为高新技术产业。

7.5　非　晶　合　金

非晶态材料在自然界中并不少见，玻璃就是非晶态。但非晶态合金却是一个较新的材料，因为常规的金属材料都是晶态的。随着非晶态合金的发展，它越来越表现出自身的独特性，不仅促进了人们对金属的理解，而且推动了社会科技的进步。

非晶态合金(非晶合金)是指原子排列不具有长程有序的合金。它们也称为玻璃态合金或金属玻璃。历史上第一次报道制备出非晶态合金的是克雷默(Kramer)，其制备工艺为蒸发沉积法。20 世纪 50 年代末期，哈佛大学著名材料学家特恩布尔(Turnbull)首次提出利用熔体快速冷却的方法制备非晶态合金的设想。1960 年杜威兹(Duwez)及其同事发明直接将熔融金属急冷制备出非晶态合金的实验方法，成功地获得 Au-Si 非晶态合金薄片。从此，利用快速冷却方法制备非晶态合金的研究广泛开展起来。1960～1989 年的近 30 年里，受制于冷却速度，此间所制备的非晶态合金只能以薄带、薄片、细丝和粉末等形态出现。80 年代末期，日本东北大学的井上(Inoue)首次突破冷却速度的限制成功地制备出 La 基多组元大块非晶合金，稍后美国加州理工学院的詹森(Johnson)成功地发展出了含 Be 的 Zr 基大块非晶合金。此二人对大块非晶合金制备的突出贡献，掀起了世界范围内大块非晶合金的研究热潮。现在非晶合金的研究重点已经转入应用和更深入的理论研究阶段。

7.5.1 非晶合金的特点

1. 非晶合金的结构特点

非晶合金的结构特点就是非晶材料普遍所具有的短程有序和长程无序(图 7-9)。短程有序是指几个原子直径长度的范围内有序。长程无序则是指原子排列的周期性消失。非晶合金的这种结构特点来源于其液态的母合金。在液体中，这种无序是原子自由运动的结果。非晶态合金的结构无序性就是在非晶形成过程中保留下来的，它的原子主要是在平衡位置附近热振动。非晶态材料的密度一般与同成分晶体相差不多，也就是说原子的平均距离和相互作用差不多，而且各原子的电子状态对于晶态和非晶态来说一般也不会有突变。换句话说，结合力的类型制约着原子的长程有序排列，决定了原子的排列方式只能取某种特定的短程有序方式，但无法制约原子的长程有序。所以，在非晶态金属中，最近邻原子间距与晶体的差距很小，配位数也很相近。但是，次近邻原子的关系就可能有显著的差别。

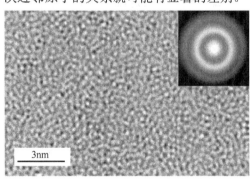

(a)晶态材料　　　　　　　　　　　　　(b)非晶态材料

图 7-9　晶态和非晶态材料的结构

2. 非晶合金的性能特点

与传统晶态合金材料相比，非晶合金材料性能方面具有十分不同的特点，主要表现在：

① 具有优异的力学性能。目前世界上已开发出的 Zr 基非晶合金的断裂韧性可达 $60MPa \cdot m^{1/2}$，且在高速载荷作用下具有非常高的动态断裂韧性，在侵彻金属时具有自锐性，

是目前世界上已发现的最为优异的穿甲弹芯材料之一。

② 具有良好的加工性能。在非晶转变温度附近，La-Al-Ni 非晶合金延伸率可轻易达到 15000%，其他一些大块非晶合金材料在塑性变形过程中亦显示出了不同程度的超塑性，因此在实际中可针对不同的用途对大块非晶合金材料方便地进行各种塑性变形加工，甚至进行超塑性加工。

③ 具有优良的抗腐蚀能力。已有研究结果显示，现有的各种大块非晶合金材料与同类晶态合金材料相比，其抗多种介质腐蚀能力均有显著的提高，因此可在一些更为恶劣的环境下长期使用。

④ 具有优良的化学活性，是极好的化学反应催化和光催化材料。

⑤ 具有优良的软磁、硬磁以及独特的膨胀特性等物理性能。研究发现，当一些大块非晶合金材料在经过后续热处理成为纳米晶合金材料后，显示出了极为优异的软磁和硬磁性能，可作为传统磁性材料的优秀替代品。

⑥ 良好的催化性能。由于非晶合金缺陷非常多，非常有利于反应物的吸附，从而提高催化效率。但在较高温度下，非晶合金容易晶化，降低催化效果。采用 Fe-Ni 系非晶合金水煤气合成甲烷、乙烯、丙烯等化合物，可以有效地降低反应温度，这表明非晶态触媒活性比晶态高得多。

⑦ 较高的电阻率和可调可控的电阻温度系数。非晶态合金的电阻率一般较高，这与其长程无序的结构有关。而其电阻温度系数却可以随着成分的变化而变化，且可正可负，因此可以获得零电阻温度系数的材料。

⑧ 热膨胀系数低。

7.5.2　非晶合金的制备

金属玻璃的发展与新型制备技术的发展密切相关。制备非晶材料的关键在于获得足够高的冷却速度，将液态或气态的无序状态保留到室温附近，并阻止原子的进一步扩散迁移转变为晶态相。因此，一方面要提高材料的非晶形成能力，另一方面要采用新技术获得高的冷却速度。合金比纯金属易形成非晶态，一般的合金形成金属玻璃需要约 $10^6℃/s$ 的冷却速度。纯金属形成非晶态极为困难，需要高达 $10^{10}℃/s$ 的冷却速度。从热力学和结晶学角度，为提高合金的非晶形成能力，一般要求：①组元原子半径差超过 10%(尺寸效应)，可以构成更紧密的无序堆积，更小的流动性；②组元元素的电负性有一定的差异(合金化效应)，差异过大易形成稳定的化合物，过小不易形成非晶体；③一般处于相图上的共晶或包晶点成分附近，因而熔点较低，结构复杂；④提高非晶态的玻璃化温度 T_g，使合金更容易直接过冷到 T_g 以下而不结晶；⑤增大熔体的黏度和结构的复杂性，提高原子迁移的激活能，使其难于结晶；⑥降低非均匀形核率。

非晶合金的制备方法主要有以下五种。

(1)熔体急冷法

熔体急冷法是一种可工业化大规模生产非晶合金的方法，其主要方式有两种：一种是单辊甩带法，该方法的冷却速度可达 $10^5 \sim 10^8℃/s$，一般用来制备非晶带材或者丝材；另一种是气体雾化法，该方法是通过高速气流将金属液体冲散成液滴，从而实现快速凝固，通常的气体雾化法冷却速度可达 $10^2 \sim 10^4 ℃/s$，采用超声速气流可明显改善粉末的尺寸分布，进一步提高冷却速度。

（2）气相沉积法

气相沉积法主要有真空蒸镀法和溅射法。其特点在于可获得更高的冷却速度，形成非晶态的成分范围更宽。难熔合金，甚至相图上互不溶的组元，也可用此方法制成非晶态合金。

（3）化学法

化学法是将金属盐水溶液和硼氢化钾溶液混合，发生化学还原反应，可以制备 Fe-B、Fe-Ni-B 等超细非晶合金微粒。

（4）固态反应法

固态反应法在近年来得到较大的发展。它包括离子注入法、扩散退火法、吸氢法和机械合金化法。固态反应法进一步扩大了非晶合金的形成和应用范围。

（5）大块非晶合金的制备法

通过成分设计和工艺控制，可以降低非晶合金形成的临界冷却速率。目前通过水淬法可以制备出 30mm 的块体非晶合金，其临界冷却速率已经低于 $100℃/s$。而采用熔体直接冷却形成块体非晶的方法则仅限于少数几种非晶形成能力非常强的合金。

块体非晶合金也可采用非晶粉末或条带压实法复合成块状样品。其关键在于选择适当的压实方法和工艺，以获得密实的块体而同时避免晶化。

目前制备非晶合金主要分为以下四种：

① 过渡-类金属型合金，如 Fe-Si-B 系非晶合金。

② 稀土-过渡型合金，如 (Gd,Tb,Dy)-(Fe,Co) 非晶合金。

③ 后过渡-前过渡型合金，如 (Fe,Co,Ni)-(Zr,Ti) 非晶合金。

④ 其他铝基和镁基轻金属非晶材料，如 Al-Ln 二元铝基非晶材料。

7.5.3 非晶合金的应用

由于非晶合金具有传统晶态合金无法比拟的优异性能：高比强度、高比刚度、高硬度、高耐磨性、良好的塑性（甚至超塑性）变形能力等优异的力学性能；良好的抗腐蚀性能和化学活性；优良的软磁、硬磁以及独特的膨胀特性等物理性能，大块非晶合金在以下的众多领域中具有十分广阔的应用前景。

在航空航天领域，利用非晶合金的高比强度、比刚度的优异力学性能，制造航天飞行器的主框架、结构桁架、轴承、反射镜支架等结构材料，可大比例地减轻质量，相当于提高了航空发动机的推重比。

在军事兵器领域，非晶合金材料在高速载荷作用下具有非常高的动态断裂韧性、在侵彻金属时具有良好的自锐性，是穿甲弹芯的首选材料之一。同时大块非晶合金具有高硬度特性，还可以成为穿甲防护材料，如装甲、防弹背心等。

在精密机械及汽车工业领域，利用非晶结构的特点可以加工出高精度、无缺陷的微型齿轮传动机构；利用其高硬度、高耐磨性能可制造汽车发动机中的液压油缸、活塞等耐磨零部件，可大幅度延长其使用寿命。

在化学工业领域，利用其抗多种介质腐蚀的特性，可采用非晶合金材料制备耐腐蚀零部件，以保证在一些更为恶劣的环境下长期使用。

在医疗与体育器材领域，非晶合金具有耐腐蚀性能，可成为固定骨折夹板和钉的首选材料；优良的比刚度、比强度和高的硬度，是高级体育竞赛如单杠、双杠和撑竿跳支撑杆的最好材料。在高尔夫球杆头的击球面，非晶合金材料已得到成功的应用。

其他方面，利用其优良的化学活性可生产出极好的化学反应催化和光催化材料，利用其优良的软磁、硬磁特性可作为传统磁性材料的升级替代品，利用其膨胀特性等物理性能可制造具有更高灵敏度的各种精密零部件和热双金属器件。此外利用其在特定温度下的超塑性可实现超塑性变形和加工。综上所述的优良性能，使非晶合金材料不仅在航空航天和军事领域引起了世界各军事强国的极大重视，而且在民用方面受到了广泛的关注。

在非晶产业化方面我国也取得了一定的成绩。虽然我国涉足非晶领域较晚，但发展很快。如今，中国的非晶态合金的科研开发和应用能力已经达到国际先进水平，共取得 100多项科研成果和 20 多项专利。我国于 1996 年组建了非晶微晶合金工程技术研究中心，是国内最早开发非晶纳米晶合金的单位之一，承担并完成了科委"六五"～"九五" 国家科技攻关任务，共取得多项国家科研成果和专利。非晶带材自动卷取技术荣获 1988 年国家十大科技新闻之一；中心现有 7 条非晶带材生产线，可生产在 200mm 以下不同规格的铁基、铁镍基、钴基非晶带材和铁基纳米晶带材，年生产能力 3000t 以上；一条非晶纳米晶铁心及元器件生产线，年生产能力达 20 余万只；已经投入试生产的千吨级非晶带材和配电变压器铁心生产线，年生产能力将达到 3000t 非晶带材和 200t 配电变压器铁心。尤其值得一提的是，我国于 2000 年完成的千吨级非晶带材生产线成功喷出了 220mm 的非晶带材(重 200余 kg，其表面质量良好)。该非晶带材的喷制成功标志着我国非晶工艺、装备的技术水平前进了一大步(目前美国生产的非晶带材的最大宽度为 217mm)。我国还制定了第一个非晶态金属的国家标准，包括 28 个牌号，初步形成系列化和标准化。到目前为止，我国已生产出大量漏电开关，用非晶合金系列制作了小功率脉冲变压器和 500kV·A 大功率变压器，并将非晶合金应用到磁头、磁放大器、磁分离、传感器、电感器件、磁屏蔽等方面。

7.6　精细功能陶瓷材料

用陶土烧制的器皿称为陶器，用瓷土烧制的器皿称为瓷器。陶瓷则是陶器、炻器和瓷器的总称。凡是以陶土和瓷土这两种不同性质的黏土为原料，经过配料、成型、干燥、焙烧等工艺流程制成的器物都可以称为陶瓷。陶瓷材料就是制作这一类器物所使用的材料。

陶瓷是金属和非金属的固体化合物，具有较复杂的晶体结构。与金属不同的是，陶瓷通常不含有大量自由电子，其结合或是共价键，或是离子键，因此陶瓷具有相当高的化学稳定性。一般说来，陶瓷比金属有更高的熔点和硬度。与金属类似，陶瓷是一种多晶多相体，也是晶粒的聚合体，所以存在晶界和相界。但陶瓷是脆性材料。

陶瓷材料的研究和发展已从传统陶瓷阶段跃入先进陶瓷阶段。传统陶瓷以天然矿物原料为主体。先进陶瓷是以化学方法制备的高纯度或纯度可控制的材料作为原料，通过调整材料的成分和结构获得传统陶瓷无法比拟的卓越性能。先进陶瓷从性能上可分为结构陶瓷和功能陶瓷。结构陶瓷是指具有特殊力学性能，以及部分热学或化学性能的先进陶瓷，特别适于高温下应用的则称为高温结构陶瓷；功能陶瓷是指利用电、磁、声、光、力等直接效应及其耦合效应所提供的一种或多种性质来实现某种使用功能的先进陶瓷，本书主要介绍的就是这一类陶瓷。

功能陶瓷根据其组成结构的易调性和可控性，可以制备超高绝缘性、绝缘性、半导性、导电性和超导电性陶瓷；根据其能量转换和耦合特性，可以制备压电、光电、热电、磁性和铁电等陶瓷；根据其对外界条件的敏感效应，则可制备热敏、气敏、湿敏、压敏、磁敏和光敏等敏感陶瓷。陶瓷可以分为氧化物陶瓷和非氧化物陶瓷，氧化物陶瓷如氧化铝、氧化锆、氧化镁等，它们的烧结性能良好，但热强性较差。氧化物超导体和氧化物磁性材料就属于这类材料，这些都在前面的章节中有所介绍，本章不再叙述。非氧化物陶瓷如氮化硼、碳化硅、碳化锆等，它们具有良好高温强度、抗热腐蚀的性能。

大部分陶瓷是通过粉体成型、烧结而得到所需要的形状，即烧结体。烧结体通常不能烧结到完全致密程度，而有气孔存在，这对性能有一定的影响。在传统陶瓷工艺基础上，功能陶瓷材料的制备已发展和创造出一系列新的工艺技术，如成型技术上有等静压技术成型、热压注成型、注射成型、离心注浆成型、压力注浆成型和流延成膜等；烧结工艺上则有热压烧结、热等静压烧结、反应烧结、快速烧结、微波烧结、等离子烧结、自蔓延烧结等。功能陶瓷的不断开发，对科学技术的发展起了巨大的促进作用，功能陶瓷的应用领域也随之更为广泛，目前主要用于电、磁、光、声、热和化学等信息的检测、转换、传输、处理与存储等，并已在电子信息、集成电路、计算机、能源工程、超声换能、人工智能、生物工程等众多近代科技领域显示出广阔的应用前景。

7.6.1　电功能陶瓷

1. 绝缘陶瓷

根据室温电阻率，材料可分为超导体、导体、半导体和绝缘体。它们的电阻率分别为：$\rho=0\Omega\cdot cm$，$\rho<10^{-2}\Omega\cdot cm$，$10^{-2}\Omega\cdot cm<\rho<10^{9}\Omega\cdot cm$，$\rho>10^{9}\Omega\cdot cm$。陶瓷的主晶相晶粒和气孔的绝缘性一般都较好，因此，陶瓷的绝缘性主要取决于晶界相。为了提高绝缘性，玻璃相应尽量由硅玻璃、硼玻璃或铝硅玻璃、硼硅玻璃组成，避免碱金属氧化物的存在。内部气孔对绝缘性影响不大，但陶瓷表面的气孔会因吸附水或被污染而使表面绝缘性变差。绝缘陶瓷应选择气孔少、无吸水性的致密材料。陶瓷表面上釉就是防止污染和吸潮的有效办法。

对绝缘陶瓷性质的要求是电阻率高、介电常数小、介电损耗小、机械强度高、化学稳定性好。对于高频瓷，还要求热膨胀系数小、热导率高、抗热冲击性好。对于集成电路基片，要求高热导率材料。

绝缘陶瓷按其化学组成，可分为氧化物和非氧化物两大类。氧化物绝缘陶瓷多属传统硅酸盐陶瓷，应用广泛，用量大。非氧化物绝缘陶瓷是近年发展起来的高热导率陶瓷。氧化物绝缘陶瓷可大致分三类：①普通电瓷，SiO_2含量45%以上，玻璃相占45%～60%，主晶相为莫来石（$3Al_2O_3\cdot SiO_2$）；②氧化铝瓷，Al_2O_3含量45%以上，主晶相为刚玉（α-Al_2O_3）；③镁质瓷，主晶相为含MgO的铝硅酸盐，属MgO-Al_2O_3-SiO_2系。此外，还有钡长石瓷、硅灰石瓷和锆英石瓷等。非氧化物绝缘陶瓷有氮化铝、氮化硅、氮化硼和金刚石等，属于高导热瓷。绝缘陶瓷的形态，除多晶陶瓷外，还有单晶体和薄膜，如人造云母、人造蓝宝石和晶石单晶、金刚石、立方氮化硼薄膜。

绝缘陶瓷在电力、电子工业中广泛用于电器件的安装、支撑、保护、绝缘、隔离和连接。例如，电力设备的绝缘子、绝缘衬套、电阻基体、线圈框架、电子管功率管的管座、集成电路基片等。

2. 导电陶瓷

传统的陶瓷都是绝缘体，由此给人们留下了一个错觉：陶瓷材料都是绝缘体。其实不然，在精细陶瓷中，不仅有良好的绝缘体，也有电子导体、离子导体、半导体及其他导电材料。而导电陶瓷主要就是指电子导电陶瓷和离子导电陶瓷。

(1) 电子导电陶瓷

在氧化物陶瓷中，原子的外层电子通常受到原子核的吸引力，被束缚在各自原子的周围，不能自由运动。所以氧化物陶瓷通常是不导电的绝缘体。然而，某些氧化物陶瓷加热时，处于原子外层的电子可以获得足够的能量，以便克服原子核对它的吸引力，而成为可以自由运动的自由电子，这种陶瓷就变成电子导体或半导体。

高温电子导体陶瓷与传统的金属导体相比，最大的优点是具有更好的高温性能和抗氧化能力。例如，金属材料中最常见的镍铬丝，在空气中最高使用温度1100℃，抗氧化性能更好的贵金属铂丝和铑丝也只有1600℃。而氧化锆陶瓷最高可达2000℃，氧化钍陶瓷电热体最高温度可达2500℃。较为常用的碳化硅和二硅化钼也具有优于常规金属的抗高温性能。碳化硅陶瓷的最高使用温度为1450℃，二硅化钼陶瓷的最高使用温度为1650℃。

(2) 离子导电陶瓷

在电解质中，电导主要来自带电离子的运动，而在固态离子型晶体中，带电离子的运动受到极大限制，但仍能以扩散的形式发生。离子在晶格中扩散以取代空位的方式进行，一般情况下，这种运动取向混乱，宏观上不产生电流。然而在电场作用下，离子沿着电场方向运动的概率大增，从而产生离子电流。

氧化锆陶瓷在高温时不仅产生电子导体，而且会产生氧离子，成为离子导体。利用这一特性，可以将氧化锆陶瓷制成氧气敏元件。β-氧化铝陶瓷是一种有代表性的阳离子导电体，它只允许钠离子通过，因此可以作为离子浓度传感器材料，用于金属提纯等方面。

3. 介电陶瓷

介电性能是指在电场作用下，表现出对静电能的储蓄和损耗的性质，通常用介电常数和介质损耗来表示。介质在外加电场时会产生感应电荷而削弱电场，原外加电场(真空中)与最终介质中电场比值即介电常数，又称诱电率。介电损耗是指电介质在交变电场中，由于消耗部分电能而使电介质本身发热的现象。其原因是电介质中含有能导电的载流子，在外加电场作用下，产生导电电流，消耗掉一部分电能，转为热能。

介电陶瓷就是指具有介电性能的陶瓷，介电陶瓷主要用于陶瓷电容器和微波介质元件两大方面。

陶瓷电容器是用于制造电容器的介电陶瓷，在性能上要求介电常数尽可能高，这样制成陶瓷电容器的体积小、容量大；应具有较高的介电强度，高于$10^{10}\Omega \cdot m$的电阻率，以保证在高频、高压、高温及其他恶劣环境下，性能稳定可靠；介质损耗要小，这对于高功率陶瓷电容器提高无功功率、充分发挥陶瓷电容器的功能有重要的作用。

陶瓷电容器的材料根据其特性分为三类。

① 温度补偿电容器陶瓷。这类陶瓷材料是非铁电电容器陶瓷，其特点是高频损耗小；在使用的温度范围内介电常数随温度呈线性变化，介电常数的温度系数一般为负值，主要用作高频电路中补偿电容介质，补偿电路中电感或电阻的正温度系数，维持谐振频率的稳定。其典型代表为镁镧钛酸盐系陶瓷，该系列陶瓷具有良好的介电性能，特别是该系陶瓷材料的高温介质损耗非常低，扩大了温度补偿电容器陶瓷的应用范围。

② 高压电容器陶瓷。这类陶瓷的典型代表是钛酸钡和钛酸锶陶瓷。钛酸钡陶瓷材料虽具有高的介电常数，但在高压下使用，介电常数随电压的变化较大。钛酸锶陶瓷的介电常数虽然比钛酸钡陶瓷低，但其绝缘性能却好得多，介电常数随电压的变化小，介质损耗也小。这类电容器已广泛用于电视机、雷达高压电路、避雷器及断路器等方面，最近还成功地使用于脉冲气体激光装置的电源中，可使设备小型化、高性能化。

③ 半导体电容器陶瓷。半导体陶瓷电容器按其结构可分为阻挡层半导体陶瓷电容器、还原氧化型半导体陶瓷电容器及晶界层陶瓷电容器(晶界层电容器)。晶界层电容器是在高介电常数施主半导体陶瓷的基体上涂覆金属氧化物，并在空气中进行热处理，使杂质沿晶界扩散，促使半导体晶粒表面氧化形成一层绝缘膜。晶界层电容器的频率特性优异，可用于通信机上作为数千兆赫的宽顺带耦合电容。这种电容器的电容温度系数小，绝缘电阻高，是性能最好的半导体电容器。其中，$SrTiO_3$ 系半导体陶瓷电容器具有更小的电容温度系数，性能更稳定。

微波介质陶瓷要求介电陶瓷在微波频率范围具有大的介电常数，小的介质损耗，适当的介电常数温度系数，小的线胀系数。常用的微波介电陶瓷有 $MgO-SiO_2$ 系陶瓷、$BaO-TiO_2$ 系陶瓷、钙钛矿型陶瓷等。微波介质陶瓷主要用于微波谐振器、耦合器、滤波器等微波器件以及微波介质基片。

4. 铁电陶瓷

某些介电晶体在一定温度范围内发生自发极化，而且自发极化强度可以随外电场反向而反向，具有同铁磁体类似的磁滞回线。这类晶体即铁电体。自发极化是铁电体特有的一种极化形式。在一定温度范围内，当不存在外加电场时，原胞中的正、负电荷中心不互相重合，也就是说，每一个原胞具有一定的固有电矩，这种晶体的极化形式就是自发极化。当温度高于居里温度时，铁电体自发极化消失，成为顺电相。

铁电体不仅具有介电性和铁电性，还具有压电性和热释电性。铁电体中存在电畴，电畴是指自发极化方向相同的小区域，电畴与电畴之间的边界称为畴壁。对于多晶铁电体，由于各晶粒的取向是完全任意性的，不同电畴中自发极化的相对取向没有任何规律；对于单晶体，铁电体中一般也不会只包含一个电畴，因为单电畴将对应较高的能量，不同电畴中极化强度的相对取向存在简单的关系。

常用的铁电陶瓷主要有以下三种。

(1)高介电常数电容器用铁电陶瓷

铁电陶瓷的介电常数很高，介电常数的温度系数随温度呈非线性变化。其中 $BaTiO_3$ 陶瓷是典型的铁电介质陶瓷，它既可用作介电材料，也可用作压电材料。通过掺杂可在很大范围内改变钛酸钡陶瓷的特性，如加入钙铁矿型结构 Sr、Sn、Zr 的化合物，可使居里温度由 120℃ 移至常温，介电常数提高到接近 20000，介电常数的温度系数也随之增加。这种高介电常数、低温度变化率的陶瓷电容器已大量用于电视机、收录机和录像机等电子产品中。

(2) 电致伸缩铁电陶瓷材料

电致伸缩效应是一种机电耦合效应，当外电场作用于电介质时，材料会产生一定的应变现象。电致伸缩陶瓷是利用电致伸缩效应产生微小应变，并能由电场非常精确地加以控制的陶瓷。较好的电致伸缩材料应具有在较小的电场作用下能够产生足够大的应变、应变与电场的关系无滞后、重复性好、温度效应小等特点。

弛豫型铁电陶瓷是一种具有扩散相变特征的铁电材料。扩散相变材料在相变点附近，介电常数随温度变化平缓。目前，已发现具有显著电致伸缩和较大介电系数，且居里温度在室温以下或接近室温、扩散区较长的弛豫型铁电陶瓷材料，如铌镁酸铅-钛酸铅固溶体系以及铌镁酸铅-钛酸铅-铌锌酸钡固溶体系。弛豫型铁电陶瓷具有位移重复性好、不需极化、膨胀系数小等特点，可用于制作电致伸缩控位器、应变片，以及低频下的电-声-电倍频器、混频器等。

(3) 反铁电陶瓷材料

反铁电陶瓷材料结构与同型的铁电陶瓷相似。由于电畴中的行或列上的离子沿反平行方向排列，因而每个电畴中存在两个相反方向的自发极化强度，宏观上极化强度等于零。即使用较强的电场也观察不到电滞回线，但具有热释电效应和压电效应。反铁电体在居里温度处发生相变，也能出现介电异常现象，温度高于居里温度时为顺电相，温度低于居里温度时为反铁电相。反铁电陶瓷在足够大的电场作用下，能从稳态的反铁电相转变为暂稳态的铁电相，当电场减小或为零时，暂稳态的铁电相又变成稳态的反铁电相；前者是储存电能的过程，而后者是释放电能的过程，并往往伴随有晶体结构和电荷的变化。

用电场强迫法能使稳态的反铁电相转变为暂稳态的铁电相，使反铁电体具有较大的应用价值，例如，利用储存电能和释放电能的这一电荷变化过程来制造高压大功率储能电容器与非线性元件；利用反铁电相和铁电相的转变过程必然伴随有体积的变化，可实现电能与机械能之间的转换，制成反铁电换能器。

7.6.2　其他功能陶瓷

半导体陶瓷的基本特征是具有半导体性质。因敏感陶瓷多属于半导体陶瓷，或者说半导体陶瓷多半用于敏感元件，所以常将半导体陶瓷称为敏感陶瓷。半导体陶瓷是由各种氧化物组成的，这些氧化物多数具有比较宽的禁带，在常温下是绝缘体。通过微量杂质的掺入、控制烧结气氛及陶瓷的微观结构，使之受到热激发产生导电载流子，从而使传统的绝缘体成为具有一定性能的半导体。陶瓷是由晶粒、晶界、气孔组成的多相系统，通过人为掺杂，造成晶粒表面的组分偏离，在晶粒表层产生固溶、偏析及晶格缺陷；在晶界处产生异质相的析出、杂质的聚集、晶格缺陷及晶格各向异性等。这些晶粒边界层的组成、结构变化显著改变了晶界的电学性能，从而导致整个陶瓷电气性能的显著变化。

实用的半导体陶瓷可分为：利用晶体本身性质的负温度系数热敏电阻、高温热敏电阻、氧化传感器；利用晶界和晶粒间析出相性质的正温度系数热敏电阻、压敏电阻；利用表面性质的各种气体传感器、温度传感器。敏感陶瓷是某些传感器中的关键材料之一，它根据某些陶瓷的电阻率、电动势等物理量对热、气、湿、电压、光等变化特别敏感这一特性制作敏感元件，按其相应特性，可分为热敏、气敏、湿敏、压敏及光敏陶瓷等。此外还有具有压电效应的压力、速度、位置、声波敏感陶瓷，具有铁氧体性质的磁敏陶瓷及具有多种敏感特性的多功能敏感陶瓷，它们已成为人们研究的热门课题。

1. 压电陶瓷

压电陶瓷是指具有压电效应的陶瓷，压电效应是指在电场作用下可引起电介质中带电粒子的相对位移，或者在某些电介质晶体中也可通过机械力作用而发生极化，并引起表面电荷的现象。

所有的铁电单晶都具有压电效应，但是具有多晶结构的铁电陶瓷，由于内部的晶粒取向和电畴取向完全是随机的，各铁电畴之间的压电效应将相互抵消而从宏观范围显不出极化现象。但是，当对铁电陶瓷施加直流电场进行极化(即人工极化处理)后，陶瓷体内的自发极化方向将平均地取决于电场方向，因而具有近似于单晶体的极性，并呈现明显的压电效应。这意味着，将具有铁电性的陶瓷进行人工极化处理后所获得的陶瓷即压电陶瓷，因此所有使用的压电陶瓷也都是铁电陶瓷。如果在铁电陶瓷片两侧放上电极，进行极化，使内部晶粒定向排列，陶瓷便具有压电性，成为压电陶瓷。

压电陶瓷的优点是易于制造，可批量生产，成本低，不受尺寸和形状的限制，可在任意方向进行极化，可通过调节组分改变材料的性能，而且耐热、耐湿和化学稳定性好等。从晶体结构来看，属于钙钛矿型、钨青铜型、焦绿石型、含铋层结构的陶瓷材料才具有压电性。目前应用最广泛的压电陶瓷有钛酸钡、钛酸铅、锆钛酸铅等。

2. 气敏陶瓷

气敏陶瓷的表面吸附气体分子后，电导率将随半导体类型和气体分子种类而变化。吸附气体一般分物理吸附和化学吸附两大类：前者吸附热低，可以是多分子层吸附，无选择性；后者吸附热高，只能是单分子吸附，有选择性。两种吸附方式不能截然分开，可能同时发生。被吸附的气体一般也可分为两类：一类为具有阳离子吸附性质的气体，称为还原性(或电子供出性)气体，一般在 N 型半导体上吸附，如 H_2、CO、乙醇等分子，被吸附气体将电子给予材料而以阳离子形式吸附，引起电子从吸附分子向半导体的迁移，导致 N 型半导体陶瓷的载流子密度增加，电导率增大；另一类为具有阴离子吸附性质的气体，称为氧化性(或电子受容性)气体，当 N 型半导体上吸附 O_2、NO_2 等分子时，被吸附气体分子就会从材料表面夺取电子而以阴离子形式吸附，N 型半导体的载流子浓度就会减小，电导率下降。与此相反，还原性气体吸附于 P 型气敏陶瓷，会使载流子数目减少，电导率降低；氧化性气体吸附于 P 型气敏陶瓷，会使载流子数目增加，电导率增大。吸附气体时的电导率变化可以用半导体能带结构和表面能级等理论来解释。常用的有四种气敏陶瓷。

① SnO_2 系气敏陶瓷是最常用的 N 型气敏陶瓷，使用温度约 300℃，是以 SnO_2 为基，加入催化剂、黏结剂等按常规的陶瓷工艺方法制成。该系气敏元件对于可燃性气体，如 H_2、甲烷、丙烷、乙醇、酮或芳香族气体等，具有同样程度的灵敏度。其缺点是对气体选择性差，湿度对电阻值影响较大。

② ZnO 系气敏陶瓷属 N 型气敏陶瓷，以 Sb_2O_3、Cr_2O_3 等为掺杂，并加入 Pt 和 Pd 催化剂提高其选择性，元件工作温度为 450～500℃。

③ Fe_2O_3 系磁性材料为 N 型半导体。其不须添加贵金属催化剂就可制成灵敏度高、稳定性好、具有一定选择性的气体传感器。

④ ZrO_2 系氧气气敏陶瓷是利用 ZrO_2 掺杂一定量的 CaO 或 Y_2O_3 等二价、三价氧化物，经高温烧结而成，具有传递氧离子特性的快离子导体陶瓷。该系氧气气敏陶瓷制成的氧传感器基于电池反应，数据可靠性高，反应快，已在控制锅炉嫌烧、大气污染、汽车尾气等许多方面得到应用。

3. 湿敏陶瓷

湿敏陶瓷是指对气体、液体和固体物质中水分含量敏感的陶瓷材料。湿敏陶瓷材料的物理化学性质稳定，可通过控制原料组成、成型、烧结等工艺使其具有特定的孔隙度。这些气孔相当于毛细管的开放结构，表面积大；当气孔率为 25%，气孔直径为 0.05μm 时，表面系数可达 $100m^2/kg$。这些气孔可以吸附、吸收或凝结水蒸气和气体。

对于湿敏陶瓷的感湿机理的解释为在感湿过程中，水分子主要是表面附着，使表层电阻减小，而不是改变晶粒间的接触电阻或粒界电阻，使响应速度加快，且易达到表层吸湿和脱湿平衡，有利于扩大湿度量程。

湿敏陶瓷主要有两种，分别为磁粉膜型湿敏陶瓷和 $ZnO-Cr_2O_3$ 系湿敏陶瓷。磁粉膜型湿敏陶瓷主要成分为 Fe_3O_4，其特点是重复性好、具有负湿敏特性、可在全湿范围内进行测量。$ZnO-Cr_2O_3$ 系湿敏陶瓷是在 ZnO 和 Cr_2O_3 组成的尖晶石化合物中加入 Li_2O、K_2O 等碱性氧化物烧结而成的多孔体，利用其微晶表面对水分子的吸附和解吸检测湿度。

4. 热释电陶瓷

晶体因温度变化而导致自发极化的现象称为热释电效应。具有热释电效应的陶瓷材料即热释电陶瓷。晶体中存在热释电效应的首要条件是具有自发极化，即晶体结构的某些方向的正负电荷重心不重合；其次有温度变化，热释电效应反映材料在温度变化状态下的性能。

热释电晶体可分为两类：一类是具有自发极化，但自发极化不能为外电场所转向的晶体；另一类是自发极化可为外电场所转向的晶体，即铁电晶体。这些铁电晶体中的大多数可制成多晶陶瓷，经强直流电场的极化处理后，由各向同性体变成各向异性体，并具有剩余极化，可像单晶体一样呈现热释电效应。在居里温度附近，自发极化急剧下降，而远低于居里温度时，自发极化随温度的变化比较小；这意味着在居里温度附近，热释电晶体具有较大的热释电效应。

热释电材料有单晶和陶瓷两大类，通常均做成 10～50μm 的厚膜。单晶热释电材料包括硫酸三甘肽、$LiTaO_3$、$LiNbO_3$ 等；多晶陶瓷热释电材料包括钛酸钡、钛酸铅、锆钛酸铅等。目前用这些材料已制成人造卫星上的红外地平仪和热释电红外辐射温度计，也可以制成单体探测器，在红外探测和热成像系统中得到应用。

5. 热敏陶瓷

陶瓷温度传感器是利用热敏陶瓷材料的电阻、磁性、介电等性质随温度而变化的现象制作的器件。其中电阻随温度变化显著的称为热敏电阻。按热敏电阻的温度特性可分为正温度系数热敏电阻(PTC)、负温度系数热敏电阻(NTC)和临界温度热敏电阻(CTR)三类。

(1)正温度系数热敏电阻

正温度系数热敏电阻材料属于多晶铁电半导体,可以分为两类:一类是钛酸钡系半导体,理论和工艺研究得比较成熟;另一类为氧化钒系半导体。钛酸钡系热敏半导体陶瓷的晶粒具有优良的导电性,且尺寸均匀;而晶界具有高的势垒层,近似绝缘体,而且其电阻随温度变化显著。氧化钒系半导体是以氧化钒为主要成分,掺杂少量 Cr_2O_3 烧结而成的,其最显著的优点是常温电阻率很小。正温度系数热敏电阻的应用可分为:电阻温度特性的应用,如家用电器中的温度控制及火灾探测器等;电流电压特性的应用,如用作恒温发热体、过热保护等;电流时间特性的应用,如作为时间继电器等。

(2)负温度系数热敏电阻

负温度系数热敏电阻陶瓷是指电阻率随温度升高而呈指数关系减小的一类陶瓷材料,按应用范围分为三大类:低温型、中温型及高温型。

① 低温负温度系数热敏电阻陶瓷一般具有以 Mn、Cu、Fe、Ni、Co 等两种以上的过渡金属氧化物为主要成分形成的尖晶石结构。为提高性能,可掺入少量稀土元素,如 La、Nd、Yb 等。这些氧化物陶瓷低温热敏电阻的灵敏度高、受磁场影响小、低温阻值大、便于遥控,在低温物理与低温工程领域有其特殊的地位。

② 中温(约300℃)负温度系数热敏陶瓷包括含锰氧化物的二元或三元金属氧化物陶瓷系,如 $CuO-MnO-O_2$ 系、$MnO-CoO-NiO-O_2$ 系陶瓷。这类热敏陶瓷的电参数对成分变化不敏感,可制出重复性、一致性和稳定性都比较好的性能优良的热敏电阻陶瓷。

③ 高温负温度系数热敏陶瓷的最高工作温度可达 1000℃,包括 $ZrO_2-Y_2O_3$ 系、ZrO_2-CaO 系萤石型结构的材料,以 Al_2O_3-MgO 为主要成分的尖晶石型结构的材料等。一些非氧化物也可作为高温负温度系数热敏电阻,如碳化硅、硼晶体、半导体化金刚石、氮化硼等。高温负温度系数热敏陶瓷主要用于高温领域的测温和控温。

(3)临界温度热敏电阻

临界温度热敏电阻材料指电阻在某特定温度区间急剧变化的热敏电阻,主要是指以 VO_2 为主要成分的半导体陶瓷,在 68℃附近电阻值突变可达 3~4 个数量级,具有很大的负温度系数。一般认为,由于在临界温度附近,晶体结构发生转变,从半导体状态变成金属状态,从而导致电阻突变。临界温度热敏电阻材料一般采用 V_2O_5 和酸性氧化物(P、B、Si)、碱性氧化物(Mg、Ca、Ba、Pb 等)的 2~3 个组分在还原气氛中烧结,采用急冷方式,得到以 V^{4+}离子存在的 VO_2 陶瓷。临界温度热敏电阻材料的最重要特征是电流-电阻特性与温度有依赖关系,在剧变温度附近电压峰值有很大变化,该特性可用于制作以火灾传感器为代表的各种温度报警和过热保护。

6. 压敏陶瓷

压敏陶瓷是指电阻值与外加电压呈显著的非线性关系的半导体陶瓷,它在某一临界电压以下电阻值非常高,几乎没有电流;但当超过这一临界电压时,电阻将急剧变化,并且有电流通过;随着电压的继续增加,电流会很快增大。

常用的有 ZnO 系、SiC 系和钛酸钡系压敏陶瓷。ZnO 系压敏电阻陶瓷在 ZnO 中添加

Bi、Co、Mn、Cr 等氧化物改性烧结而成。这些氧化物大多不是固溶于 ZnO 中，而是偏析在晶界上形成阻挡层。该系压敏电阻器的应用很广，可用于大型电源设备、电机、电磁铁的过电压保护装置和避雷器，以及弱电领域中的防电噪声、接点保护、抑制尖峰电压和电火花、稳压元件等。SiC 系压敏电阻是利用 SiC 颗粒接触电压非线性特性的压敏电阻，热稳定性好，能耐较高电压，可用于电话交换机继电器接点的消弧、电子线路的稳压和异常电压控制元件等。钛酸钡系压敏电阻是利用添加微量金属氧化物而半导体化的钛酸钡系烧结体与银电极之间存在整流作用的压敏电阻，具有比 SiC 压敏电阻大得多的非线性指数、并联电容大、寿命长、便宜、易于大量生产等优点。

7.7　形状记忆合金

形状记忆材料是指具有初始形状的制品在一定的条件下改变其初始条件并固定后，通过外界条件(如热、电、光、化学感应等)的刺激又可恢复其初始形状的材料。这类材料主要分为两大类：一类为形状记忆高分子材料，另一类为形状记忆合金材料。由于形状记忆合金研究和应用较多，因此本书将以形状记忆合金为主。

形状记忆现象早在 1938 年就在 Cu-Zn 和 Cu-Sn 合金中发现。而 1951 年在 Au-Cd 合金中发现形状记忆效应与马氏体相变有关。1963 年，美国海军军械研究室比勒(Buehler)等发现具有实用价值的 Ti-Ni 合金。自此之后，形状记忆合金引起了世界各国的重视。迄今为止，已有 10 多个系列 50 多个品种，已生产的形状记忆合金广泛应用于航空航天、汽车、能源、电子、机械、医疗和建筑等行业。

7.7.1　形状记忆合金的原理

大部分的形状记忆合金的机理是热弹性马氏体相变。马氏体相变往往具有可逆性，即把马氏体(低温相)以足够快的速度加热，可以不经分解直接变成高温相(母相)。当冷却时，由高温母相变为马氏体相。热弹性马氏体就是在马氏体转变起始温度以下时，马氏体晶核随着温度的下降而长大，温度回升时，其晶核随温度的上升而逐渐缩小的马氏体。有的合金在马氏体转变起始温度以上时，施加一定外应力，也会发生马氏体转变，这种由外部应力诱发产生的马氏体相变称为应力诱发马氏体相变。外应力对诱发相变的作用不仅与合金种类有关，而且受试验温度的影响。有些应力诱发马氏体，应力增大时马氏体长大，应力减小时马氏体缩小，应力消除时马氏体消失。这种马氏体称为应力弹性马氏体。

当具有高对称性的母相降温转变为低对称性结构马氏体时，可以形成不同取向的新相。例如，在母相的一个晶粒内会生成许多惯习面位向不同，但在晶体学上等价的马氏体(通常称为马氏体变体)，马氏体变体一般是 24 个。母相为立方晶体时，若惯习面为 {123}，则 (123)、(321)、(213) 等共 24 个面均在晶体学上等价。在每个马氏体变体形成时都伴有形状变化，产生应变，为了使总应变最小，马氏体各个变体呈自协作，即几种马氏体变体组成一定形态马氏体片群，它们互相抵消了生成时产生的形状变化。也就是说，在无应力条件下，马氏体变体分布是自协调的，变体之间尽可能抵消各自的应力场，使弹性应变能最小。如果在低温相变时施加应力，相对于外应力有利的变体将择优长大，而不利的变体缩小，这样，通过变体重新取向造成了试样形状的改变。

当外应力去除后，试样除了回复微小的弹性变形，其形状基本不变。只有将其加热到母相转变起始温度以上，由于热弹性马氏体在晶体学上可逆性，也就是在相变中形成的各个马氏体变体和母相的特定位向的点阵存在严格的对应关系，因此逆相变时，只能回到原有的母相状态，这样也就恢复到原状。这就是形状记忆的基本原理。

对于 Ni-Ti 基合金、Cu 基合金等热弹性马氏体，其形状记忆的微观机制为：由于马氏体晶体的对称性低，只有几个位向，甚至只有一个位向，即母相原来的位向，尤其当母相长程有序时，更是如此。因此升温转变时，马氏体片群形成单一位向的母相倾向非常大。逆转变完成后，原来的母相晶体得到完全恢复，宏观变形也完全恢复。

对于铁基合金等半热弹性马氏体，其形状记忆的微观机理与热弹性马氏体合金有所不同，它是通过应力诱发马氏体相变及其逆转变实现的。母相奥氏体（γ）为面心立方结构，ε-马氏体为密排六方结构。由于母相层错能较低，含有大量的层错，ε-马氏体依靠层错形核。层错发生扩展形成 ε-马氏体，这种马氏体转变是由于肖克莱不全位错的选择性移动（与应力方向有关）而产生单变体马氏体。发生马氏体相变时，随着变形量的增加，马氏体的量增加。加热时，肖克莱不全位错逆向移动，马氏体相变发生逆转变，材料恢复母相形状。肖克莱不全位错的可逆移动是形状恢复的关键。

7.7.2 形状记忆合金的特性

在无应力作用条件下，通常把形状记忆合金的马氏体从相变开始到结束的温度和马氏体逆相变开始和结束时的温度分别表示为 M_s、M_f、A_s、A_f，且 $M_f < M_s < A_s < A_f$。形状记忆效应存在三种不同的形式。

第一种为单向形状记忆效应。将母相合金冷却或加应力，使之发生马氏体转变，然后塑性变形，改变其形状，在重新加热到 A_s 以上时，发生形状记忆效应，材料恢复母相形状。如果将其重新冷却到 M_f 以下，材料并不会回到先前马氏体状态下变形后的形状。

第二种为双向形状记忆效应。与第一种最大的区别在于材料恢复母相形状后。如果将其重新冷却到 M_f 以下，材料会回到先前马氏体状态下变形后的形状。

第三种为全方位形状记忆效应。在 Ti-Ni 合金系中发现，在冷热循环过程中，加热后，形状恢复到与母相形状完全相反的形状。

应力弹性马氏体形成时会使合金产生附加应变，去除应力时这种附加应变也消失，这种现象称为伪弹性。伪弹性效应的出现是由于应力诱发的马氏体相变使得材料产生附加的应变，这个应变并非材料的弹性变形，而是相变引起的体积变化产生的。当 $T > A_f$ 时，在外力作用下发生马氏体相变，就会引起形状记忆合金的非弹性应变，当卸载时马氏体发生逆相变，非弹性应变就可逐步得到回复。这是因为高温条件下，在没有外力作用时马氏体不能稳定存在。当 $T < A_f$ 时在外力作用下同样会发生马氏体相变，从而引起非弹性应变，只是卸载后非弹性变形不能完全得到恢复，只有加热到 $T > A_f$ 时，才能诱发马氏体逆相变，使得残余变形完全恢复。

另外形状记忆合金的马氏体还其有时效性。Au-Cd、Au-Cu-Zn、Cu-Al-Ni 等合金中具有马氏体的时效性。在时效过程中，随着时间的延长，马氏体变得越来越稳定，即马氏体开始发生逆相变的温度和临界应力会渐渐升高。

7.7.3　形状记忆合金材料及其应用

目前已发现具有形状记忆效应的合金有几十种，这些合金可以分为两类：一类以过渡金属为基，这类研究得最广泛，如 Ni-Ti 合金；另一类是贵金属 β 相合金，典型代表则为 Au-Cd 合金。就实用化而言，主要是三类 Ni-Ti 合金、铜基合金及铁基合金。

Ni-Ti 合金是最早得到应用的一种记忆合金。由于其性能优越、稳定性好，尤其是特殊的生物相容性等，因而得到广泛的应用，特别在医学与生物上的应用是其他形状记忆合金所不能替代的。Ni-Ti 形状记忆合金成分为近等原子比，Ni 元素的含量为 55%～56%（质量分数）。Ni-Ti 合金具有高度的成分敏感性，尤其是 Ni 含量，Ni 含量每增加 0.1%，就会引起相变温度降低 10℃。根据使用目的不同可适当选取准确的合金成分。$Ti_{11}Ni_{14}$ 相的析出过程是控制 Ni-Ti 合金形状记忆效应的关键之一。

尽管 Ni-Ti 形状记忆合金具有强度高、塑性大、耐腐蚀性好等优良性能，但由于成本约为铜基形状记忆合金的 10 倍而使之应用受到一定限制。这使得铜基形状记忆合金的应用较为活跃，但需要解决的主要问题是提高材料塑性、改善对热循环和反复变形的稳定性及疲劳强度等。由于铜基合金母相都是有序相，故热弹性马氏体相变的特性很明显。其中研究最多并已得到实际应用的是 CuZnAl 及 CuAlNi，尤其是 CuZnAl 合金应用较广。铜基形状记忆合金的热弹性马氏体相变是完全可逆的，但在热循环中，随着马氏体正、逆相变的反复进行，必定不断地引入位错，使母相硬化而提高滑移变形的屈服应力，导致相变温度和温度滞后等发生变化。这就影响了铜基合金马氏体相变的稳定性和疲劳性能。其疲劳寿命比 Ni-Ti 合金低 2～3 个数量级。通过添加 Ti、Zr、V、B 等微量元素，或者采用急冷凝固法或粉末烧结等方法使合金晶粒细化．达到改善合金性能的目的。

铁基合金不属于热弹性马氏体，其结构是无序的。它主要利用 ε-马氏体可逆相变形成形状记忆效应。其记忆特性稍差，可回复应变量小，最大为 2%。

这些合金由于成分不同，生产和处理工艺的差异，其性能有较大的差别。即使同一合金系，成分的微小差别也会导致使用温度的较大起伏。在形状记忆元件的设计、制造及使用中，不仅关心材料的相变温度，还必须考虑其回复力、最大回复应变、使用中的疲劳寿命及耐腐蚀性能等。一般来说 Ni-Ti 合金记忆特性好，但昂贵。铜基形状记忆合金成本低，有较好的记忆性能，但稳定性较差，而铁系合金虽然便宜、加工容易，但记忆特性稍差，特别是可回复应变量小。因此实际应用要综合考虑材料的用途、使用环境、使用方法及成本等各因素，以便选取合适的形状记忆合金。例如，要求性能稳定、需要反复使用的较精密的元件，一般采用 Ni-Ti 合金，而对于火警警报器等只需一次动作的元件就选用 CuZnAl 合金。

利用其具有形状记忆效应和伪弹性，对应力、温度非常敏感，电阻率大，加热后可产生大回复力的特点，形状记忆合金目前在很多方面都已经得到应用。如利用其形状记忆效应，将其作为铆钉等连接件，制作成形状记忆合金丝或薄膜用于裂纹的监测和控制，制作成可用于振动滤波形状记忆弹簧等。形状记忆合金传感器可用于航空航天飞行器结构的自适应机翼，在飞行中根据飞行状况，激励驱动元件使得机翼发生弯曲或扭转变形以改变翼形，从而得到最佳的气动弹性特性。此外，利用 SMA 的形状记忆效应和伪弹性效应，在医学方面可用作人工关节、接骨板、接骨用骑缝钉、人工心脏、人造肌肉、血栓过滤器、牙齿矫形丝等。

7.8 储氢合金

由于世界性能源危机和环境保护等问题，迫使人们展开新能源的探索和开发。未来能源中的一次能源是以原子能和太阳能为主的能源系统，获得的能量主要是热能及其转换成的电能。为使这些能源得到有效利用，应有最佳形式的二次能源，氢能就是最佳选择之一。氢是一种洁净、无污染、发热值高、取之不尽又用之不竭的二次能源。此外，氢还可以作为储存其他能源的媒体，通过利用过剩电力进行电解制氢，实现能源储存。在以氢作为能源媒体的氢能体系中，氢的储存与运输是该体系实际应用中的关键。氢能的利用涉及氢的储存、输运和使用。但是由于常规的氢气储运方法(如气态储氢和液态储氢)存在安全性低、储运不方便等缺点，这极大地限制了氢能源的使用。于是金属储氢便应运而生。金属储氢最大的优点就是安全、高效、可重复使用。以常用的储氢金属稀土镧镍系为例，它们的储氢量，按体积比算，可以达到 1000~1300。储氢量是相当可观的。金属的储氢行为是 20 世纪 60 年代中期在 LaNi 和 FeTi 等金属间化合物上发现的。此后储氢合金及其应用研究得到迅速发展，现在已经在新能源的开发与利用、能源转换、航空航天等领域有所应用。

7.8.1 储氢材料

目前，已有的储氢方法为两种：一是物理法，包括高压压缩法、深冷液化法、活性炭吸附法；二是化学法，分为金属生成氢化物法、无机化合物储氢法、有机液态氢化物法。以上方法中所用的活性炭、合金、无机化合物、有机液态物等，能以物理或化学方式保存氢气而使氢气改变状态的材料称为储氢材料。

如上所述，储氢材料分为四种：活性炭、合金、无机化合物、有机化合物。

① 活性炭是最早用于储氢材料的。活性炭的比表面积很大，可达 2000m^2/g 以上。利用低温加压即可使其吸附储氢。研究表明，储氢用于汽车内燃机燃料时，在行驶相同距离的条件下，吸附剂储氢体系的总质量为储油体系的 2.5 倍，储氢体积比金属氢化物储氢体系稍大。

② 合金是储氢材料中研究最多、应用最广的一类储氢材料，储氢合金吸、放氢时伴随着巨大的热效应，发生热能-化学能的相互转换，这种反应的可逆性好、反应速率快，因而是一种特别有效的蓄热和热泵介质。储氢合金储热能是一种化学储能方式，长期储存毫无损失。将金属氢化物的分解反应用于蓄热目的时，热源温度下的平衡压力应为一至几十个大气压。储氢合金的热装置可以充分回收利用太阳能和各种中低温(300℃以下)的余热、废热、环境热，使能源利用率提高达 20%~30%。储氢合金的优点是安全、储气密度高(高于液氢)，并且无须高压(<4MPa)及液化，可长期储存而少有能量损失，是一种最安全的储氢方法。由于金属储氢是目前研究最多、发展最好、应用前景最广的一种储氢方法，本书将以此做重点讲解。

③ 某些无机化合物能和氢气发生化学反应，然后在一定条件下又可分解放出氢，可用于储氢。例如，利用碳酸氢盐与甲酸盐之间相互转化的储氢技术，该法优点是原料易得、储存方便、安全性好。但缺点是储氢量比较小，催化剂也比较贵。

④ 有机化合物类储氢材料为有机液体，如苯、甲苯、环己烷和甲基环己烷等。其储氢方法是：有机液体生成氢化物，借助储氢载体(如苯和甲苯等)与氢的可逆反应来实现。它包括催化加氢反应和催化脱氢反应。该法的优点是：储氢量大，环己烷和甲基环己烷的理论储氢量分别为 7.2%和 6.18%(质量分数)，比高压压缩储氢和金属氢化物储氢的实际储氢量大；储氢载体苯和甲苯可循环使用，其储存和运输都很安全方便。但是该法也存在明显的不足，例如，其催化加氢和催化脱氢装置与投资费用及储氢技术操作，比起其他方法要复杂得多。

7.8.2 储氢的原理

储氢的原理是利用氢气可以与许多金属、合金或金属间化合物生成金属氢化物，并放出热量，金属氢化物受热放出氢气。其反应式可以表示为

$$M + \frac{1}{2}xH_2 \underset{p_2, T_2}{\overset{p_1, T_1}{\rightleftharpoons}} MH_x + \Delta H \tag{7-9}$$

式中，M 为金属；p_1、T_1 为吸氢时体系所需的压力和温度；p_2、T_2 为释氢时体系所需的压力和温度。方程(7-9)正向反应为储氢，逆向反应为释氢，正逆向反应构成了一个储氢—释氢的循环，改变体系的温度和压力条件，可使反应按正、逆反应方向交替进行，储氢材料就能实现可逆吸收与释放氢气的功能。元素周期表中，除 He、Ne、Ar 等稀有气体外，几乎所有元素均能与氢反应生成氢化物或含氢化合物。氢与碱金属、碱土金属反应，一般形成离子型氢化物，氢以 H^- 离子形式与金属结合得比较牢固。这一类氢化物为白色晶体，由于其生成热大，十分稳定，不适宜于氢的储存。大多数过渡金属与氢反应，则形成不同类型的金属氢化物，如 TiH_4、ZrH_4、CoH_3、$LaNi_3H_6$ 等，氢表现为 H^- 与 H^+ 之间中间特性，氢与这些金属的结合力比较弱，加热时氢就能从金属中放出，而且这些金属氢化物储氢量大。实验证明：单纯用一种金属形成的氢化物生成热较大，氢的离解压低，储氢不理想。因而实用的储氢材料是由氢化物生成热为正的金属(如 Fe、Ni、Cr 等)和生成热为负的金属(如 Ti、Zr、Ce、Ta、V 等)组成多元金属间化合物，其中有的过渡金属元素对氢化反应时氢分子分解为氢原子的过程起着重要的催化作用。

7.8.3 储氢材料的应用

具有实用价值的吸氢材料，一般应具备下列条件：易活化，吸氢量大；用于储氢时生成热尽量小而用于蓄热时生成热尽量大；在一个很宽的组成范围内，应具有稳定的合适平衡分解压；氢吸收和分解过程中的平衡压差小；氢的俘获和释放速度快；金属氢化物的有效热导率大；在反复吸放氢的循环过程中，合金的粉化小，性能稳定；便宜。

目前研究和投入应用的主要储氢材料有六大类：镁系、钒系、镁镍系、镧镍系、铁钛系和钛铬锰 Laves 相化合物。

① 镁系。镁可以和氢反应形成氢化镁，但氢在 Mg 中的溶解度非常低，为 0.1mL/100gMg 左右，而且氢在纯 Mg 里的反应速度比较慢。因此实际应用时，会加入过渡金属以提高反应速度，如 5%的 Ni。

② 钒系。钒系氢化物有两种，VH 和 VH_2。VH 是相当稳定的氢化物，平衡压力比常压低很多。VH_2 的平衡分解压高，因此可供常温常压以储氢使用的是 VH-VH_2 之间的平台，

其反应速度即使在常温下也足够用。其储氢量为 2%。

③ 镁镍系。镁镍系的特点是价格较低，储氢量可达 4%～6%，但因镁的密度小，故单位体积内的放氢量不大。放氢时需 250℃以上的高温，影响其大量推广。

④ 镧镍系。该系合金是卓越的储氢合金，性能稳定，平台压力性能好，但成本较高。除了 La 系稀土贵重，该系合金中需用镍量很大，价格仍然是影响其大量推广的因素。但目前在镍氢电池、热泵、空调机等已应用。

⑤ 铁钛系。铁钛系的优点是成本低，吸氢量大，最适宜大量应用，但压力平台性能差，反应具有 2 段平台，这是由于存在几个氢化物相。尽管有一些缺点，但在氢能车已经有所应用；它还可用于储热、净化氢等。

⑥ 钛铬锰 Laves 相化合物。六方结构钛铬锰 Laves 相显示出储氢合金的良好特性。该系列氢化物经改性后性能可望与镧镍系媲美，成本可望降低，原料来源广。

储氢合金的主要应用如下。

它可用作高容量储氢器，这种高容量储氢器可在氢能汽车、氢电动车、氢回收、氢净化、氢运输等领域得到广泛的应用；可以利用储氢材料吸收氢的特性，从氯碱、合成氨的工业废气中回收氢；可方便廉价地获取超高纯氢气，实现氢的净化；还可将难与氢分离的气体如氮，经济地分离出来，无须惯用的深冷方法而实现氢的分离；可用于吸收核反应堆的重水慢化器及冷却器中产生的氢、氘、氚等氢同位素，以避免核反应器材料的氢脆和防止环境污染，对吸收的氢同位素还可以利用储氢材料的氢化物与氘化物平衡压力的差异，经济有效地实现氢氘分离，即氢的同位素分离。

利用氢化物的平衡压力随温度指数变化的规律，室温下吸氢，然后提高温度以使氢压大幅度提高，同时使氢净化。这样不用机械压缩即可制高压氢，所用设备简单，无运转部件，无噪声。用于此目的的储氢合金称为静态压缩机。

热泵。利用储氢材料的热效应和平台压力的温度效应，只需用低品位热源如工业废热、太阳能源，即可进行供热、发电、空调和制冷。

催化剂。储氢材料可用作加氢和脱氢反应的催化剂，它可降低能耗，提高燃料电池的效率。

镍氢电池。镍氢电池是一种性能良好的蓄电池。镍氢电池分为高压镍氢电池和低压镍氢电池。镍氢电池作为氢能源应用的一个重要方向越来越受到人们关注。

温度传感器、控制器。利用储氢合金对温度的敏感性可以用作温度计，这种温度计已广泛用于各种飞机上。储氢材料的温度压力效应还可以用作机器人动力系统的激发器、控制器和动力源。

此外，金属储氢材料还可以用作吸气剂、绝热采油管、微型压缩致冷器等。

思考与练习

1. 简述激光的原理。
2. 简述光纤结构及其传输原理。
3. 简述不同磁化率的磁性材料的磁性特点。

4. 简述超导材料的两个基本物理效应。

5. 简述第一类超导体和第二类超导体的异同。

6. 简述非晶合金的结构特点。

7. 功能陶瓷的定义是什么？

8. 简述热弹性马氏体形状记忆合金的原理。

9. 简述金属储氢的原理。

第 8 章　新能源材料

随着蒸汽机的发明和人类文明的不断进步，能源已经成为人类社会必不可少的基础。随着人口的增长和生活质量的提高，人们对能源的需求越来越高，传统的化石能源也越来越不能满足社会的发展。新能源和再生清洁能源技术是 21 世纪全球经济发展中最具有决定性影响的技术领域之一，同时新能源的发展对相应材料也提出了新的要求。新能源材料是对不可再生资源节约利用、开发与利用新能源的一种新型材料，具有绿色环保、性能优异、可持续的性能。太阳能电池材料、储氢材料、固体氧化物电池材料等成为新能源发展的重点。

8.1　太阳能材料

众所周知，太阳能有许多优势：取之不尽，用之不竭；不排放任何有害气体，没有噪声，对环境的影响极小，是一种绿色能源；遍及全球，地域限制性小。太阳能的利用主要分为两大类，一类是光电转换，就是通过太阳能电池吸收光能并相应转化为电能，如图 8-1 所示的太阳能电板；另一类是光热转换，就是通过一种太阳能集热器吸收太阳光，然后将光能转化为热能以达到供热水和供暖的作用，或这种温差来发电，如图 8-2 所示的太阳能热水器。相应地，太阳能核心材料也可分为光热转换材料和光电转换材料（光伏材料）。

图 8-1　太阳能电板

图 8-2　太阳能热水器

太阳能光热转换材料必须在太阳光波峰值波长（0.5μm）附近产生强烈的吸收，而在热辐射波长范围内（如红外波段）的辐射损失尽可能低。实际生活中使用的光热转换涂层材料多是将超细金属颗粒分散在金属氧化物的衬底上形成黑色吸收涂层，通常采用电化学、真空蒸发和磁控溅射等工艺来实现。

在日常生活中，简单的光伏电池可为手表及计算机提供能源，较大的光伏系统可为房屋照明，并为电网供电。近年，天台及建筑物表面开始使用光伏板组件，作为窗户、天窗或遮蔽装置的一部分，成为附设于建筑物的光伏系统，这些都离不开光电转换材料。

光电转换材料主要以半导体材料为基础，如图8-3所示，光照产生电子-空穴对，在PN结上会产生光电流和光电压的现象，从而实现太阳能光电转换。太阳能光电转换材料必须满足以下要求：充分利用太阳能辐射(主要为可见光)，即半导体材料的带隙不能太宽；有较高的光电转换效率；材料本身对环境不造成污染；便于工业化生产且性能稳定。目前光电材料主要有硅材料(单晶硅、多晶硅、非晶硅)、多元化合物材料(碲化镉、砷化镓、铜铟硒等)、有机聚合物材料以及染料敏化材料等。

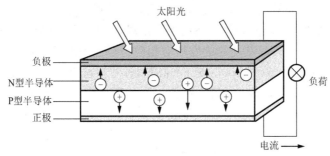

图 8-3　太阳能电池结构

8.1.1　硅材料

晶体硅在光伏产业中占有重要地位，其适用范围广泛、性质稳定并为人熟知。目前商业化单晶硅太阳能电池的效率一般为20%左右；多晶硅太阳能电池的效率稍低，为18%左右。单晶硅是硅的单晶体，具有基本完整的点阵结构。相比于单晶电池，多晶电池的硅片是多个微小的单晶组合，中间有大量的晶界，包含很多的缺陷，因此降低了多晶硅电池的转换效率。但是多晶硅太阳能电池比单晶硅太阳能电池的材料成本低，因此多晶硅太阳能电池是世界各国竞相开发的重点。而非晶硅，即无定形硅，是单质硅的一种形态，不具有完整的金刚石晶胞，纯度不高，熔点、密度和硬度也明显低于晶体硅，光电转换效率也远比晶体硅低，一般不超过10%。

随着光伏产业的迅猛发展，多晶硅的需求量迅速增长。由于多晶硅严重短缺，成本居高不下，各个厂商纷纷转而寻求技术创新。薄膜硅技术领域的突破使其成为太阳能电池产业新的热点。与晶体硅太阳能电池相比，薄膜硅太阳能电池可以使硅的使用量降低两个数量级，因此薄膜硅太阳能电池成为适于未来大规模生产的低成本太阳能电池。太阳能电池中所用的薄膜硅材料主要有多晶硅薄膜、非晶硅薄膜和微晶硅薄膜。薄膜电池技术中，建筑物集成太阳能电池技术特别引人注目，此技术把薄膜电池应用到建筑物的围护结构，如屋顶、天窗等部分的建筑材料之中；薄膜电池可应用到帷幕墙，尤其是结合在玻璃幕墙之中，是太阳能电池工业中增长最快的技术之一。

8.1.2　多元化合物材料

一些具有梯度带隙的多元化合物半导体材料可以扩大太阳能吸收光谱的范围，用这些材料制作的薄膜太阳能电池表现出较高的光电转换效率，如碲化镉太阳能薄膜电池、砷化镓太阳能薄膜电池、铜铟硒太阳能薄膜电池等。此类太阳能薄膜电池的效率较非晶硅薄膜太阳能电池效率高，成本较单晶硅电池低，并且易于大规模生产。

碲化镉(CdTe)的带隙约为 1.45eV,可通过大部分的太阳光,碲化镉薄膜太阳能电池是一种以 P 型碲化镉(CdTe)和 N 型硫化镉(CdS)的异质结为基础的薄膜太阳能电池,具有制备技术简单、电阻低等特点。碲化镉薄膜太阳能电池是在玻璃或柔性衬底上依次沉积多层薄膜而形成的光伏器件。与其他太阳能电池相比,碲化镉薄膜太阳能电池结构比较简单,一般而言,这种电池在玻璃衬底上由五层结构组成,即透明导电氧化物层(TCO 层)、CdS 窗口层、CdTe 吸收层、背接触层和背电极层,如图 8-4 所示。玻璃衬底主要对电池起支架、防止污染和入射太阳光的作用;透明导电氧化层主要起

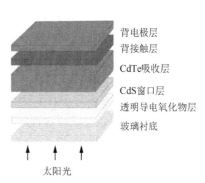

背电极层
背接触层
CdTe吸收层
CdS窗口层
透明导电氧化物层
玻璃衬底

太阳光

图 8-4　碲化镉薄膜太阳能电池结构

透光和导电的作用;CdS 窗口层为 N 型半导体,与 P 型 CdTe 组成 P-N 结;CdTe 吸收层是电池的主体吸光层,与 N 型的 CdS 窗口层形成的 P-N 结,是整个电池最核心的部分;背接触层和背电极层用来降低 CdTe 和金属电极的接触势垒,引出电流,使金属电极与 CdTe 形成欧姆接触。

砷化镓(GaAs)具有吸收太阳光的最佳带隙(1.4eV),可以构成高效的光化学电池,其制备主要采用金属有机化学气相外延法和液相外延法技术。与硅(Si)相比,GaAs 的禁带宽、光谱响应性和空间太阳光谱匹配能力好,目前,硅电池的理论效率约为 23%,而单结的砷化镓电池理论效率达到 27%,多结的砷化镓电池理论效率更超过 50%。砷化镓电池的耐温性要好于硅电池,砷化镓电池在 250℃的条件下仍可以正常工作,而硅电池在 200℃就已经无法正常运行。GaAs 较硅质在物理性质上要更脆,加工时容易碎裂,机械强度明显弱于硅材料。此外,GaAs 的密度较大,必须制成薄膜方可克服质量上的弊端,因此目前难以用于商业化生产。

铜铟硒(CIS)薄膜的禁带宽度为 1.04eV,通过掺入适量的镓(Ga)以替代部分铟(In),薄膜的禁带宽度可在 1.04～1.7eV 调整,这就为太阳电池最佳带隙的优化提供了新的途径。铜铟硒薄膜太阳能电池具有成本低、性能稳定、抗辐射能力强等特性。但其是多元化合物半导体器件,具有复杂的多层结构和敏感的元素配比,要求其工艺和制备条件极为苛刻。另外,由于铟和硒都是比较稀有的元素,材料的来源也是问题。

8.1.3　有机聚合物材料

有机聚合物材料具有柔性好、质量轻、成本低、制作容易、光谱响应宽以及材料来源广等优点,对大规模利用太阳能、提供廉价电能具有重要意义。有机太阳能电池,是由有机聚合物材料构成核心部分的太阳能电池,主要以具有光敏性质的有机聚合物作为半导体的材料,以光伏效应而产生电压形成电流,实现太阳能发电的效果。有机太阳能电池的电子给体一般为有机导电高分子聚合物或敏化染料,电子受体为非金属(如富勒烯 C_{60} 或其他有机聚合物等),载流子传输介质为金属或半导体化合物,光电转换的过程在给体/受体界面完成,因此电池可以做得很薄。

有机材料太阳能电池虽具有许多无机半导体太阳能电池所不具备的优点,但要实现商品化,在光电转换效率、光谱响应范围、电池稳定性以及使用寿命等方面都还有待大幅度

地提升。开发新型窄带隙的导电有机聚合物材料,提高材料相容性和加工性、载荷迁移率和电子亲和能、吸收太阳光能力,从而实现高的光电转换效率。

8.1.4　染料敏化太阳能电池材料

由于一些半导体(如 TiO_2)捕获太阳光的能力差,无法将其直接用于太阳能的转换。因此人们寻找到一些与半导体性质相匹配的染料,使其吸附在半导体的表面,利用染料对可见光的强吸收实现光电转换,这种现象就称为半导体的染料光敏化作用,而具有这种特性的染料就称为染料光敏化剂,又称为光敏化染料。

染料敏化太阳能电池主要由纳米多孔半导体薄膜、染料光敏化剂、氧化还原电解质、对电极和导电基底等组成。纳米多孔半导体薄膜通常为金属氧化物(TiO_2、SnO_2、ZnO 等),聚集在有透明导电膜的玻璃板上作为负极,带有透明导电膜的玻璃上镀铂作为正极,染料光敏化剂吸附在纳米多孔二氧化钛膜表面上,正负极间填充的是含有氧化还原电对的电解质。染料分子受太阳光照射后将电子注入半导体中,电子扩散至导电基底,然后流入外电路中,失去电子的染料被电解质还原再生,而电解质在对电极接收电子后又被还原,从而完成一个循环。

染料敏化太阳能电池光电转换效率高,原材料来源丰富、成本低、工艺技术相对简单,在大面积工业化生产中具有较大的优势,同时所有原材料和生产工艺都是无毒、无污染的,部分材料可以得到充分的回收,对保护环境具有重要的意义。

染料光敏化剂依据其结构,一般分为有机(如天然或合成的有机染料)和无机(如多吡啶钌/锇配合物、金属卟啉、酞菁、无机量子点等)两种。与有机染料相比,无机染料的热稳定性和化学稳定性更高。染料光敏化剂分子中一般含有羧基、羟基等极性基团,在使用过程中能紧密吸附在半导体表面,对可见光的吸收性能好,在长期光照下具有良好的化学稳定性,与半导体相关物理性质相匹配,且能溶解于与半导体共存的溶剂中。金属钌(Ru)的联吡啶配合物系列、金属锇(Os)的联吡啶配合物系列、酞菁和菁类系列、卟啉系列、叶绿素及其衍生物等都可作为光敏化染料。

8.2　锂离子电池材料

由于空间和军用的需要以及电子技术的迅速发展,对体积小、质量轻、比能量高、使用寿命长的电池要求日益迫切,对上述各项性能的要求越来越高。锂离子电池正是在这一形势下发展起来的一种新型电源,与传统的铅酸和镉镍等电池相比,锂离子电池具有比能量高、使用寿命长、污染小和工作电压高等特点。因此锂离子电池应用十分广,市场潜力巨大,是近年来备受关注的研究热点之一。

8.2.1　锂离子电池工作原理

锂离子电池主要由外壳、正极材料、负极材料、电解液和隔膜五部分组成。锂离子电池的正负极材料都是能发生锂离子(Li^+)嵌入-脱出反应的物质,如正极材料(是整个电池的 Li^+源)为钴酸锂、锰酸锂、磷酸铁锂等;负极材料为石墨、软碳、硬碳、钛酸锂等。隔膜是一种聚合物多孔膜,只允许 Li^+通过。当对电池进行充电时,电池的正极上有 Li^+生成,

生成的 Li^+ 经过电解液运动到负极。而作为负极的碳呈层状结构，它有很多微孔，达到负极的 Li^+ 就嵌入碳层的微孔中，嵌入的 Li^+ 越多，充电容量越高。同样，当对电池进行放电时（即使用电池的过程），嵌在负极碳层中的 Li^+ 脱出，又回到正极，回正极的 Li^+ 越多，放电容量越高，通常所说的电池容量指的就是放电容量。在锂离子电池的充放电过程中，Li^+ 处于正极→负极→正极的运动状态。锂离子电池就像一把摇椅，摇椅的两端为电池的两极，而 Li^+ 就像运动员在摇椅来回奔跑，所以锂离子电池又称摇椅式电池，工作原理如图 8-5 所示。

正极反应：放电时 Li^+ 嵌入，充电时 Li^+ 脱嵌。

充电时：$LiMO_2 \longrightarrow xLi^+ + Li_{1-x}MO_2 + xe^-$。

放电时：$xLi^+ + Li_{1-x}MO_2 + xe^- \longrightarrow LiMO_2$。

负极反应：放电时 Li^+ 脱嵌，充电时 Li^+ 嵌入。

充电时：$xLi^+ + xe^- + nC \longrightarrow Li_xC_n$（$Li_xC_n$ 表示 Li^+ 嵌入石墨形成复合材料）。

放电时：$Li_xC_n \longrightarrow xLi^+ + xe^- + nC$。

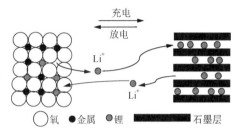

图 8-5 锂离子电池工作原理

8.2.2 锂离子电池正极材料

正极材料的活性是决定锂离子电池性能的重要因素之一，目前，锂离子电池正极材料研究和应用较为广泛的有层状结构的钴、镍、锰锂化合物材料，尖晶石结构锰酸锂材料，橄榄石结构磷酸铁锂材料等。

1. 层状结构正极材料

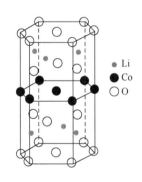

图 8-6 $LiCoO_2$ 层状结构

钴酸锂（$LiCoO_2$）正极材料是约翰·B·古迪纳夫（John B. Goodenough）首次报道的，并且在 1991 年被索尼公司成功应用在商品化锂离子电池中。$LiCoO_2$ 结构为 α-$NaFeO_2$ 型六方晶系层状结构，其中氧原子为立方密堆积面心立方结构排列。图 8-6 为 $LiCoO_2$ 层状结构示意图。

$LiCoO_2$ 正极材料理论比容量为 274mAh/g，然而当其脱出 Li^+ 的量超过 1/2 时，层状主体结构发生坍塌而使其循环性能变差，因此商品化应用的 $LiCoO_2$ 正极材料放电比容量为 130～140mAh/g。在 $LiCoO_2$ 颗粒表面包覆金属氧化物或者磷酸盐可以使其稳定放电比容量达 160～170mAh/g。虽然 $LiCoO_2$ 正极材料主导商品化锂离子电池正极材料市场多年，但由于其主要原料钴具有毒性大、价格高、安全性较低、资源有限等缺点，严重地制约了 $LiCoO_2$ 在锂离子电池领域的应用。

镍酸锂（$LiNiO_2$）结构与 $LiCoO_2$ 结构相似，为 α-$NaFeO_2$ 型六方晶系层状结构，其中 $6c$ 位上的氧原子为立方密堆积，镍原子和锂原子分别于 $3a$ 位和 $3b$ 位，并且交替占据其八面体孔隙，在[111]晶向方向上呈层状排列，如图 8-7 所示。与 $LiCoO_2$ 相比，$LiNiO_2$ 具有较低的价格、高的能量密度。但实际合成过程中，由于 Ni^{2+} 与 Li^+ 混排，得到 Li：Ni=1：1 化学计量比的 $LiNiO_2$ 非常困难，通常合成的产物为 $Li_{1-x}Ni_{1+x}O_2$。Ni^{2+} 进入锂层，阻碍了 Li^+ 的扩散，造成其性能下降。在充放电循环过程中，Ni^{3+} 容易被还原成 Ni^{2+} 而引起结构改变，造成其循环性能差。$LiNiO_2$ 的这些缺点严重制约了其在商业化锂离子电池中的应用。为了

改善 $LiNiO_2$ 正极材料存在的缺点，通常对 $LiNiO_2$ 进行元素掺杂改性，从而得到新的层状二元、三元甚至多元材料，例如，用 Co 部分取代 Ni 形成了 $LiNi_xCo_{1-x}O_2$ 正极材料，用 Co、Mn 来取代 Ni 形成了商品化 $LiNi_{1/3}Co_{1/3}Mn_{1/3}O_2$ 等系列三元正极材料，用 Co、Al 来取代Ni 形成了商品化 $LiNi_{0.8}Co_{0.15}Al_{0.05}O_2$ 等系列三元正极材料。

锰酸锂（Li_2MnO_3）具有单斜层状结构，如图 8-8 所示，其中过渡金属层是由 Li 和 Mn以 2：1 的比例交替构成，因此其通式也可以写成 $Li[Li_{1/3}Mn_{2/3}]O_2$ 形式。Li_2MnO_3 中的 Mn元素价态为+4 价，在低电压下不能进一步被氧化，因此通常认为 Li_2MnO_3 材料是电化学非活性材料。然而，当充电电压升高至 4.5V 以上时，Li_2MnO_3 材料中的氧元素被氧化，而脱出 Li^+，最终以 Li_2O 形式从材料中脱出，而在充电结束时形成 MnO_2。但是，该过程是不可逆过程，在随后的放电过程中，只能有 1 个 Li^+ 返回正极，形成具有活性的亚锰酸锂（$LiMnO_2$）层状材料。

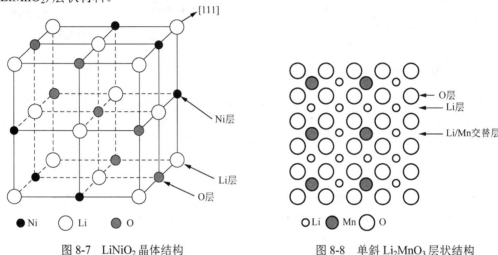

图 8-7　$LiNiO_2$ 晶体结构　　　　　图 8-8　单斜 Li_2MnO_3 层状结构

2. 尖晶石结构正极材料

尖晶石型锰酸锂（$LiMn_2O_4$）是一种研究和应用都比较早的正极材料，图 8-9 为 $LiMn_2O_4$尖晶石结构示意图，在结构中锂（Li）占据四面体（8a）位置，锰（Mn）占据八面体（16d）位置，氧（O）占据面心立方（32e）位置。在脱锂状态下，Mn 存在于每一层，可以支撑材料主体结构，形成一个 Mn_2O_4 骨架构型三维通道，这有利于 Li^+ 脱嵌。

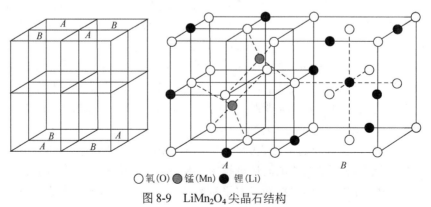

○ 氧(O)　◯ 锰(Mn)　● 锂(Li)

图 8-9　$LiMn_2O_4$ 尖晶石结构

由于 $LiMn_2O_4$ 具有原料来源广泛、成本低、倍率性能好等优势，$LiMn_2O_4$ 研究吸引了大量的科研工作者。但 $LiMn_2O_4$ 循环性能差，容量衰减严重，主要是因为 Mn^{3+} 发生歧化反应，生成的 Mn^{2+} 溶解到电解质溶液中，导致 $LiMn_2O_4$ 晶体结构中锰含量减小。通常采用两种方法来提高 $LiMn_2O_4$ 的充放电容量和循环稳定性：一是掺杂改性；二是采用新的合成技术控制材料的结构和粒径或者对电极表面进行修饰。掺杂是最常见、最有效的改性方法，掺杂是指引入半径和价态与 Mn 相近的金属离子(如 Co、Ni、Cr、Zn、Mg 等)或加入过量的 Li 来稳定 $LiMn_2O_4$ 的尖晶石结构，防止 Li^+ 脱嵌后引起晶格畸变，从而提高容量、延长寿命。表面处理方法也是目前常见的一种改性修饰方法，在电极表面包覆一层只允许 Li^+ 自由通过而 H^+ 和电解质溶液不能通过的 $LiBO_2$ 或 Li_2CO_3 膜，从而可以有效地抑制锰的溶解和电解质分解。用有机物处理 $LiMn_2O_4$ 的表面，可以形成表面配合锰，从而有效地抑制电解液在电极上的分解，提高 $LiMn_2O_4$ 在高温下的稳定性。

3. 橄榄石结构正极材料

橄榄石结构的正极材料有 $LiMnPO_4$、$LiCoPO_4$、$LiNiPO_4$、$LiFePO_4$，其中磷酸铁锂($LiFePO_4$)是研究前景相当大且小有突破的一种。橄榄石结构的 $LiFePO_4$ 材料属于正交晶系，*Pnma* 空间群，其晶胞参数为 $a=1.0334nm$，$b=0.6008nm$，$c=0.4694nm$，晶体结构如图 8-10 所示。Fe^{3+}/Fe^{2+} 的费米能级低于 Li^+ 的费米能级，为 $LiFePO_4$ 材料提供了一个 3.4V 的脱嵌 Li^+ 电势。脱锂产物 $FePO_4$ 也是橄榄石晶体结构，但在晶格参数上发生了变化，晶胞体积缩小了 6.8%，$FePO_4$ 的晶胞参数为 $a=0.9821nm$，$b=0.5792nm$，$c=0.4788nm$。

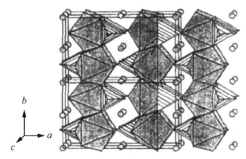

图 8-10　$LiFePO_4$ 橄榄石结构

$LiFePO_4$ 具有 170mAh/g 理论容量和 3.4V 放电电压，但其电子导电性差和离子扩散系数低限制了它的应用。提高 $LiFePO_4$ 的导电性可以归结为提高该材料的离子传导性和电子导电性。目前改善 $LiFePO_4$ 的导电性能主要有四种方法：①使用电子导电性好的物质包覆 $LiFePO_4$，例如，在其表面包覆导电碳，提高其表面颗粒间的电子导电性；②在 $LiFePO_4$ 晶格掺杂金属离子，取代 Li 位或者 Fe 位，提高颗粒内部本征电导率；③在 $LiFePO_4$ 材料表面生成电子电导良好的磷铁相；④控制 $LiFePO_4$ 晶粒粒径，改善表面形貌，提高锂离子的迁移速率。

8.2.3　锂离子电池负极材料

目前，研究的负极材料主要有碳基类材料、硅类材料、金属类材料、金属氧化物类材料。负极材料需具备以下条件：氧化还原电位尽可能低，使整个电池具有较高的输出电压；具有较高的可逆充放电容量；结构稳定，保证具有良好的循环性能；具有较好的电子电导率和离子电导率；在电压范围内具有良好的化学稳定性，不与电解液发生反应。

碳材料是人们最早研究并规模化应用的负极材料，包括石墨、中间相碳微球、无定形碳等。这些材料的共同点是都具有石墨层状结构，每层由以 6 个碳原子组成的六边形为单元排列组成，层面间距为 0.335nm，理论上，在石墨材料中 Li^+ 可布满所有结构中不相邻的六元环位置，理论比容量为 372mAh/g。

硅具有 4200mAh/g 的高理论比容量，然而，硅的首次不可逆容量高，充放电过程中体积变化大，因而循环性能差。碳与硅能够结合形成稳定的 C-Si 复合材料，该材料具有容量高、稳定性好、安全等突出的优点。

金属类负极材料主要包括金属单质和金属间化合物，这类材料都具有很高的容量，但充电时会产生巨大的体积效应，体积可膨胀至原来的数倍，造成电极粉化，材料的循环性能不佳。单质锡(Sn)可以与锂(Li)形成 $Li_{22}Sn_5$ 高富锂合金，理论比容量高达 994mAh/g，金属铝的理论比容量高达 2234mAh/g。金属间化合物负极有 Sn-Ni、Ni_3Sn_4、Sn-Sb、Sn-Cu-B、Sn-Ca 等，这些材料都具有很高的理论容量，但首次不可逆容量损失过高，容量衰减快，实际应用还没有可行性。

金属-无机非金属复合材料包括金属-碳复合材料、金属-硅复合材料，这些材料在嵌锂容量、电极导电性和倍率充放电性能等方面明显优于单相材料。金属与碳的复合材料可使材料兼有金属的高容量和碳材料的优良循环性能。金属与硅的复合材料也保持金属和硅的高容量特性，但循环性能仍有待改善。

钛酸锂(Li_2TiO_3)是近几年来研究热度很高的负极材料，理论比容量为 175mAh/g，Li_2TiO_3 为尖晶石结构，在充放电过程中晶体结构不受 Li^+ 嵌入脱出的影响，晶胞参数几乎没有变化，是一种"零应变"材料，具有长期循环稳定性和热稳定性，同时具备充放倍率性好、放电电压平稳、库仑效率高、价廉易得、无环境污染等优点，在动力电池上具有良好应用前景。

8.2.4　锂离子电池电解质

电解质称为锂离子电池的"血液"，在电池的正负极之间通过锂离子运动起着传输电荷的作用，是连接正负极材料的桥梁。用于锂离子电池的电解质应当满足以下要求：在较宽的温度范围内离子电导率高，锂离子迁移系数大；热稳定性好，以保证电池在合适的温度范围内的安全性；电化学窗口宽，具有较强的抗过充能力，在高电压区(5V)附近不发生分解；闪点高，不易燃烧。实际应用中还需价格低、无毒、对环境无污染等。

根据电解质的存在状态可将锂离子电解质分为液体电解质、固体电解质和固液复合电解质。液体电解质包括有机液体电解质和室温离子液体电解质，固体电解质包括固体聚合物电解质和无机固体电解质，固液复合电解质是固体聚合物和液体电解质复合而成的凝胶电解质。

有机液体电解质是把锂盐溶质溶解于有机溶剂得到的电解质溶液，就是通常所称的电解液，由六氟磷酸锂(LiPF$_6$)溶于两种或三种碳酸酯的混合溶液中而制得。常用碳酸酯有 EC、DMC、DEC、EMC 等，EC 介电常数高，有利于锂盐溶解，DMC、DEC、EMC 黏度低，有利于提高 Li^+ 的迁移速率。有机液体电解质离子电导率高，是目前使用最为广泛的一种电解质。

固体电解质具有不可燃烧、与电极材料间的反应活性低、柔韧性好等优点，可克服液体电解质中有机溶剂易于燃烧的缺点，允许电极材料充放电过程中的体积变化，比液体电解质更耐冲击振动、抗变形、易于加工成型，可以根据不同需要将电池做成不同形状。聚氧化乙烯(PEO)与碱金属盐配位具有离子导电性，是一种典型的聚合物电解质。在聚合物基体中引入液体增塑剂 PC、EC 等，得到固液复合凝胶，这种由高分子化合物、锂盐和极性有机溶剂组成的三元电解质兼具有固体电解质和液体电解质的性质。无机固体电解质是具有高离子传导性固体材料，包括玻璃电解质和陶瓷电解质。

电解质对电池性能有重要影响，包括以下几个方面：①影响电池容量；②影响电池内阻及倍率性能；③影响电池操作温度范围；④影响电池储存和循环寿命；⑤影响电池安全性能；⑥影响电池自放电性能；⑦影响电池过充电和过放电行为。

8.2.5　锂离子电池隔膜材料

隔膜是锂离子电池的重要组成部分，隔膜的主要作用是使电池的正、负极分隔开来，防止两极接触而短路，还具有能使电解质离子通过的功能。锂离子电池对隔膜材料有着很高的要求，包括：有一定的机械强度，保证在电池变形的情况下不破裂；具有良好的离子透过能力，从而降低电池的内阻；优良的电子绝缘性；具备抗化学及电化学腐蚀的能力，在电解液中稳定性好；具有特殊的热熔性，当电池发生异常时，隔膜能够在要求的温度条件下熔融，关闭微孔，使电池断路。

锂离子电池隔膜材料主要是多孔性聚合物，如聚丙烯隔膜、聚乙烯隔膜以及乙烯与丙烯的共聚物膜等。这些材料都具有较高的孔隙率、较低的电阻、较高的抗撕裂强度、较好的抗酸碱能力和良好的弹性。

隔膜性能的主要指标有厚度、力学性能、孔隙率、透气率、孔径大小及分布、热性能及自关闭性能。隔膜越薄，锂离子通过时遇到的阻力越小，离子传导性越好，阻抗越低。但隔膜太薄时，其保液能力和电子绝缘性降低，会对电池产生不利影响。目前使用的隔膜厚度通常在 15～40μm。

隔膜加工方法主要有两种：熔融拉伸和热致相分离法。熔融拉伸工艺相对简单，生产过程中无污染，是目前生产隔膜的主要方法。热致相分离法需要在生产过程中加入和脱除稀释剂，生产成本高且有污染。

8.3　超级电容器材料

8.3.1　超级电容器发展历史

超级电容器又称为电化学电容器，通过极化电解质来储能，是介于物理电容器与化学电源(如铅酸电池、锌氧电池、锂离子电池)之间的一种新型储能装置，它填补了传统电容器的高比功率和电池的高比能量之间的空白，具有功率密度高(10kW/kg)、使用寿命长(可达 10 万次以上)、充电时间短、温度特性好、节约能源和绿色环保等优点，其发展历程如图 8-11 所示。

人类首次发现电荷可存储在物质表面是通过摩擦生电现象。最早的电容器装置称为莱顿瓶，是由荷兰莱顿大学物理学教授马森布罗克(Pieter Van Musschenbrock)与德国卡明大教堂副主教冯·克莱斯特(Ewald Georg Von Kleist)分别于 1745 年和 1746 年发明的。早期的莱顿瓶是一个装有酸性电解液的玻璃瓶：瓶表面覆有金属层，电解液由导体连出，电解液和金属层分别作为分离的表面，而玻璃则作为介电材料，此组成电容器。后来的电容器结构都是经过改进的：金属箱作为电极，真空、空气，甚至玻璃、云母、聚苯乙烯膜等作为中间的介电材料。

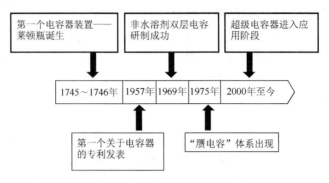

图 8-11　超级电容器发展历程

1957 年，美国的贝克尔(Becker)申请了第一个关于电容器的专利，专利表明高比表面积碳材料为电极材料的电化学电容器的能量密度与电池接近，比容量比普通电容器提高 3～4 个数量级，达到法拉级，因此它又称为"超级电容"。这是第一篇有关电容器的专利，它的发表引起了电化学电容器的研究热潮，电化学电容器从此逐渐走进广阔的应用领域。1969年，美国 Sohio 公司研究了非水溶剂双层电容，该体系较水溶液可提供更高的工作电压。1975 年，加拿大的康韦(Conway)与合作者开发出"赝电容"体系。进入 21 世纪，纳米技术的出现为能量存储器件的发展带来了新的机遇。

在超级电容器的发展历程中，人们使用了多种名称描述这种储能装置，包括金电容器、电化学电容器、超级电容器等，由于超级电容器在结构和制备工艺上与电池有许多相近之处，所以又称为"高功率电池"。20 世纪 80 年代末，随着电动汽车的迅速发展，美国、苏联、日本等国都将大尺寸超级电容器的研制列入国家研究计划。为了满足电动车辆高脉冲的要求，人们开始将超级电容器与蓄电池复合使用。为了进一步提升超级电容器比能量，人们尝试利用金属氧化物等作为超级电容器电极活性物质。随后，Giner 公司、ESMA 公司、G.G·阿马图奇(G.G.Amatueci)、D.A·埃文斯(D.A.Evans)等相继提出非对称超级电容器的概念，非对称超级电容器有很多双电子层电容器不具备的优点，如比能量高、比功率大和循环性能良好等。

8.3.2　超级电容器分类

根据电能的储存与转化机理不同，电化学超级电容器分为以活性炭为电极材料的双电子层电容器、以金属(氢)氧化物或导电聚合物为电极材料的法拉第赝电容器，以及利用两种不同工作电压的电极材料分别作为正负电极的非对称超级电容器。

1. 双电子层电容器

双电子层电容器是在电极/溶液界面通过电子或离子的定向排列造成电荷的对峙来存储能量的。当在两个电极上施加电场后，溶液中的阴、阳离子分别向正、负电极迁移，在电极表面形成双电子层；撤销电场后，电极上的正、负电荷与溶液中的相反电荷离子相吸引而使双电子层稳定，在正、负极间产生相对稳定的电位差，这时对某一电极而言，会在一定距离内(分散层)产生与电极上的电荷等量的异性离子电荷，使其保持电中性；当将两极与外电路连通时，电极上的电荷迁移而在外电路中产生电流，溶液中的离子迁移到溶液中呈电中性，这就是双电子层电容器，如图 8-12 所示。

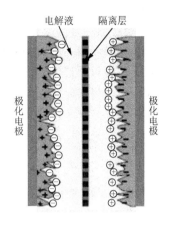

图 8-12　双电子层电容器存储机理

2. 法拉第赝电容器

与双电子层电容器不同，法拉第赝电容器则是发生了法拉第过程，即在电极表面发生了穿过双电子层的电子迁移，引起电活性材料价态和化学性质的变化。这种法拉第电荷迁移产生于一系列可逆的氧化还原反应，并伴随着离子嵌入或电吸附过程。具体充电过程可描述为：当超级电容器的两极施以适当电压时，电解液中的离子经电化学反应进入电活性物质中，电荷量很大程度上依赖于电极材料的表面积，若活性物质比表面积较大，那么储存在电极中的电荷量就很大。放电时，电极中嵌入的离子会脱嵌到电解液里并释放电荷。

由于法拉第过程一般都慢于非法拉第过程，所以与双电子层电容器相比，赝电容器的功率密度较低，同时，因为在电极上存在氧化还原反应，所以赝电容器与电池一样，一直存在循环稳定性差的问题。

虽然这两种储能机理不同，但是它们经常同时存在于实际的超级电容器中，在实践中常联合使用双电子层电容电极材料与赝电容电极材料，制成非对称超级电容器。

3. 非对称超级电容器

非对称超级电容器是对称超级电容器的改进，是一种将双电子层电容电极和法拉第赝电容电极相结合的新型电化学电容器。与对称器件相比，可以通过将两种不同电压窗口的电极进行匹配，扩大器件的工作电压。例如，金属氧化物/碳材料非对称型电容器的优势在于：一方面，利用金属氧化物超级电容器的超大能量密度与双电子层电容器的快速充电，协同耦合，以获得比单纯双电子层电容器高的比能量，同时具备较高的比功率和循环寿命；另一方面，可通过充分利用正极能够达到一个大的正电位、负极能够达到一个大的负电位的特点，实现整体工作电位窗口的大幅度拓宽，来达到提高能量密度的目的。

根据电极材料不同，非对称超级电容器可以分为以下三种：

① 电极的构成结构包括赝电容特性和双电子层电容特性的两个电极，或者包括两个具有赝电容特性的电极。

② 超级电容器两电极分别是电池的电极和超级电容器电极。

③ 超级电容器两电极分别是超级电容器的阴极及电解电容器阳极。

8.3.3　超级电容器电极材料

1. 电极材料选择原则

电极材料是超级电容器最重要的部分，很大程度上影响了电容器的性能。电极材料应有良好的离子、电子电导率；适合离子嵌入的最佳孔隙尺寸和分布；大的比表面积；长的循环寿命；对电解液要具有化学、电化学稳定性；要易形成双电子层电容或能提供大的活性物质负载面积且纯度要高。具体原则如下：

① 电极材料与集电极、电解液良好接触。

② 电极材料稳定性高，可逆性好，循环寿命长。

③ 电极材料比表面积大。

④ 离子及电子电导率高。

⑤ 原料来源广泛、便宜、加工工艺简单。

2. 电极材料分类

电极材料决定了电容器的主要性能。目前，超级电容器选用的电极材料主要是各种碳材料、金属氧化物材料和导电聚合物材料。在超级电容器商业化产品中，应用最广泛的是各种碳材料。这是因为碳材料原料丰富、便宜，比表面积大，密度低，导热、导电性优良，抗化学腐蚀，膨胀系数小。碳材料有多种形态，如块状、粉末、颗粒、纤维、纤维布等。

(1) 碳材料

满足超级电容器要求的碳材料主要有活性炭、碳气凝胶、碳纳米管、纳米碳纤维、碳基水凝胶等，这些材料有一个共同点就是都具有较高的电导率和较大的比表面积。目前研究较多的主要是柔性碳布，它的有效比表面积极高，并可作为自支撑电极，无须任何黏结剂。另一个优势是它具有利于电解质离子进出的三维网络结构，如果将它与金属氧化物或者有机聚合物活性物质结合，在其表面上及纤维与纤维之间的网孔内都能形成双电子层电容，可以有效地叠加双电子层静电吸附的电荷量和赝电容氧化还原反应的电荷量，因此，可以获得较高的电容量。

(2) 金属氧化物材料

这类材料存储机制是利用表面快速、可逆的氧化还原反应，通过电化学电荷迁移存储电荷。自 1975 年，人们开始研究金属氧化物作为电极材料的超级电容器。近年来，各种金属氧化物在非对称超级电容器中的应用受到极大的关注，主要有钌、镍、钛、钴、锰、铝及铁等元素的氧化物。其中，最具代表性的是元素钌的氧化物和元素锰的氧化物。与碳电极相比，RuO_2 电极导电性更好，而且它在硫酸中很稳定，比能量更高。

(3) 导电聚合物材料

聚合物材料以聚苯胺(PANI)、聚吡咯(PPy)、聚 3,4-乙撑二氧噻吩(PEDOT)等最具有代表性。但导电聚合物通常会出现内阻过大、稳定性较差等问题，对它的研究主要是将其与其他物质进行复合，聚合物/碳复合材料研究较多，如聚苯胺、聚吡咯与活性炭、碳纳米管等的复合物。

8.3.4　超级电容器电解质

选择适当的电解质对电容器的性能发挥有着举足轻重的作用。电解质在电容器的整体结构中作用有很多，如粘接电极颗粒、补充离子、加速离子传导等。电解质的分解电压、电导率和适用温度范围是电解质适用与否的三个重要指标。概括起来，对电解质的要求有电导率高、分解电压高、温度适用范围宽、对电极材料的浸润性好、纯度高、不与电极材料反应等。

电解质分类比较复杂，按溶剂类型可分为水性电解液和有机电解液。另外还可按照电解质状态分为液态电解质和固态电解质，多数超级电容器选用的电解质是液态的。

(1)水性电解液和有机电解液

水性电解液的优点有很多，如电导率高、内阻低、电解质分子小、浸润性好，利于充分利用活性材料的表面积且成本低廉，它是最早应用于电化学电容器的电解液。水性电解液根据其 pH 不同可以分为酸性、碱性和中性三类。

酸性电解液常为 H_2SO_4 水溶液，而碱性电解液通常以 KOH、NaOH 等强碱为电解质，水为溶剂。强碱与强酸一样，都具有强烈的腐蚀性，不利于操作，因此有待用优化的电解液取代。中性电解液采用的电解质通常是 KCl、NaCl、LiCl 等，多用作以氧化锰等为电极材料的电容器中。

尽管人们对水系电解液的研究较多，它的应用也较广泛，但因其分解电压比较低，采用水性电解液的电容器工作电压会受水的分解电压限制。此外，强碱或强酸电解液的强腐蚀性对操作和封装不利，电容器的寿命也会大打折扣。所以，更多的研究者热衷于探索有机电解液、固体或凝胶电解质的应用。

有机电解液是区别于水性电解液的另一种电解液。与水性电解液相比，有机电解液的工作温度范围更宽、分解电压高、性质稳定、腐蚀性小，但有机电解液的电导率小，限制了电容器的充放电倍率和输出功率。

它的电解质通常是锂盐(如高氯酸锂($LiClO_4$))和季铵盐(如四氟硼酸四乙基铵($TEABF_4$))等，可以采用的溶剂有碳酸丙烯酯(PC)、乙腈(ACN)、1,4-丁内酯(GBL)等。

(2)固态电解质

液态电解质易发生腐蚀和漏电，有机电解液甚至还会引起电容器起火，而固体或凝胶电解质不会发生电解液泄漏的问题，因此，采用固态电解质的电容器更安全。有报道称，在电导率上，凝胶电解质与有机电解液相差无几，而循环效率高达 100%，这使得发展超薄型、小型化超级电容器成为可能。固态电解质的缺点是在室温下，聚合物基体里溶解度低的固态电解质常会有结晶析出。

8.4　储　氢　材　料

氢是宇宙中分布最广泛的物质，它构成了宇宙质量的 75%，称为人类的终极能源。水是氢的大"仓库"，如把海水中的氢全部提取出来，将是地球上所有化石燃料热量的 9000 倍。氢的燃烧效率非常高，只要在汽油中加入 4%的氢气，就可使内燃机节油 40%。氢能的使用涉及三个部分：制备、储存和能量转化，其中氢气的储存是氢能使用的关键环节。储氢所需的材料必须具备较大的质量密度和储氢体积。储氢材料根据吸放氢的机理可分为两大类：物理吸附储氢和化学储氢。物理吸附储氢主要依靠氢气和储氢材料之间的范德瓦耳斯力，代表材料有碳纳米管以及金属有机框架材料等；化学储氢则是循环吸放氢过程中生成新的氢化物，主要是储氢合金，如轻质金属镁、铝氢化物、氨基化合物、硼氢化合物等。

8.4.1　机械式储氢

(1)低温液态储氢

在常压下，当温度低于 21K 时，氢气会转变为液体，存储在特制的绝热的容器中。此时液态氢的密度约为常温常压气态氧气的 845 倍，并且液态氢的体积能量密度远高于压缩气态氢。但是液态储氢的缺点也很明显：首先，储存液态氢的容器必须由特殊的耐低温、绝热材料制造而成，增加了储氢的成本；其次，将氢气液化需要耗费大量的能量，获得 1L 液化氢消耗的能量相当于其蕴含能量的 1/3。因此，除了航天、军工等特殊场合应用，这种储氢方式在经济上不易接受。

(2)高压气态储氢

对于一定量的气体而言，根据气体状态方程 $pV = nRT$，其在一定温度下，提高压力会减小气体的体积，从而使氢气的密度提高。高压气态储氢就是基于这一原理进行氢气储存的方法。高压气态储氢有简便易行、技术成熟、成本低等优点。但是高压气态储氢也有不足：首先，质量储氢密度比较小，如充气压力为 15MPa 的钢瓶其质量储氢密度仅为 1.0% 左右；其次，高压存储氢气需要厚重耐压的容器，存在氢气泄漏和容器爆裂等不安全因素，而且压缩气体同样要消耗一定的能量。

8.4.2　物理吸附储氢

物理吸附储氢方式的原理主要是依靠多孔材料与氢气分子之间微弱的范德瓦耳斯力相互作用而进行储存氢气。在吸附过程中，氢以分子态存在，一般不会解离成氢原子，属于物理吸附的作用。此外，氢与材料以范德瓦耳斯力结合，这种结合力比较弱，储氢材料一般只能在较低的温度下才能有明显的吸氢效果。另外，这种材料吸氢时，氢分子一般会吸附在多孔材料的孔道的表面，材料的比表面积越大，其吸氢量也越大。目前常用到物理吸附储氢的材料有碳材料、沸石类分子筛、金属有机框架材料。

1. 碳材料

碳基多孔材料主要包括活性炭、碳纳米管、碳纳米纤维、石墨烯等。最早关于氢气在高比表面活性炭上吸附的报道出现在 1967 年，该项工作主要是考虑低温环境下吸附剂(由椰子壳制作的焦炭)的吸附特性，并测得了 76K 下的等温吸附线，从此揭开了活性炭物理吸附储氢的序幕。活性炭是一种具有高比表面积和高孔隙率的无定形碳，其比表面积可达 1500m^2/g 以上，孔体积高达 1.5cm^3/g，这些结构特性使得活性炭可以在中低温(76~273K)和中高压(1~10MPa)的条件下实现氢气的可逆储存。活性炭的储氢量与其比表面积呈正相关，比表面积越大，其储氢量越大；储氢量与活性炭的孔径也有关系，最佳孔径为 1nm 左右。

碳纳米管最早出现在 1991 年，按照碳纳米管结构的不同，可以把它们分为单壁碳纳米管和多壁碳纳米管。石墨薄片卷起来，形成圆柱状的管状物，即单壁纳米管，内径一般为 0.7nm 至几个纳米，长度一般为 10~100nm。多壁碳纳米管通常由 10~100 个单壁碳纳米管堆积在一起，形成一个个管束，管间的距离一般为 0.334nm。氢分子与碳纳米管的相互作用比与碳纳米纤维之间的相互作用强，碳纳米管的氢吸附热为 19.6kJ/mol，而平板状碳纳米纤维的氢吸附热仅为 4kJ/mol。提高碳纳米管氢吸附量的方式主要有：①微孔孔径一致，所占比例大；②大孔尽量少；③热导率高。

"石墨纳米纤维有较高的氢吸附储存量"的声明引发了人们对碳纳米纤维的兴趣，碳纳米纤维材料是乙烯、氢气以及一氧化碳的混合物在特定的金属或合金催化剂表面经高温（700～900K）分解而得，它包含很多非常小的石墨薄片，薄片的宽度在 3～50nm，这些薄片很有规律地堆积在一起，片间距离一般为 0.34nm。碳纳米纤维材料可以具有三种不同结构：管状、平板状和鱼骨状。 在相同条件下（11.35MPa，298K），鱼骨状碳纳米纤维、平板状碳纳米纤维以及石墨粉体的氢吸附量分别为 67.55wt%、53.68wt% 和 4.52wt%。

2004 年，发现了可以稳定存在的单层石墨稀结构，由于石墨烯具有独特的物理和化学性质，引起了国际的广泛关注。但是研究表明，石墨烯最高的氢吸附量只有 2 wt%，而且与碳材料的纳米结构和比表面积有关。近期理论计算表明，在石墨稀的表面掺杂碱金属或过渡金属，利用氢溢流效应，在金属的作用下，将 H_2 分裂成 H 原子，然后 H 原子转移到石墨稀的表面，利用氢溢流效应可以将此种碳材料的氢吸附量提高 2～3 倍。

2. 沸石类分子筛

沸石类分子筛具有结构丰富、可调以及孔道多样性等特点。作为储氢材料的沸石类分子筛主要有硅酸铝或磷酸铝分子筛。沸石类分子筛在室温下吸氢量极低，在 77 K 时最大吸氢量仅为 2.5 wt% 左右。

3. 金属有机框架材料

金属有机框架（MOFs）是由有机配体（如芳香族多元胺或多元酸等）和金属离子或团簇通过配位键自组装形成的具有分子内孔隙的有机-无机杂化材料。金属有机框架储氢材料具有比表面积高、孔隙率高、结构和孔径可调控、热稳定好等特点。由于氢分子与金属有机框架材料结合的范德瓦耳斯力非常弱，因此其氢吸附热很低，一般为 5～10kJ/mol。所以，一般的金属有机框架储氢材料在低温下才能吸附大量的 H_2，而且吸附量与比表面积和孔径有着很大的关系。提高金属有机框架材料在室温下的储氢量，关键是增大氢分子与材料的结合力，提高氢吸附热的热值。目前提高金属有机框架材料在室温下储氢量的方法主要有：①调节金属有机框架材料的孔径尺寸；②在材料的表面引入不饱和的配位金属离子进行修饰；③掺杂过渡金属。

8.4.3 化学储氢

化学储氢是目前储氢材料研究最为广泛的一类储氢方式，这种储氢方式的原理主要是氢原子以化学键的形式与储氢材料形成稳定的氢化物来实现氢气的存储。在吸氢过程中，氢分子首先解离成氢原子，然后氢原子与材料形成化学氢化物；而放氢过程可以视为吸氢过程的逆过程，在放氢过程中，化学氢化物分解，释放出氢原子，氢原子再结合成氢分子，从而实现氢气的可逆储存。化学氢化物可以分为金属氢化物、轻质金属配位氢化物以及有机液态储氢等。

1. 金属氢化物

金属氢化物储氢材料是目前国内外研究最为广泛、最有应用前景的一类储氢材料。许多金属、金属间化合物或合金都能在一定的温度和压力下与氢气发生氢化反应生成金属氢化物：$Me+xH_2\Longrightarrow MeH_{2x}$。在吸氢过程中，首先氢分子与金属表面接触，$H_2$ 吸附在金属的表面，然后 H_2 解离为 H 原子，由于 H 原子的原子半径远小于金属原子，因此 H 原子很容易通过金属原子的晶格空隙扩散进入金属晶格中，从而形成固溶体；当 H 原子不断进入金属晶格中从而使固溶体达到饱和状态之后，在较高压力的作用下，多余的 H 原子与固溶体进一步发生反应生成金属氢化物 MeH_{2x}。当压力降低、温度升高时，放氢过程开始，金属氢化物开始将其中的氢释放出来，这个过程对应着吸氢反应的逆过程。在整个吸/放氢过程中，伴随着氢分子的吸附、解离、扩散、溶入、析出和再结合的循环过程，因此金属氢化物一般具有较好的循环稳定性。其中对于过渡金属组成的合金或金属间化合物，其与 H 原子的结合力普遍比较弱，而且组分在一定范围内可以调控，在动力学上更有优势，但是其质量储氢密度普遍比较低；而碱金属或碱土金属由于金属性强，与 H 形成的氢化物中，Me—H 键的离子键的成分比较高，Me—H 键能高，因而此类氢化物的反应热比较大，十分稳定，一般动力学性能差，但是碱金属或碱土金属等轻质金属氢化物具有较高的质量储氢密度和体积储氢密度，如 MgH_2 的质量储氢密度高达 7.6 wt%，而 LiH 高达 12.6 wt%。

1）过渡金属基储氢合金或金属间氧化物

过渡金属组成的合金或金属间化合物与 H 原子的结合力普遍比较弱，拥有较好的动力学性能，并且其组分在一定范围内可以调控，因此是目前商业化程度最高的一类储氢材料。已开发的具有实际应用价值的过渡金属基储氢合金材料主要有稀土系 AB_5 型、AB_3 型，Laves 相 AB_2 型钛、锆合金，钛系 AB 型、A_2B 型以及体心立方结构相 V 基固溶体等。其中，A 是指容易与氢形成稳定氢化物的放热型金属，如镧系金属（La、Ce 等）以及钛（Ti）、锆（Zr）、镁（Mg）等金属；B 是指与氢难形成氢化物相的吸热型金属，如镍（Ni）、铜（Cu）、钴（Co）、铁（Fe）、铝（Al）等金属，而且这些金属具有良好的氢催化活性。常见不同类型过渡金属储氢合金如表 8-1 所示。

表8-1　不同类型过渡金属储氢合金的储氢性能

合金类型	储氢合金	质量储氢密度/wt%	放氢温度/K（0.1MPa H_2）
AB_5	$LaNi_5$	1.49	285
AB_3	$LaNi_3$	1.55	293
AB_2	$ZrMn_2$	1.77	440
AB	$TiFe$	1.86	265
A_2B	Mg_2Ni	3.60	528
V 基	$Ti_{43.5}V_{49.0}Fe_{7.5}$	3.90	573

AB_5 系稀土系储氢材料的研究始于 20 世纪 60 年代末。$LaNi_5$ 的晶体结构为 $CaCu_5$ 型，室温下吸氢可转变为六方晶体结构的 $LaNi_5H_6$，质量储氢密度为 1.49wt%。AB_5 合金具有吸放氢速率快、平衡压适中、易活化等优点，但是在吸放氢过程中也存在晶胞体积膨胀率大、合金易粉化等缺点。为了克服这些缺点，采用多元合金化取代的方式，如用其他元素部分

取代 La 和 Ni。目前，商业化的 AB_5 合金，较多采用 Ce、Pr、Nd 等取代 La，Ca、Cu、Co、Si 等取代 Ni，使得平台压、磁滞效应、循环稳定性以及晶体粉化等储氢性能得到了很好的控制，从而开发出适宜商业化的多元 AB_5 合金，已成功用于镍氢电池电极材料、氢气分离、富集以及存储等技术上。

AB_2 Laves 相储氢合金有三种晶体结构，分别为立方相的 $MgCu_2$、六方相的 $MgZn_2$ 以及 $MgNi_2$。这些二元储氢合金具有成本低、储氢量大、动力学以及循环稳定性能好等优点，但是在室温下太稳定，而且对杂质气体敏感，不适宜作为镍氢电池材料。

Ti 系 AB 型储氢合金包括 TiFe、TiNi、TiCo 以及以它们为基元进行多元取代而形成的多元 AB 型储氢合金等一系列储氢材料。虽然 TiFe 合金储氢量不高(1.86 wt%)，然而成本低廉、储氢性能优异等优点仍使得 TiFe 合金成为有应用前景的储氢材料，但是必须克服以下两个缺点：一是合金较难活化，需要在 400℃下，经过十多周循环才能完全活化；二是合金对杂质气体敏感，氢气中含有的微量 O_2 或 CO 都能使合金失活。可以采用下列三种方法改善 TiFe 的问题：①元素取代；②TiFe 合金的表面用酸、碱或盐溶液进行预处理，在合金的表面形成新的催化中心；③机械合金球磨法制备 TiFe 合金。

A_2B 型储氢合金主要包括 Mg_2Ni、Mg_2Cu、Mg_2Fe 等储氢合金，具有储氢量高、资源丰富、价格低廉等优点。但是由于 A_2B 型储氢合金为中温型储氢合金，形成的氢化物过于稳定，一般在温度大于 200℃才能实现放氢，动力学性能比较差，难以在电化学领域应用。目前主要的改善措施包括机械球磨非晶化、表面预处理以及化学法制备纳米合金等方法。

AB_3 型储氢合金(其中 A 为稀土元素、Ca、Y 等，B 为 Mn、Ni、Co、Al 等)，可以看成 1/3 AB_5 型和 2/3 AB_2 型储氢合金结构的叠加。

体心立方结构相 V 基固溶体类型储氢合金包括 Ti-V-Fe、Ti-V-Ni、Ti-V-Mn 以及 Ti-V-Cr 体系，此类合金在吸氢过程中，H 原子会进入合金的立方体间隙中，而且不会改变其晶体结构，H 原子在 V 基固溶体中的扩散系数很高，由于晶胞中具有较多的立方体间隙，因此此类储氢合金的储氢量达到 3.8 wt%，是很有发展前景的一类储氢材料。

2) 镁基储氢材料

尽管过渡金属基储氢合金在常温下具有良好的储氢性能，但是储氢量普遍较低，难以满足车载储氢系统的需要。氧化镁由于具有较高的质量储氢密度(7.6wt%)和体积储氢密度($110kg/m^3$)、来源丰富、成本低廉以及环境友好等优点，是目前极具研究价值和应用潜力的储氢材料。目前镁基储氢材料的研究重点主要集中在以下方面：①催化剂优化及新的制备方法；②反应过程的有效催化组元及动力学、热力学性能调控；③材料的制备机理与性能优化机理分析等。

2. 轻质金属配位氢化物

金属配位氢化物是一种类似无机盐类的化合物，其中 H 原子以共价键的形式与中心金属原子形成一个阴离子配位基团，然后阴离子配位基团与金属阳离子形成金属配位氢化物。一般情况下，金属配位氢化物可以用 $A_xMe_yH_z$ 这个化学通式来表示，其中 A 为 IA 或 IIA 族等轻质金属，如 Li、Na、Mg、K、Ca、Al 等；Me 为配位金属，如 B、Al、N 等轻质元素。金属配位氢化物早在五六十年前就开始被人们所熟知，但是由于较高的分解温度和较高的动力学能垒，这些金属配合氢化物在很长一段时间里被认为没有可逆储氢性能。直到 1997

年研究发现，在 $NaAlH_4$ 中掺入 Ti 盐，可以降低 $NaAlH_4$ 的放氢动力学能垒，Ti 催化剂不仅能够提高放氢性能，还能够实现再吸氢。目前，研究较多的金属配位氢化物有以下三类。

① 以 $[AlH_4]^-$ 为配体的金属铝氢化物，如 $NaAlH_4$、$LiAlH_4$、$Mg(AlH_4)_2$ 等。其中 $NaAlH_4$ 在常温下具有较高的平台压($35℃$，$P_{eq}=0.1MPa$)以及两倍于过渡金属基氢化物的储氢量，是目前研究最深入的金属铝氢化物。

② 以 $[BH_4]^-$ 为配体的金属硼氢化物，如 $LiBH_4$、$NaBH_4$、$Mg(BH_4)_2$ 等。金属硼氢化物具有较高的质量储氢密度，目前研究最为广泛的为 $LiBH_4$ 和 $NaBH_4$。但是由于较强的 B—H 共价键以及配体与金属阳离子之间的离子键，金属硼氢化物的热稳定性都很高，导致放氢温度比较高，吸放氢动力学性能都很差，这些金属硼氢化物的吸氢动力学性能仍然不能满足车载储氢体系的要求。

③ 以 $[NH_2]^-$ 为配体的金属氮氢化物、氨基硼烷以及氨硼烷基金属化合物，如 $LiNH_2$、$Mg(NH_2)_2$ 以及 $LiNH_2BH_3$ 等。$LiNH_2$ 具有典型的离子型化合物的特征，通过添加金属、金属盐以及氧化物等催化剂，可以明显提高其动力学和热力学性能。

3. 有机液态储氢

有机液态储氢由于原料易储运、加注以及储氢密度高等优点，是一类有应用价值的储氢材料。有机液态储氢的原理是基于不饱和液体有机物与氢的加氢/脱氢反应，加氢(化学键形成)时实现氢的储存，脱氢(化学键断裂)时实现氢的释放，从而实现氢的可逆存储。液体不饱和有机物作为储氢材料，可以循环利用，常用的有环己烷-苯、甲基环己烷-甲苯、乙基咔唑等体系。但是，目前仍然存在吸/放氢温度高、有机物的安全性能不好等缺点。

思考与练习

1. 简述半导体太阳能光伏电池结构及工作原理。
2. 光电材料主要有哪些？
3. 简述碲化镉薄膜太阳能电池结构组成及主要作用。
4. 染料光敏化作用是什么？
5. 简述锂离子电池工作原理。
6. 说明锂离子电池常用的三种正极材料的结构及特点。
7. 简述锂离子电池对隔膜材料的要求。
8. 简述超级电容器的概念和分类。
9. 说明双电子层电容器工作原理。
10. 简述主要的储氢方法。

第9章 纳米材料

9.1 概　　念

纳米(nanometer)，又称为毫微米，与常用的厘米、分米和米一样，是一个长度单位。1cm 等于 0.01m 的长度，而 1nm 则等于 10^{-9}m 的长度，相对于宏观物质来说，纳米是一个很小的单位，元素周期表中最轻的元素氢的直径约为 0.1nm。一般分子及 DNA 等，都属纳米尺寸，人们血液中红细胞大约是 1000nm，别针的针头为 100 万 nm，一个身高 2m 的 NBA 篮球运动员，就是 20 亿 nm 的身高。

最早提出纳米尺度上科学和技术问题的是美国著名物理学家、诺贝尔奖获得者费恩曼(Feynman)。1959 年 Feynman 在一次题为《在底部还有很大空间》著名的演讲中提出："如果有一天能按人的意志安排一个个原子和分子，将会产生什么样的奇迹呢？"他预言人类可以用新型的微型化仪器制造出更小的机器，最后人们可以按照自己的意愿从单个分子甚至单个原子开始组装，制造出最小的人工机器来。可以说这些都是纳米技术的最早的梦想。

美国 IBM 公司阿尔马登研究中心的科研工作者通过扫描隧道电镜把 35 个氙原子移动到各自的位置，在镍金属表面组成了"IBM"三个字母，这三个字母加起来不到 3nm 长，成为世界上最小的 IBM 商标。同样还是 IBM 公司把一氧化碳分子竖立在铂表面上，形成分子间距约 0.5nm 的"分子人"，这个"分子人"从头到脚只有 5nm，堪称世界上最小的人形图案。理解纳米材料需要理解与纳米相关的概念。

纳米技术(nanotechnology)是在纳米量级(1～100 nm)上研究物质(包括原子、分子的操纵)的特性和相互作用，以及如何利用这些特性和相互作用的具有多学科交叉性质的科学与技术。纳米科技与众多学科密切相关，它是一门体现多学科交叉性质的前沿领域，在近几十年取得快速发展。

纳米材料(nanomaterials)是指纳米量级(1～100 nm)内调控物质结构制成具有特异功能的新材料，其三维尺寸中至少有一维小于 100 nm，且性质不同于一般的块体材料(bulk materials)。如图 9-1(a)所示，在该定义中，纳米尺度的下限为原子或分子尺寸 1 nm，纳米尺度的上限一般为 100 nm。关于纳米材料定义的另一个重要概念是，纳米材料应具有宏观材料所不具有的特异功能，也就是说不仅材料的尺度要小，性能还需要特异，如果尺寸小于 100nm 但是特性不明显，那也不一定属于纳米材料。

纳米结构(nanostructure)通常是以纳米尺度的物质单元为基础，按一定规律构筑或组装一种新的体系。它包括一维的、二维的、三维的体系，这些物质单元包括纳米微粒、稳定的团簇或人造超原子、纳米管、纳米棒、纳米丝以及纳米尺寸的孔洞。纳米结构的尺寸一般在 100 nm 以下，当有些材料的自身尺寸超出 100 nm 很多，甚至达到微米级别，该材料中的一些亚结构或精细结构(如孔穴、层、通道等)仍在纳米尺度范围内，具有一些纳米材料的特性，称为具有纳米结构的材料。在图 9-1(b)中，分子筛的整体尺寸是很大的，但其中含有 0.4 nm 直径的微孔，见图 9-1(c)。

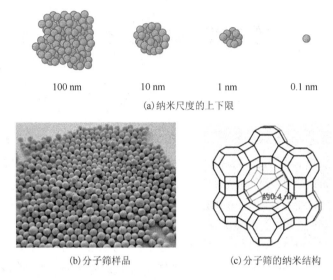

(a)纳米尺度的上下限

(b)分子筛样品　　　　　　　(c)分子筛的纳米结构

图 9-1　纳米材料与纳米结构

纳米材料的微结构主要包括颗粒尺寸、颗粒的分散程度、颗粒尺寸的均匀性、颗粒的几何形状或形貌、颗粒排布的取向性、颗粒的结晶问题以及颗粒的表面结构等。这些结构就像人的五官，细微的差别就决定了人的长相，见表 9-1 以及图 9-2～图 9-4。

表9-1　纳米粒子的几何形状

项目	◯	▭	▱
纳米材料的维数	零维	一维	二维
有关几何形状	品类众多	纳米管、线、环等	纳米片、盘、薄膜等

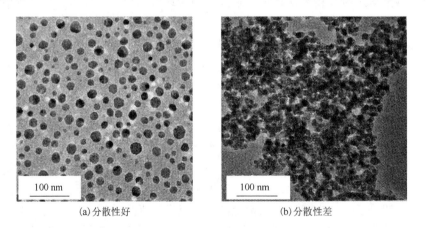

(a)分散性好　　　　　　　　(b)分散性差

图 9-2　不同分散性的纳米粒子

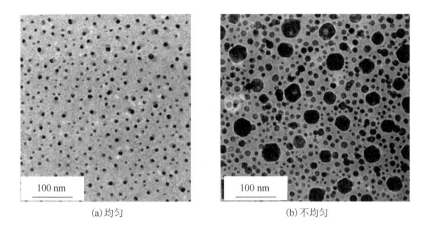

(a)均匀　　　　　　　　　　　　　　(b)不均匀

图 9-3　不同颗粒尺寸的纳米粒子

　　纳米材料的微结构与纳米材料的性能有关，颗粒合适的尺寸和几何形状、优良的分散性及均一性不仅是纳米材料研究中审美上的需要，更重要的是这些微结构能够充分显示出纳米材料的一些重要的特性，包括表面效应、量子点功能等。但纳米材料的结构并非指向一个极端，即越细越好，越均匀越好，有时还会故意设计反面的结构，例如，纳米材料有时是需要团聚的，如生物学中的蛋白质构象问题，还有纳米材料在电极等电子器件中是不能过于分散的，否则会影响其导电能力。可以说，如何控制纳米材料的结构与性能，是纳米材料研究中的一大关键问题。

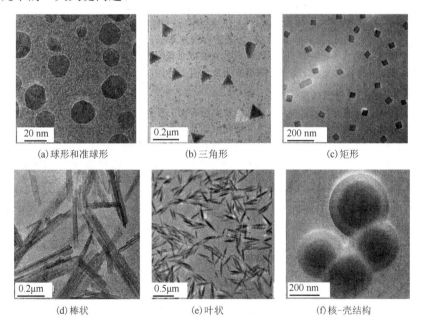

(a)球形和准球形　　　　　(b)三角形　　　　　　　(c)矩形

(d)棒状　　　　　　　　　(e)叶状　　　　　　　(f)核-壳结构

图 9-4　纳米粒子的几何形貌

9.2 制 备

纳米材料的制备是纳米技术研究的最重要的基础技术，是纳米特性研究、纳米测量技术、纳米应用技术及纳米产业化的前提条件，也是纳米材料研究者始终关注和研究的重点。本节将介绍几种纳米材料的制备方法。

纳米材料的制备手段众多，也有不同的分类，如可分为从大变小（可通过机械研磨实现）和从小变大这两大类方法，后者是比较常用的方法，包括晶体的生长及控制。从大变小这类方法通常也称为自上而下或者物理方法；而从小变大也称为自下而上或者化学方法（图9-5）。

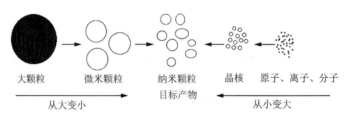

图9-5   制备纳米材料的两个基本过程示意图

9.2.1   物理制备方法

物理方法制备纳米材料既有以物理变化为主的过程，也有物理、化学变化共同作用的过程，但此类方法共同的特征可用三个"充分利用"概括：充分利用热能等多种形式的能量，如紫外线甚至 γ 射线的辐射诱导反应等；充分利用温度、压力、真空、结晶等多种物理因素，如非晶晶化、冷冻干燥和超临界流体干燥等；充分利用多种专门设计的反应装置。以下将对一些重要和常见的物理方法制造纳米材料做介绍。

1. 加热冷凝法

加热冷凝法是一种原理比较简单的物理制备纳米材料的方法。加热冷凝实际上是两个过程，其原理在于首先加热某些金属材料使其蒸发，然后当蒸气遇到冷凝板时会重新凝结成小颗粒，如果利用类似刮板的工具在颗粒很小的时候将其刮下，就制备出纳米尺寸的小颗粒。这种方法制备纳米材料时往往需要较高的热能，这可通过多种物理手段实现，较为常见的有电阻丝加热法、等离子喷射加热法、高频感应加热法、电子束加热法、激光束加热法、电弧加热法、微波加热法。

电阻丝加热是最为常见的加热手段，它利用焦耳定律，对电阻丝材质的基本要求是高电阻和高熔点。电阻丝加热法常使用旋状或者舟状的电阻发热体。高频感应加热是一种较为先进的加热方法，原理为利用电磁感应现象产生的加热反应体系，这类似于变压器的热损耗。此种加热手段的特点是利用某些金属材料在高频交变磁场中会产生涡流的原理，通过感应的涡流对金属器件内部直接进行加热。因此，加热时并不存在加热元件的能量转换过程，故无转换效率低的问题；加热电源与元件不直接接触，因而无传导损耗；加热电源的感应线圈自身发热能量极低，不会因过热损坏线圈，使用寿命长；加热温度均匀，升温迅速，工作效率高。激光束加热法和微波加热法也较为常用，前者还可用于微米、纳米结构的刻蚀。

这种方法制备的纳米颗粒具有如下优点：产品的纯度高；产物颗粒小，最小可以制备出 2 nm 的颗粒；产物颗粒分布窄；产物具有良好的结晶和清洁的表面；产品颗粒易于控制；在理论上适用于任何被蒸发的元素以及化合物。此方法适用于纳米薄膜和纳米粉体的制备。

2. 等离子体法

前文提到的加热冷凝法制备尽管有很多优点，但也存在不足。加热冷凝法只适用于 Cu、Al、Zn、Ag 等熔点较低的金属，以及易升华的二元无机化合物纳米粒子的制备，难以用于具有更高熔点金属纳米粒子的制备。为了制备这些高熔点金属的纳米材料，通常要用到等离子体，等离子体是气体电离后形成的体系（"等"的含义为体系中电离产生的正负电荷的绝对值相等），由于气体电离常需要吸收较多的外界能量，因此等离子体可构成一个高能量体系。依托等离子体技术，以等离子体为能量源加热或作用于反应体系，是纳米材料物理方法制备的另一类途径，可应用于制备具有更高熔点的金属纳米粒子。

3. 机械研磨法

物理方法中还有一种经典的纳米材料制备方法，即机械研磨法。机械研磨为典型的采用机械能制备超细材料和纳米材料的方法，用各种超微粉碎机械设备将原料直接粉碎研磨成超微粉体。尽管这种工艺较为简单，但机械研磨的原理是复杂的。

（1）传统粉碎法

从古至今，人们在生产实践中已发明和创造了一些行之有效的材料破碎及粉碎方法，这些方法的基本原理可概括为：将人和牲畜的体能转化为动能或势能，用于研磨、冲击待加工材料。进入现代社会，用于研磨、冲击待加工材料的动力已由电力替代，这明显提高了产品加工的效率和产品的质量。在纳米材料的制备研究中，此方法由于具有低成本、高产量以及制备工艺简单等优点，在一些对粉体的纯度和粒度要求不太高的场合较为适用，尤其适合规模化生产。

以图 9-6 为例，该球磨机的转盘上可安装四个球磨罐，当转盘转动时，球磨罐围绕自身中心轴做反方向旋转运动。由于机器的高速运转，罐内磨球在公转、自转以及重力等的综合作用下获得足够大的能量，猛烈撞击、碾压和研磨物料，实现材料的粉碎。

(a)球磨机

(b)球磨罐和罐内磨球

图 9-6　一种机械球磨机

（2）冷冻机械研磨

传统粉碎法虽然优点较多，但对加工对象的要求是硬度适中并具有较好的脆性。显然，新鲜动植物、橡胶等韧性较大的材料难以采用传统粉碎法进行超细加工。实际上，利用高分子科学的有关基本概念就可以找到解决问题的思路，动植物和橡胶等韧性较大的材料分别由天然和人工合成高分子构成。在高分子或聚合物无定形态的三类最常见力学状态中，玻璃态最适合于机械粉碎法加工。但是，新鲜动植物、橡胶等种力学状态在常温下为高弹态，为便于它们机械粉碎加工，人们发明了低温冷冻的方法，通过这样的预处理可使待加工产物由高弹态进入玻璃态，脆性增加。实际操作中，将冷空气或液氮不断输入带有保温装置的球磨机中，使加工体系始终处于一定的低温环境。

4. 爆炸法

爆炸法是成熟和经典的制备人造钻石的方法。过去一直认为，爆炸法制备人造钻石美中不足是所得颗粒尺寸太小，很难成为装饰佩戴品。但是，这一"缺陷"恰恰是制备纳米金刚石颗粒所需要的。该方法的基本过程是：在高强度反应釜中通过爆炸反应生成目标产物纳米微粉。在制备纳米金刚石时，为防止爆炸过程中目标产物氧化，可向反应釜中装入三硝基甲苯（TNT）等炸药后抽真空，再充入 CO_2 气体，为了有利于爆炸产物的降温，提高目标产物的产率，减少副产物石墨和无定形碳的生成，还可向反应体系注入一定量的液态水。这样，可制备出直径在 10nm 以下的金刚石微粉。有研究表明，主要反应包括

$$2C_7H_5N_3O_6 = 5H_2O + 7CO + 3N_2 + 7C$$

$$4C_7H_5N_3O_6 = 10H_2O + 7CO + 6N_2 + 21C$$

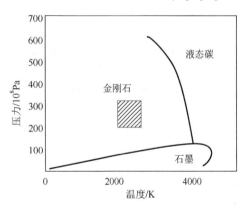

图 9-7　碳的相图

在反应过程中，首先是 TNT 炸药分解，生成 C、H、O、N 原子。然后是 H 和 O 原子结合形成 H_2O。由于 O 原子较少，只有部分 C 原子和 O 原子结合，生成 CO 和 CO_2，但还有一部分游离 C 以原子或原子团的形式存在。而 N 原子相互结合。炸药在爆炸过程中，爆炸产物的初始压力可达 20～30GPa，温度高达 3000～3500K，即金刚石的有效生成区域在图 9-7 中的矩形内。

5. 原子能辐照法

纳米材料的制备研究涉及领域已十分广阔，利用原子能进行纳米材料的制备就是一个生动的实例。从化学角度上观察，一般金属盐的水溶液单独放置时，除了有时会发生水解，常具有很好的氧化还原稳定性。例如，$CuSO_4$ 的水溶液单独放置时，即使经过相当长时间的日光照射，也不会出现金属单质析出的现象。但是，当改用 X 射线或能量更大的 γ 射线照射 $CuSO_4$ 等水溶液时，溶液中的金属离子则可被还原成相应单质。其基本原理为：水分子在强辐照下发生较为复杂的反应，生成 H、OH 等多种自由基以及水合电子，其中的 H 和水合电子是还原性的，水合电子的还原电位为–2.77eV，具有很强的还原能力，它们可逐步把溶液中的金属离子在室温下还原为金属原子或低价金属离子。为获得高品质的目标产物，

该方法实施时常伴有以下辅助手段：低浓度的前驱体，如无机盐水溶液的浓度可保持在 10^{-4} mol/L；加入稳定剂，如常加入表面活性剂；加入一些助剂去除不利于制备反应的自由基，如加入异丙醇等清除氧化性自由基。

目前，采用原子能辐照手段已制备出 Ag、Cu、Ni、Au、Cd、Pd、Pt、Sn、Sb、Co 等多种金属纳米粒子。从中可以发现，这些金属单质的前驱体所对应的金属离子都具有良好的还原性。采用原子能辐照法在水溶液中制备金属纳米粒子的特点是：直接利用水分子作为还原剂，无须引入其他还原性物质。但该方法也存在设备较为昂贵，安全保障、环境保护要求严格等问题。

至此，已介绍了多种制备纳米材料的物理方法。物理方法制备纳米材料仍有广阔的发展空间，方法也不局限于上述几种，人们还发现采用离心沉降这种较为简单的方法可以成功制备、分离 Au 等纳米材料。但是，物理方法制备纳米材料虽有自己的特点和优势，同时存在一些不足。在一些物理方法中，因反应条件较为苛刻，导致制备成本偏高、难以普及。

9.2.2 化学制备方法

相对于要求超高温、超高压等苛刻条件下的物理方法，大部分化学方法是较为温和的，这些反应几乎都在常压下进行，温度大多在室温至数百摄氏度，这就是"软化学"的特点。"软化学"现已广泛应用于纳米材料的制备。以应用最多的无机化学反应为例，在很多情况下，无机化学反应速率快，反应进行得比较完全且副反应少，同时所需反应装置相对简单，产物易分离。随着纳米材料研究的快速发展，很多常规和较为罕见的无机化学反应在各类纳米材料的制备中均得到应用。

1. 表面稳定法

表面稳定法是采用表面稳定剂和纳米材料的表面发生反应的方法。纳米粒子的制备通常要满足两个要求：一是控制颗粒的生长，不让其生长过快、过大；二是阻止颗粒间发生团聚。因此，在纳米粒子的制备过程中常常需要加入一些稳定剂。图 9-8 展示了稳定剂的基本作用原理，可以看出，各类稳定剂通过静电作用或者其他的物理、化学作用吸附在纳米粒子表面，从而导致粒子之间相互排斥，不易团聚。

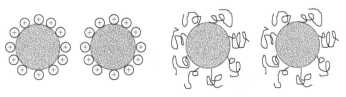

(a) 通过静电吸附层稳定　　　　　　(b) 通过其他吸附层稳定

图 9-8　纳米粒子的稳定态示意图

纳米粒子制备中常使用表面活性剂作为稳定剂，例如，使用 SDS 稳定碳纳米管等无机纳米材料，使用烷基硫醇稳定 Au 等金属纳米粒子(有关示例见表 9-2～表 9-4)。

表9-2 有机胺类用于纳米晶粒的制备

纳米晶粒	粒径/nm	稳定剂	纳米晶粒	粒径/nm	稳定剂
Mn_3O_4	—	三辛胺	Ru	2-3	己胺、辛胺、十二胺
$\gamma\text{-}Fe_2O_3$	—	三辛胺	CdS	1.2~11.5	吡啶
$\gamma\text{-}Fe_2O_3$	5	三辛胺	CdSe	1.2~11.5	吡啶
$\gamma\text{-}Fe_2O_3$	7.2、10.4	辛胺、十二胺	CdSe	范围广	己胺、十二胺
$CoFe_2O_4$	7.3	辛胺、十二胺	CdSe/ZnS	—	己胺、十二胺
Ni	3.7	己胺、十二胺	CdTe	1.2~11.5	吡啶
Cu_2O	4~10	己胺	In_2O_3	4、6、8	油胺

表9-3 硫醇用于纳米晶粒的制备

纳米晶粒	粒径/nm	稳定剂
ZnO	—	辛硫醇、十二硫醇
Ru	2~3	RSH(R 为辛基、十二烷基、十六烷基)
Ru	1.6~6	十二硫醇
Pd	1~5	十六硫醇
Pd	1.8~6	RSH(R 为 C_4~C_{16} 正烷基)
$Cd_{32}S_{14}(SC_6H_5)_{36}(DMF)_4$	—	硫酚
Au	2	RSH(R 为丁基、癸基、十二烷基、十八烷基)
Au	1~3	十二硫醇
Au/Ag(核/壳)	—	RSH(R 为丁基、癸基、十二烷基、十八烷基)
Au/Pt(核/壳)	3.5	RSH(R 为丁基、癸基、十二烷基、十八烷基)

表9-4 有机膦用于纳米晶粒的制备

纳米晶粒	粒径/nm	稳定剂	纳米晶粒	粒径/nm	稳定剂
$Cu_{146}Se_{73}(PPh_3)_{30}$	—	三苯基膦	CdSe	1.2~11.5	三辛基膦
CdS	3~4	三丁基膦	CdTe	1.2~11.5	三辛基膦
CdS	1.2~11.5	三辛基膦	CdTe/CdS	—	三丁基膦

　　高分子也是常用的纳米材料稳定剂。高分子作为稳定剂时，可体现出更多的功能。除了高分子中的 N、O 等原子可与纳米粒子的表面直接反应，高分子自身较长的分子链还可起到包裹纳米粒子的作用，如图 9-9 所示，有关示例见表 9-5。

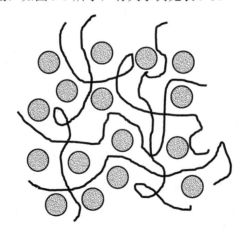

图9-9 高分子稳定、分散纳米粒子的示意图

表9-5　高分子用于纳米晶粒的制备

纳米晶粒	粒径/nm	稳定剂	纳米晶粒	粒径/nm	稳定剂
FeOOH	—	海藻酸	$Co_{3.2}Pt$	—	PVP
γ-Fe_2O_3	—	海藻酸		$3\sim5$	PVP
Fe_3O_4	10	聚乙烯醇	Ni	$20\sim30$(团聚)	PVP
Fe_3O_4	6、12	聚乙二醇(PEG)、聚环氧乙烷(PEO)、淀粉、葡萄糖聚甲基丙烯酸、聚羟甲基	ZnO	3.7	PVP
			ZnO	2.6、2.8、3.6、4.0	PVP
Fe_3O_4	5.7	丙烯酸、聚甲基丙烯酸酯、聚羟甲基丙烯酸酯	Ru	1.7	醋酸纤维素
Co	5	聚苯醚	Ru	1.1	PVP
Co	1.4、1.6	聚乙烯基吡咯烷酮(PVP)	Pd	2.5	PVP
Co	4.2	聚苯醚	Pd-Ni	—	PVP
Co·CoO	7.5	聚苯醚	CdTe	—	海藻酸
CoO	—	PVP	$Cd_xHg_{1-x}Te$	—	海藻酸
$CoPt_{0.9}$	1	PVP	Pt	1.6	PVP
$CoPt_{2.7}$	1.5	PVP	Pt-Ru	—	PVP
Co_3O_4	2	PVP	HgTe	—	海藻酸

2. 化学沉积法

化学沉积法也是制备纳米材料的一种方法,分为气相和液相两种。其中气相是利用加热、等离子体或光辐射等方法,使气态或蒸气状态的化学物质发生反应并以原子态沉积在置于适当位置的底板上,从而形成所需要的固态薄膜的过程。化学气相沉积是一种非常灵活、应用极为广泛的工艺方法,可以用来制备各种纳米涂层和纳米粉末。特别在半导体材料的生产方面,化学气相沉积的外延生长显示出其他方法不可比拟的优越性,即使在化学性质完全不同的底板上,利用化学气相沉积也能生产出晶格常数与底板匹配良好的外延薄膜。此外,利用化学气相沉积还可生产耐磨、耐蚀、抗氧化、抗冲蚀等功能涂层。在超大规模集成电路中很多薄膜都采用化学沉积法制备。

化学液相沉积法是专为制备氧化物薄膜而发展起来的液相外延技术。基本原理是从金属氟化物的水溶液中生成氧化物薄膜的方法,通过添加水、硼酸或者金属 Al,使金属氟化物缓慢水解。其中水直接促使生成氧化物,硼酸和铝作为氟离子的捕获剂,促进水解,从而使金属氧化物沉积在基体表面。该法要求对水解反应以及溶液的过饱和度有很好的控制。另外,薄膜的形成过程是在强酸性的溶液中进行的。当前,可以采用化学液相沉积金属氧化物的有 Ti、Sn、Zr、V、Cd、Zn、Ni、Fe、Al 等。整体而言,化学液相沉积法工艺简单、成膜速率高、对环境污染小,为功能薄膜的生产开辟了一条新的途径。

3. 水热法

水热法的诞生是人类仿自然的思维结果,其灵感来自地壳内部高温、高压下的熔岩反应。水热法是利用高压釜里的高温、高压反应条件,采用水作为反应介质,实施目标产物的制备。水热条件下纳米材料的制备有水热结晶、水热化合、水热分解、水热脱水、水热

图 9-10　水热反应装置(高压釜)

氧化还原等。该方法现已成为制备纳米材料的常用方法，主要适用于纳米粉体的制备，也可用于纳米薄膜的沉积。

水热反应装置(图 9-10)是一种简单的反应装置，它是由不锈钢外套、聚四氟乙烯内衬、压力缓冲装置和密封盖等构成的。利用水热反应制备纳米材料，操作较为简单，但必须注意安全。水热法制得的粉体具有晶粒发育完整、粒度小且分布均匀、颗粒团聚较轻、可使用较为便宜的原料、易得到合适的化学计量物和晶形等优点。尤其是水热法制备陶瓷粉体无须高温煅烧处理，避免了煅烧过程中造成的晶粒长大、缺陷形成和杂质引入，因此所制得的粉体具有较高的烧结活性。

水热法的主要优点是克服了常压下水溶液加热反应温度上限只能到 100℃的不足，实现了水溶液高温高压下的化学反应。水热法的另一突出优势是隔绝空气，防氧化，适合硫化物、硒化物等的热处理。

在水热法的基础上，还可改用有机溶剂替代水作为介质，采用类似水热合成的原理制备纳米材料。这种溶剂热法扩大了水热合成技术的应用范围，实现了通常水热条件下无法实现的一些反应。

4. 微乳液法

微乳液法制备纳米材料的思路是制造一个纳米结构的"水池"，化学反应只能在这个"水池"中进行，同时也只能生长到"水池"的纳米尺寸。这种"水池"可以通过微乳液或反相微乳液技术来实现。图 9-11 为微乳液和反相微乳液的示意图，图中分别有众多的小油池或小水池，这种特殊的微环境可以作为化学反应进行的场所，因而又称为"微反应器"，它拥有很大的界面，已被证明是多种化学反应理想的介质。微乳液的形成条件如下：在水相中，当表面活性剂的浓度达到临界胶束浓度时，表面活性剂的亲水端烃基链与水分子结合，而表面活性剂的憎水端烃基链向圆心内定向排列，从而形成水包油型(O/W)胶束。显然，反相微乳液的形成过程与之相反。

微乳液和反相微乳液通常是各向同性的热力学稳定体系，反相微乳液中的微小"水池"被表面活性剂和助表面活性剂组成的单分子层的界面包围，其尺寸可控制在几纳米至几十纳米，这些微小"水池"尺寸小且彼此分离，因而构不成水相，通常称为"准相"。

胶束还有一些结构，这对超分子化学中的自组装研究颇有帮助。因此，有人总结出公式可以定量或半定量地确定或预测胶束的几何形状，胶束的几何形状可以为球形、非球形、泡囊状、层状或者棒状(图 9-12)。

5. 溶胶-凝胶法

溶胶-凝胶法(sol-gel)的基本原理是：易于水解的金属化合物(无机盐或金属醇盐)在某种溶剂中与水发生反应，经过水解与缩聚过程逐渐凝胶化，再经干燥、烧结等后处理得到所需材料。基本反应由水解反应和聚合反应构成。

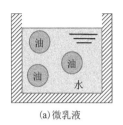

图 9-11　微乳液与反相微乳液的示意图

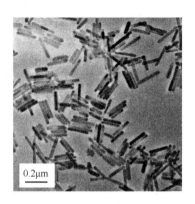

图 9-12　微乳液法制备的纳米 $BaCrO_4$ 的透镜
电子显微镜图像

　　以正硅酸酯—$Si(OR)_4$ 为例，进行溶胶-凝胶法过程分析。溶胶-凝胶法的基本反应过程可在酸性或碱性两种催化条件下进行。另一个重要的问题是，$Si(OR)_4$ 的起始取代度 ($n=1\sim4$) 将对溶胶-凝胶法的后续过程以及最终产物的结构产生决定性的影响。以下是几个实例：

　　当 $n=1$ 时，形成的是二聚体结构；当 $n=2$ 时，形成的是线形或环状多聚体结构；当 $n=4$ 时，形成更为复杂的网状多聚体结构。当体系为二聚体或其他低聚体时，此时的分散系类型属于真溶液；当聚合度进一步增加时，多聚体的线团尺寸进入胶体粒子尺度范围，此时的分散系属于溶胶；当聚合度继续增大时，液溶胶体系失去流动性，最终形成凝胶，如图 9-13 所示。这种经典的溶胶-凝胶法适用于纳米薄膜和纳米粉体的制备。

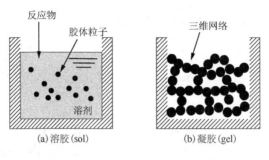

图 9-13   凝胶的形成过程示意图

6. 气-液-固法

气-液-固法（VLS）是一种设计巧妙的纳米材料制备方法，它的特点是晶体生长的区位可以得到精确控制、晶体生长的取向可以得到精确控制。因此，VLS 法制备的纳米材料有望用作纳米器件。

图 9-14 介绍了纳米材料 VLS 法生长机制。金属催化剂在基片上的位置决定了后续纳米材料的生长位置；在适当的温度下，原为固态的催化剂转变为液态，并与生长材料的前驱体形成液态的共熔物，当该液态的共熔物达到过饱和后，目标产物形成晶体析出，而液态催化剂浮在晶体的表面，继续接收后续前驱体气体，如此循环往复保证了晶体生长的单一取向，即最终长成线状晶体。这一机理还表明，催化剂的液态尺寸在很大程度上决定了所生长纳米线的直径。研究表明，利用这种生长机制可以成功制备大量的单质、二元化合物甚至更复杂的单晶。例如，使用 Fe 和 Au 作为催化剂制备了半导体纳米线 Si，使用 Ga 作为催化剂制备了 SiO_2 等准一维纳米材料。

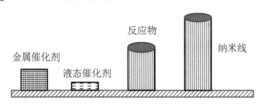

图 9-14   纳米材料 VLS 法生长机制示意图

9.3   表   征

9.2 节中已经较为系统地讨论了纳米材料的制备问题。材料的制备及结构表征是纳米材料的两个关键内容，本节将讨论纳米材料结构表征的主要手段、基本原理以及结果分析与处理等问题。

纳米表征学就是描述纳米结构、纳米尺度、物质的组成与性质及其相互关系的一门测量技术学科，组分的测定、性质性能的检测和结构的确定通称为纳米表征。本节主要从纳米材料的成分分析、粒度分析、结构分析以及形貌分析等方面进行简单的介绍。力图通过纳米材料的研究案例来说明这些现代技术和分析方法在纳米材料表征上的应用。

9.3.1　成分分析

1. 纳米材料成分分析的重要性

纳米材料的光、电、声、热、磁等物理性能与组成纳米材料的化学成分和结构具有密切关系。例如，纳米发光材料中的杂质种类和浓度会对发光器件的性能产生影响，如通过在 ZnS 中掺杂不同的离子可调节在可见光区域的各种颜色，因此确定纳米材料的元素组成，测定纳米材料中杂质的种类和浓度是纳米材料分析的重要内容之一。

纳米材料成分分析按照分析对象和要求可以分为微量样品分析和痕量成分分析两种类型；纳米材料成分分析方法按照分析的目的不同又分为体相元素成分分析、表面成分分析和微区成分分析等方法；纳米材料成分分析按照分析手段不同又分为光谱分析、质谱分析和能谱分析。

2. 体相成分分析方法

纳米材料的体相元素组成及其杂质成分的分析方法包括原子吸收、原子发射、质谱、X 射线荧光与衍射分析方法。其中前三种分析方法需要对样品进行溶解后再进行测定，因此属于破坏性样品分析方法；而 X 射线荧光与衍射分析方法可以直接对固体样品进行测定，因此又称为非破坏性元素分析方法。

3. 表面与微区成分分析

纳米材料的表面与微区成分分析方法常用的有 X 射线光电子能谱、俄歇电子能谱、二次离子质谱、电子探针分析和电镜的能谱分析等，不同分析方法能够分析样品的表面深度和微区范围不同。其中 X 射线光电子能谱可穿透样品表面 $10\mu m$，俄歇电子能谱为 $6nm$，电子探针分析为体相 $0.5\mu m$，电镜的能谱分析可达体相 $1\mu m$。

9.3.2　粒度分析

1. 粒度分析的概念

对于纳米材料，其颗粒尺寸和形状对材料的性能起着决定性的作用。因此，对纳米材料的颗粒尺寸和形状的表征与控制具有重要的意义。一般固体材料颗粒尺寸可以用颗粒粒度概念来描述。但由于颗粒形状的复杂性，一般很难直接用一个尺度来描述一个颗粒尺寸，因此，在粒度尺寸的描述过程中广泛采用等效粒度的概念。

对于不同原理的粒度分析仪器，所依据的测量原理不同，其颗粒特性也不相同，只能进行等效对比，不能进行横向直接对比。

粒度分析的种类和适用范围多达 200 多种，传统的测试方法有筛分法、显微镜法、沉降法和电感应法等，近年发展起来的有激光衍射法、激光散射法、光子相干光谱法和电子显微镜法等。其中激光散射法具有速度快、测量范围广、数据可靠、重复性好、自动化程度高、便于在线测量等优点。

2. 光散射法

关于光散射法，纳米材料颗粒的形状和分布影响测量结果，其模型建立在颗粒为球形、单分散条件上，实际上被测颗粒多为不规则形状并呈多分散性。

光散射法的优点是样品用量少、自动化程度高、快速、重复性好、可原位分析；缺点是颗粒的形状和粒径分布影响测量结果，不能分析高浓度体系的粒度及其分布，分析中需要稀释，从而带来一定的误差。其测试前必须对被分析体系的粒度范围事先有所了解，否则分析结果不会准确。

3. 电子显微镜法

电子显微镜观察可提供颗粒尺寸、分布及形状的数据，数据直观，容易理解；缺点是样品制备过程会对结果产生严重影响，如分散性不好时取样量少，会产生取样过程的非代表性。测试时一般通过溶液分散制样或直接制样方式把纳米材料样品分散在样品台上，然后通过电子显微镜放大观察和照相。通过计算机图像分析程序就可以把颗粒尺寸、形状及分布统计出来。

观察纳米材料粒度时常用的仪器是扫描电子显微镜(SEM)和透射电子显微镜(TEM)。其中扫描电子显微镜有很大的扫描范围，原则上 1nm～1mm 量级均可以用扫描电子显微镜进行粒度分析。而对于透射电子显微镜，由于需要电子束透过样品，适用的粒度分析范围在 1～300nm。电子显微镜观察纳米材料的粒度分辨率也普遍偏高，普通扫描电子显微镜为6 nm，场发射扫描电子显微镜为1nm。

对于扫描电子显微镜测试，纳米材料样品的导电性要好，对非导电性样品需要进行表面蒸镀金或碳等。但需要注意：一般颗粒在 10nm 以下的样品不能蒸金，因为金颗粒大小，在 8nm 左右，会产生干扰，应采用蒸碳方式。

电子显微镜法粒度分析还可以和其他技术联用(如能量弥散 X 射线谱(EDS，简称能谱))，实现对颗粒成分和晶体结构的测定，这是其他分析方法不能实现的。

9.3.3 结构分析

除了纳米材料的成分和粒度对其性能有重要影响，纳米材料的物相结构和晶体结构对材料的性能也有着重要的作用。

目前，常用的物相分析方法有 X 射线衍射(XRD)分析、激光拉曼分析以及微区电子衍射分析。XRD 物相分析是基于多晶样品对 X 射线的衍射效应，对样品中各组分的存在形态进行分析，测定结晶情况、晶相、晶体结构及成键状态等，进而确定各种晶态组分的结构和含量。其灵敏度较低，一般只能测定样品中含量在1%以上的物相，同时，定量测定的准确度也不高，一般在 1%的数量级。

XRD 物相分析所需样品量较大(0.05g)，才能得到比较准确的结果，对非晶样品不能分析。样品的颗粒度对 X 射线的衍射强度以及重现性有很大的影响。一般样品的颗粒越大，则参与衍射的晶粒数就越少，并还会产生初级消光效应，使得强度的重现性较差。要求粉体样品的颗粒度在 0.1～10μm。此外，吸收系数大的样品参加衍射的晶粒数减少，也会使重现性变差。因此在选择参比物质时，尽可能选择结晶完好、晶粒小于 5μm、吸收系数小的样品。

一般可以采用压片、胶带粘以及石蜡分散的方法进行制样。由于 X 射线的吸收与其质量密度有关，因此要求样品制备均匀，否则会严重影响定量结果的重现性。而粉末衍射技术要求样品是十分细小的粉末颗粒,使试样在受光照的区域中有足够多的晶粒,且试样受光照区域中晶粒的取向是随机的。将粉末试样磨细后装入样品槽压实抹平,然后放置在衍射仪的测角器中心的样品台上。不同的物质状态对 X 射线的衍射作用是不相同的,因此可以利用 X 射线衍射谱来区别晶态和非晶态(图 9-15)。

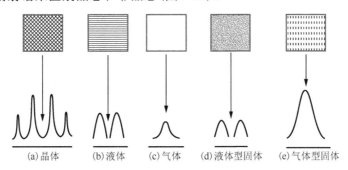

图 9-15　不同材料状态以及相应的 XRD 谱示意图

9.3.4　形貌分析

材料的形貌尤其是纳米材料的形貌也是材料分析的重要组成部分,材料的很多重要物理化学性能是由其形貌特征所决定的。

对于纳米材料,其性能不仅与材料颗粒尺寸还与材料的形貌有重要关系,如颗粒状纳米材料与纳米线和纳米管的物理化学性能有很大的差异。形貌分析的主要内容是分析材料的几何形貌、材料的颗粒度及分布以及形貌微区的成分和物相结构等方面。纳米材料常用的形貌分析方法主要有扫描电子显微镜、透射电子显微镜、扫描隧道显微镜和原子力显微镜、高分辨透射电子显微镜。

(1)扫描电子显微镜形貌分析

扫描电子显微镜分析可以提供从数纳米到毫米范围内的形貌像,观察视野大,其分辨率一般为 6nm,对于场发射扫描电子显微镜,其空间分辨率可以达到 1 nm 量级。其提供的信息主要有材料的几何形貌、粉体的分散状态、纳米颗粒尺寸及分布以及特定形貌区域的元素组成和物相结构。扫描电子显微镜对样品的要求比较低,无论是粉体样品还是大块样品,均可以直接进行形貌观察;放大倍数较高,20～20 万倍连续可调;景深很大,视野大,成像富有立体感,可直接观察各种试样凹凸不平的表面的细微结构;样品制备简单。目前的扫描电子显微镜都配有 X 射线能谱仪装置,这样可以同时进行显微组织形貌的观察和微区成分分析。

(2)透射电子显微镜形貌分析

透射电子显微镜具有很高的空间分辨能力,特别适合纳米粉体材料的分析。其特点是样品使用量少,不仅可以获得样品的形貌、颗粒尺寸及分布,还可以获得特定区域的元素组成及物相结构信息。透射电子显微镜比较适合纳米粉体样品的形貌分析,但颗粒尺寸应小于 300nm,否则电子束就不能透过。对块体样品的分析,透射电子显微镜一般需要对样品进行减薄处理。

(3)扫描隧道显微镜和原子力显微镜形貌分析

扫描隧道显微镜主要针对一些特殊导电固体样品进行形貌分析,可以达到原子量级的分辨率，但仅适合具有导电性的薄膜材料的形貌分析和表面原子结构分布分析，对纳米粉体材料不能分析。原子力显微镜可以对纳米薄膜进行形貌分析，分辨率可以达到几十纳米，比扫描隧道显微镜差，但适合导体和非导体样品，不适合纳米粉体的形貌分析。

(4)高分辨透射电子显微镜形貌分析

高分辨透射电子显微镜是观察材料微观结构的方法。不仅可以获得晶胞排列的信息，还可以确定晶胞中原子的位置。

高分辨显微像的衬度是由合成的透射波与衍射波的相位差所形成的。入射电子与原子发生碰撞作用后，会使入射电子波发生相位的变化。透射波和衍射波的作用所产生的衬度与晶体中原子的晶体势有对应关系。

微课视频

9.4 特 性

9.4.1 纳米效应

纳米材料具有其他材料所不具有的独特性能，这些性能来源于纳米材料的基本效应。纳米效应就是指纳米材料具有传统材料所不具备的奇异或反常的物理、化学特性，如原本导电的铜到某一纳米级界限就不导电，原来绝缘的二氧化硅、晶体等在某一纳米级界限时开始导电。这是由于纳米材料具有颗粒尺寸小、比表面积大、表面能高、表面原子所占比例大等特点，常见的纳米材料的五大效应有体积效应、表面效应、量子尺寸效应、宏观量子隧道效应和介电限域效应。

当纳米粒子的尺寸与传导电子的德布罗意波相当或更小时，周期性的边界条件将破坏，磁性、内压、光吸收、热阻、化学活性、催化性及熔点等都较普通粒子发生了很大的变化，这就是纳米粒子的体积效应。纳米粒子的以下效应及其多方面的应用均基于它的体积效应。例如，纳米粒子的熔点可远低于块状本体，此特性为粉末冶金工业提供了新工艺；利用等离子共振频移随颗粒尺寸变化的性质，可以改变颗粒尺寸，控制吸收的位移，制造具有一种频宽的微波吸收纳米材料，用于电磁屏蔽、隐形飞机等。

表面效应是指纳米粒子表面原子与总原子数之比随着粒径的变小而急剧增大后所引起的性质上的变化。研究表明，随粒径减小，表面原子数迅速增加。另外，随着粒径的减小，纳米粒子的表面积、表面能都迅速增加。这主要是由于粒径越小，处于表面的原子数越多。表面原子的晶体场环境和结合能与内部原子不同。表面原子周围缺少相邻的原子，有许多悬空键，具有不饱和性质，易与其他原子相结合而稳定下来，因而表现出很大的化学和催化活性。

粒子尺寸下降到一定值时，费米能级接近的电子能级由准连续能级变为分立能级的现象称为量子尺寸效应。久保(Kubo)采用一电子模型求得金属超微粒子的能级间距为 $4E_f/3N$，式中 E_f 为费米势能，N 为微粒中的原子数。宏观物体的 N 趋向于无限大，因此能级间距趋向于零。纳米粒子因为原子数有限，N 值较小，导致有一定的值，即能级发生分裂。半导体纳米粒子的电子态由体相材料的连续能带随着尺寸的减小过渡到具有分立结构的能级，表现在吸收光谱上就是从没有结构的宽吸收带过渡到具有结构的吸收特性。在纳米粒子中处于分立的量子化能级中的电子的波动性带来了纳米粒子一系列特性，如高的光学非线性、特异的催化和光催化性质等。

微观粒子具有贯穿势垒的能力称为隧道效应。人们发现一些宏观量，如微颗粒的磁化强度、量子相干器件的磁通量以及电荷等也具有隧道效应，它们可以穿越宏观系统的势垒产生变化，故称为宏观量子隧道效应。用此概念可定性解释超细镍微粒在低温下保持超顺磁性等。

纳米粒子的介电限域效应关注较少。实际样品中，粒子被空气、聚合物、玻璃和溶剂等介质所包围，而这些介质的折射率通常比无机半导体低。光照射时，由于折射率不同产生了界面，邻近纳米半导体表面的区域、纳米半导体表面甚至纳米粒子内部的场强比辐射光的光强增大。这种局部的场强效应，对半导体纳米粒子的光物理及非线性光学特性有直接的影响。对于无机-有机杂化材料以及用于多相反应体系中的光催化材料，介电限域效应对反应过程和动力学有重要影响。

上述的体积效应、表面效应、量子尺寸效应、宏观量子隧道效应和介电限域效应都是纳米微粒与纳米固体的基本特征，这一系列效应导致了纳米材料在熔点、蒸气压、光学性质、化学反应性、磁性、超导及塑性形变等许多物理和化学方面都显示出特殊的性能，使纳米微粒和纳米固体呈现许多奇异的物理、化学性质。

9.4.2　力学性能

陶瓷材料在通常情况下呈脆性，然而由纳米超微颗粒压制成的纳米陶瓷材料却具有良好的韧性，这是因为纳米材料具有很大的界面和比表面积，界面的原子在外力变形的条件下具有高的扩散速率，因而用纳米粉体进行烧结，致密化速度快，可降低烧结温度，并且表现出甚佳的韧性和一定的延展性，使陶瓷材料具有新奇的力学性质。大量以纳米颗粒为原料或添加料的超硬、高强、高韧、超塑性材料已经问世。实验表明，用 8 nm TiO$_2$ 烧制的陶瓷在 180℃时，外力作用使其呈正弦性塑性弯曲，即使是带裂纹的纳米陶瓷也能经受一定程度的弯曲而不断裂。美国学者报道氧化钙纳米材料在室温下可以大幅度弯曲而不断裂。研究表明，人的牙齿之所以具有很高的强度，是因为它是由羟基磷酸钙等纳米材料构成的。具有纳米结构特征的金属要比传统的粗晶粒金属硬 3～5 倍。至于金属-陶瓷复合纳米材料则可在更大的范围内改变力学性质，其应用前景十分广泛。纳米材料在外加磁场的作用下，磁靶向性的药物载体微球可以更方便地把载体定向到靶部位。

生物高分子(如酶)等都具有很多官能团，可以通过物理吸附、交联、共价耦合等方式将它们固定在磁性微球的表面。用磁性纳米微球固定化酶的优点是易于将酶与底物和产物分离；可提高酶的生物相容性和免疫活性；能提高酶的稳定性；操作简单、成本较低。

免疫分析在现代生物分析技术中是一种重要的方法，它对蛋白质、抗原、抗体及细胞的定量分析发挥着巨大的作用。在免疫检测中，经常利用一些具有特殊物理化学性质的标记物如放射性同位素、酶、胶体金和有机荧光染料分子等对抗体(或抗原)进行偶联标记，在抗体(或抗原)识别后，通过对标记物的定性和定量检测而达到对抗体(或抗原)检测的目的。由于磁性纳米微球具有超顺磁性，为样品的分离、富集和提纯提供了很大方便，因而磁性微球在细胞分离和免疫检测方面受到了广泛关注。磁性微球性能稳定，制备较容易，可与多种分子复合使粒子表面功能化。如果磁性微球表面接枝具有生物活性的专一性抗体，在外加磁场的作用下，利用抗体和细胞的特异性结合，就可以得到免疫磁性微球，利用它们可快速有效地将细胞分离或进行免疫分析，此方法具有特异性高、分离快、重现性好等特点。

基因治疗是将遗传物质导入细胞或组织，进行疾病的治疗。基因导入的方法有病毒载体和非病毒载体。病毒载体存在制备困难、装载外源 DNA 尺寸有限制、能诱导宿主免疫反应及潜在的致瘤性等缺点。多价阳离子聚合物，如目前广泛应用的脂质体，具有病毒载体的优点，而没有病毒载体的缺点。但是聚合物颗粒的尺寸是影响转染效率的因素之一。目前控制阳离子聚合物尺寸的合成方法还不成熟，且阳离子聚合物的细胞毒性是影响转染的突出问题。磁性四氧化三铁生物纳米颗粒的制作简单，直径可达 10nm 以下，具有比表面积效应和磁效应。在纳米颗粒的表面可吸附大量 DNA。在外加磁场的作用下，可具有靶向性，并且四氧化三铁晶体对细胞无毒。为达到生物相容性，在磁性四氧化三铁的晶体表面可很容易地包埋生物高分子(如多聚糖、蛋白质等)形成核壳式结构。因此磁性生物纳米颗粒可成为较好的基因载体。

9.4.3　热学性能

固态物质在其形态为大尺寸时，其熔点是固定的，但在超微化过程中却发现其熔点显著降低，当颗粒小于 10nm 量级时尤为显著。例如，金的常规熔点为 1064℃，当颗粒尺寸减小到 5nm 时，熔点则降至 830℃，2nm 时金的熔点仅为 327℃左右；银的常规熔点为 670℃，而纳米银颗粒的熔点可低于 100℃，因此，纳米银粉制成的导电浆料可以进行低温烧结，此时元件的基片不必采用耐高温的陶瓷材料，甚至可用塑料。采用超细银粉浆料，可使膜厚均匀，覆盖面积大，既省料又能得到高质量的膜。超微颗粒熔点下降的性质对粉末冶金工业具有一定的吸引力。例如，在钨颗粒中掺加 0.1%～0.5%(质量分数)的超微镍颗粒后，可使烧结温度从 3000℃降低到 1200～1300℃，以致可在较低温度下烧制成大功率半导体管的基片。

在低温或超低温下，纳米粒子几乎没有热阻，纳米银微粒的轻烧结体是良好的低温导热材料，超微细氮化铝的热导率即使在常温下也比大块氮化铝的热导率高 4～5 倍。悬浮于流体的纳米颗粒可大幅度提高流体的热导率及传热效果，例如，在水中添加 5%的铜纳米颗粒，热导率可以增大约 1.5 倍，这对提高冶金工业的热效率有重要意义。

9.4.4　光学性能

纳米颗粒可表现出与同质大块物体不同的光学特性，如宽频带、强吸收、蓝移现象及新的发光现象，从而可用于光反射材料、光通信、光存储、光开关、光过滤材料、光导体发光材料、光学非线性元件、吸波隐身材料和红外传感器等领域。将 Ag 纳米粒子埋藏于 BaO 介质中，形成的 Ag-BaO 纳米功能薄膜是一种新型的光电发射材料。这种材料具有许多独特性质，如高光吸收系数、超快时间响应、特殊瞬态弛豫特性和良好光电发射特性等，使其成为应用前景广阔的光电功能薄膜。当 Au 被细分至小于光波波长的尺寸时，即失去了原有的金黄光泽而呈黑色，事实上，所有金属纳米颗粒都呈现为黑色。尺寸越小，颜色越黑，银白色的铂变成铂黑，金属铬变成铬黑。由此可见，金属超微颗粒对光的反射率很低，通常可低于 1%，利用这个特性可以作为高效率的光热、光电等转换材料，高效率地将太阳能转变为热能、电能。此外纳米颗粒有可能应用于红外敏感元件、红外隐身技术等。

纳米材料的光学性质研究之一为其线性光学性质。纳米材料的红外吸收研究是近年来比较活跃的领域，主要集中在纳米氧化物、纳米氮化物和纳米半导体材料上，如纳米 Al_2O_3、纳米 FeO_3 和纳米 SnO_2 中均观察到了异常红外振动吸收，纳米晶粒膜的红外吸收中观察到了红外吸收带随沉积温度升高出现频移的现象,非晶纳米氮化硅中观察到了频移和吸收带的宽化,且红外吸收强度强烈地依赖于退火温度等现象。

纳米材料拉曼光谱的研究也日益引起研究者的关注。半导体硅是一种间接带隙半导体材料,在通常情况下,发光效率很弱,但当硅晶粒尺寸减小到 5nm 或更小时,其能带结构发生了变化,带边向高能态迁移,观察到了很强的可见光发射。

研究纳米晶 Ge 的光致发光时,发现当 Ge 晶体的尺寸减小到 4nm 以下时,即可产生很强的可见光发射,这些 Ge 纳米晶可能具有直接光跃迁的性质。对纳米材料发光现象的解释主要基于电子跃迁的选择定则、量子限域效应、缺陷能级和杂质能级等方面。

纳米材料光学性质研究的另一个方面为非线性光学效应。纳米材料由于自身的特性,光激发引起的吸收变化一般可分为两大部分:由光激发引起的自由电子-空穴对所产生的快速非线性部分;受陷阱作用的载流子的迁移、跃迁和复合过程均呈现常规材料不同的规律而具有的慢非线性部分。

纳米材料非线性光学效应可分为共振非线性光学效应和非共振非线性光学效应。非共振非线性光学效应是指用波长高于纳米材料的光吸收边的光照射样品后导致的非线性效应。共振非线性光学效应是指用波长低于共振吸收区的光照射样品而导致的非线性光学效应,其来源于电子在不同电子能级的分布而引起电子结构的非线性,电子结构的非线性使纳米材料的非线性响应显著增大。纳米晶体材料的光伏特性和磁场作用下的发光效应也是纳米材料光学性质研究的热点。

总之,纳米材料具有体材料不具备的许多光学特性。已有研究表明,利用纳米材料特殊光学性质制成的光学材料将在日常生活和高科技领域内具有广泛的应用前景。例如,纳米 SiO_2 光学纤维对波长大于 600nm 的光的传输损耗小于 10dB/km,此值比 SiO_2 体材料的光传输损耗小得多。纳米红外反射材料在灯泡工业上有很好的应用前景。利用纳米材料对紫外线的吸收特性而制作的日光灯管不仅可以减少紫外线对人体的损害,而且可以延长灯管的使用寿命。作为光存储材料时,纳米材料的存储密度明显高于体材料。

9.4.5 电学性能

纳米颗粒在电学性能方面也出现了许多独特性。例如,纳米金属颗粒在低温下呈现绝缘性,纳米钛酸铅、钛酸钡以及钛酸锶等颗粒由典型的铁电体变成了顺电体。可以利用纳米颗粒制作导电浆料、绝缘浆料、电极、超导体、量子器件、静电屏蔽材料、压敏和非线性电阻及热电和介电材料等。纳米静电屏蔽材料用于家用电器和其他电器的静电屏蔽,具有良好的性能。纳米颗粒 Fe_2O_3、TiO_2、Cr_2O 和 ZnO 等在室温下具有比常规氧化物高的导电性能,又具有不同的颜色,因此可以通过它们的复合来调配静电屏蔽涂料的颜色。在化纤制品中加入少量金属纳米颗粒可使带电效应明显降低,从而可避免或降低化纤衣服或地毯由于静电效应而引起的放电效应及吸尘现象,提高了产品的安全性和质量。

用纳米微粒制成的导电糊、绝缘糊和介电模等,正在微电子工业中发挥作用,可用于热电器件、光开关、记忆器件等。

碳纳米管、纳米线等材料有望成为纳米连接导线,使电子器件进一步微细化并具有更高的效率(如更高的运行速度等)。碳纳米管可在电子线路中扮演与硅相当的角色,但碳纳米管在纳米尺度上起作用,而硅及其他常用半导体此时已不能发挥作用。电子工业中商品芯片晶体管已达到 200 nm 的临界尺寸,进一步微型化面临巨大障碍。数十纳米或更小尺寸的导线和功能器件可由碳纳米管制备,组成运行更快、功耗更低的电路。

9.4.6　动力学特性

无论在纳米材料的制备过程中还是在纳米材料的应用中,将纳米材料分散于一定的介质中形成的悬浮体系都有重要意义。这种分散体系也称为纳米液体,在悬浮体系中,纳米材料与分散介质之间必有明显的物理分界面,是两相或多相的不均匀体系,因此纳米液体在热力学上是不稳定的亚稳体系。

纳米液体中的颗粒与溶液中的溶质一样,总是处于不停的、无序的运动中。从分子运动的角度看,纳米颗粒的运动与分子运动并无本质区别,它们都符合分子运动理论,不同的是纳米颗粒比一般分子大得多,故运动强度低。纳米材料分散体系中,纳米颗粒的运动性质主要包括扩散、布朗运动和沉降等。扩散属于与外力场无关的传质过程,纳米颗粒像溶液中的分子,也具有从高浓度区向低浓度区扩散的作用,有使浓度达到"均匀"的趋势,扩散过程一般是一个自发的过程。分子运动学认为,布朗运动的起因是悬浮在液体介质分子中的颗粒处在液体分子的包围之中,处于不停的热运动的液体分子撞击悬浮颗粒,当颗粒相当小时,这种撞击可以是不均衡的,所以使得颗粒做无规则和连续的布朗运动。沉降是重力作用的结果。分散体系的动力学特征是由上述三种运动综合作用所决定的。

纳米 Al_2O_3、CeO_2 和 SiO_2 颗粒由于具有良好的悬浮特性,可制成高精度抛光液,用于高级光学玻璃、石英晶体及各种宝石的抛光。纳米颗粒也可以用于印刷油墨,人们可以不再依靠化学染料而是选择适当的纳米颗粒来得到各种色料。

9.4.7　催化性能

纳米粒子的粒径小,表面原子所占比例很大,表面原子拥有剩余的化学键合力,表现出很强的吸附能力和很高的表面化学反应活性。新制备的金属纳米粒子接触空气,能进行剧烈氧化反应或发光燃烧。即使耐腐蚀的氮化物纳米粒子也变得不稳定,例如,TiN 纳米粒子的平均粒径为 45 nm 时,在空气中加热即燃烧成为白色的 TiO_2 纳米粒子。无机材料的纳米粒子暴露在空气中会吸附气体,形成吸附层,利用纳米粒子的这种气体吸附性做成气敏元件,可以对不同气体进行检测。

由于纳米微粒尺寸小,表面原子占有较大的体积分数,表面的键态和电子态与颗粒内部不同,表面原子配位不饱和,导致其表面的活性位置增加;纳米微粒表面形态的研究指出,随着粒径的减小,纳米微粒的表面光滑程度变差,形成了凹凸不平的原子台阶,从而增加了化学反应的接触面。因而纳米材料具备作为催化剂的基本条件。

纳米镍粉作为火箭固体燃料反应催化剂,可使燃烧效率提高 100 倍。Ni 或 Cu-Zn 化合物的纳米颗粒对某些有机化合物的氢化反应是极好的催化剂,可代替昂贵的铂或钯催化剂。纳米铂黑催化剂可使乙烯的氧化反应温度从 600℃降至室温。纳米催化剂的反应选择性也表现出特异性,如用硅负载镍作为催化剂用于丙醛的氧化反应,镍粒径在 5nm 以下时,选择性发生急剧变化,醛分解得到控制,生成乙醇的选择性急剧上升。

自 1972 年日本学者藤岛(Fujishima)和本田(Honda)首次报道用纳米 TiO_2 光催化离解水产生氢气以来,在世界范围内曾一度掀起光解水制氢的研究热潮。虽然过程的产率还很低,但这一方向的研究并未停止。一旦提高产率的问题得到解决,便可廉价地大规模生产氢气。

催化材料特别是纳米光催化材料在环境保护中的应用日益受到人们的重视。这项新的污染治理技术具有能耗低、操作简便、反应条件温和、可减少二次污染等突出优点,能有效地将有机污染物转化为 H_2 和 CO_2 等无机小分子,达到完全转化的目的,许多难降解或用其他方法难去除的物质,如氯仿、多氯联苯、有机磷化合物、多环芳烃等也可有效地去除。此外,它还可用于 NO、NHS 和 H_2S 等无机污染物的去除。

纳米光催化还可用于合成氨,采用平行板形反应器在流化床状态下成功地由氮和氢合成了氨。纳米光催化合成氨的催化剂是掺铁的金红石型纳米 TiO_2,所用光源是 100W 汞蒸气灯,常压下合成温度仅为 84℃。虽然目前纳米光催化合成氨的产率很低,还远未达到生产要求,但它在极温和的条件下就能合成氨,这一点也许会启发新的人工固氮模式。

人们对纳米催化制在卫生保健方面的应用也进行了较多的研究。光催化的氧化性对大多数微生物都有强杀伤力,可考虑作为杀菌消毒的手段,尤其用于生活用水的净化有现实意义。目前,纳米光催化材料在紫外线照射下具有分解有机物质、抗菌和除臭的性能,广泛应用于纤维、化妆品、陶瓷、玻璃和建材等产业中。

9.4.8 生物性能

纳米颗粒尺寸一般比生物体细胞要小得多,这就为生物学研究提供了一个新途径:利用纳米颗粒进行细胞分离、细胞染色及利用纳米颗粒制成特殊药物或新型抗体进行局部定向治疗等。

用纳米颗粒很容易将血样中极少量的胎儿细胞分离出来,方法简便,成本低廉,并能准确判断胎儿细胞是否有遗传缺陷。美国科学家利用纳米颗粒进行细胞分离技术研究,将其用于检查早期血液中的癌细胞,实现癌症早期诊断和治疗具有很大的可行性。比利时科学家将纳米 Au 颗粒与预先制备的抗体或单克隆抗体结合制得纳米 Au 颗粒-抗体的复合体,这些复合体分别与细胞内各种器官和骨骼系统相结合,就相当于给各组织贴上标签,在显微镜下就很容易分辨各种组织,发展了细胞染色技术。

人工纳米材料(Manufactured nano materials,MNMs)由于其所具有的独特性质能满足人类发展中的多样化需求,近年来获得迅速的发展。目前,越来越多的 MNMs 已投放市场,给人们生活带来巨大的变化和进步。但是有关 MNMs 是否对环境和健康产生不利影响的问题同样引起了人们广泛的关注。近年来,从生物对 MNMs 的暴露途径,MNMs 对动物细胞、肺组织和脑组织的毒性效应,MNMs 在生物体内的转移、积累以及皮肤对 MNMs 的吸收等角度,对 MNMs 的生物效应,包括其潜在的负面效应进行了深入的研究。

评价 MNMs 对环境和健康的风险,对于保证纳米技术产业的健康、长期和可持续的发展具有十分重要的意义。

9.5 应 用

纳米材料具有独特的化学、物理等性能,可广泛应用于日常生产生活的各个方面,当今世界,纳米科技也几乎应用于所有的领域。

9.5.1 纳米电子应用

在现代通信技术中，传统的模拟电气装置被越来越多的光学或光电设备所取代，这是由于其庞大的带宽和容量。光子晶体和量子点就是最好的证明。光子晶体定义为折射率周期性变化的材料，它的晶格常数为入射光波长的1/2。它们与半导体相似，具有可调控的光子带隙，其中光子取代半导体中的电子。

1. 量子点激光

在许多可用于激光器制造的材料中，量子点是纳米尺度的物质。量子点激光器发射的光波长为量子点半径的函数。它们比传统的激光二极管便宜且光束质量更高。

2. 光子晶体

光子晶体是周期性介电或金属介电(纳米)结构，可用于改变电磁波(EM)的传导，就如同半导体中的电子能带限制电子在半导体晶体中运动。

如果光子晶体在可见光下工作，其周期应为光波长的1/2。为了简单易行地获得光子晶体，人们尝试从胶体晶体中通过自组装法生长光子晶体。蛋白石就是一种天然形成的光子晶体。它发出的色彩源于晶格面中光的布拉格散射原理，这就是光子晶体现象。这样的现象也在一些蝴蝶的翅膀上观察到。

光子晶体作为光学材料以控制光的流动。二维上的周期性光子晶体已经发展到集成器件应用阶段。然而，三维光子晶体的水平却离商业要求很远，但可能导致新器件概念的产生。第一个包含二维周期性光子晶体的商品已经以光子晶体光纤的形式出现，它使用了纳米结构来限制光的传播，这与传统光学纤维完全不同。

多层膜(布拉格反射镜)可能是一维光子晶体最简单的形式，并在 1887 年被瑞利(Rayleigh)广泛研究。任何一个系统在传输电磁波时都会存在一个带隙。一维周期性系统的应用范围从反射涂层到分布式反馈(DFB)激光器。二维光学结构从1980 年得到深入研究，近年来，对带有二维和三维带隙的二维和三维周期性晶体的研究开始兴起，其应用包括LED、光纤、纳米激光器、超白染料 RF 天线和反射器、光子集成电路。

3. 光子晶体纤维

光子晶体纤维(photonic crystal fiber，PCF)是一类基于光子晶体的新型光纤材料，因为能将光限制在空芯中传播或具有与传统光纤完全不同的限制特性，PCF 用于光学通信、纤维激光器、非线性器件、高功率传送器、高灵敏度气敏传感器和其他领域，PCF 的分类包括光子带隙纤维(通过带隙效应对光进行限制的光子晶体)、多孔光维(PCF 的横截面上存在气孔)、孔辅助光纤(PCF 通过通气孔调整的传统高折射率芯引导光)和布莱格光维(通过多层膜的同心环形成的光子带隙纤维)。

一般来说，纤维具有两种或两种以上材料构成的微观结构的横截面(通常沿纤维方向长度一致)，更多情况下，横截面呈现周期性有规律的排列，通常作为一个围绕着芯的"包层"(或多个芯)，以此来限制光的传输，这样的纤维同其他光学纤维一样，其构建遵循同样的规律：它是构筑在厘米尺度上的，然后加热初产品并缩小其径向尺寸(通常接近于头发直径)，在不改变原有特性的基础上缩小横截面积。通过这个方法，一次加工就能生产出数千米的纤维，大多 PCF 都是在硅玻璃中制成的，但是其他玻璃同样可用于获得独特的光学属性(如高光学非线性)，利用聚合物能制造出多种结构的 PCF，包括渐交折射率结构纤维、环状结构纤维以及空芯纤维。这些聚合物纤维称为微结构聚合物光学纤维(MPOF)。

根据其限域机理，PCF 可以分为两类操作模式，具有实芯或具有比微结构覆层更高的平均折射率的芯，可以遵循与传统光学纤维相同的折射率导光原理进行工作。但是，相比芯和包层，它们具有更高的有效折射率，因此，当它们应用于非线性光学器件、保偏光纤等时，具有更强的限波作用。此外，可以制造光子带隙光纤，由微结构包层形成的光子带隙能限制光在光纤中的传播，若该光子带隙设计合理，光可以限制在较低折射率的芯甚至中空芯或空气芯中传播。

9.5.2　微纳机电系统

微机电系统(micro electromechanical system，MEMS)广泛地应用于众多领域，从消费品到国防系统、医疗、汽车、环境监控。一些因素促使了 MEMS 的应用，如尺寸小、体积轻、能耗低、速度快、精度高等。产品技术的不断提高是 MEMS 制造的必要条件，包括技术精细化和对细微特征的尺寸控制，使其可重复、可靠并且成本低。MEMS 的尺寸一般在几微米到几百微米。微加工技术是一种强大的工具，对批处理、机电设备微型化都起到了很大的作用，这在传统机械技术中很难达到。

硅的电阻是外压力的敏感函数，这个效应称为压阻效应。这使得硅能作为检测压力的敏感材料。耦合硅基微机技术促进了小型化微传感器的制造。电压变化下的巨大的电阻变化取决于不同的材料及环境因素，如晶体方向、类型、杂质浓度及温度。基于硅传感器的 MEMS 可以用于 $10^{-3} \sim 10^{6}$torr 的电压(1torr=133Pa)。

纳机电系统(nano electro mechanical system，NEMS)是在力传感器、化学传感器、生物传感器和超高频谐振器的基础上制造出来的，这个超小型的结构具有最基本的功能。NEMS 的制造按"自上而下"或"自下而上"进行。目前，采用平板印刷术"自上而下"的方法最为常见。

"自下而上"的方法是借鉴大自然结构物质来制造纳米器件——利用原子和分子构建块材的方式进行有序组装。制造 NEMS 结构不仅仅局限于硅。事实上，长远来看，ⅢA-VA族化合物是很好的制造 NEMS 的材料，这是因为 NEMS 薄膜能外延生长在作为牺牲缓释层的晶格匹配的材料表面。

主要制约 MEMS/NEMS 应用的是封装。因为每个器件在环境保护或与环境相互作用方面都有不同的要求，所以很难将封装程序标准化。缺乏标准化增加了封装成本，使得 MEMS 缺乏竞争力。另外，器件的封装不能影响其传感机制或者传感灵敏度。

9.5.3　纳米传感器

纳米传感器是生物、化学或手术感觉点用来传达纳米颗粒信息到宏观世界的器件。它们主要用在各种医学目的及建造其他纳米产品，如用到纳米范围和机器人的计算机片的电路。现在已有几种方法用于制造纳米传感器，包括自上而下的平板印刷术、自下向上的装配和分子自装配等。纳米传感器与其他微型器件相比具有明显的优势：可缩减辅助系统总体的尺寸和质量；成本低；可大批量生产；可利用在纳米尺度范围内出现的物理现象；能耗低；某些应用需要纳米尺度系统作为功能性应用，如植入式医疗传感器必须控制在纳米尺度范围内；敏感性加强；集成水平更高。

根据纳米传感器的应用，可将其分为物理传感器、化学传感器、生物传感器等。与传感器类型相似，也可根据能量转换对纳米传感器进行分类。

纳米传感器的分类取决于使用的纳米结构，如纳米管、纳米线、纳米粒子、纳米复合材料、量子点、嵌入式纳米结构等。尽管有各种各样的传感器，但是，没有一个单一的传感器能有效地辨别出在所有可能环境下的参数。因此，人们目前关注的是在不同环境下将传感器阵列合并为多种属性的整体。传感阵列包含不同的单功能和多功能传感器集合，以此来感应多重现象，就像人体感应系统，眼睛是光传感器，鼻子是气体传感器，耳朵是声音传感器，舌头是液体化学传感器。该阵列有助于获得多种数据，且已用于化学或生物工程等领域。

纳米传感器应用于众多领域，如交通、通信、建筑、设备、医疗、安全、国防和军事领域。有很多关于纳米线传感器的应用案例，如检测化学品和生物制剂、置于血液细胞内的纳米传感器用来检测早期辐射对宇航员身体造成的损伤、纳米壳用以检测肿瘤。

9.5.4　纳米催化剂

催化剂明显加速化学反应。由于大的比表面积，纳米材料可作为高效催化剂。纳米催化剂比常规催化剂成本低，且选择性高，这可以降低废物排放，减少对环境的影响。催化剂是一种在反应中不消耗自己并能改变反应速率的物质。说它不消耗，并不代表催化剂不参与反应，它们很活跃，催化剂通常与反应物反应形成稳定配合物：

$$反应物 + 催化剂 \longrightarrow 配合物$$

配合物重排产生产品和再生催化剂：

$$配合物 \longrightarrow 产物 + 催化剂$$

值得注意的是，催化剂在整个反应的最后阶段重新生成，在反应中，催化剂并不消耗。催化剂是所有化学反应过程中的激化剂，其表现出高效的转换率、高选择性、长期稳定性和良好的机械强度，综上所述，转换率和选择性决定了催化剂的命运，因它们可以极大地改变实验过程的消耗。一般情况下，如果催化剂在反应中不烧结，那么可以实现高的转换率，并且从催化活性金属或金属氧化物前驱体的特定晶体结构中获得选择性，因此，如果催化剂建立在纳米尺寸范围，在分子水平上控制催化剂的种类是可以实现的。纳米尺寸的粒子具有明确的晶格结构，因此使用纳米结构材料作为催化剂可以极大地改变化学反应过程中的转换率和选择性。

思考与练习

1. 简述纳米材料、纳米技术的概念。
2. 纳米材料的物理制备方法有哪些？有什么优点？
3. 纳米材料的化学制备方法有哪些？
4. 纳米材料的表征手段有哪些？
5. 叙述纳米材料的五大效应。
6. 纳米材料在哪些方面具有特殊性能？
7. 纳米材料有哪些应用？请举 2～3 个例子说明。

第10章 生物材料

微课视频

人类利用生物材料的历史几乎和人类历史一样漫长，自从人类文明开始，人们就不断地和各种疾病斗争，而生物材料是这场斗争中最重要的武器之一。表10-1为人类历史记载的生物材料使用历史。

表10-1 人类对生物材料利用的历史

时间	记录
约公元前3500年	古埃及人使用棉花纤维、马鬃缝合伤口；阿兹特克人使用木片修补受伤颅骨
约公元前2500年	中国、埃及的墓葬中发现假牙、假鼻和假耳
1588年	有记录使用黄金修复颅骨
1775年	有记录使用金属固定板固定骨折
1800年	大量使用金属固定板固定骨折
1809年	使用黄金作为种植牙齿
1851年	使用硫化天然橡胶制造人工牙托和颚骨
1937年	使用聚甲基丙烯酸甲酯制作牙齿
20世纪60年代初	使用聚乙烯和不锈钢制作髋关节植入体，使用涤纶制作动脉血管

生物材料可以定义为用于与生命系统接触和发生相互作用，并能对其细胞、组织和器官进行诊断治疗、替换修复或诱导再生的一类天然或人工合成的特殊功能材料，又称生物医用材料。生物材料是推动现代医学进步的必不可少的物质基础。但是，生物材料也是一类新兴的综合性材料，其理论知识除涉及材料学，更涉及生物学、病理学、药物学、解剖学等多门学科。可以说生物材料的出现和发展是多个学科共同发展到一定程度的标志。所以，在生物材料领域，除了传统的力学性能要求，还需要满足多种特殊要求，如生物相容性和血液相容性。不难想象，人们使用的大部分生物医用材料对于机体来说都是异物，因此机体自身当然不会轻易接受，从而就会导致各种各样的问题。所以，在最开始设计生物材料时，就需要考虑相容性，避免材料在植入后引发的一系列反应，导致机体出现严重的血栓和排异等。

生物材料品种非常多，人们对生物材料的相关分类方法也五花八门。但是每一种方法都只关注生物材料某些方面的特点。比较通俗的一种分类方法是按照材料的大门类来分。生物材料可以分为金属生物材料(如金属及其合金等)、无机生物材料(生物活性陶瓷、生物惰性陶瓷等)和有机生物材料三大类。有机生物材料中主要是高分子材料，高分子材料通常按材料特性又可以分为合成高分子材料(聚氨酯、聚乳酸、聚乙醇酸、乳酸乙醇酸共聚物及其他医用合成塑料和橡胶等)、天然高分子材料(如胶原、丝蛋白、纤维素、壳聚糖等)。此外，如果按照生物材料本身的用途特点，生物材料又可以分为生物惰性、生物活性或生物降解材料，高分子生物材料中，根据降解产物能否被生物机体代谢和吸收，降解型高分子还可分为生物可吸收型和生物不可吸收型。根据

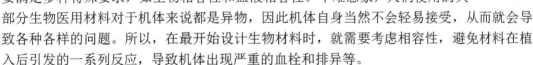

材料与血液接触后对血液成分、性能的影响状态，则分为血液相容型和血液不相容型。根据材料对机体细胞的亲和性和反应情况，可分为生物相容型和生物不相容型等。

生物材料作为一个造福人类健康的朝阳产业，其研究开发具有非常重要的意义和巨大的经济与社会效益，特别是生物材料的有效性和生物相容性的改善、仿生材料的合成、组织工程材料、载体材料等。本章将根据材料大类来介绍生物材料。

10.1 金属生物材料

10.1.1 通用金属生物材料

随着材料科学技术的发展，金属材料在生物体内的应用也得到迅猛发展。最早应用的金属生物材料有不锈钢、钴铬合金等，钛及钛合金出现后，金属系生物材料的生物适应性、耐久性得到了巨大改善。作为生物体用金属材料则必须具备以下条件：①在生物学上不发生排异反应；②必要的物理性能；③耐蚀性能、耐磨性能好；④不发生疲劳现象；⑤无毒性及变态反应；⑥抗血栓。本节将对常见的金属生物材料进行介绍。

金属生物材料具有许多优越的性能，如较高的强度、良好的断裂韧性等，在整形外科中起着重要作用。金属生物材料最早在 16 世纪就用于治疗颚开裂。经过近几十年的医学临床实践以及随着材料科学的发展，金属材料工作者不断与临床医生合作筛选而发展了许多耐腐蚀性和力学性能优异的金属材料。通用医用金属材料包括钛和钛合金、钽及其合金、钴铬合金等，

1. 不锈钢

最初制作人工关节及骨折接合板采用的不锈钢是 304 不锈钢，随后采用了增加含 Mo 的 316 和 317 奥氏体不锈钢、不形成贫 Cr 层的 316L 及 317L 超低碳奥氏体不锈钢。开发了 XM19、ORTRON90、COP-1 等合金，已用于人工关节、骨折连接用板及手术用螺丝。人体植入物用不锈钢产品包括棒材、异型材、管材和带材等，用于制造如矫形销钉、螺钉，以修复假肢、脊椎骨系统以及骨折夹板等骨骼系统。生物体植入用的无镍奥氏体不锈钢 BioDur108 具有优良的强度，其延性脆性转变温度低于-20℃，抗拉强度约为 930MPa，疲劳强度约为 380 MPa。医用不锈钢由于其优良的综合性能应用于骨骼系统的置换和修复方面，此外在齿科、心脏外科、心血管植入支架等方面也得到应用。

2. 钴铬合金

钴铬合金中用得最多的是铸造钴合金、可变形钴合金、MP35N 等。Co-Cr 合金可以用作人工关节、骨折连接板、人工心脏瓣、义齿床、手术用螺丝、夹子及各种丝材。当前开发的钴铬合金有钴合金中添加钼，如 Co-Cr-Mo 合金用在牙科和整形外科。这种高钴铬钼合金的耐腐蚀性比一般不锈钢强 40 倍。为提高钴铬合金的加工性和强度，还有 Co-Cr-W-Ni 合金和 Co-Ni-Cr-Mo 合金。相对不锈钢而言，医用钴合金更适合于制造体内承载条件苛刻的长期植入件。

3. 钛合金

钛和钛合金具有优良的耐蚀性及强度，生物材料应用较多的钛合金是 Ti_6Al_4V 合金和 $Ti_5Al_{2.5}Sn$ 合金。与其他金属生物材料相比，钛合金的主要性能特点是密度较低、弹性模量小，约为不锈钢、钴铬合金的 1/2，密度接近人体硬组织密度，与人体硬组织的弹性模量比较匹配，因此在骨科领域应用较广。钛合金表面能形成一层稳定的氧化膜，具有很强的耐腐蚀性。在生理环境下，钛合金的均匀腐蚀甚微，也不会发生点蚀、缝隙腐蚀与晶间腐蚀，对人体毒性较小，有利于其临床应用。

在开发生物体用钛合金时进行合金设计是很有必要的。我国设计并研制出新型医用钛合金 Ti-Al-Mo-Zr，与目前通用的医用 Ti_6Al_4V 合金相比，新钛合金在生物相容性、综合力学性能、工艺成型性等方面具有显著的优越性，是比较理想的生物医用钛合金。Ti-Al-Mo-Zr合金主要用于人体内硬组织的修复和替换。用钛合金制作的牙根种植体已广泛用于临床；用纯钛网作为骨头托架已用于颚骨再造手术；用微孔钛网可修复损坏的头盖骨和硬膜，能有效地保护脑髓伤口；用纯钛制作的人工心脏瓣膜与瓣笼已成功地得到应用，临床效果良好。

近年来，还开发了一系列生物体用多孔钛和钛合金，这种多孔钛及钛合金可用粉末烧结制得，也可用孔隙金属复合法、等离子喷镀以形成多孔表面的方法等制得。研究表明孔隙的直径影响骨组织生长的过程，约 250μm 的孔隙直径对新生骨的生长较好。此外 $Zr_{65}Al_{7.5}Ni_{10}Cu_{17.5}$ 非晶材料的开发使钛合金很有希望成为人体植入物的材料。

4. 镁合金

常用的不锈钢、钴铬合金、钛合金等，在长期植入人体时很容易因为体内摩擦产生碎屑以及腐蚀产生有毒离子，造成局部区域过敏反应或者炎症，导致生物相容性下降。此外，这类材料弹性模量大，很难和骨产生良好的匹配，出现应力遮挡效应，使骨组织的生长和重塑得不到应有的刺激和强化，骨骼强度降低，愈合变缓，甚至骨损伤部位骨质疏松和自体骨退化，产生二次骨折。所以，这类情况常常用生物惰性材料，这类材料长期固定在人体中，有引发炎症的隐患，而且治愈后需要拆除进行二次手术，增加患者的痛苦和治疗的成本。因此，开发镁合金生物材料是近年来的一个重点方向。

镁合金作为金属生物材料具有显著的优点：

① 镁资源丰富，价格较低。地壳中镁的含量约有 2.8%，在海水中也含有大量的镁。提取难度低，价格明显低于钛。

② 镁也是人体必需的元素，镁在人体中仅次于钾、钠和钙，几乎参与人体内所有的新陈代谢活动。镁离子通过游离镁的浓度变化来调节细胞内三磷酸腺苷(ATP)的储量和多种酶的活性，参与细胞内蛋白质和核酸的合成与三磷酸腺苷代谢，并具有稳定 DNA 和 RNA 结构的作用。

③ 镁具有优良的性能，其密度为 $1.74g/cm^3$，是一种轻金属，与人体骨骼密度基本相同。镁的杨氏模量为 45GPa，和人体骨骼相似，能够降低应力遮挡效应，在治疗骨折方面有天然的优势。此外，镁的流动性和快速凝固性好，尺寸稳定性好，是良好的压铸材料，也很容易切削成型。

④ 镁具有可降解性，镁在空气中形成一层灰白色的氧化物薄膜，可以减缓腐蚀速率。

⑤ 镁具有良好的生物相容性，经过处理的纯镁对小鼠的骨髓细胞增殖无明显影响，也没有溶血作用。

用 Mg-Al-Mn 合金制造的螺丝、螺栓和板等材料能够进行骨折治疗，植入处不会产生机体的免疫反应和炎症反应。表 10-2 为不同金属生物材料制造的骨科材料性能。

表10-2　天然骨和常见金属生物材料骨科材料性能表

材料	密度/(g/cm^3)	弹性模量/GPa	抗压强度/MPa	抗拉强度/MPa
天然骨	1.80	3～20	130～180	50～172
镁合金	1.74～2.00	41～45	65～165	230～250
钛合金	4.50	110～117	758～1117	900
不锈钢	7.90～7.98	189～205	170～310	465～1090
钴铬合金	7.80～7.98	125～218	450～1000	665～880

5. 其他合金

其他常用的金属还有金合金和镍铬合金。金合金的主能要组成是 $Au_{86}Pd_8Pt_4$；镍铬合金的主要组成是 $Ni_{80}Cr_{13}$ 及微量 Co、Mo 等。在医学应用上，金合金和镍铬合金在骨科中可用来制作各种人工关节和骨折内固定器，如人工己内酯髋关节、膝关节、肩关节、肘关节、腕关节、踝关节与指关节，各种规格的截骨连接器、加压板、鹅头骨螺钉，各种规格的皮质骨与松质骨加压螺钉、脊椎钉、哈氏棒、鲁氏棒、人工椎体和颅骨板等，也用于骨折修复、关节置换、脊椎矫形等。在口腔科中广泛应用于镶牙、矫形和牙根种植等各种器件的制造，如各种牙冠、牙桥、固定支架、卡环、基托、正畸丝、义齿、颌面修复件等。在心血管系统，可应用于制作各种植入电极、传感器的外壳与导线、人工心脏瓣膜、介入性治疗导丝与血管内支架等。此外，还用于制作固定环、人工眼导线等。

10.1.2　形状记忆金属材料

形状记忆合金是通过热弹性与马氏体相变及其逆变而具有形状记忆效应的由两种以上金属元素所构成的材料。形状记忆合金是目前形状记忆材料中形状记忆性能最好的材料。迄今为止，人们发现具有形状记忆效应的合金有 50 多种。记忆合金与日常生活休戚相关。目前，比较成熟的形状记忆合金有镍钛合金、铜系合金和铁系合金。

1. 常用的形状记忆合金

(1) 镍钛合金

镍钛合金是形状记忆合金材料中性能最优越而且用途最广的一种。镍钛合金的延展性、形状记忆强度、应变、耐蚀性、电阻及稳定性均较好，但其成本较高。其呈现记忆行为的温度范围可借助合金的改良而加大或缩小。通过添加其他元素可以进一步改善镍钛合金的性能，并降低其成本。

(2) 铜系合金

铜系形状记忆合金比镍钛系合金更便宜且容易加工成型，因此颇具发展潜力。但铜系形状记忆合金的强度不及镍钛系合金，反复受热的形状记忆能力也衰减较快。为了提高铜系记忆合金的力学性能，可添加微量的钛、锰、锆。铜系形状记忆合金中性能最好、应用最广的是铜锌铝合金。铜锌铝合金的热导率高且对温度变化敏感，可用于制作热敏元件。

(3) 铁系合金

铁系形状记忆合金成本低廉，原料丰富，更具有竞争力。已经开发的铁系形状记忆合金有铁锰合金、铁铂合金以及不锈钢系形状记忆合金等。通过在铁锰合金中添加硅，可获得具有良好形状记忆效应的铁锰硅合金。铁锰硅合金的强度高，但耐腐蚀性较差。在这种合金中添加铬，则可明显提高耐腐蚀性。铁系形状记忆合金目前已在制作管接头、铆钉之类连接件以及夹具等方面获得广泛应用，不仅便于人们安装和操作，而且安全可靠，是很有发展前途的功能材料。

2. 形状记忆合金应用

形状记忆合金在临床医疗领域内有着广泛的应用。用于医学领域的形状记忆合金除了具有支架所需的形状记忆或超弹性特性，还必须满足化学和生物学等方面可靠性的要求。只有与生物体接触后会形成稳定性很强的钝化膜的合金才可以植入生物体内。在现有的实用的记忆合金中，经过大量实验证实，镍钛合金较满足上述条件。医用形状记忆合金在临床上有多种应用，在整形外科主要用于制作脊椎侧弯症矫形器械、人工颈椎间关节、加压骑缝钉、人工关节、髌骨整复器、颅骨板等；在口腔科用于制作齿列矫正用唇弓丝、齿冠、托环、颌骨铆钉等；在心血管系统用于制作血栓过滤器、人工心脏用的人工肌肉和血管扩张支架、脑动脉瘤夹、血管栓塞器等。另外，形状记忆合金还用于制作耳鼓膜振动放大器、人工脏器用微泵、人工肾用瓣等。

(1) 牙齿矫形丝

用超弹性镍钛合金丝和不锈钢丝可以制作牙齿矫形丝，其中用超弹性镍钛合金丝是最适宜的。通常牙齿矫形用不锈钢丝和钴铬合金丝，但这些材料有弹性模量高、弹性应变小的缺点。为了给出适宜的矫正力，在矫正前就要加工成弓形，而且结扎固定要求熟练。如果用镍钛合金制作牙齿矫形丝，即使应变高达 10% 也不会产生塑性变形，而且应力诱发马氏体相变使弹性模量呈现非线性特性，即应变增大时矫正力波动很少。这种材料不仅操作简单，疗效好，也可减轻患者不适感。

(2) 脊柱侧弯矫形

各种脊柱侧弯症疾病，使患者不仅身心受到严重损伤，而且内脏受到压迫，所以有必要进行外科手术矫形。目前这种手术采用不锈钢制哈氏棒矫形，在手术中安放矫形棒时，要求固定后脊柱受到的矫正力保持在 30～40kg 以下，如果受力过大，矫形棒就会破坏，结果不仅是脊柱，而且连神经也有受损伤的危险。矫形棒安放后矫正力会随时间变化，大约矫正力降到初始时的 30% 时，就需要再进行手术调整矫正力，这样给患者精神和肉体上都造成极大痛苦。采用形状记忆合金制作的哈氏棒，只需要进行一次安放矫形棒固定。如果矫形棒的矫正力有变化，可以通过体外加热形状记忆合金，把温度升高到比体温约高 5℃，就能恢复足够的矫正力。

(3) 其他应用

外科中用镍钛合金制作各种骨连接器、血管夹、凝血滤器以及血管扩张元件等，还广泛应用于口腔科、骨科、心血管科、胸外科、肝胆科、泌尿科、妇科等，随着形状记忆材料的发展，医学应用将会更加广泛。

10.1.3 金属生物材料的表面改性

未改善的金属材料的生物相容性和耐腐蚀性差，其植入体内后可能释放出的毒性元素（V、Cu、Ni、Co、Al、Zn 等）会使细胞出现炎性反应或坏死，导致种植体失效，且只能和生物体骨整合而不能形成牢固的化学键合。为了解决这个问题，需要使用表面处理方法。如对金属表面进行等离子体喷涂，在金属表面形成羟基磷灰石晶相层；或将生物活性玻璃粉末在 $400\sim600℃$ 下软化，摊薄于金属表面上；或通过电解法、浸涂法和化学处理法在金属表面形成生物活性陶瓷层。脊椎动物骨和牙齿的无机成分是羟基磷灰石，它具有良好的化学稳定性和生物相容性，植入生物体后会与骨组织紧密结合，在界面处无纤维状组织，能保持人体正常的代谢。

这些工艺方法均可赋予金属材料一定的生物活性，使之能与人骨牢固结合。将生物活性陶瓷或玻璃用各种工艺涂层到钛合金表面形成梯度结构，由于生物玻璃涂层能与骨组织发生化学结合，这样金属材料的生物相容性可以明显得到改善，制备的涂层钛合金人工骨、人工齿根等目前已成功地应用于临床。

1. 钛合金表面改性

钛合金表面容易自发形成 TiO_2 氧化膜，其介电常数与水相似，具有较好的生物性能，同时钛合金本身具有较高的强度和断裂韧性，是临床应用的金属植入体中综合性能优异的金属生物材料，但钛合金仍然是生物惰性，与骨骼的结合属于机械锁合。此外，钛合金中的 V 聚集在生物体内的骨、肾、肝、脾等器官，其毒性效应与磷酸盐生化代谢有关；Al可通过 Al 盐在体内的蓄积而导致骨软化、贫血、神经系统功能紊乱等症。为了在尽可能短的时间内达到钛合金种植体与周围骨组织之间的生物活性结合，目前主要采用多种仿生矿化处理的技术。

① 热碱处理法。碱处理钛合金表面容易形成水合钛酸钠溶胶，热处理后溶胶脱水形成凝胶，并有少量金红石晶体和聚钛酸钠晶体形成。将其浸泡在模拟体液中，非晶钛酸钠中的 Na^+ 与模拟体液中的 H_3O^+ 进行离子交换，在金属表面形成富含 Ti—OH 基团的二氧化钛水溶胶，Ti—OH 先与 Ca^{2+} 结合，再与 PO_4^{3-} 共沉积，磷灰石异向形核并自发生长，形成类骨磷灰石。

② 酸碱两步处理法。酸碱两步处理法主要依靠多孔 TiO_2 的作用。TiO_2 在水溶液中易结合 OH^- 而带负电荷。浸泡在过饱和钙化溶液中，溶液局部的 pH 升高，过饱和度增加，这种多孔结构可更多地吸附 HPO_4^{2-} 和 Ca^{2+}，促进羟基磷灰石的沉积，且多孔的 TiO_2 基团具有亚微米尺度，锐钛矿型 TiO_2 和羟基磷灰石之间低的晶格错配度可诱发羟基磷灰石形核，使羟基磷灰石外延生长。

③ 钙化溶液处理法。提高溶液离子浓度可加快磷灰石涂层的生长速度，在溶液中通入弱酸性 CO_2 气体，可使模拟体液的 pH 降至 6。当停止通入 CO_2 气体时，CO_2 会从溶液中自然释放，伴随着 CO_3^{2-}/HCO_3^- 的缓释作用。溶液的 pH 和 Ca-P 沉积物的过饱和度均匀而缓慢地增加，因此在 Ti-6Al-4V 表面沉积出含有 CO_3^{2-} 的磷灰石晶体。

2. 镍钛合金表面改性

镍钛合金具有独特形状记忆效应、超弹性和与皮质骨相似的弹性模量,在牙科、外科矫形、骨科修复等医学领域有着越来越广泛的应用。虽然镍钛合金可在表面自发地形成一层 TiO_2 氧化膜,但其疏松、易剥落,且剥落后的镍钛合金表面自氧化能力差。因此,通过仿生处理,改善其表面性质,可大幅度改善抗腐蚀性和生物相容性,达到长期植入的稳定性的效果。

① 浸渍涂膜法。采用浸渍涂膜的方法对镍钛合金进行仿生处理,将镍钛合金置入 H_2O_2 中沸水煮,经 KOH 碱煮,随后,将镍钛合金浸泡在过饱和钙化溶液中,表面结晶层由类板状的磷酸八钙和羟基磷灰石混合物组成。镍钛合金经饱和钙磷溶液处理后,可在表面形成 Ca-P 沉积物,具有多孔结构。涂膜的镍钛合金细胞激动素的释放量减少,与未涂层的镍钛合金相比,白细胞和血小板使 Ca-P 沉积物与镍钛基体间的黏合强度提高。

② 酸碱处理法。通过酸蚀、碱处理、预钙化和钙化处理对镍钛合金进行生物活性化处理,在合金表面制备出羟基磷灰石层。钙化后的表面形貌随时间的延长而改变,钙化后镍钛合金表面形成钙磷小晶体;钙化数天表面形成 Ca-P 沉积物,且与基体间存在梯度过渡层。镍钛合金置入 HNO_3 溶液中,用 NaOH 水溶液温煮,在模拟体液中浸泡后,表面可自发地沉积含 CO_3^{2-} 的类骨磷灰石,其主要成分为羟基磷灰石,还有少量的 β-$Ca_3(PO_4)_2$,能够提高种植体与骨的直接结合,类骨磷灰石涂层刺激骨母细胞增殖、活跃,促进类骨质矿化,成骨速度加快。

3. 金属表面活性分子改性

材料表面生物活性分子的固定和截留是制备具有生物特异性与识别性表面的基础和广泛应用的方法,该方法是将生物活性大分子通过物理吸附、包埋或化学键合的方法固定在材料的表面。

(1) 抗生素修饰

将 Ti-6Al-4V 板浸泡在 5 倍模拟体液中,表面首先沉积出非晶钙磷层,随后浸泡在含妥布霉素的过饱和钙磷溶液中,可形成碳酸化的羟基磷灰石与抗生素的共沉淀物。

(2) 蛋白质修饰

将牛血清蛋白加入过饱和的钙磷溶液中,将 Ti-6Al-4V 板置于该溶液中浸泡,表面可形成牛血清蛋白与羟基磷灰石共沉淀物复合涂层。牛血清蛋白可与 Ca^{2+} 形成强烈的化学键合,并与 PO_4^{3-} 共沉积,抑制 Ca-P 沉淀的生长,并进入 Ca-P 涂层的晶格内,使晶体结构发生变化,由磷酸八钙转变为碳酸化羟基磷灰石。这表明仿生羟基磷灰石涂层可用于携带蛋白质。

(3) 肽键修饰

精氨酸-甘氨酸-天冬氨酸(RGD)序列为纤连蛋白中最重要的短肽序列。在钛表面可以沉积羟基磷灰石或矿化胶原涂层,将这些仿生涂层作为基质,键接上黏附 RGD。用于牙龈区域将层黏蛋白得到的线性肽 TWYKI-AFQRNRK 键连到胶原上,用于骨界面将环状肽-RGDFK 分别通过疏基或硫酸酯键连到矿化胶原和羟基磷灰石。肽键是肽和蛋白质的基本共价键,对细胞表面特异受体有黏附作用。含 RGD 序列肽或蛋白对材料表面进行修饰,可引入细胞识别位点,模拟生物体的细胞外基质环境,改善材料的细胞亲和性。

10.2　高分子生物材料

高分子生物材料按普通分类可分为合成高分子材料(如聚氨酯、聚酯、聚乳酸、聚乙醇酸、乳酸-乙醇酸共聚物、其他医用合成塑料和橡胶)和天然高分子材料(如胶原、丝蛋白、纤维素、壳聚糖等)，也可按医用功能做如下分类。

10.2.1　不接触体液的高分子生物材料

不接触体液的高分子生物材料通常用于临床检查、诊断和治疗等医疗器具，这类器具一般是医疗器械，在生活中很常见，如塑料输液袋、一次性塑料注射器、缝合线、医用黏合剂、夹板绷托、超吸水性医用材料等。

(1)医用硅橡胶

医用硅橡胶是二甲基硅氧烷单体通过酸碱催化反应而与有机硅单体相聚合而形成的，是一种具有生物惰性的无毒高分子材料，耐生物老化性能强，且应用到人体组织之后不会导致发炎、组织病变、异物反应等不良症状。通常说来，医用硅橡胶能够在20℃的环境中长时间应用，使用寿命长。在医疗领域应用的硅橡胶制品种类多达数百种，除了常见的医用手套，还包括医疗导管、心血管导管以及一些外科制品等。其中，医用硅橡胶在导管制品中应用十分广泛，涉及基本的医用泵管、器械连接管、输液管、插管等；应用于消化系统的硅橡胶制品如灌肠器、十二指肠管等均是一次性消耗物品；外科制品包括心外科、脑外科、腹外科等制品，类型多样，十分常见。

(2)聚氨酯弹性体

聚氨酯弹性体具备良好的拉伸性能、耐撕裂和耐磨性，具备较高的血液、生物相容性，正是由于其有着这些优势，逐渐被医疗器械研发领域所认可，应用程度不断加深。聚氨酯弹性体在医疗器械研发中的应用多是医疗植入体、膜类制品、医疗导管等，如心脏瓣膜、人造血管、介入栓塞材料、透析插管等，也包括一些在手术过程中的手套、防护服、绷带等。尽管其应用范围不如医用硅橡胶，但是发展前景广阔，颇受医疗器械研发者的青睐。

(3)其他高分子材料

常见的医用输液袋和塑料注射器可以利用聚乙烯等材料制造。高分子夹板绷托可采用乙酸纤维素及聚氯乙烯作为材料，在加热后可按需求定型，冷却后变硬起固定作用。另一种尼龙纤维织物可在光照下定型，它的密度小、强度高、耐水性好。反式聚异戊二烯也是一种合适的固定材料。聚氨酯硬质泡沫塑料是一种较新颖的夹板材料，将异氰酸酯、聚醚或聚酯多元醇等组成的反应物料涂布在患部，5~10min 即会发泡固化，其质量仅为石膏的17%。这些高分子材料正替代笨重、闷气、易脆断和怕水的石膏绷带，为骨折患者带来福音。高分子医用黏合剂主要采用α-氰基丙烯酸酯，它能在微量水分下迅速进行阴离子聚合，这种单体还可与蛋白质结合，因此可与机体组织有机地结合在一起。研究发现，在生物体中其长链化合物的聚合速率比短链化合物要快得多，即高级酯的止血效果较好。但从体内分解速率、抗菌性、组织反应来看，低级酯较好。因此可将不同碳链的酯结合起来以取长补短，折中方法可采用α-氰基丙烯酸丁酯。α-氰基丙烯酸丁酯在临床上运用广泛，对于通常方法无法止血的病例具有迅速和持久的止血效果，可作为肝、肾、肺、食道、肠管等脏器手术中的黏合剂和止血剂。

10.2.2 长期接触体液的高分子生物材料

1. 眼科替代材料

眼睛是心灵的窗户，是重要的感觉器官，其结构很复杂。目前，完全制造与人眼球相同或相似的，具有感觉功能的眼球还非常困难。但是角膜、水晶体、玻璃体和泪道等各种类型的功能性材料的研制开发是能够实现的。眼科所使用的材料，除一般生物材料所要求的性能外，还需满足两方面的要求：一方面是力学特性的要求，如用作人工玻璃体的材料就必须具有天然玻璃体特有的黏弹性，这样其流变学行为才能与周围组织相容，避免因身体移动、振动或眼球转动等行为给眼睛带来的直接或间接的创伤；另一方面是光学特性的要求，如透明性、长期稳定性以及折射率等。纵观众多生物材料，要满足上述要求，唯有可塑性极强的高分子材料。

近年来，高分子材料确实在眼科的应用方面有了很大的进展。在眼球和眼附属器官中，除了感光的视网膜和供血的葡萄膜还不能用高分子材料代替，其他各部分都已有用人工材料替代的可能，有些已在临床上应用，取得良好效果。随着生物医学工程的发展，它将来会有更广阔的前途。

眼科对高分子材料的要求除了能为人体耐受、材料性能比较稳定、易于加工、能经受消毒等一般条件，由于眼部有些组织是透明的，如角膜、晶状体等，因此用高分子材料取代时，还应具有透光性能良好的特点。此外，还需满足相应的一些力学特性；用于某些组织时，还应具有使液体、气体透过交换的能力，以免影响眼部代谢。许多高分子材料能满足这些要求，如聚甲基丙烯酸甲酯具有组织耐受良好、易加工成型、透光性能好等优点，因此应用最广泛、历史最悠久。硅橡胶组织耐受也较好，能接受热压消毒，近年应用也较多。聚甲基丙烯酸羟乙酯具有能吸水、柔软、透光性能良好等优点，是制造软接触镜的主要材料。氰基丙烯酸酯能在体内快速聚合，在眼科手术时可作黏合剂用，代替缝线。其他已有应用报告的材料还有聚乙烯、聚酰胺、涤纶、聚乙烯醇、尼龙等。

(1) 隐形眼镜

维赫特莱(Wichterle)于 1960 年首先提出用能吸水的软塑料制成软性隐形眼镜。20 世纪 70 年代美国和日本引进了这项技术，并大量生产，供应市场。隐形眼镜一般用甲基丙烯酸羟乙酯与二甲基丙烯酸乙二醇酯交联聚合而成。浸水后可吸收水分而变得柔软，有一定透光透气性，戴后比较舒适。

目前这方面的研究发展很快，人们还在隐形眼镜用高分子材料的透气性、含水率、高透光性及抗污染等方面进行进一步的改进，以期获得性能更优良的隐形眼镜，更好地满足人们的需求。

(2) 人工角膜

由于疾病和意外伤害引起的角膜浑浊，如将瞳孔遮住，就会失明。其治疗除进行人体角膜移植外，用透明的高分子材料制成人工角膜，也已取得良好效果。理想的人工角膜材料应具有以下特点：优良的光学特性和稳定的理化性质；能够与人体角膜组织长期共存，结合部位紧密；无不良反应出现；植入方法操作简单，经济方面能够被大多数患者承受。目前无论是光学镜柱材料还是周边支架材料，均以高分子材料为主。现今，临床上应用的人工角膜产品中，较为成熟的有 AlphaCor、Dohlman-Doan 和 Osteo-Odonto 人工角膜，并获得了美国食品药品监督管理局批准，进入临床阶段。

(3) 人工晶状体

因疾病或创伤造成晶状体浑浊，称为白内障，可通过白内障摘除术治愈。由于晶状体是凸透镜，摘除后眼球就变为远视。用眼镜矫正有视物变大、视野缩小、视物变形等缺点。1951 年就有用聚甲基丙烯酸甲酯制成的凸球镜片放入眼内，代替晶状体，称为人工晶状体。

目前较理想的人工晶状体材料基本上均为高分子材料，聚甲基丙烯酸甲酯最先被人们用来制造人工晶状体，其质轻、稳定、透明度好，屈光指数为 1.49，有较好的抗老化和抗环境变化特性，较好的耐酸、碱和耐有机溶剂特性及良好的生物相容性。其主要缺点首先是不能耐受高温、高压消毒，超过 100℃时聚甲基丙烯酸甲酯将变成凝胶状，目前多用环氧乙烷气体来消毒；其次是弹性有限，不能制造适应小切口的可折叠人工晶状体。

另一种人工晶状体材料是硅凝胶，其密度低，分子结构稳定，热稳定性好，耐高温、高压，在 200～240℃不发生老化，可进行高压煮沸消毒。另外，硅凝胶弹性较好，可制成折叠硅凝胶人工晶状体。其主要缺点为韧性差、抗拉力和抗剪切力差、屈光指数较聚甲基丙烯酸甲酯小，因此同等屈光度的硅凝胶较聚甲基丙烯酸甲酯晶状体要厚，生物相容性相对差，易产生静电效应，使眼内代谢产物容易黏附在晶状体表面，且易与硅油黏附，时间长了表面易黏附炎症细胞、细菌等，引起较重的炎症反应。

(4) 人工泪管

在正常情况下，泪腺分泌的泪液到眼后经泪管向鼻腔排流。泪管阻塞可造成流泪。20世纪 50 年代起，就有人用高分子材料制成管子连接眼部与鼻腔，起到泪管的作用，称为人工泪管，已取得一定成功。人工植入泪管方法很多。根据阻塞部位不同，有的是放在鼻泪管内，连接泪囊与鼻腔；有的是放在泪小管内，连接眼部与泪囊；也有的是放入钻好的骨孔内，直接沟通眼部与鼻腔。所用材料有聚乙烯、硅胶、玻璃、金属等，有一定效果。除永久性埋藏外，也有人在打通阻塞后，用塑料管作暂时留置，待管腔形成后，再取出塑料管，也有一定效果。材料有聚乙烯、硅胶等。

(5) 义眼、活动义眼、人工眼球

因疾病或外伤造成失明，摘除眼球后，就需安装义眼。义眼最初用玻璃制作，第二次世界大战时，发展了用聚甲基丙烯酸甲酯制作的义眼，其质轻，耐受性好，不易碎裂变色，易于加工，可制成各种形状以适合不同病例，因此很快取代了玻璃义眼。美国报道多例义眼，无一例有聚甲基丙烯酸甲酯发生炎症或过敏反应。

另外，眼球摘除后丧失体积较多，用义眼不能全部弥补，所以常有义眼陷没等畸形，而由于手术时眼肌已切断，义眼活动力也较差。为了解决这一问题，可将高分子材料做成球状物人工眼球，摘除眼球后即时放入眼球筋膜囊内，将眼肌固定在其上，愈合后再在表面罩上义眼。这样可减少畸形，并提高义眼活动力，即活动义眼。所用材料有聚甲基丙烯酸甲酯、硅胶、聚酰胺、聚乙烯等。目前，应用最久的是聚甲基丙烯酸甲酯，耐受良好，脱出率低。

(6) 人工玻璃体

玻璃体是填充眼球大部分内容的透明胶体。20 世纪 60 年代有人将硅油注入眼内，代替玻璃体，治疗视网膜脱离。近期效果尚好，但远期效果不佳，会发生眼内纤维增殖、白内障、角膜浑浊等并发症。近年人们用合成高聚物，如聚乙烯醇、聚乙烯基吡咯烷酮水凝胶作为玻璃体替代物，已取得一定进展。

聚乙烯醇通过射线辐照之后，分子间以共价键形式相连，形成三维立体结构的水凝胶，此网状结构类似正常玻璃体内由胶原纤维和透明质酸构成的支架结构，通过控制射线处理过程，可控制聚乙烯醇人工玻璃体三维结构的疏密程度，进而使其在屈光指数、透光率、黏度、密度等方面与人眼玻璃体一致。其缺点是结晶性强，水凝胶在储存过程中易产生絮凝；另外，在水凝胶制备工艺中需经 γ 射线辐照交联，工艺尚不稳定，目前虽未用于临床，但其是一个极有前途的人工玻璃体材料。

聚乙烯基吡咯烷酮水凝胶具有良好的生物相容性和生物物理光学特性，同时其网状支架对眼内各代谢成分具有良好的通透性；另外其具有较好的黏弹性，故表现出良好的内填充作用，可封闭裂孔，展平视网膜。聚乙烯基吡咯烷酮是第一种用作玻璃体替代物的合成高聚物。

2. 软组织替代材料

人体组织损伤、缺损会导致功能障碍。传统的修复方法是自体组织移植术，虽然可以取得满意疗效，但它是以牺牲自体健康组织为代价的"以伤治伤"的办法，会导致很多并发症及附加损伤，使人的器官功能衰竭。采用药物治疗、暂时性替代疗法可挽救部分患者生命，对终末期患者采用同种异体器官移植可有较好疗效，但供体器官来源极为有限，因免疫排斥反应需长期使用免疫抑制剂，由此而带来的并发症有时是致命的。20 世纪 80 年代首次提出的组织工程学概念，为众多组织缺损、器官功能衰竭患者的治疗带来了曙光。

软组织相容性高分子材料主要用于软组织的替代与修复，如隆鼻材料、人工皮肤、人工肌肉、韧带、血管、食管和指关节材料等。这类材料往往要求具有适当的强度和弹性以及软组织相容性，在发挥其功能的同时，不对邻近软组织(如肌肉、肌腱、皮肤、皮下等)产生不良影响，不引起严重的组织病变。软组织用高分子材料包括组织引导、组织诱导、组织隔离和软组织的直接替代材料等。

(1) 组织引导材料

组织引导材料主要引导组织的再生，如皮肤创伤的修复和神经的再生。1982 年 Myman 提出了引导性组织再生概念。引导性组织再生的基本原理是用外科手术方法放置物理屏障来分隔不同的组织。它的主要目的是建立能使生物再生功能得到最大限度发挥的有利环境。

组织再生膜材料可按其材料的来源分成合成高分子材料(如各种滤膜、聚四氟乙烯、聚乳酸、氧化纤维素膜等)和天然高分子材料(如冻干硬脊膜、胶原膜等)。还可按其是否可降解分为两大类：非降解性膜材料和可降解性膜材料。

(2) 组织诱导材料

很多细胞和组织的应答反应在体外是很难重现的，但是具有生物活性的生物材料可以对这些反应起诱导作用。其方法是在材料表面连接活性配体，令材料释放生物活性信息分子，以及将细胞黏附在材料表面，并释放生物信息来达到目的。当蛋白质吸附于材料表面或将三肽分子固定到材料表面时，可诱导细胞黏附于材料表面。细胞在悬浮状态容易死亡，但利用材料的诱导作用，将其吸附在材料上则可使其存活并表现出解毒和合成功能。

在胶原蛋白凝胶中培养肝细胞可诱导聚集体的形成，从而使每个细胞合成白蛋白的量比非聚集体增加两倍。聚乙二醇两端接三肽分子能诱导和调控肝细胞的聚集作用。利用材料的诱导作用也可使内皮细胞在集合形状固定的装置中形成毛细管状物。从羟基乙酸和羟基乳酸共聚物中释放骨形态蛋白可诱导骨的生长与促进骨的修复。

(3)组织隔离材料

组织隔离材料是组织工程材料的另一重要方面。组织的正常应答反应是免疫排斥，很多疾病(如糖尿病)的治疗都与植入细胞免疫隔离有关。当同种或异种细胞植入宿主时，首先遇到的是异体排斥，利用生物材料将细胞与宿主隔离开，就可以顺利解决这一难题。可将植入的细胞用一个很薄的聚合物半透膜包封起来制备成微囊。该半透膜一方面将囊内的细胞与外界隔离，避免了排斥作用；另一方面允许小分子营养物质和产物经半透膜排出。

(4)皮肤修复高分子材料

机体对组织损伤或缺损有着巨大的修补恢复能力，既表现在组织结构的不同程度的恢复，也包括其功能的恢复。缺损组织的修补恢复可以是原来组织细胞的完全复原，即由原有的实质成分增殖完成，这一般称为再生；也可以是由纤维结缔组织填补原有的缺损细胞，成为纤维增生灶或结疤，即不完全复原，一般称为修复。对于皮肤的损伤而言，表皮的损伤一般可以再生。损伤达到真皮或皮下组织，一般很难完全恢复。对于皮肤修复的高分子材料，传统的有创伤敷料，近期发展的有人工皮肤。前者一般追求创伤的快速良好的修复，后者致力于皮肤的再生，即结构和功能的完全恢复。无论是创伤敷料还是人工皮肤，其目的都是创造适宜的微环境，加快再生和修复的进程。因此，透彻理解皮肤的结构功能以及创伤修复的机制，对于设计新型的创伤敷料和人工皮肤都有重要的意义。

(5)人工皮肤

人工皮肤作为一种皮肤创伤修复材料和损伤皮肤的替代品，可以使皮肤大面积和深度烧伤的患者，在自体皮不够的情况下，进行修复治疗并使之恢复因皮肤创伤丧失的生理功能。随着组织工程学科的出现和发展，人工皮肤的研究已从原来单纯的创伤敷料和人工皮肤向活性人工皮肤的方向发展。

人工皮肤基本上可分为三个大的类型：表皮替代物、真皮替代物和全皮替代物。表皮替代物由生长在可降解基质或聚合物膜片上的表皮细胞组成；真皮替代物是含有活细菌或不含细胞成分的基质结构，用来诱导成纤维细胞的迁移、增殖和分泌细胞外基质；而全皮替代物包含以上两种成分，既有表皮结构，又有真皮结构。

(6)人工肌肉

广义的人工肌肉可分为气动、电磁、化学及电化学动力型。纵观人工肌肉材料研究的发展历程可见，首先发现简单的有收缩功能的对化学物质有反应的化学机械能型，之后才开发出电-化学机械能型，后者又分为两代。传导离子的聚合物为第一代，传导电子的为第二代。化学机械能型以 pH 型人工肌肉为代表。导电聚合物类可收缩材料为电-化学机械能型。

最近还发明了碳纳米管、电解相变式收缩材料、磁敏式收缩材料和光致敏式液晶收缩材料等不同的可望制备人工肌肉的原材料；另外，传统电声线圈、压电晶体及含磁粒橡胶有类似肌肉的位移作用。

(7) 人工韧带

交叉韧带损伤后愈合能力极差，目前临床重建交叉韧带使用的材料包括自体移植物、异体移植物和人工合成材料。自体和异体移植物重建交叉韧带依然是目前的主流选择，常见的自体髌腱或半腱肌移植具有较高的强度，在附着位点能够获得骨-骨或腱-骨愈合。但对自体供区会继发膝前疼痛、髌腱炎、髌下脂肪垫挛缩、相应部位髌骨骨折、绳肌缺失等并发症。异体髌腱、跟腱、阔筋膜材料存在来源少、免疫排斥反应、生物长入延迟甚至传播疾病的危险。因此，长期以来，人工韧带的研究从未停止。而近年来，组织工程技术重建交叉韧带的实验研究也成为新的热点。

人工韧带的研究与临床应用经历了漫长的曲折过程。人工韧带具有无供区并发症、使用方便、早期康复、无疾病传播危险等许多明显优势。理想的材料，应该具备持续高强度、耐磨损、无组织反应等基本特性，并具有正常韧带的功能，同时允许有生理排列、再生新韧带倾向的组织逐渐长入。然而，完全符合上述条件的人工韧带尚未面世。

在认识到合成韧带的持久、不降解性质后，研究人员开始进一步研究生物学支架，其中大多数为胶原支架。使用胶原支架的韧带重建，已经产生特定位点重新塑形、在隧道附着点成骨、韧带样过渡区及关节内区域韧带样胶原排列的可喜效果。也有人以胶原纤维或在胶原纤维上种植成纤维细胞，试图再生新韧带。这些方法的主要缺陷为胶原支架是异源的，具有相似的相关并发症。

(8) 人工血管

近年来，动脉硬化等血管闭塞性疾病的发病日渐增多，外科医师应用各种材料的人工血管在重建大、中动脉中取得了良好的临床疗效，但在重建小口径的动脉和静脉时，由于人工血管植入体内后常激活机体凝血过程，形成血栓，造成管腔狭窄或闭塞，最终导致临床移植失败。如何改善小口径人工血管材料的抗凝能力，提高远期通畅率，成为重要的研究课题。制造人工血管的材料分为人工合成材料和天然生物材料。人工合成材料主要有两种：一种为不可降解材料，如聚四氟乙烯、尼龙-6、聚酯等；另一种为可降解材料，如聚乙醇酸、聚乳酸等。天然生物材料包括去细胞基质、胶原蛋白、聚氨基酸、多肽、透明质酸及其复合物等大分子材料。

3. 硬组织替代材料

硬组织相容性高分子材料(如牙齿、人工骨、人工关节等)是医学临床上应用量很大的一类产品，涉及医学临床的骨科、颌面外科、口腔科、颅脑外科和整形外科等多个专科，往往要求其具有与替代组织类似的力学性能，同时能够与周围组织结合在一起。如牙科材料(蛀牙填补用树脂、义齿和人工牙根、人工齿冠材料和硅橡胶牙托软衬垫等)，人造骨、关节材料聚甲基丙烯酸甲酯等。随着生命科学、材料科学、医学临床的发展和人们生活水平的不断提高，此类材料具有越来越广阔的临床应用前景和巨大的经济效益。

1) 牙科用高分子材料

牙科医疗和高分子材料有非常紧密的联系。牙本质等硬组织材料损伤后，很难自然痊愈，再生非常困难。治疗时一般用人工材料修复。过去牙齿治疗一般用合金，近来随着高分子材料的发展，以高分子材料的治疗为主。牙科用高分子材料可以分为填充用材料、黏合用材料、人工牙齿材料和牙齿印模材料。

(1)填充用材料

牙齿的填充于1900年开始，所用材料为银合金和水银的混合体。1942年Kulzer公司用聚甲基丙烯酸甲酯制备成饼状作为填充材料。填充用材料需要具有：与牙骨质相近的高硬度和高强度以及耐磨耗性；耐水性；色调的一致性和透明性；热膨胀系数小；数分钟内硬化；硬化收缩小；与牙齿本身良好的接着性；对身体危害性小。

目前填充材料多采用复合树脂，但甲基丙烯酸酯类为基础。复合树脂是在有机合成树脂内加大量的经特殊处理的无机物的充填材料，它借助于牙齿表面处理技术，使之粘接于牙体硬组织，多用于牙洞的充填；也有高强度的复合树脂可用于后牙牙洞的充填。采用粘接技术也可修复严重牙体缺损的患牙。但复合树脂在使用过程中由于聚合不完全可能释放出一些未反应单体及其他小分子量化合物，这会对人体有一定损害。为此，人们一直在改进树脂基质材料。有学者合成了一种含有胆汁酸的甲基丙烯酸酯衍生物，由于胆汁酸是人体内的一种两亲性化合物，本身具有良好的生物相容性，同时与甲基丙烯酸酯中双键的键合可以防止聚合后小分子物质渗出，这些特性使其在口腔材料领域具有很好的应用前景。

(2)黏合用材料

牙科材料与牙齿的黏合是非常重要的。单独的修复物容易脱落。修复物与牙齿之间存在空隙，细菌容易侵入，产生致热原，而且修复物边缘容易变色。这些情况都会用到口腔粘接材料。口腔粘接材料可应用于牙体充填修复、义齿修复、正畸治疗等多个临床学科，在临床修复治疗中发挥了重要的作用。常用材料一般为带有磷酸的甲基丙烯酸酯类材料，如HEMA。如果材料用于正畸治疗，其粘接材料除了应具有足够的粘接强度及一定的氟离子释放能力，还应在正畸治疗结束后易去除。有学者将氟化钠、甲基丙烯酸羟乙酯、甲基丙烯酸甲酯和聚甲基丙烯酸甲酯按不同比例混合，制备出一种新型粘接材料，新型粘接材料具有足够的粘接强度，治疗后较易去除，残留指数低，能有效减少牙釉质损伤的风险。

(3)人工牙齿材料

人工牙齿材料通常包括人工牙冠材料和种植牙(义齿)材料。人工牙冠又称为人工牙套，当牙冠损坏且难以通过填充补牙的方式修复时，可以对天然牙冠进行适当修改，再将人工牙冠材料安装在残留的天然牙冠上。牙冠材料要求材质非常坚硬、耐磨，故通常人工牙冠都是由金属、陶瓷、搪瓷(烤瓷)等材料制成的。由于牙冠材料从设计、制作到安装需要一定的时间，在正式安装之前，往往会用到临时牙冠材料。临时牙冠材料通常要求成型加工容易，且使用时间短，因此多采用有一定硬度、强度且加工相对容易的高分子材料制成，如聚碳酸酯、聚甲基丙烯酸甲酯、双丙烯酸树脂等。种植牙是由种植体和种植体支持的上部结构组成的特殊修复体。种植体是人工材料制作，经牙槽外科手术植入颌骨内，起牙根的作用，经过一段时间，种植体与周围骨组织发生骨结合，然后利用种植牙根做支持，在其上方安装人工牙冠，达到恢复缺失牙、恢复咀嚼功能的作用。由于种植体可以和牙槽骨紧密地结合成一体，所以能够稳稳地支撑和固定暴露在口腔中的义齿。

(4)牙齿印模材料

在义齿即修复体制作之前，都需要制取牙齿的印模，然后在口外复制出牙齿的形态，以便于义齿的制作。这是义齿制作中最重要的步骤之一。这时，义齿的精密性就通过印模材料反映出来。常见的印模材料是硅橡胶类印模材料。其精确性较高，价格较高，可以用于各种修复体的制作，近些年才在国内普及。

2) 骨组织修复和再生高分子材料

合成高分子支架材料主要包括聚乳酸、聚乙醇酸、聚原酸酯、聚羟丁酯及其共聚物等。聚乳酸已获得美国食品药品监督管理局批准用于多种医学用途，如手术缝合线、一些体内植入物以及内固定装置。Borden 等在球形多孔聚乳酸聚合体骨支架上的体外培养成骨细胞和成纤维细胞实验中发现，体外培养后成骨细胞已爬满骨支架的表面，并在各相通的小孔内连成一体，骨支架降解的速率可通过调节聚合体的分子质量来控制。

这类材料的优点是可降解性，可以水解，可通过控制聚合物的分子质量及其组成来调控降解速度；其降解产物是乙酸和乙醇酸，在体内经新陈代谢后可经呼吸系统排出体外，对机体无害；高聚物可塑性好，在热力下可用挤出、注射、溶剂浇注等方法加工成各种形状。缺点是亲水性差，细胞吸附力弱，细胞组织相容性欠佳；引起无菌性炎症；机械强度不足；酸性降解产物，聚乳酸、聚羟基乙酸及其共聚物中残留有机溶剂的细胞毒性作用可能引起纤维化以及与周围组织的免疫反应等。

天然高分子支架材料有胶原和壳聚糖等。胶原是从人和动物体内提取制成的材料，是骨组织的主要成分之一，它为钙化组织提供必不可少的三维结构，对矿物沉积起诱导作用。胶原在体内以胶原纤维的形式存在。胶原不仅为细胞提供支持保护作用，而且与细胞的黏附、生长、表型表达均有密切关系。胶原纤维中的纤维蛋白单体在凝血酶作用下可聚合成立体网状结构的纤维蛋白凝胶，聚合后的纤维蛋白凝胶可通过释放肿瘤坏死因子和血小板衍生生长因子等来促进细胞黏附、增殖并分泌基质，具有良好的生物相容性。另外，纤维蛋白凝胶可塑性强，通过降低凝血酶浓度的方法可延缓纤维蛋白的聚合过程，为凝胶的塑形提供充分的时间。这种纤维蛋白凝胶来源于自身血液，没有免疫原性问题，是较理想的细胞载体支架材料。但是胶原和纤维蛋白凝胶都存在天然材料的共同缺点：缺乏机械强度、大规模获取困难、不同生产批次的产品存在差异、降解时间难以控制、有传播某些传染性疾病的隐患、抗原性消除不确定等问题。故都难以单独作为组织工程中成骨细胞种植的细胞载体支架材料。

壳聚糖由甲壳素脱乙酰化而制备，壳聚糖是多糖中仅有的一种碱性氨基多糖，它的结构和某些性质与细胞外基质中的主要成分氨基多糖极其相似。Lahiji 在壳聚糖涂层的盖玻片表面培养成骨细胞及软骨细胞，并行荧光分子探针细胞活力检测及反转录聚合酶链反应(RT2PCR)和免疫细胞化学细胞表型表达检测，发现与无涂层的对照组比较，壳聚糖表面培养的细胞维持较好的活力，成骨细胞及软骨细胞分别表达 I、II 型胶原，进一步证实了壳聚糖的良好组织相容性。该类材料的优点是良好的生物相容性、可控的降解性、无毒副作用、缓释剂作用、抑制炎症的作用。缺点是力学性能差，难以应用于承重部位的骨缺损。目前的骨组织工程材料多采用复合材料。

3) 组织工程支架用高分子材料

组织工程一词最早是于 1987 年美国科学基金会在华盛顿举办的生物工程小组会上提出的，1988 年正式定义为：应用生命科学与工程学的原理与技术，在正确认识哺乳动物的正常及病理两种状态下的组织结构与功能关系的基础上，研究、开发用于修复、维护、促进人体各种组织或器官损伤后的功能和形态的生物替代物的一门新兴学科。

组织工程是应用生命科学与工程的原理和方法是构建一个生物装置，来维护、增进人体细胞和组织的生长，以恢复或再建受损组织或器官的功能。即将特定组织细胞"种植"于一种生物相容性良好、可被人体逐步降解吸收的生物材料上，形成细胞生物材料复合物；生物材料为细胞的增长繁殖提供三维空间和营养代谢环境；随着材料的降解和细胞的繁殖，形成新的与自身功能和形态相适应的组织或器官。在这一多学科交叉的新领域中，使细胞能在按照预制设计的三维形状支架上适宜地生长是关键。研制各种各样的三维多孔材料以适应各种各样的细胞和不同的人体环境是材料工作者的重大任务。组织工程用的材料一般要求如下：毒性小；容易加工成三维多孔支架并能批量复制；材料的孔径适合细胞的黏附，细胞之间能够流通，并较多地获取营养物、生长因子和活性药物分子；材料孔体积和表面特性对于组织的反应速率有一定的促进或抑制作用；能够释放药物或活性物质如生长激素等；多孔材料要有一定机械强度并支持新生组织的生长，并有一定的降解速率。控制好支架材料的降解速率一直是研究难点，不同的生物活性因子、不同的人体和部位，应匹配不同的降解速率。材料的结晶度、分子质量和链规整度都会对降解性有一定的影响。组织工程是生命科学发展史上又一新的里程碑，标志着医学将走出器官移植的范畴，步入制造组织和器官的新时代。

组织工程所用高分子材料必须具备高纯度、化学惰性、稳定性和耐生物老化等特点。对于非永久植入体内的材料，要求在一定时间内能被生物降解，而且降解产物对身体无毒害，容易排出；而对于永久性植入体内的材料，要求能耐长时间的生物老化，如能经受血液、体液和各种酶的作用，无毒、无致癌、无致炎、无排异反应、无凝血现象，还要有相应的生物力学性能、良好的加工成型性和一定的耐热性，便于消毒等。组织工程中三维支架常利用的生物可降解合成材料是饱和的聚α-羟基酯、聚乳酸、聚羟基乙酸和聚乳酸-羟基乙酸共聚物。

这些高分子的化学性能可以使它们通过脱酯作用降解。一旦降解，单体小分子就会正常排出。机体内存在高度有序的机制来彻底清除乳酸和羟基乙酸单体分子。羟基乙酸转换为代谢产物或被其他机制清除，乳酸可以通过三羧酸循环清除。由于这些性能，聚乳酸应用于产品和装置中，如可降解手术缝合线已被美国食品药品监督管理局审批通过。聚乳酸加工过程简单，它的降解速率、物理力学性能可以通过调节分子质量和共聚物来控制在一个较大范围内。

10.2.3 短期接触体液的高分子生物材料

相对于长期接触体液的高分子生物材料，短期接触体液的高分子生物材料要求更复杂，特别是对于降解性能。需要在特定的时间内降解并被机体代谢或吸收。

1. 高分子诊断微球

对疾病的正确诊断是有效治疗的基础，早期诊断或预警则可挽救生命，尤其对于肿瘤更是如此。近年来医学实验诊断技术的发展突飞猛进，随着现代生物技术的发展，许多灵敏性高、特异性强的临床检测手段不断出现。其中高分子材料具有廉价、可功能化等特点，将可检测的生物活性物质固载于功能高分子材料表面，这样的高分子材料便可应用于疾病的检测、诊断。高分子材料在临床检测诊断领域的应用日益广泛，如诊断用微球、诊断用磁性微球和诊断用生物传感器等已经得到了日益广泛的研究和应用。

1) 诊断用微球

高分子微球具有一些其他材料不可比拟的特点, 如体积小, 反应快, 使得检测快速、灵敏; 比表面积大, 如直径 0.1mm 的高分子微球 1g 的总表面积达到 $60m^2$, 如此大的表面积使微球易于进行化学反应, 易于吸附和解吸, 光散射性好等; 能稳定分散; 易控制成单分散性, 保证了检测结果的可靠性和可重复性; 生物相容性能良好; 易于表面化学改性, 使得各种生物活性物质均能很好地固定在微球表面; 易于分离和提纯等, 因此在生物和医学领域中具有潜在的广泛应用。

诊断用微球的制备主要包括载体的合成和活性物质的固定, 微球载体通常以微球单体和含反应性基团的功能单体共聚制备, 为保证微球的高效性, 微球须满足比表面积大以及力学性能、稳定性较好等要求, 功能基团则要求活性高, 对生物活性物质有较强的结合能力, 因此微球载体的单体早期常选用苯乙烯, 后选用乙烯基吡啶、丙烯酸酯、丙烯酰胺及它们的衍生物, 但目前应用较多的仍为苯乙烯。

将抗体或抗原通过物理吸附或化学键合的方法固载于微球载体表面可以制成基于微球的定量或定性检测试剂, 能够检测体液中对应的抗体或抗原。利用此方法来诊断疾病具有简便、快速、灵敏等特点, 因而已在临床化学分析上展示出了强大的生命力, 并已得到广泛应用。

高分子微球固定 DNA、配位体或激素类等生物活性组分后, 能用于各种生物特性的诊断。例如, 对于癌症能够在初期检测出基因的异常情况, 对于恶性肿瘤的治疗极为重要, 如 K-ras 基因突变常发生在胰腺癌、直肠癌和肺癌的初期。

高分子微球还能进行血液检测。心脏的血液输出和局部的血液流动情况是确定氧气输送与组织耗氧量的重要指标。因此, 对其进行检测具有很大的必要性。可以使用放射标记的聚合物微球进行检测。使用标记的微球进行检测是 Rudloph 和 Heymann 最早在 1967 年发明的方法。通常血流检测使用的标记微球的直径在 $10\sim40\mu m$, 与红细胞的尺寸相当。由于安全性因素, 后来又发展出彩色标记、荧光标记、磁性标记等无放射性的标记与检测方法。例如, 直径 15mm 的彩色聚苯乙烯微球用于局部血液流动的检测, 通过光谱法测定血液中染料的浓度来确定血液流动情况, 这一方法比放射性标记的微球方法便宜, 同时不存在安全问题。另外还有研究将含有 Ag 和 Ba 或其他重金属的荧光微球用于局部区域血流情况的检测, 可以利用其减少手术中血液的流失量, 提高安全系数。

利用特异性亲和作用, 微球还可以用于其他疾病的诊断。例如, 利用巨噬细胞对具有某种特定结构的异物的吞噬作用来测定细胞的功能。颗粒状白细胞对聚苯乙烯微球和表面用血清蛋白覆盖的微球有不同的吞噬能力, 其中微球较容易被吞噬, 从而可通过比较细胞对微球异物的吞噬能力来判断该细胞功能正常与否。结合有一定生物活性分子的高分子微球对某些病毒具有很高的识别和亲和能力, 利用这种特性, 就可以分离除去一些较难用药物治愈的病毒。

2) 诊断用磁性微球

磁性高分子微球是指通过适当的方法使有机高分子与无机磁性物质结合起来形成具有一定磁性及特殊结构的微球。因磁性高分子微球兼具普通高分子微球的众多特性和磁性纳米材料的磁响应特性, 不但能通过共聚及表面改性等方法赋予其表面功能基团(如—OH、—COOH、—CHO、—NH$_2$ 和—SH 等), 还能在外加磁场作用下, 方便迅速地分离, 因此以磁性高分子微球作为一种新型的功能材料,特别是以其为固相载体的磁性分离技术在临床诊断免疫分析、靶向药物、细胞标记细胞分离、基因测序 DNA、酶的固定化及生物芯片技术等领域有广泛的应用前景。

磁性高分子微球按照其结构的不同可以分为三大类,如图 10-1 所示。①壳-核结构,高分子材料作为核,磁性材料作为壳层。②核-壳结构,磁性材料为核,高分子材料组成壳层。③壳-核-壳结构,外层和内层为高分子材料,中间为磁性材料。用作磁性微球载体的磁性微球主要是后两种,其中核-壳结构最多。

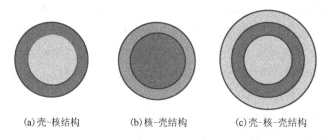

(a)壳-核结构   (b)核-壳结构   (c)壳-核-壳结构

图 10-1   磁性高分子微球结构

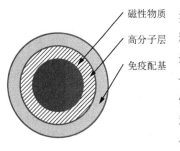

图 10-2   免疫磁性微球结构

通过选择不同的原料和制备方法,可得到不同粒径、晶型和磁响应的磁粒子核,再根据需要,可制备出以高分子材料为壳层,其尺寸从纳米到微米的磁性微球。磁性微载体表面常带有化学功能的基团,如—OH、—NH$_2$、—COOH 和—CONH$_2$ 等,使得磁性微载体几乎可以偶联任何具有生物活性的蛋白。常用的高分子材料有聚酰亚胺、聚乙烯醇、多糖和牛血清白蛋白等。免疫配基通过功能基团结合到磁性微载体上形成免疫磁性微球(图 10-2)。免疫配基一般包括抗原、抗体或凝集素等,配基具有生物专一性的特点,而且载体和微球与配基结合不能影响或改变配基原有的生物学特性,以保证微球的特殊识别功能。

在免疫检测中,磁性高分子微球表面上偶联的抗体(或抗原)可与环境中特异性抗原(或抗体)结合,形成抗原-抗体复合物,在外加磁场作用下,使特异性抗原(或抗体)与其他物质分离,这种分离方法克服了放射免疫测定(RIA)和传统酶联免疫测定方法的缺点,具有灵敏度高、检测速度快、特异性高、重复性好等优点,更重要的是,该方法可将待检测物质分离出来,是免疫检测方法的革命性发展。目前磁性免疫检测技术已经成为免疫分析的重要方法之一,许多免疫检测试剂及自动化免疫检测系统都已经商业化。

3)诊断用生物传感器

生物传感器是近几十年内发展起来的一种新的传感器技术。生物传感器是一个非常活跃的研究和工程技术领域,它与生物信息学、生物芯片、生物控制论、仿生学、生物计算机等学科一起,处在生命科学和信息科学的交叉区域。一般生物传感器由生物识别元件(传感器)、信号转换器(换能器)与信号检测元件(检测器)三大部分组成。

葡萄糖生物传感器是一个应用。糖尿病是全球性的医学难题,糖尿病是一种病因十分复杂的内分泌代谢性疾病，是一种慢性高血糖临床综合征。如治疗不及时或治疗不当，会出现一系列的严重并发症，如糖尿病肾病、糖尿病眼病、心脑血管病、神经衰弱、性功能障碍及急慢性感染，严重的易发生急性的酮症酸中毒、高渗透昏迷、乳酸性酸中毒等，从而威胁生命，被列为继心血管疾病及肿瘤之后的第三大疾病。我国是世界上糖尿病患者最多的国家。血糖是检测糖尿病的一个极其重要的参数，为了监测糖尿病患者的血糖浓度，研究开发一种快速、高效、稳定的葡萄糖生物传感器是非常重要的。这也吸引了此领域众多的研究者专注于此课题。

葡萄糖生物传感器能够简单、迅速地进行疾病诊断，对治疗糖尿病有重要意义。葡萄糖传感器主要基于葡萄糖氧化酶(GOD)催化葡萄糖氧化生成葡萄糖酸($C_6H_{12}O_7$)和过氧化氢的化学反应。

$$酶层：GOD_{ox}+葡萄糖 \longrightarrow 葡萄糖酸+GOD_{red}$$
$$GOD_{red}+CO_2 \longrightarrow GOD_{ox}+H_2O_2$$
$$电极：H_2O_2 \longrightarrow O_2+2H^++2e^-$$

根据上述反应，可通过氧电极(测氧的消耗)、过氧化氢电极(测 H_2O_2 的产生)和 pH 电极(测酸度变化)来间接测定葡萄糖的含量。因此只要将 GOD 固定在上述电极表面即可构成测葡萄糖的 GOD 传感器。为了改善葡萄糖传感器的特性和寿命，大多将 GOD 传感器上使用外层膜，首先这层膜可以阻止酶的流失，而且它具有的选择透过性可以减缓较大分子如蛋白等的扩散，可以减少电极干扰。还可以通过限制葡萄糖扩散到电极的量，增加传感器的检测线性范围，如果这层膜氧的透过性大于葡萄糖的透过性，还可以改善电极对氧的依赖。这层膜通常采用高分子材料，聚苯酚、聚苯胺、聚吡咯、聚甲基吡咯、聚氨基苯酚、Nafion 膜、纤维素膜、聚硅氧烷、聚羟乙基甲基丙烯酸酯、聚乙烯醇、聚氨酯等高分子材料均在葡萄糖传感器上有所应用。

尿酸生物传感器也是一个应用。尿酸浓度过高或过低，都会引发急慢性肾炎、肾结核、痛风、慢性白血病、真性红细胞增多症及多发性骨髓瘤等尿酸综合征。目前已报道的测定尿酸的方法有重量法、滴定法、还原法和酶比色法等。重量法和滴定法操作烦琐，而且准确度低。临床上通常采用还原法和酶比色法。还原法检测尿酸的缺点是血样中的抗坏血酸易干扰，样品必须事先进行脱蛋白处理，需要昂贵设备和专业分析人员；酶比色法分为酶联光度法和酶联电化学法，酶联光度法常用于医院的自动生化分析仪，适于大批量试样的分析作业，不适于家庭中使用；酶联电化学法应用尿酸氧化酶电极测定人体血液和尿中尿酸的浓度，是一种准确、快速、简便的方法，对人体血液中尿酸的定量分析无论是在药物控制方面，还是在临床诊断方面，都具有重要意义。用于尿酸氧化酶固定的高分子材料有聚硅氧烷、聚乙烯醇和聚吡咯等。

DNA 传感器是另一种应用。DNA 传感器是近几年迅速发展起来的一种全新的生物传感器。其用途是检测基因及一些能与 DNA 发生特殊相互作用的物质。DNA 传感器是利用单链 DNA 或基因探针作为敏感元件固定在固体电极表面，加上识别杂交信息的电活性指示剂共同构成的检测特定基因的装置。其工作原理是利用固定在电极表面的某一特定序列的单链 DNA 与溶液中的同源序列的特异识别作用形成双链 DNA，即电极表面性质发生改变，同时借助能识别单链 DNA 和双链 DNA 的杂交指示剂的电流响应信号的改变来达到检测基因的目的。DNA 传感器固定用的高分子材料主要采用导电聚合物，聚吡啶采用的最多，导电聚合物形成一个三维网络，就像高分子导线可以传导电子信号。

2. 药物缓释材料

常规的口服或者注射剂型药物通常要一天给药数次，不仅使用不方便，而且血药浓度的起伏还很大，存在着明显的"峰谷"现象。血药浓度高的时候，可能产生副作用甚至中毒现象；血药浓度低的时候，可能由于低于治疗浓度而不能产生疗效。缓释制剂的出现较好地解决了上述问题，通过较持久的方式释放药物，使血液浓度趋于平稳，降低血药浓度的峰谷现象，减少毒副反应，同时可以减少用药频率，从而提高制剂的药效和用药安全度，与普通制剂相比具有很大的优越性。

高分子在缓释技术上的应用可以是包裹不同厚度衣膜制成片剂或制成胶囊，使同一制剂既有缓释部分也有速释部分，达到既速效又长效的目的。常用的止痛药芬必得、感冒药康泰克就是基于这一原理制成的。

制备缓释剂需使用适当辅料以调节药物释放速度，使缓释剂中药物释放量和释放速度达到医疗要求。在药物溶出速率的控制上，常用高分子材料作为阻滞剂或缓释剂骨架，或者把药物制成溶解度小的盐类或酯类，有时也制成水包油粉末乳剂或包衣粉末混悬液以延缓药物的释放。从延缓药物的吸收来考虑，则可制成油溶液、油混悬液、黏稠水溶液、水不溶性盐及植入剂等。在缓释剂中，高分子材料几乎成了药物在传递、渗透过程中不可分割的组成部分。这类高分子主要有丝素蛋白、白蛋白、淀粉、明胶、阿拉伯胶、蜡、海藻酸钠、蛋白类、松脂等。也有半合成高分子材料，如淀粉衍生物、纤维素衍生物、聚氧乙烯蓖麻油等。其中以纤维素衍生物为主，它们一般毒性小、黏度大、成膜性能良好，在制备口服固体缓释和控释新剂型中的应用很广。还有部分全合成高分子药用材料。全合成高分子包括聚乳酸、聚羟基乙酸、聚乙烯吡咯烷酮、聚乳酸乙醇酯共聚物、聚氰基丙烯酸烷酯、聚丙烯酸树脂、聚甲基丙烯酸甲酯及聚酰胺类等。

此外，生物降解高分子材料还可以作为载体的长效药物植入体内，在药物释放完后也不需要再经手术将其取出，这可减少用药者的痛苦和麻烦，如控制血糖的胰岛素缓释剂。目前作为药物载体得到广泛研究的生物降解性高分子有聚磷酸酯、聚酯、聚酸酐、聚磷腈、聚碳酸酯类高分子聚合物。

3. 血液净化材料

血液净化是把血液引出体外，通过一个净化装置清除血液中的某些致病物质，或补充营养成分到血液中，达到净化血液、治疗疾病的目的。血液净化的目的和意义就在于它能治疗与血液相关的疾病，包括肾脏方面的疾病、肝脏方面的疾病，正常血浆成分发生变化而带来的血液性或免疫性疾病，以及配合其他治疗方式而进行的血液净化。同时，血液净化还用于治疗急性药物和毒物中毒。

众所周知，透析就是最重要的一种血液净化方式，血液净化还包括血液滤过、血液灌流和血浆置换等。透析治疗可替代肾脏功能，治疗急、慢性肾衰竭，也就是通常所说的人工肾治疗。人工肾是应用最广泛、疗效最显著的人工器官之一。近年来，血液净化技术层出不穷，例如，血浆置换、血液灌流技术的应用，对于治疗内源性与外源性中毒、免疫性疾患以及器官移植等方面起着积极的推动作用，使患者的成活率成倍提高；急性药物与毒物中毒、系统红斑狼疮、类风湿、血友病等多种过去认为不能治愈的疾患得到了有效治疗，推动了医学科学的发展。

在血液净化所使用的材料中，大部分是高分子材料，尤其是目前所使用的膜式血液净化器中，几乎全部使用医用高分子材料。只有在血液灌流中目前以活性炭为主。在血液净化器中起主要和关键作用的是血液净化器中的管式膜、平板膜和中空纤维膜，由于中空纤维膜具有体积小、有效面积大等特点，目前正逐步替代其他类型。

目前市场上的透析膜材料多数是天然高分子材料纤维素，包括再生纤维素及其衍生物。纤维素是 20 世纪 30 年代开始出现的，将纤维素溶于 NaOH-CS$_2$ 溶液中，在酸溶液中形成膜。迄今为止，再生纤维素仍是制造透析膜的基本材料。近年来不断研制出新的膜材料，理想透析膜材料的特点如下：①弥散对流特性。弥散对流特性包括对小分子物质有高度弥散性，特别是对磷酸盐，还可以选择性渗透中分子物质及 β_2-微球蛋白等分子质量较大的特殊毒性物质。②血液相容性。不凝血；不激活补体。③与有核细胞及其释放的单核因子和酶不发生反应；对血细胞无损害作用(如溶血)。④黏附蛋白特性，选择性黏附。黏附蛋白一般会影响膜的弥散能力，但选择性吸附白蛋白可提高膜的生物相容性，吸附纤维蛋白质会产生凝血。⑤黏附 β_2-微球蛋白可依靠透析清除，黏附会干扰血浆成分和减少血中药物浓度。⑥物理性质。物理性能稳定，不易破裂，无颗粒释放，不同压力梯面下物质转运稳定。⑦有一定顺应性。

10.3 无机生物材料

无机生物材料是指生物活性的玻璃、陶瓷和水泥等。其特点是在人体内化学稳定性好，组织相容性好，抗压强度高，易于高温消毒等，是牙、骨、关节等硬组织良好的置换修复材料。其缺点是脆性大、抗冲击性差、加工成型困难等。目前，无机生物材料主要分为两大类：惰性陶瓷生物材料和活性陶瓷生物材料。惰性陶瓷生物材料的特点是在机体内几乎不发生任何变化和反应；而活性陶瓷生物材料的特点是在机体内发生反应、分解、吸收或析出。常见的惰性陶瓷生物材料有无定形碳材料、碳纤维，氧化铝单晶、多晶材料或多孔材料，氮化硅晶态材料，TiO$_2$、CaO-Al$_2$O$_3$、Na$_2$O-Al$_2$O$_3$-SiO$_2$ 等多孔材料；活性陶瓷生物材料通常有生物活性玻璃、微晶化生物活性玻璃、羟基磷灰石等。

10.3.1 惰性陶瓷生物材料

惰性陶瓷生物材料是一类能长期使用的生物材料。例如，氧化铝，生物相容性好，在体内稳定性高，品种有单晶氧化铝、多晶氧化铝和多孔质氧化铝，可用作人工骨、人工牙根、人工关节等。氧化锆与氧化铝一样，但其断裂韧性高于氧化铝，耐磨性更好，目前已用作新一代的人工关节材料和齿冠材料。碳也是生物惰性材料，与人体相容性好，无排异反应，可允许人体软硬组织慢慢长入碳的空隙中，而且具有优良的力学性能。将碳纤维植入人体后，不但能替代损坏的韧带，而且能促使新的韧带形成和成长。碳材料由于具有优良的耐疲劳性和耐磨损性，可以用作人工心脏瓣膜。据报道，LTI-Si 碳瓣膜在金属支撑上经 4 亿次循环后，磨损深度都达不到影响瓣膜正常使用的水平，即使用在年轻的患者身上也是可行的。

1. 氧化铝陶瓷

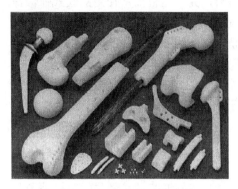

图10-3　各种氧化铝骨修复制品

氧化铝陶瓷是一种以 Al_2O_3 为主要成分的惰性生物材料，颗粒状氧化铝陶瓷最早作为永久性植入骨假体是成年狗的股骨植入。多晶氧化铝陶瓷对生物环境呈现惰性，而且其耐磨损性和抗压强度都很好，使氧化铝陶瓷材料最早成为临床应用的惰性陶瓷生物材料。目前氧化铝陶瓷材料已经应用于人造骨、人工关节及人造齿根的制作方面，如图10-3所示。氧化铝陶瓷制作的骨假体不生锈，也不会溶解出有害离子，与金属生物材料不同，不需取出体外。

氧化铝陶瓷植入人体后，体内软组织在其表面生成极薄的纤维组织包膜，在体内形成纤维细胞增生，界面无化学反应，多用于全臀复位修复术及股骨和髋骨部连接。单晶氧化铝陶瓷的力学性能更优于多晶氧化铝，适用于负重大、耐磨要求高的部位。但是氧化铝陶瓷作为生物材料的缺点也是显著的，由于氧化铝不是韧性材料，所以它的冲击强度很低，且弹性模量和人体骨组织差异大，容易引起骨组织的萎缩和关节松动，在长期使用中，易出现脆性破坏和骨损伤，且不能直接与骨结合。

2. 氧化锆陶瓷

氧化锆陶瓷是另一种惰性陶瓷生物材料。它是以 ZrO_2 为主要成分的惰性生物材料，其显著特征是具有高断裂韧性、高断裂强度和低弹性模量，具有极高的化学稳定性和热稳定性，也具有很好的生物相容性。

氧化锆陶瓷的高韧性主要是因为纯氧化锆有三种异型体，在一定条件下发生晶型转变。在承受外力作用时，相转变的过程需吸收较高的能量，使裂纹尖端应力松弛，增加裂纹扩散阻力而增韧，因而它具有非常高的断裂韧性。氧化锆陶瓷的断裂韧性由于远高于氧化铝陶瓷，有利于减少植入物尺寸和实现低摩擦、磨损，用以制造牙根、骨、股关节、复合陶瓷人工骨、瓣膜等，使其作为增强增韧第二相材料在人体硬组织修复体方面取得了较大的研究进展。但惰性陶瓷生物材料在体内被纤维组织包裹或与骨组织之间形成纤维组织界面的特性影响了该材料在骨缺损修复中的应用，因为骨与材料之间存在纤维组织界面，阻碍了材料与骨的结合，也影响材料的骨传导性，长期滞留体内产生结构上的缺陷，使骨组织产生力学上的薄弱。

3. 碳素材料

自然界中碳的分布很广，有单质碳，但更多以化合物形式存在。单质碳有多种同素异形体，主要有金刚石结构、石墨结构和无定形碳结构。碳是生物惰性的材料，在人体中化学稳定性好、无毒性、与人体组织亲和性好、无排异反应。生物材料中应用最多的碳素材料主要有热解碳和碳纤维两大类。

在碳素材料中，无定形碳除具有优良的力学性能外，可以调整组成和结构改变其性能，满足不同的应用要求。无定形碳虽然不与人体组织形成化学键合，但允许人体软组织长入碳的空隙，形成牢固结合，碳素材料周围的人体软组织可迅速再生，有人认为无定形碳具有诱发组织生长的作用。由于无定形碳独特的表面组成和表面结构，与血液长期接触引起的凝血作用非常小，不会诱发血栓。因此，碳素材料在生物材料的应用主要集中在人工心脏瓣膜、人工齿根、人工骨、人工关节、人工血管、人工韧带和跟腱等，如图10-4所示。其中热解碳主要用于制造人体植入材料；而碳纤维材料主要用于人工软组织的替换。

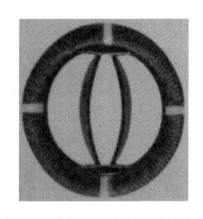

图10-4 碳素材料制作的人工心脏瓣膜

10.3.2 活性陶瓷生物材料

活性陶瓷生物材料有生物活性玻璃、羟基磷灰石、磷酸三钙陶瓷等。这类材料的组成中含有能够通过人体正常的新陈代谢途径进行置换的钙、磷等元素，或含有能与人体组织发生键合的羟基等基团，使材料在人体内能与组织表面发生化学键合，表现出极好的生物相容性。羟基磷灰石和磷酸钙在人体组织液及酶的作用下可在体内完全吸收降解，并诱发新生骨的生长。但磷酸钙陶瓷强度不高，植入人体后需经较长时期的代谢方能与自体骨长合在一起，因此不能直接用作承受载荷大的种植体。磷酸钙系生物活性水泥作为填补和临时黏结材料已在临床上有大量应用。

1. 生物活性玻璃

玻璃一般是熔融后冷却固化的非晶态无机物，具有良好的耐腐蚀、耐热和电学、光学性质，能够用多种成型和加工方法制成各种形状与尺寸的制品，亦可调整化学组成，改变其性能，以适应不同的使用要求。生物活性玻璃主要是指含有氧化钙和五氧化二磷的磷酸盐玻璃。其主要成分是 CaO-Na_2O-SiO_2-P_2O_5。1971 年，美国的亨奇（Hench）教授偶然发现将 CaO-Na_2O-SiO_2-P_2O_5 系统的玻璃材料植入生物体内，作为骨或牙齿的替代物，材料中的组分可以同生物体内的组分互相交换或者反应，最终形成与生物体本身相容的物质，构成新生骨骼和牙齿的一部分。由此，生物活性的概念首次提出，翻开了生物玻璃用于骨修复材料研究的重要一页。

生物活性玻璃与人体相容性好，能够与骨骼自然地发生化学结合。其中的 Na^+ 离子在其表面溶解，并形成以—Si—OH 结构为中心的硅胶。生物活性玻璃中提供的钙和磷可以合成 $Ca_{10}(PO_4)_6(OH)_2$。随后，由生物组织生长起骨原纤维组织。在生物玻璃表面和机体组织之间就形成结合层，在骨骼和人工植入组织间形成无机质水泥，与骨骼牢固地结合在一起。此种材料用于修复耳小骨，对恢复听力具有良好效果。但由于强度低，只能用于人体受力不大的部位。

2. 羟基磷灰石

羟基磷灰石(HA)，化学式为 $Ca_{10}(PO_4)_6(OH)_2$，是一种典型的表面活性材料，由于骨骼、牙本质和牙釉质等硬组织的主要成分是羟基磷灰石，因此有人也认为羟基磷灰石是人工骨。羟基磷灰石具有生物活性和生物相容性、无毒、无排斥反应、可降解、可与骨直接结合等特点，是一种临床应用价值很高的生物活性陶瓷材料，引起材料学领域的广泛关注。但羟基磷灰石的主要缺点在于本身的力学性能较差、强度低、脆性大，这一缺点影响了它在医学临床的广泛应用，同时促使人们研究羟基磷灰石的复合材料，为了获得力学性能优良、生物活性好的生物医学材料。人们开始对致密羟基磷灰石陶瓷的研究。研究得到的致密羟基磷灰石力学性能得到了一定的提高，但表面气孔率较小，植入人体内后，只能在表面形成骨质，缺乏诱导骨形成的能力，仅可作为骨形成的支架。因此，目前的研究重点放在了多孔羟基磷灰石陶瓷上。多孔羟基磷灰石种植体模仿了骨基质的结构，具有骨诱导性，它能为新生骨组织的长入提供支架和通道，因此植入体内后其组织响应较致密陶瓷有很大改善。

3. 磷酸三钙

磷酸钙品种很多，但与生物材料有关的有六种，作为人工骨生物磷酸钙陶瓷研究较多的是 β-磷酸三钙(β-TCP)，是磷酸钙的一种高温相。与羟基磷灰石相比，磷酸三钙最大的优点在于更易于在体内溶解，其溶解度约比羟基磷灰石高 10～20 倍，植入机体后与骨直接融合而被骨组织吸收，是一种骨的重建材料。可根据不同部位骨性质及降解速率的要求，制成具有一定形状和尺寸的中空结构构件，用于治疗各种骨科疾病。磷酸钙陶瓷的主要缺点是其脆性较高，难以加工成型或固定钻孔。致密磷酸钙陶瓷可以通过添加增强相提高它的断裂韧性，多孔磷酸钙陶瓷虽然可被新生骨长入而极大增强，但是在再建骨完全形成之前，为及早代行其功能，也必须对它进行增韧补强。

思考与练习

1. 简述生物材料的概念和分类。
2. 通用的金属生物材料有哪些？各有什么应用？
3. 形状记忆金属材料的原理是什么？典型的形状记忆金属材料有哪些？
4. 形状记忆金属材料有哪些应用？
5. 如何对金属生物材料的表面进行改性？
6. 简述高分子生物材料的概念。高分子生物材料如何分类？
7. 高分子生物材料的应用有哪些？
8. 惰性陶瓷生物材料有什么特点？其应用有哪些？
9. 活性陶瓷生物材料有什么特点？其应用有哪些？

参 考 文 献

曹国忠, 王颖, 2012. 纳米结构和纳米材料: 合成、性能及应用[M]. 2版. 北京: 高等教育出版社.

曹茂盛, 2001. 纳米材料导论[M]. 哈尔滨: 哈尔滨工业大学出版社.

曹文聪, 杨树森, 2010. 普通硅酸盐工艺学[M]. 武汉: 武汉理工大学出版社.

曾正明, 2008. 实用钢铁材料手册[M]. 北京: 机械工业出版社.

常铁军, 刘喜军等, 2000. 材料近代分析测试方法[M]. 哈尔滨: 哈尔滨工业大学出版社.

陈哲艮, 2017. 晶体硅太阳电池制造工艺原理[M]. 北京: 电子工业出版社.

陈振华, 2004. 镁合金[M]. 北京: 化学工业出版社.

陈振华, 2005. 钛与钛合金[M]. 北京: 化学工业出版社.

崔秀山, 1991. 固体化学基础[M]. 北京: 北京理工大学出版社.

戴金辉, 葛兆明, 2004. 无机非金属材料概论[M]. 哈尔滨: 哈尔滨工业大学出版社.

丁秉钧, 2004. 纳米材料[M]. 北京: 机械工业出版社.

杜丽娟, 胡秀丽, 2003. 工程材料成形技术基础[M]. 北京: 电子工业出版社.

冯庆玲, 2009. 生物材料概论[M]. 北京: 清华大学出版社.

冯瑞华, 鞠思婷, 2015. 新材料[M]. 北京: 科学普及出版社.

何开元, 2000. 功能材料导论[M]. 北京: 冶金工业出版社.

侯书林, 徐杨, 2010. 机械制造基础[M]. 北京: 中国农业出版社.

胡庚祥, 蔡珣, 戎咏华, 2010. 材料科学基础[M]. 上海: 上海交通大学出版社.

胡国荣, 杜柯, 彭忠东, 2017. 锂离子电池正极材料原理、性能与生产工艺[M]. 北京: 化学工业出版社.

胡珊, 李珍, 谭劲, 2012. 材料学概论[M]. 北京: 化学工业出版社.

黄继华, 2015. 焊接冶金原理[M]. 北京: 机械工业出版社.

霍书浩, 庞可, 郑学晶, 2011. 生物高分子材料及应用[M]. 北京: 化学工业出版社.

鞠鲁粤, 2004. 工程材料与成形技术基础[M]. 北京: 高等教育出版社.

雷源源, 张晓燕, 2013. 材料科学概论[M]. 北京: 北京大学出版社.

李玲, 向航, 2002. 功能材料与纳米技术[M]. 北京: 化学工业出版社.

李群, 2010. 纳米材料的制备与应用技术[M]. 北京: 化学工业出版社.

李树棠, 1990. 晶体X射线衍射学基础[M]. 北京: 冶金工业出版社.

李亚江, 2016. 焊接冶金学[M]. 北京: 机械工业出版社.

李亚江, 2006. 焊接冶金学——材料焊接性[M]. 北京: 机械工业出版社.

李长青, 张宇民, 张云龙, 等, 2014. 功能材料[M]. 哈尔滨: 哈尔滨工业大学出版社.

励杭泉, 2013. 材料导论[M]. 2版. 北京: 中国轻工业出版社.

梁敬魁, 1983. 相图与相结构[M]. 北京: 科学出版社.

梁敬魁, 2003. 粉末衍射法测定晶体结构(上、下册)[M]. 北京: 科学出版社.

林志东, 2010. 纳米材料基础与应用[M]. 北京: 北京大学出版社.

林宗寿, 2012. 水泥工艺学[M]. 武汉: 武汉理工大学出版社.

刘正, 张奎, 曾小勤, 2002. 镁基轻质合金理论基础及其应用[M]. 北京: 机械工业出版社.

龙伟民, 刘胜新, 2015. 焊接工程质量评定方法及检测技术[M]. 2版. 北京: 机械工业出版社.

卢安贤, 2010. 无机非金属材料导论[M]. 2版. 长沙: 中南大学出版社.

卢光熙, 厚增寿, 1985. 金属学教程[M]. 上海: 上海科学技术出版社.

陆学善, 1990. 相图与相变[M]. 合肥: 中国科技大学出版社.

罗忆, 刘忠伟, 2005. 建筑玻璃生产与应用[M]. 北京: 化学工业出版社.

吕杰, 程静, 侯晓蓓, 2016. 生物医用材料导论[M]. 上海: 同济大学出版社.

马建丽, 2008. 无机材料科学基础[M]. 重庆: 重庆大学出版社.

马如璋, 1999. 功能材料科学概论[M]. 北京: 冶金工业出版社.

欧阳平凯, 姜岷, 李振江, 等, 2012. 生物基高分子材料[M]. 北京: 化学工业出版社.

潘复生, 张丁非, 2007. 铝合金及其应用[M]. 北京: 化学工业出版社.

齐宝森, 2007. 新型材料及其应用[M]. 哈尔滨: 哈尔滨工业大学出版社.

沈威, 2005. 水泥工艺学[M]. 武汉: 武汉理工大学出版社.

施惠生, 2009. 材料概论[M]. 上海: 同济大学出版社.

水中和, 2015. 材料概论[M]. 湖北: 武汉理工大学出版社.

宋晓岚, 黄学辉, 2006. 无机材料科学基础[M]. 北京: 化学工业出版社.

田民波, 2015. 材料学概论[M]. 北京: 清华大学出版社.

田永君, 曹茂盛, 曹传宝, 2014. 先进材料导论[M]. 哈尔滨: 哈尔滨工业大学出版社.

汪信, 刘孝恒, 2010. 纳米材料学简明教程[M]. 北京: 化学工业出版社.

王高潮, 2006. 材料科学与工程导论[M]. 北京: 机械工业出版社.

王慧敏, 2010. 高分子材料概论[M]. 2 版. 北京: 中国石化出版社.

王培铭, 1999. 无机非金属材料学[M]. 上海: 同济大学出版社.

王荣国, 2015. 复合材料概论[M]. 哈尔滨: 哈尔滨工业大学出版社.

王正品, 张路, 要玉宏, 2004. 金属功能材料[M]. 北京: 化学工业出版社.

乌日根, 2014. 焊接质量检测[M]. 2 版. 北京: 化学工业出版社.

吴其胜, 2012. 新能源材料[M]. 广州: 华南理工大学出版社.

辛志荣, 韩冬冰, 2009. 功能高分子材料概论[M]. 北京: 中国石化出版社.

徐晓宙, 高琨, 2016. 生物材料学 [M]. 2 版. 北京: 科学出版社.

徐学利, 2017. 材料专业概论[M]. 北京: 中国石化出版社.

徐志军, 初瑞清, 2010. 纳米材料与纳米技术[M]. 北京: 化学工业出版社.

许并礼, 2002. 材料科学基础[M]. 北京: 冶金工业出版社.

许并社, 2002. 材料科学概论[M]. 北京: 北京工业大学出版社.

许并社, 2012. 材料概论[M]. 北京: 机械工业出版社.

姚康德, 成国祥, 2002. 智能材料[M]. 北京: 化学工业出版社.

殷凤仕, 2001. 非金属材料学[M]. 北京: 机械工业出版社.

殷景华, 王雅珍, 鞠刚, 2017. 功能材料概论[M]. 哈尔滨: 哈尔滨工业大学出版社.

余焜, 2000. 材料结构分析基础[M]. 北京: 科学出版社.

袁序弟, 2002. 镁合金在汽车工业的应用前景[J]. 汽车科技, 3: 1-4.

张金升, 陈敏, 甄玉花, 等, 2016. 材料概论[M]. 北京: 化学工业出版社.

张美琴, 2007. 工程材料及成形技术基础[M]. 杭州: 浙江大学出版社.

张文钺, 张炳范, 杜则裕, 1995. 焊接冶金学: 基本原理[M]. 北京: 机械工业出版社.

张佐光, 2004. 功能复合材料[M]. 北京: 化学工业出版社.

赵长生, 孙树东, 2006. 生物医用高分子材料[M]. 2 版. 北京: 化学工业出版社.

中国机械工程学会焊接学会, 2016. 焊接手册[M]. 北京: 机械工业出版社.

周达飞, 陆冲, 宋鹏, 2015. 材料概论[M]. 3 版. 北京: 化学工业出版社.

周达飞, 唐颂超, 2006. 高分子材料成型加工[M]. 2 版. 北京: 中国轻工业出版社.

朱继平, 2015. 新能源材料技术[M]. 北京: 化学工业出版社.

朱敏, 2015. 先进储氢材料导论[M]. 北京: 科学出版社.

《新能源材料科学与技术应用》编委会, 2007. 新能源材料科学与技术应用[M]. 北京: 科学出版社.

BROOM D P, 2013. 储氢材料——储存性能表征[M]. 刘永锋, 潘洪革, 高明霞, 译. 北京: 机械工业出版社.

KOU S, 2016. 焊接冶金学[M]. 闫久春, 杨建国, 张广军, 译. 2 版. 北京: 高等教育出版社.